이 책을
2024 APCTP 올해의 과학도서로 선정하며

시간이란 무엇인가? 물리학은 시간이 무엇인지에 대한 명쾌한 대답을 내놓지 못하고 그저 시계로 측정하는 양이라 한다. 그렇다면 시계란 무엇인가? 시계는 일정한 주기로 움직임을 반복하는 장치로 세상의 변화를 기술하는 기준이다. 인류가 시간을 측정한 역사는 제법 오래됐다. 처음에는 지구의 자전과 공전, 달의 공전 등의 천문 시계를 활용했고, 이들의 주기인 일, 월, 년은 우리의 삶에 직접적으로 영향을 미치기에 지금도 달력에 쓰이고 있다. 시간을 측정하고 달력을 만드는 작업은 농업에 절대적으로 필요했으며 제사와 축제 등 사회적 합의에도 중요해서 권력에도 연결됐다. 과학의 시대인 현재에도 원자시계의 발명으로 시간은 인류가 가장 높은 정밀도로 측정할 수 있는 양으로 길이와 질량 등 다른 측정량의 단위를 정하는 기준이 됐다. 이 책은 인류가 시간을 측정하기 위해 찾아내거나 발명한 시계들의 역사와 그 과정에서 밝혀진 시간의 과학적인 면을 다루고 있다. 그리고 그 과정에 과학과 기술의 발전만이 아니라 사회적 필요성과 합의가 작용했음을 보여준다. 과학과 역사가 흥미롭게 어우러진 책이다.

- 김항배(한양대학교 물리학과 교수, 심사평 전문)

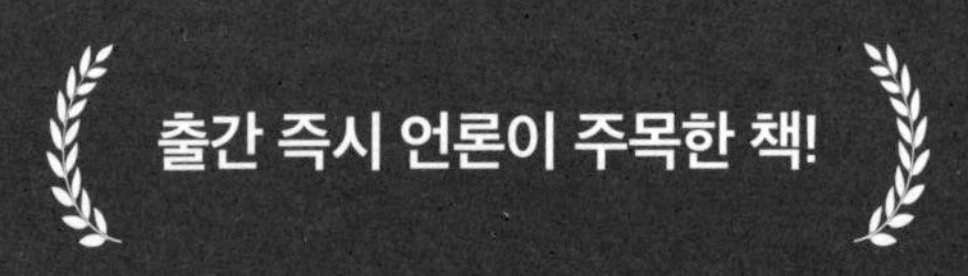

출간 즉시 언론이 주목한 책!

비슷한 주제의 책은 많다. 그러나 이 책은 고대 문명에서부터 기계공학, 물리학, 철학까지를 폭넓게 아우르면서 어렵지 않게 읽히는 데서 눈여겨볼 만하다. -《**동아일보**》

인간이 역사상 가장 관심을 가졌던 단 하나의 활동, 즉 '시간의 측정'을 실증한 책 '1초의 탄생'은 한 치의 오차를 불허하려는 인류의 치열함을 추적하며 우리에게 주어진 '1초'의 의미를 되새기도록 이끈다. -《**매일경제**》

이 책은 시간을 자르고 나누는 일이 얼마나 위대한 인류의 발명인지, 우리 삶을 지배하는 '몇 시 몇 분 몇 초'가 얼마나 오랜 세월의 분투가 깃든 작품인지를 알게 만드는 동시에 단순히 지식의 전달이 아닌 철학적 사유의 세계로 독자들을 끌어들인다. -《**문화일보**》

1초는 어떻게 1초가 됐을까. 세계에서 가장 정확한 시계는 어디에 있을까. 생각지도 못했던 질문에 대한 답을 찾아가다 보면 무심코 흘려보낸 1분 1초가 달리 보이기 시작한다. -《**조선일보**》

『1초의 탄생』은 인류 문명과 함께해 온 시간의 과학과 역사, 철학, 종교 등을 총망라한 책이다. 시간의 속성을 잘 알게 되면 시간을 더 잘 사용하게 되지 않을까. 『1초의 탄생』이라는 '타임' 머신을 타고 시간 여행을 떠나 보자. -《**중앙일보**》

시계의 발달사는 과학 발전의 역사이기도 하다. 종교와 과학이 길항하며 합의점을 찾아간 과정, 본초 자오선 등 현대의 시간대 체제를 낳은 정치적 협상, 시계 발달사에서 명멸한 인물들의 흥미로운 일화 등이 과학적 서술의 난해함을 상쇄한다. -《**한겨레**》

과학기술과 인류 문명의 발전사가 시간을 주제로 자연스럽게 포개지며 시간 측정이 인류 사회에 얼마나 큰 영향을 미치는지 다양한 일화를 통해 보여준다. 물리학자가 쓴 책이지만 과학책 그 이상이다. -《**한국경제**》

시간을 재던 문명 초기의 이야기부터 정밀한 원자시계가 등장한 사연까지에 이르는 인류의 시간 측정사를 다룬다. -《**한국일보**》

1초의 탄생

A Brief History of Timekeeping

1초의 탄생

해시계부터 원자시계까지 시간 측정의 역사

채드 오젤 지음
김동규 옮김
김범준 감수

21세기북스

경이로운 1초의 과학, 그리고 그 역사

김범준(성균관대학교 물리학과 교수)

하루에도 수십 번 시계를 봅니다. 8시면 출근길 버스를 타고 12시에는 친구와 약속한 식당으로 갑니다. 나의 12시가 친구의 12시와 크게 다르면 만나기 어렵습니다. 두 시계가 같은 시각을 가리키고 있다는 믿음의 근거는 무엇일까요? 이 책은 1초라는 시간에 대한 합의가 어떻게 탄생했는지, 인류가 걸어온 긴 여정을 생생히 보여줍니다.

선조들은 해가 어디 있는지를 보고 지금이 언제인지 가늠했습니다. 아침 해가 동쪽에 뜨면 일을 나갔고 서쪽에 저녁 해가 뉘엿하면 집에 갈 시간이었죠. 해가 시계의 역할을 했다면 달은 매일의 날짜가 적힌 달력인 셈이었습니다. 초승달, 상현달, 보름달, 하현달, 그리고 달이 보이지 않는 그믐을 지나면, 달의 모습은 같은 순서로 규칙적으로 되풀이됩니다. 우리가 30일 한 달을 한 '달'이라 하고, 날짜 적힌 달력을 '달'력이라 하는 이유입니다.

아침 해가 떠오르는 위치가 매일 조금씩 변하고, 1년이 지나면 해가 작년에 떠오르던 바로 그곳에서 다시 떠오른다는 것도 선조들은 잘 알고 있었습니다. 우리가 한 해를 한 '해'라고 하는 이유죠. 우리가 손목에 찬 시계와 벽에 걸린 달력을 이용하듯이 선조들은 해와 달로 시간과 날짜를 쟀습니다. 예나 지금이나, 소리를 내든 그렇지 않든, 간격이 길든 짧든, 규칙적으로 반복되는 어떤 '똑딱임'으로 시간을 쟀습니다.

이 책은 인류가 시간을 재기 위해 이용한 '똑딱임'의 발견과 합의의 역사를 담고 있습니다. 동짓날 해가 뜨는 방향으로 놓인 뉴그레인지 유적이 보여주듯이, 오래전 지구 곳곳에서는 해와 달의 규칙적인 똑딱임을 이용했습니다. 하지만 하루보다 훨씬 짧은 시간을, 게다가 구름 낀 낮과 밤에도 측정한다는 것은 인류에게 큰 도전이었습니다. 이후 인류는 주변 일상의 똑딱임에 주목하기 시작했습니다. 흘러내리는 물과 모래, 왼쪽 오른쪽으로 움직임을 반복하는 진자를 이용하던 인간은 드디어 탈진기라는 멋진 장치를 만들어내게 됩니다. 놀라운 정확도의 기계식 시계의 발명은 정확한 경도 측정으로 이어져 먼 바다로의 항해를 가능케 했습니다.

20세기에 들어서는 시간에 대한 과학적 이해가 급변하기 시작했습니다. 특수 상대성 이론은 시간과 공간이 서로 얽혀 맞물려 있다는 것을, 일반 상대성 이론은 중력과 시공간이 서로 어떻게 영향을 주고받는지를 알려주었습니다. 현대의 인류는 이제 우리 눈으로는 직접 볼 수 없는 작은 규모의 빠른 똑딱임으로 시간을 잽니다. 우주 어디서나 동일한 양자역학의 원리로 작은 원자가 방출하는 전자기파의 진동수가 드디어 우리가 합의한 1초의 기준이 된 것입니다. 1초의 탄생에 과학과 기술만 기여한 것은 아닙니다. 시간의 측정은 과학이지만 시간의 약속은 사회적 합의의 결과입니다.

이 책에 담긴 내용을 정확하고 쉽게 전달하기 위해 번역가님, 출판사 편집자님, 그리고 저도 함께 힘껏 노력했습니다. 모두 애썼지만, 그래도 아직 미진한 부분이 있을 수 있습니다. 혹시 이해하기 어려운 부분을 만나면 제안과 함께 출판사에 꼭 알려주세요.

똑딱똑딱. 제 시계의 바늘이 규칙적으로 째깍거립니다. 감수를 마치고 보니 시계의 똑딱임이 더 경이롭게 보이네요. 자, 이제 여러분도 1초의 똑딱임이 어떻게 탄생했는지, 왜 저의 1초가 여러분의 1초인지, 시간 측정의 과학과 역사를 살펴볼 시간입니다. 어서 다음 쪽을 열어보세요. 시간이 흐르고 있습니다. 똑딱똑딱.

2023년 12월

더 정확하고 더 정밀하게 1초를 측정하라

내가 교수로 있는 이곳 뉴욕 주 스키넥터디의 유니온칼리지는 강의실과 실험실, 사무실 등이 가득 들어찬 건물들이 줄지어 늘어선 가운데 푸른 교정이 펼쳐져 있는 그림 같은 캠퍼스다. 여느 대학 캠퍼스가 그렇듯이, 이곳에도 시계가 많다. 기념 예배당에 딸린 시계탑에서는 매시 정각을 알리는 종소리가 들린다(가끔 재능 있는 음대생들이 종소리에 맞춰 연주 실력을 발휘하기도 한다). 사람들이 만남의 장소로 애용하는 리머 캠퍼스센터 바로 앞에는 1997년 졸업생들이 기증한 커다란 장식용 시계가 서 있다. 거의 모든 강의실에는 학생들과 교수들이 수업 시간을 확인할 수 있는 아날로그 시계가 벽에 걸려 있다(교수님들에게는 너무 빨리 가고, 학생들에게는 너무 천천히 간다). 물론 눈에 보이지 않는 시계도 셀 수 없이 많다. 손목시계는 물론이고 컴퓨터와 스마트폰마다 시계가 들어 있다.

시간을 재는 활동은 물리적인 형태를 갖춘 시계를 뛰어넘어 캠퍼스 어디에나 존재한다. 수업 시간은 1분 단위로 정해져 있고(정각 9시 15분에 시작해서 10시 20분에 마치고, 다시 다른 강의실에서 10시 30분에 시작하는 식이다), 하루 일정은 각종 회의와 약속으로 빼곡히 들어찬다. 학생 활동은 대개 시간이 정해져 있고(수업 중 발표에 10분, 시험 시간은 1시간 등), 운동 성적은 몇 분의 1초 단위로 기록된다. 범위를 더 넓히면 한 학년은 정해진 일자를 중심으로 매년 반복된다. 학위 수여식, 개학과 종강, 연례 학생 연구 심포지엄 등이다. 그리고 이 모든 일정은 한 해를 마감하고 새로운 졸업생을 세상으로 떠나보내는 졸업식으로 귀결된다.

시간을 추적하고 측정하는 이런 과정은 너무나 평범해서 따로 언급할 가치조차 없어 보인다. 그러나 사실 우리는 일정을 관리하면서(또는 지나치게 많은 일정에 조바심을 내면서) 이런 활동의 배경에 얼마나 깊은 역사와 다양한 과학이 있는지를 간과하는 경우가 많다. 시간에 점령당한 채 살아가는 우리의 모습을 현대적인 현상으로 여기는 사람이 많지만, 사실 시간을 측정하고 관리하는 일은 모든 시대와 장소를 통틀어 인류가 가장 큰 관심을 기울인 활동이었다. 우리가 아는 한 역사상 모든 사회는 저마다의 방식으로 시간의 흐름을 측정했고, 그중에는 아찔할 정도로 복잡한 것도 있었다. 우리가 아는 가장 오래된 건축물 중에도 그 용도가 바로 달력인 경우가 적지 않다.

이 책은 인류가 수 세기에 걸쳐 시간의 흐름을 측정해온 발자취를 그 과정과 함께 발달한 과학을 통해 살펴보는 일종의 가상 여행이다. 우리는 가장 오래된 하·동지점 표시 구조물을 시작으로, 태양계의 천문학과 태양이 하늘을 가로지르는 경로의 특징을 살펴볼 것이다. 태양과 행성의 움직임을 이해하려는 노력은 뉴턴 물리학의 발전으로 이어졌다. 우리는 이 과정에서 기계식 시계 장치가 만들어진 과정을 살펴볼 것이다. 한 걸음 더 나아가 전자기학과 양자역학이라는 혁명적인 물리학 분야의 발전으로 물체의 움직임(예컨대 기계식 시계 추)에 기반한 시간 측정의 표준이 빛의 진동을 측정하는 현대적인 원자시계로 대체되는 과정도 다룰 것이다.

시간 측정의 역사에는 과학기술에 관한 추상적인 이야기만이 아니라, 정치와 철학의 매우 흥미로운 요소도 포함되어 있다. 마야 문명의 최전성기였던 서기 500년경에 그들이 운영했던 복잡한 역법 체계의 사회적 측면과, 그로부터 약 1,000년 후에 유럽이 그레고리우스력을 채택하게 된 신학적 배경, 그리고 현대의 시간대 체계를 낳은 정치적 협상 과정을 살펴볼 것이다. 그리고 우리는 이 과정에서 제기되는 철학적인 질문들이 다시 우주에서 차지하는 우리의 위치는 물론, 시간과 공간의 속성에 대한 이해를 형성한다는 것을 알게 될 것이다.

시간을 측정하는 행위를 깊이 들여다보면 이것이 현대 사회뿐만 아니라 인류 문명 전체의 특징적인 집착이라는 사실을 알 수 있다. 시간 측정 장치를 구축하고 다듬는 과정은 지난 수천 년간 과학과 기술의 발전을 이끈 가장 큰 원동력이었다. 신석기시대에 하·동지점을 표시한 구조물에서 기계식 시계를 거쳐 초정밀 레이저 진동수 표준에 이르기까지, 우리는 언제나 시계를 만드는 종족이었고, 그것은 앞으로도 마찬가지일 것이다.

물론 종합적인 이야기는 특정 용어를 어떻게 정의하느냐에 따라 의미가 달라진다. 이 책의 경우에는 수천 년에 걸쳐 등장한 '시계'라는 장치를 먼저 정의해야 한다. 그렇다면 하·동지점 표시 장치와 기계식 시계, 그리고 레이저 분광기의 공통점은 무엇일까? 가장 기초적인 수준에서 보자면, 시계는 일단 똑딱이는 물건이다.

여기서 '똑딱이다'라는 말은 유니온칼리지 기념 예배당에 있는 기계식 시계의 무거운 추가 앞뒤로 흔들리면서 톱니바퀴들이 서로 맞부딪칠 때 나는 물리적 소리라고 볼 수도 있다. 또 강의실 벽에 걸린 전자식 시계에 시간을 표시해주는 교류 전압 같은, 좀 더 정교한 물리 효과가 될 수도 있다. 물론 이보다 훨씬 빠른, 원자시계에 사용되는 초당 90억 회의 전자기파 진동도 여기에 해당한다. 이 진동은 인터넷을 통해 스마트폰에 전달되는 시간 신호로 바뀐다. 혹은 지평선에 떠오르는 태양의 위치가 바뀌는 것처럼 엄청나게 느린 움직임일 수도 있다.

그러나 이 모든 시계는 똑딱인다는 공통점을 가지고 있으며, 이는 시간의 흐름을 표시하고 이를 측정하는 데 사용할 수 있는 정기적이고 반복된 움직임을 의미한다. 원자시계의 전자기파가 한 차례 진동을 마치면, 우리는 91억 9,263만 1,770분의 1초가 지났음을 안다. 낮 12시에 정북 방향에 있던 캠퍼스 건물 한 동의 그림자가 안뜰을 가로질러 다음날 다시 정북 방향에 오는 것을 보면서 비로소 하루가 지났음을 알게 된다. 지평선에 떠오르는 태양의 위치가 사계절의 순환을 마치고 최북단으로 돌아오는 것을 보고 우리는 한 해가 지났다는 것을 알 수 있다. 이 모든 사건은 은유적인 '똑딱임'이다. 그리고 우리는 어떤 두 가지 사건 사이에 이런 똑딱임이 몇 번 발생했는지 세어 시간의 흐름을 측정한다.

그러므로 시간 측정의 역사에서 핵심 주제는 바로 이런 똑딱임을 파악하고 이해하는 과정이다. 양질의 시계를 제작하기 위해서는 먼저 똑딱임에 해당하는 프로세스가 무엇인지 파악하고, 다음에는 속도에 영향을 미치는 모든 요소와 그것이 궁극적으로 시계의 정확도에 미치는 영향을 이해해야 한다. 다양한 종류의 시계가 똑딱거리는 과정을 이해하려는 노력은 기초과학, 특히 물리학과 천체물리학 분야에서의 혁명적인 발견들로 이어졌다(6장과 8장에서 살펴볼 것이다).

똑딱임을 측정해서 사건의 시간적 흐름을 파악하려면 시계에 모종의 표시 기능이 있어서 사람이 그 숫자를 셀 수 있어야 한다. 기계식 시계의 똑딱이는 소리는 이론상으로는 직접 셀 수 있지만, 시계의 원리가 되는 물리적 시스템 중에는 사람이 눈으로 관찰할 수 없는 속도로 움직이는 것이 많다. 내가 차고 있는 손목시계의 수정 진동자는 직접 셀 수 없을 정도로 빨리 움직이므로, 우선 전기적인 방식으로 진동수를 기록한 뒤 총 3만 2,768번 진동할 때마다 1초씩 셀 수 있도록 속도를 늦춘 것이다.

우리가 주변에서 흔히 보는 시계의 가장 뚜렷한 특징도 바로 이런 표시 장치다. 손목시계의 시침, 분침, 초침, 그리고 숫자판이 그렇고, 꼬박 하루가 걸리는 그림자의 움직임을 추적하는 해시계의 바늘과 눈금도 마찬가지다. 따라서 시간 측정의 역사는 곧 혁신적인 표시 기술의 역사이기도 하다. 즉, 시간의 흐름을 사람이 알아보기 쉽게 표시하여 오류 가능성을 최소화하는 방법을 찾아온 역사인 셈이다. (9장과 10장에서 살펴볼) 해상에서 경도를 정하는 방법을 둘러싸고 벌어진 경쟁은 이것이 가장 극명하게 드러난 사례다. 물론 이 경쟁은 평범한 선원이 사용하기 쉬운 방법이 무엇인가를 둘러싸고 벌어진 측면도 있다.

수 세기 동안 시계의 표시 장치를 괴롭혀온 또 하나의 문제는, 표준으로 삼기에는 훌륭하나 이를 실제로 전달하기는 어려운 것들이 많다는 점이었다. 하·동지점의 표시 장치는 기본적으로 특정 공간의 어느 한 지점에 고정된 것으로, 그 지점에서 바라본 태양의 위치를 기록한다. 따라서 표시 장치를 다른 곳으로 옮기면 더 이상 기준이 될 수 없다. 이것과 기술적으로 정반대의 극단에 있는 초정밀 원자시계는 원자의 움직임을 파악하고 거기에서 정보를 얻기 위해 상당한 기반 구조가 필요하므로, 최고의 원자시계는 결국 연구실이라는 한계를 벗어나기가 너무 어렵다.

따라서 우리가 주변에서 볼 수 있는 실용적인 시계란 사실 시계의 모델에 불과하다. 즉, 옮기기 힘든 초정밀 표준의 근사치를 이용하는 시간 측정 방법인 셈이다. 우리 강의실 벽에 걸린 시계는 전력망을 통해 공급된 전류의 진동을 기반으로 측정한 시간의 근사치를 보여줄 뿐이다. 공식적인 시간은 전 세계 국가 표준 연구실에 설치된 원자시계가 측정한 값을 종합하여 결정되고, 이는 다시 국제적인 관리기관이 감독 및 추인한다(국제 시간대의 기원과 공식 시간 결정에 관해서는 11장에서 설명할 것이다).

실용적인 시계는 모두 시간을 모델화한 것이므로, 시간 측정의 역사에서 세 번째 핵심 주제는 시계들을 서로 비교하고, 그 결과를 이용해 시간의 모델을 정교하게 다듬는 것이다. 시간의 모델을 만든 문명들이 채택한 기본 과정은 모두 똑같다. 우선 특정 표준과 동기화된 시계 모델을 만든 다음, 그 고유한 작동 원리에 따라 여러 차례 똑딱여본 후, 다시 그것을 표준과 비교하여 제대로 동기화되었는지 확인하는 것이다. 이것은 사람들이 차고 있는 손목시계가 제 기능을 발휘하는지 확인하는 방법과도 일치한다. 즉, 손목시계를 정확한 공식 시간에 맞춘 다음(미국에서는 국립표준기술연구소National Institute of Standards and Technology, NIST가 제공하는 미국 표준시간 웹사이트를 이용하면 된다) 한동안 차고 다니다가 며칠 혹은 몇 주 후에 공식 시간에 맞춰 다시 조정하면 된다. 손목시계에 내장된 수정 진동자와 NIST가 보유한 원자시계의 세슘 원자는 직접 연관되어 있지 않으나, 우리는 이 방법을 통해 실제 공식 시간과 상당히 비슷한 모델을 보유할 수 있다.

이 과정은 유구한 시간 측정의 역사를 통해 다양한 시간 척도에서 극적인 성과를 창출하는 데 사용되었다. 12장에서 살펴보겠지만, 전신을 이용하여 서로 다른 곳에 있는 두 시계를 동기화하는 방법은 상대성 이론의 탄생에 결정적인 역할을 담당했고, 시공간에 대한 우리의 이해에 중대한 영향을 미쳤다. 또 다른 극단적인 시기에는(3장에서 살펴본다) 동기화-작동-확인이라는 이 방법을 수 세기에 걸쳐 적용한 결과 그레고리우스력이 탄생하기도 했다.

그레고리우스력은 네 번째 주제를 보여주는 중요한 사례이기도 하다. 바로 시간 측정의 유구한 역사는 아무리 조잡한 수준의 도구로도 놀랄 만한 정확성을 구현해낼 수 있음을 보여준다는 사실이다. 로마 시대에서 중세를 거쳐 르네상스 시기까지 수천 년에 이르는 달력 기록이 남아 있었던 덕분에, 천문학자들은 자기들이 세운 시간 모델과 실제 계절 주기 사이의 차이가 1년에 11분에 불과하다는 사실을 알아냈다. 기원전 46년에 제정된 율리우스력은 서기 8세기 무렵에 일어난 역법 개혁이라는 '동기화' 단계를 지나며 무려 1,500년 이상 문제 없이 운영되다가 1582년에 교황 그레고리우스 13세에 의해 최종 '확인' 단계를 거친 후 비로소 오늘날과 같은 역법으로 정착했다. 망원경이 발명되기 20년 전에 시행된 그레고리우스력은 앞으로도 3,000년 동안이나 4계절의 주기와 일치한 상태로 남아 있을 것이다. 한마디로 우리는 충분히 오랜 시간을 기다릴 수만 있다면, 나노초 단위의 원자시계가 굳이 없더라도 시간을 매우 정확하게 측정할 수 있다.

이 모든 사실을 종합하면, 시간 측정의 역사는 결국 표준적인 똑딱임과 그것을 모델화한 수단이 오래도록 축적된 과정임을 알 수 있다. 우리는 과학 지식이 발달할수록 더욱 미묘한 효과를 측정하는 수단을 새롭게 발견해왔고, 그 덕분에 일련의 반복적인 발전 과정을 통한 표준 향상을 꾀할 수 있었다. 즉, 새로운 형태의 똑딱임을 기존의 가장 우수한 표준에 비춰 검증하고, 새로운 표준에 대한 이해도가 깊어져서 기존의 표준을 뛰어넘는 정밀도를 달성하면 마침내 그것을 대체하는 것이다.

이것은 20세기에 접어들어 시간에 대한 공식적인 정의가 바뀌는 과정에서 더욱 뚜렷하게 드러난다. 즉, 1870년대에 현대적인 국제단위계International System of Units, SI가 도입되면서 1초는 8만 6,400분의 1 태양일로 정의되었다. 이것은 당시로서는 시계의 정확한 정의였으나, 시간이 지나면서 지구의 자전 속도가 조금씩 바뀌어 2019년의 1태양일은 1870년의 하루에 비해 약 1,000분의 2초 길어졌다. 최신 진자 시계와 수정 진동자가 개발된 1900년대 초까지, 이들의 정밀도는 '하루'의 정의에 따라 발생한 모호성보다 이런 시계 모델의 내재적인 불확실성이 더 작아질 정도로 발전했다.

1960년이 되면 1초는 공식적으로 "1900년 1월 0일 역표시曆表時 12시를 기준으로 태양년의 3,155만 6,925.9747분의 1"로 정의됨으로써, 우리가 잘 아는 태양 중심의 지구 공전 운동과 긴밀히 연계되었다. 물론 1900년이라는 특정 연도를 표준으로 유지하기는 불가능한 일이므로, 물리학자들은 더욱 간편하고 보편적인 표준을 계속 찾았다. 그리고 마침내 원자와 빛의 양자적인 특성에 힘입어 그것을 찾는 데 성공했다. 원자가 빛을 흡수하고 방출할 때의 진동수는 양자물리학 법칙에 따라 고유한 값을 지니며 특정 원소의 원자는 모두 이 값이 같으므로, 원자는 간편할 뿐만 아니라 어느 정도 이동성까지 확보한(최소한 1900년이라는 특정 연도의 길이보다는 분명히 그렇다) 시간 측정 표준이 될 수 있다.

양자이론이 완성되고 초정밀 마이크로파 분광학이 발전하면서(이 기술은 13장에서 다룬다), 시간의 정의를 천천히 변화하는 지구의 움직임과 구분할 수 있게 되었다. 1967년이 되자 1초의 정의는 "세슘-133 원자의 에너지 바닥 상태의 두 초미세 준위에서 방출되는 전자기파가 진동하는 주기의 91억 9,263만 1,770배에 해당하는 시간"으로 바뀌었다. 이것이 바로 오늘날 우리가 시간을 측정하는 데 사용하는 똑딱임의 공식적인 정의이며, 현대의 가장 정확한 원자시계는 앞으로 10억 년 이상을 작동하더라도 오차가 1초 정도를 넘어서지 않을 것이다.

그러나 세슘 표준이 반드시 최종 정의라고 볼 수는 없다. 물리학자와 엔지니어들이 계속해서 새롭고 더 나은 시계를 찾고 있기 때문이다. 지금도 표준을 연구하는 학자들은 현존하는 최고의 세슘 표준보다 수십, 수백 배 더 정확한 시계를 실험하고 있다. 물론 아직 그보다 뛰어난 시계가 뚜렷하게 정립되지는 않았으나, 세슘과 전혀 다른 원소가 발견되어 시간의 정의가 다시 바뀔 가능성은 얼마든지 남아 있다(차세대 원자시계에 관해서는 16장에서 다룰 것이다).

마지막으로 시간 측정의 역사에서 살펴볼 중요한 주제가 있다. 시간 측정은 과거나, 심지어 현재에 국한된 일이 아니다. 시간 측정에 관한 과학기술은 미래의 시간을 추정하는 일과도 밀접한 관련이 있다. 시간을 측정하는 일은 그렇지 않았다면 변덕과 혼란이 가득했을 세상에 질서와 예측 가능성을 부여하는 데 도움이 된다. 우리는 앞으로도 믿을 만한 표준을 이용하여 시간을 측정할 것이고, 이를 바탕으로 앞으로 어떤 일이 일어날지 이해하고 예측할 수 있을 것이다.

이런 예측 요소는 세계 곳곳의 시간 측정 역사에서 모두 찾아볼 수 있다. 우리는 신석기시대 유물에서 봄이 다시 온다는 것을 알려주는 동지점 표시 흔적을 발견했다. 유대인과 초기 기독교인들은 유월절과 부활절이 다시 돌아오는 날을 반영하여 역법을 조정했다. 마야의 천문학자들은 금성의 움직임을 추적하여 전쟁의 기운을 점치려고 했다. 유럽의 수학자들은 선원들이 전 세계에 걸친 그들의 제국을 항해하는 데 도움이 되고자 달의 향후 위치를 계산하는 정교한 모델을 개발했다. 이런 미래 예측 요소는 현대의 최첨단 원자시계 개발 활동에서도 찾아볼 수 있다. 비록 현재는 그 정도의 정밀성이 필요하지 않으나, 미래의 낯선 발견에는 매우 중요한 요소가 될지도 모른다.

최적의 농작물 재배 시기를 알아내는 것이 중요했던 고대 농경 사회에서, 별의 미래 경로를 읽고자 했던 고대 점성술사들, 그리고 천체의 움직임을 예측하는 천문학자에 이르기까지, 시간 측정은 언제나 과거 못지않게 미래에 초점이 맞춰져 있었다. 이런 예측 요소는 석기 유물을 건설했던 고대 건축가에서, 휴가 계획을 디지털 달력 앱에 저장하는 현대의 사무직 근로자에 이르기까지 끊임없이 반복되는 특징이다.

현대에 이르러 시간 측정에 기울이는 이런 노력은 엄청나게 확장되었다. 그리고 그것은 대체로 우리가 간과하는 방대한 과학기술의 기초 위에서 가능한 일이다. 이런 기초가 마련되기까지는 수천 년에 걸친 엄청난 과학 지식의 축적 과정이 있었다. 지금부터 조금만 시간을 들여 그 이야기를 살펴보기로 하자.

이 책의 내용 중에서 부가 설명이 필요한 부분은 그 장의 마지막 부분에 설명난을 덧붙였는데, 그 부분에서는 특정 시간 측정법에 관한 역사적인 내용보다는 주로 그 과학적인 원리를 좀 더 깊게 다루었다. 나는 가능한 한 장황한 수학 계산이나 불분명한 용어를 사용하지 않고 이 책의 모든 내용을 알기 쉽고 피부에 와 닿게 쓰기 위해 노력했지만, 읽는 사람에 따라서는 마음에 드는 내용도 있고 그렇지 않은 부분도 있을 것이다. 물론 독자들이 모든 페이지의 내용을 읽기를 바라지만, 좀 더 기술적인 내용을 편리하게 참조할 수 있도록 이런 부가 설명난을 마련했다. 좀 더 짧은 분량으로 구성된 페이지도 있는데, 여기서는 책의 중심 주제와는 다소 거리가 있으나 생략하기에는 아쉬운 내용이나 일화를 담았다. 과학적인 내용에 좀 더 관심이 있는 분은 부가 설명도 빠짐없이 읽어본다면 시간을 측정하기 위한 인류의 역사 속으로 더 깊이 들어갈 수 있을 것이다. 이 책을 통해 많은 독자들이 지금도 무심하게 흘러가고 있는 시간에 숨겨진 의미를 깨닫게 되기를 바란다.

CONTENTS

| CHAPTER 1 |

세상에서 가장 오래된 시계

1600년대 후반에 일어난 명예혁명으로 잉글랜드와 스코틀랜드의 가톨릭교도 국왕 제임스 스튜어트(제임스 2세)가 물러나고 그의 딸 메리와 사위 오렌지공 윌리엄이 왕위를 이어받았다. 이를 계기로 아일랜드의 '윌리어마이트 전쟁Williamite War'을 포함하여 영국 제도 전역에서 수많은 봉기가 일어났다. 봉기가 진압된 후, 제임스 2세를 지지했던 가톨릭교도들의 토지 중 많은 부분이 몰수되어 윌리엄을 지지하는 프로테스탄트 교도들에게 분배되었다. 이 과정에서 찰스 캠벨Charles Campbell이라는 사람이 항구 도시였던 드로이다 인근의 토지를 인수하게 되었다. 그는 새롭게 얻은 이 토지를 개발하기로 하고, 1699년에 일단의 노동자들에게 바위투성이인 언덕 꼭대기에서 채석 작업을 지시했다.

이 언덕은 아일랜드에 아직 기독교가 전파되지 않았던 시절, 여러 신과 영웅들과 깊은 연관이 있는 브루 나 보너Brú na Bóinne(보인의 궁전)라는 지역의 곳곳에 솟아 있는 여러 언덕 중 하나였다. 채석 작업을 시작하고 얼마 지나지 않아 캠벨의 노동자들은 "산 아래에서 거칠게 조각된 넓고 평평한 돌"을 발견했다. 그 돌이 가로막고 있는 입구를 지나 인공 통로를 따라가자 우뚝 솟은 거대한 돌무더기가 나왔다. 이 발견으로 채석 작업은 중단되었고, 마침 그 지역을 여행하던 영국 옥스퍼드 소재 애시몰리언 박물관의 책임자 에드워드 로이드Edward Lhwyd가 이곳을 눈여겨보았다. 로이드는 이 "동굴"의 방문기를 왕립학회에 게재했는데, 이것이 바로 오늘날 뉴그레인지Newgrange로 알려진 고대 묘실에 대한 최초의 간행물이다(앞의 인용한 부분도 이 문서에서 가져온 것이다).

이후 수 세기 동안 골동품 애호가들과 보물을 찾는 사람들이 무턱대고 뉴그레인지를 방문하면서 고고학적 기록을 완전히 망쳐놓은 바람에 묘실과 그 내용물이 뒤섞이거나 앞뒤가 맞지 않게 되어버렸다. 그러나 다행히 전체적인 구조는 훼손되지 않았다. 그러다가 1960년대에 아일랜드의 고고학자 마이클 오켈리Michael O'Kelly 교수가 대규모 발굴에 착수하면서 연결통로와 중앙 묘실을 덮고 있던 흙과 돌을 조심스레 걷어냈다. 이 과정에서 이 구조물의 원래 목적에 관한 놀라운 사실이 밝혀졌다.

오켈리는 발굴 과정에서 통로 입구 바로 위쪽에 두 장의 돌판이 수평으로 설치된 일종의 '지붕 상자'를 발견했다. 두 돌판 사이의 틈은 흰색의 석영 조각들로 메워져 있었다. 돌판에 이런 표시가 난 것을 볼 때 그 돌판이 여러 차례 철거되었다가 다시 설치되었음을 알 수 있었다. 오켈리 팀은 발굴 과정에서 '과거의 언젠가' 떠오르는 태양이 무덤의 맨 뒤쪽 석각을 비추는 역할을 했다는 이야기가 이 지역에 내려오고 있음을 알게 되었다. 팀원들은 이런 전설과 발굴 도중에 진행된 현장 조사를 바탕으로 1969년 12월 21일 아침 동트기 전에 중앙 묘실에 들어갔고, 마침내 놀라운 현상을 관찰하고는 그것을 다음과 같이 기록했다.

> 그리니치 표준시로 8시 54분 정각에 태양 광구光球 꼭대기가 지평선에 나타났고, 8시 58분에는 태양 직사광선이 처음으로 모습을 드러내더니 지붕 상자를 통과하여 묘실 바닥을 가로질러 맨 끝 오목한 지점의 앞쪽 가장자리에까지 도달했다. 가느다란 빛줄기가 폭 17센티미터까지 넓어지며 묘실 바닥을 가로지르자, 무덤 내부가 갑자기 환하게 밝아지며 양쪽 벽과 안쪽 오목한 부분까지 선명하게 보이기 시작했다. 9시 9분부터 17센티미터 폭의 빛의 띠가 다시 좁아지기 시작했고, 9시 15분 정각에는 직사광선이 묘실에서 자취를 감췄다. 그러므로 연중 낮이 가장 짧은 날 동이 트는 17분 동안, 직사광선이 문을 통해서가 아니라 통로 지붕의 바깥쪽 끝에 있는 지붕 상자 바로 아래에 특별히 고안된 틈을 통해 뉴그레인지로 들어갈 수 있다는 것이다.*

* 오켈리의 책, 『뉴그레인지에 얽힌 고고학, 미술, 그리고 전설(Newgrange: Archaeology, Art and Legend)』(1982).

뉴그레인지 석실분의 중앙 통로는 원래 언덕의 경사면보다 살짝 높은 위치에 있다. 즉, 중앙 묘실의 바닥은 지붕 상자의 윗부분보다 약간 낮다. 바닥에서부터 지붕 상자를 지나는 직선을 그어보면 남동쪽 지평선으로 연장되어 일출 지점의 가장 남쪽에 가까운 곳에 닿는다. 동짓날 아침이 되면(며칠 앞서거나 연장될 수도 있다) 좁은 햇빛이 지붕 상자를 통해 중앙 묘실까지 비추면서 1년 중 유일하게 중앙 묘실에 자연광이 들어온다.

오켈리의 발굴(그리고 뒤이은 건축물 복원 작업)* 이후에도 뉴그레인지를 누가 건축했는지, 그곳에서 어떤 의식이 치러졌는지 등은 여전히 베일에 싸여 있었다. 그러나 한 가지 확실한 것은 뉴그레인지 석실분의 본질이 시계이며, 건축 이후 5,000년 이상 완벽하게 작동해 왔다는 사실이다.

태양의 움직임을 기록하다

뉴그레인지는 석실분 중에 철저하게 잘 조사된 극히 예외적인 사례지만, 영국 제도에는 이것 외에도 유사한 구조물이 수없이 많다. 그중에서도 뉴그레인지 인근의 다우스Dowth나 스

* 복원된 석실분은 매우 인상적인 관광지로 널리 알려져 있다. 지금 그곳에 가면 지붕 상자에 설치된 전구를 통해 주야 평분점의 일출을 재현한 장면을 볼 수 있다. 더구나 응모를 통해 당첨되면 동지에 중앙 묘실에 들어가 실제로 일출을 체험해볼 기회를 얻을 수 있다(그러나 아일랜드의 기후 특성상 날씨가 흐려 일출 장면을 못 보더라도 환불되지 않는다는 점에 주의해야 한다).

코틀랜드 해상 오크니 제도의 매스 하우Maes howe 등과 같은 유적지는 동지의 일출에 맞춰 정렬되어 있다. 또 아일랜드에 있는 타라 언덕의 '포로들의 무덤'이나 노우스Knowth 석실분은 모두 하·동지점에 맞춰 동서쪽을 바라보고 있고, 웨일즈 지방의 브린 첼리 두Bryn Celli Ddu 석실분은 하지의 일출 지점에 맞추어 정렬되어 있다. 석실분을 사용해 태양의 순환주기를 표시하는 것은 신석기시대 영국 제도에서 이루어진 주요 활동이었다.

뉴그레인지가 건축된 지 수백 년 후, 그곳에서 남동쪽으로 수백 킬로미터 떨어진 지역에서 다양한 집단이 방대한 건축 프로젝트를 시작했다. 그곳은 현재의 영국 윌트셔 지방에 해당하는 솔즈베리 평원으로, 그 결과물이 바로 오늘날 지구상에서 가장 눈에 띄는 고대 거대 입석군 유적인 스톤헨지다.

스톤헨지 유적에는 기원전 3000년경에 사람이 활동한 증거가 남아 있다. 이곳에는 누군가가 유적 주위에 원형 도랑을 파낸 후 남은 흙으로 도랑 안쪽에 둑을 쌓은 흔적이 있다.** 오늘날 우리가 보는 유적은 이후 1,500년에 걸쳐 여러 차례 건축과 재건을 통해 갖춰진 형태인데, 전체적인 구조물은 북동-남서 방향으로 정렬되어 있고, 나란히 뻗어 있는 도랑은 유적지로부터 북동쪽으로 500미터까지 연장되다가 에이본 강을 향해 급격히 방향을 튼 모습이다. 그중에서도 가장 놀랍고도 야심찬 공사는 기원전 2500년 경에 말발굽 모양의 거대한

** 역설적으로 유적의 이런 배치는 엄밀히 말하면 스톤헨지가 고고학적인 의미의 '헨지'가 아니라는 뜻이기도 하다. 헨지의 정확한 정의는 둑 내부에 도랑이 설치된 구조물을 의미한다.

다섯 개의 삼석탑trilithons(곧게 선 두 개의 돌 위에 한 개의 돌을 얹어 마치 그리스 문자 π처럼 보이는 거석 기념물)을 북동쪽을 향해 세워놓은 것이었다. 그리고 그 끝에는 삼석탑보다는 작으나 여전히 거대한 사르센 암석이 고리 형태로 둘러싸고 있다. 환상형 사르센 암석은 네 개의 '배치석'과 입구 외곽에 자리한 하나의 '힐스톤'으로 이루어진 직사각형 구조 내부에 설치되었고, 입구 밖으로는 도랑과 둑으로 둘러싸인 도로가 강까지 뻗어 있다.

스톤헨지 삼석탑은 북동쪽을 향해 배치된 구조 때문에 이미 1700년대 초부터 천문학적 용도와 관련이 있을 것이라는 추측이 있었다. 당시 고대 유물 전문가 윌리엄 스터클리William Stukeley는 말발굽형의 삼석탑과 도로의 방향이 하지에 일출을 맞이하도록 설계되었

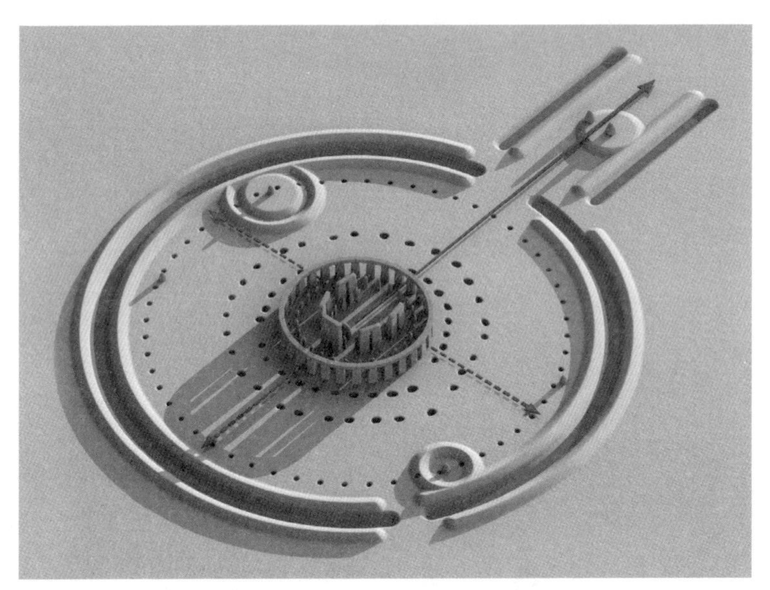

스톤헨지의 배치도, 조지프 레톨라(Joseph Lertola) 그림

다는 사실에 주목했다. 개방된 구조와 다수의 입석은 스톤헨지의 배치 수를 두고 엄청난 억측이 탄생하는 빌미를 제공했다. 종이에 그리거나 그저 상상만으로도 유적지 내의 임의의 두 돌을 서로 연결하는 선을 지평선까지 연장하면 천체와 어떻게든 관련지을 수 있으나, 그렇다고 그것이 스톤헨지를 건설한 신석기인들의 생각이나 의도를 증명해주지는 않는다. 그러나 고고학자들 사이에는 스톤헨지의 배치를 두고 대략 다음과 같은 폭넓은 공감대가 형성되어 있다.

- 말발굽형의 삼석탑과 도로는 북동-남서 방향으로 배치됨에 따라 하지의 일출과 동지의 일몰을 바라보도록 설계되었다.
- 네 개의 배치석이 만들어내는 직사각형의 짧은 면도 북동-남서 방향으로 배치되었다.
- 배치석 직사각형의 긴 면은 일출 지점의 북쪽 극단, 그리고 달이 지는 남쪽 극단을 가리킨다.*

다큐멘터리 영화 〈이것이 스파이널 탭이다This Is Spinal Tap〉에서 나이젤 터프넬Nigel Tufnel이 한 불후의 대사에도 나오듯이, 스톤헨지를 건설한 사람이 누구인지, 그들이 무슨 일을 하는 사람이었는지는 아무도 모른다. 사실 이 구조물이 무엇을 기념하는 것인지에 관해서도 정확히 알려진 바는 없다. 현대의 이교도들이 하지가 되면 힐스톤 옆에

* 지구 주위를 도는 달의 공전 궤도면과 지구가 태양을 도는 공전 궤도면은 미세한 각도로 어긋나 있고, 지평선에서 달이 뜨고 지는 지점은 일출과 일몰보다 조금 더 범위가 넓다. 9장에서 자세히 설명한다.

서 일출을 보기 위해 모이지만, 거대 삼석탑은 동지에도 일몰을 관찰하는 창의 역할을 훌륭히 해낸다. 실제로 고고학적으로도 겨울에 많은 사람이 이곳에 모여들었다는 증거가 있다.* 2003년부터 2009년까지 진행된 스톤헨지 리버사이드 프로젝트의 발굴 결과는 스톤헨지가 한 쌍의 서로 연결된 의식 장소 중 하나였음을 시사한다. 인근의 더링턴 장벽에서 발견된 헨지 역시 동지에 일출을 바라보는 원형의 나무 기둥들을 둘러싸고 있었고, 그곳에서 연결된 도로는 하지에 일몰 방향과 매우 가까웠다.**

영국의 신석기 시대 문화는 글로 된 기록을 별로 남기지 않았으므로, 스톤헨지를 비롯한 고대 천문학 유적이 당시 사람들에게 실제로 어떤 의미가 있었는지는 사실상 알 방법이 없다. 그러나 그 엄청난 규모와 태양 주기상 주요 시점을 둘러싼 정교한 배치를 보면 당시 사람들이 태양의 연간 움직임을 알고 있었으며, 해가 바뀌는 시기를 대단히 뚜렷한 방식으로 표시하고자 이 구조물을 건축했음을 알 수 있다.

물론 태양의 효과를 거대 구조물에 사용한 사례가 영국의 선사시대 문화에만 보이는 고유한 특징은 아니다. 이런 표시 장치는 세계 곳곳의 방대한 문화 유적에서 나타나며, 그중에는 계절마다 많은 여행객이 찾는 관광 명소가 된 예가 허다하다. 멕시코 유카탄반

---

* 고고학자들이 신석기시대의 쓰레기 더미 근처에서 발견된 동물 뼈를 통해 동물의 도살 연령을 추정한 바에 따르면, 그 시기가 겨울임을 알 수 있다.

** 구조물과 도로의 방향이 약간 어긋난 이유는 더링턴 장벽의 서쪽에 경사진 등성이가 있어, 지평선이었을 경우에 비해 일몰 지점이 조금 차이가 나기 때문이다.

도Yucatán의 치첸이차Chichén Itzá에 있는 쿠쿨칸 신전Kukulcán Temple은 서기 1000년경 마야인들이 건설한 곳으로, 춘·추분에 계단식 피라미드의 각 모서리가 드리우는 그림자가 마치 난간에서 거대한 뱀이 내려오는 형상과 닮아 이를 보려고 수많은 군중이 모여든다. 미국 뉴멕시코 주에 있는 파자다 뷰트Fajada Butte라는 언덕은 '태양의 단검'이라는 이름으로 유명하다. 이곳은 평행한 판상형 바위틈 사이로 비치는 햇빛이 벽에 그려진 나선형의 주요 지점을 통과하면서 하·동지점을 표시한다. 이 유적은 서기 1000년에서 1300년 사이에 존재했던 차코 문화Chacoan culture의 작품이다.*** 그보다 훨씬 훗날인 1700년대에 지구 반대편인 인도 케랄라에 건설된 슈리 파드마나바스와미 사원Sree Padmanabhaswamy Temple의 고푸람 양식 7층 문은 춘분과 추분이 되면 석양이 다섯 개 층으로 구성된 내벽과 외벽 창문을 통과하면서 각각 몇 분 동안 빛을 드리우도록 설계되어 있다.

심지어 최근에 지어진 건축물이 우연히 햇빛의 정렬 현상을 유도하여 등장한 '기념일'도 있다. 천체물리학자 닐 디그래스 타이슨Neil deGrasse Tyson은 이른바 '맨해튼헨지'를 널리 알린 사람으로 유명하다. 이것은 2년에 한 번 일출과 일몰의 방향이 뉴욕시의 도로 연결망 패턴과 거의 완벽하게 정렬되는 현상을 말한다.**** 이 때문에 시내 중심가에서 바라보면 햇빛이 마천루를 관통하여 장관을 연출한다. 열

*** 안타깝게도 이곳을 찾는 수많은 관광객으로 인한 마모 현상 때문에 1989년에는 이 석판 중 하나의 위치가 이동하고 말았다. 따라서 현재 이 유적은 일반에 공개되지 않는다.

**** 맨해튼헨지 일몰 현상이 관찰되는 시기는 5월 말에서 6월 중순 사이이다. 일출 시기는 12월 초에서 1월 초 사이이다.

정적인 아마추어 천문가들에 따르면 도로 연결망이 규칙적인 형태를 띠는 다른 도시에서도 고유한 '헨지' 날짜가 존재하는 곳이 있다고 한다. 이런 현상이 특정 날짜에 발생하는 것은 전적으로 우연의 산물이지만, 태양이 지평선을 따라 계절별로 어떻게 움직이는지 관심 있는 사람이라면 누구나 알아맞힐 수 있다. 인류는 이미 수천 년에 걸쳐 태양의 움직임을 관찰해왔기 때문이다.

그림자의 길이로 거리를 재다

우리 눈에 보이는 태양의 연중 운동을 설명하기 위해서는 그 바탕에 지구가 '둥글다'는(더 정확히 말하면 태양을 중심으로 공전하며 기울어진 자전축에 따라 회전하는 구형의 행성) 현대적인 인식이 반드시 필요하다. 5,000년 전에 뉴그레인지를 건설한 사람들이 이런 천체 운동을 어떻게 이해하고 설명할 수 있었는지 우리로서는 알 수 없으나, 그들이 이런 패턴을 경험적인 사실로 인식했다는 것만은 분명하다.

놀랍게도 지구가 자전축이 기울어진 구체라는 개념은 매우 긴 역사를 가지고 있다. 지구가 둥글다는 개념은 이미 고대 그리스-로마에서도 등장했고, 이미 2,200년 전에 그리스 학자 에라토스테네스가 지구 크기의 근사치를 최초로 측정한 바 있다.

에라토스테네스는 기원전 276년에 리비아에서 출생해 아테네에서 교육받았으며, 기원전 240년경에 알렉산드리아 도서관을 책임지는 직책을 맡아 이집트에 정착했다. 그곳에 온 후 그는 (오늘날의 아스완에 해당하는) 이집트 남부의 시에네라는 도시에 유명한 우물이 있다는 것을 알게 되었다. 그 우물은 하지 정오가 되면 햇빛이 우물 바닥까지 비추므로 그림자가 사라진다. 다시 말해 하지가 되면 시에네에서는 태양이 머리 바로 위에 온다는 것이다. 오늘날의 용어로 말하면 시에네는 바로 북회귀선에 자리한다는 뜻이다. 에라토스테네스는 자신이 사는 알렉산드리아에서는 하지가 되어도 정오의 태양이 그림자를 드리우므로, 이 시기에 그림자의 길이를 재면 지구의 둘레를 계산할 수 있다는 것을 알았다.

에라토스테네스는 하지에 알렉산드리아에서 그림자가 가장 짧아질 때의 길이를 측정했고, 이를 바탕으로 기하학 지식을 이용해 시에네와 알렉산드리아의 위도 차이를 쉽게 계산할 수 있었다. 그는 이 각도가 원 전체의 50분의 1(즉, 7.2도)에 해당한다는 사실을 알아

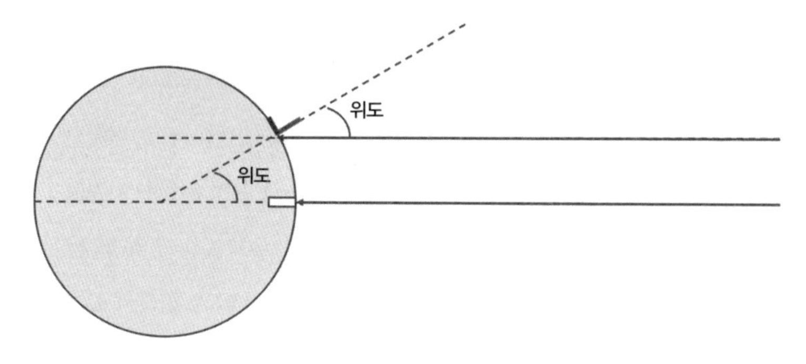

에라토스테네스의 계산 원리. 그는 알렉산드리아에서 정오의 그림자 길이를 측정하여, 그곳에서의 태양과 태양이 머리 바로 위에 오는 시에네 사이의 각도를 계산했다.

냈다. 알렉산드리아와 시에네의 거리를 당시의 거리 단위로 따지면 5,000'스타디아'였으므로, 에라토스테네스는 지구의 둘레가 이 거리의 50배, 즉 25만 스타디아라고 결론 내렸다. 스타디아는 현대적인 표준에 비춰 결코 훌륭한 정의라고 볼 수 없으므로 에라토스테네스의 측정 결과가 과연 정확한지는 여전히 논란의 대상으로 남아 있다. 타당한 계산값 중에서 최악을 선택해 오늘날의 단위로 변환하면 4만 6,000킬로미터가 되는데, 이는 오늘날 지구의 둘레라고 인정되는 값보다 겨우 15퍼센트 더 클 뿐이다. 이 정도면 꽤 인상적인 결과라고 할 수 있다. 특히 에라토스테네스는 자기가 살던 알렉산드리아에서 한 발짝도 떠나지 않고 이것을 계산해냈을 테니 말이다!

그래도 지구는 돈다

인터넷 시대에 경험하는 당황스러운 현상이 있다면 난데없이 지구 평평론이 부활했다는 사실이리라. 물론 지구 평평론자들은 비록 소수나마 항상 존재해왔지만, IT 기술이 발달한 오늘날, 그들은 유튜브나 기타 소셜미디어 플랫폼의 알고리즘을 이용해 동지를 규합한 뒤 그럴듯한 영상을 만들어 과거라면 이런 그룹이 있는 줄도 몰랐던 순진한 사람들에게 접근한다. 심지어 그들은 유명 인사를 앞세우기도 한다. NBA 농구선수 카이리 어빙Kyire Irving은 지구가 과연 둥근지 알 수 없다고 공개적으로 발언한 적이 있다(그는 나중에 이 발언을 철회하면서, 자신의 말 때문에 곤란을 겪었을 학교 선생님들에게 사과한다고 말했다).

에라토스테네스의 측정값이나 고대인이 묘사한 태양의 일간 및 연간 움직임만 보더라도 그 시대에 이미 지구의 형상에 관해서는 큰 의문이 없었음을 알 수 있다. 이것은 정교한 장치를 동원해서 파악해야 할 정도로 미묘한 현상이 아니다. 지구가 둥글다는 사실은 너무나 자명하며, 그림자 길이만 몇 개 측정해보면 금방 증명할 수 있다.

같은 맥락에서 뉴그레인지처럼 엄청난 규모의 시설이 제 기능을 발휘한 지가 5,000년이 넘는다는 사실 때문에, 기원전 3000년에 아일랜드 사람들이 동원할 수 있는 수준을 넘어서는 과학기술이 그 배경에 있는 것이 아닌가 하는 주장이 끊임없이 제기되고 있다. 이런 주장은 오랫동안 형태를 바꿔가며 등장했으나(1700년대와 1800년대에 아일랜드인에 대한 편견에 사로잡힌 논객들은 이 구조와 건축이 로마나 덴마크, 이집트, 심지어 인도에서 온 것이라고까지 주장했다), 가장 최근의 형태는 바로 '고대 외계인'설이다. 무슨 이유인지는 알 수 없지만 당시 외계에서 온 방문자들이 신석기인들에게 앞선 천문학 지식을 전수해주었다는 것이다.

사실 뉴그레인지의 석실 통로를 설계하는 기술은 놀랍도록 간단하다. 닐 디그레스 타이슨의 유명한 말처럼, 사실 그것은 바보도 알 수 있을 정도로 뻔한 일이다.* 관측 지점과 그곳에서 어느 정도 떨어진 곳에 일출을 표시하는 지점, 딱 둘만 있으면 된다. 이런 식으로 몇 년에 걸쳐 일출 지점만 추적하면 하동지의 일출 위치를 분명히 파악할 수 있고, 따

* 타이슨이 쓴 「바보들의 천문학(Stick-in-the-Mind Astronomy)」이라는 논문은 충분히 읽어볼 가치가 있다. https://www.haydenplanetarium.org/tyson/essays/2003-03-stick-in-the-mud-astronomy.php.

라서 석실 통로의 방향도 결정할 수 있다. 그다음에는 팀을 꾸려 무거운 암석을 제자리에 운반하는 일만 제대로 관리하면 된다. 물론 그것 자체도 고되고 힘든 일이지만, 한때 제기된 주장처럼 고도의 기술이 필요한 것은 아니다.

유사한 다른 유적지도 그렇듯이, 뉴그레인지는 과학이 인류의 경험에 중심적 역할을 한다는 것을 보여주는 증거다(외계인이 고대인의 생활에 간섭했다는 증거가 아님은 확실하다). 그들은 기록을 남기지 않았으므로 우리가 그들에 관해 아는 것은 별로 없지만, 그 놀라운 유적만 봐도 그들이 과학을 다루고 있었다는 사실을 부인할 수 없다. 그들은 태양의 움직임을 세심하고 끈질기게 관찰했고, 그 관찰을 바탕으로 미래에 다가올 세상의 모델을 만들었으며, 수 세기는 아니더라도 수십 년에 걸쳐 그 모델을 다듬고 공유했다. 그 모든 과학적 노력이 집약된 결과가 바로 장엄한 하·동지 표시 장치이며, 그것은 수 세기가 지난 지금에도 완벽하게 작동하고 있다.

뉴그레인지의 속성은 인류가 언제나 시간과 시간 측정에 집착한다는 사실을 통해서도 분명히 드러난다. 이런 모든 과학적 활동이 결국 시계의 발명으로 이어진 것은 결코 우연이 아니다. 식물과 동물의 계절별 순환에 의존하던 신석기 문명에서, 해가 바뀌는 시점을 표시하고 예측하는 역량은 인류의 생사가 달린 일이었다. 그러므로 가장 오래된 과학의 증거가 시간 측정 분야에서 발견되는 것도 전혀 놀라운 일이 아닌 셈이다.

계절이 있는 모든 것은 돌고 돈다

뉴그레인지와 같은 동지* 표시 장치를 꼭 '시계'라고 생각할 필요는 없다. 우선 그것은 규모도 클 뿐만 아니라, 시간을 알려주는 주기가 1년에 딱 한 번으로 너무 길기 때문이다. 이 장치로는 지루한 강의 시간을 얼마나 더 기다려야 할지 알 수도 없고, 저녁 약속을 한 사람이 언제 도착할지 확인할 수도 없다. 그러나 이것은 머리말에서 언급했던 폭넓은 시계의 정의에는 맞다고 할 수 있다. 즉, 중앙 묘실에 햇빛이 비치는 시기는 주기적으로 반복되는 물리적 사이클과 정확히 일치하며, 따라서 시간의 경과를 측정하는 장치라고 볼 수 있다.

뉴그레인지와 같은 동지점 표시 장치가 그 기능을 발휘하는 물리적 원리는 1년 4계절에 걸쳐 달라지는 태양의 거동에 있다. 뉴그레인지를 건설한 이들 혹은 미국 북동부에 살고 있는 나와 같은 중위도권 거주자들은 겨울에서 시작해 봄, 여름, 가을을 거쳐 다시 겨울로

* 하지와 동지를 모두 뜻하는 영어 단어 solstice는 한자로 '지(至)'라고 부른다. 그 의미를 명확히 하기 위해 '하·동지'로 표기했다. 마찬가지로 춘분과 추분을 모두 뜻하는 영어 단어 equinox는 '춘·추분'으로 표기했다.–옮긴이

돌아오는 한 해를 경험한다. 이런 계절 변화는 낮의 길이가 달라지는 것과 연관이 있다. 즉, 겨울에는 해가 늦게 뜨고 일찍 지며, 여름에는 그 반대가 된다. 마침 나는 기르는 개가 워낙 혈기 왕성해 하루에도 몇 번씩 산책을 시켜주다 보니 이 사실을 너무나 잘 안다. 11월에서 3월에 이르는 겨울철에는 아침식사와 저녁식사 후의 산책을 모두 깜깜한 시간에 하게 되기 때문이다.

겨울철에는 낮이 짧으므로 하루 중에 햇볕이 비추는 시간이 줄어들고 지표면을 데울 시간도 짧아 결국 기온이 떨어진다. 반대로 여름철에는 낮이 길어지므로 더 많은 열을 받아 기온이 올라간다.** 계절에 따라 날씨가 바뀌면 식물과 동물의 생태도 달라진다. 낮이 길어지고 기온이 올라가면 식물은 생장하고 동물은 활발하게 움직이지만, 낮이 짧아지고 기온이 내려가면 나뭇잎이 떨어지고 동물은 겨울잠에 들어간다. 이런 계절의 순환은 오늘날에도 인류 문명에 결정적인 영향을 미칠 정도로 중요하다. 신선한 식품을 연중 공급하기 위해서는 계절 요소를 고려한 글로벌 수송망이 필요하기 때문이다. 하물며 뉴그레인지를 건설한 신석기시대 농경사회에서는 그야말로 생사를 좌우하는 문제가 아닐 수 없었을 것이다.

계절에 따라 낮의 길이가 달라진다는 사실은 비교적 잘 알려져 있으나, 일출과 일몰의 위치가 바뀐다는 것을 아는 사람은 그리 많지

** 이런 순환 과정에는 다소 시차가 존재한다. 여름철 가장 더운 시기는 연중 낮이 가장 긴 날보다 대체로 몇 주 뒤인 경우가 많다. 또, 겨울철 가장 추운 날(그리고 가장 적설량이 많은 날)도 낮이 가장 짧은 날이 지난 이후에 찾아온다. 이런 현상이 일어나는 이유는 지구의 크기가 워낙 커서 열이 축적되거나 사라지는 데 다소 시간이 걸리기 때문이다.

않다. 우리는 어릴 때부터 해는 동쪽에서 떠서 서쪽으로 진다고 배웠지만, 엄밀히 말하면 이것은 1년에 단 이틀만 맞는 말이다. 태양은 3월 말과 9월 말, 즉 춘분과 추분에만 '정동' 방향에서 떠서 '정서' 방향으로 진다. 낮이 짧아지는 겨울에는 남동쪽에서 떠서 남서쪽으로 지고, 낮이 긴 여름이 되면 북동쪽에서 떠서 북서쪽으로 진다.*

고대 농경사회의 사람들은 일출과 일몰의 위치가 이렇게 달라진다는 것을 분명히 알았겠지만, 그 구체적인 원리까지는 알지는 못했을 것이다. 현대인은 태양이 실제로 움직이는 것이 아니라 둥근 지구의 자전축이 태양 중심의 공전 궤도에서 기울어져 있는 까닭에 태양이 움직이는 것처럼 보인다는 사실을 알고 있다. 매일 동쪽에서 떠서 서쪽으로 지는 태양의 움직임은 지구의 자전 때문이지만, 태양이 지평선에서 뜨고 지는 위치가 1년을 주기로 달라지는 현상은 기울어진 지구 자전축과 지구의 궤도 운동이 복합적으로 작용해서 일어나는 현상이다.

지구의 자전

태양이 하루 동안 하늘을 가로지르는 현상은 매일 뜨고 지는 위치가 달라지는 현상에 비해 비교적 쉽게 설명할 수 있다. 북극 바로 위 가상의 지점에서 볼 때, 지구는 시계 반대 방향으로 자전한다. 따

* 물론 이것은 뉴그레인지와 내가 사는 북미 지역 같은 북반구 중위도 지역에 해당하는 현상이다. 남반구의 중위도권에서는 계절에 따라 북반구와 방향이 반대로 바뀐다. 즉, 겨울에는 태양이 북동쪽에서 떠서 북서쪽으로 진다. 적도 지역에서는 좀 더 복잡해진다. 이 점에 관해서는 4장에서 다시 설명할 것이다.

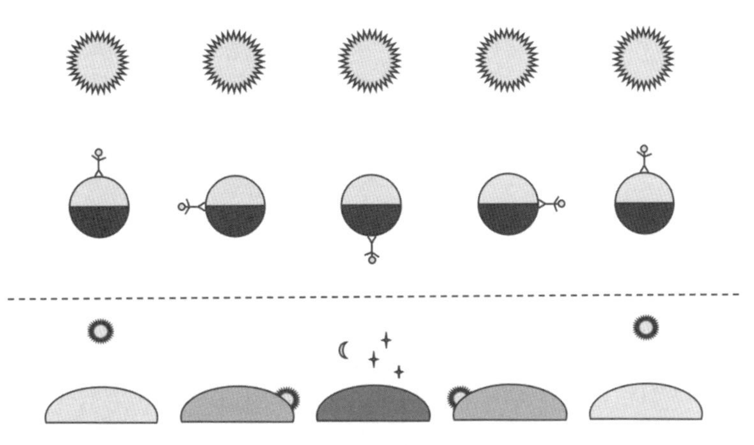

위의 그림은 북극에서 지구 자전축을 따라 지구에서 멀리 떨어진 고정된 한 지점에서 적도에 가만히 서 있는 사람을 본 것이다. 북극 상공에서 보면 지구는 시계 반대 방향으로 자전한다. 지구의 자전에 따라 사람이 있는 곳이 낮에서 밤을 지나 다시 낮으로 바뀌는 것을 볼 수 있다. 아래 그림은 북반구의 한 지점에서 남쪽 하늘을 향해 서 있는 사람이 본 태양의 움직임이다. 남쪽 하늘 높이 태양이 떠 있는 정오에서 시작해서(가장 왼쪽 그림) 서쪽(오른쪽)으로 해가 움직여 지면 밤이 되고, 다음날 아침 동쪽(왼쪽)에서 해가 떠올라 다시 정오가 된다.

라서 하루 사이에 태양과 지구 사이에 일어나는 위치의 변화는 위의 그림으로 설명할 수 있다.

지표면에서 남쪽을 향한 사람의 관점에서 보면 태양은 왼쪽에서 떠서 오른쪽으로 하늘을 가로지른 다음 저녁이 되면 서쪽으로 진다. 밤에 보이는 별도 태양과 마찬가지로 왼쪽에서 오른쪽으로 움직인다. 아침이 되면 태양은 동쪽에서 떠서 우리가 잘 알고 있는 패턴을 반복한다.

여기서 지구가 둥글다는 점 때문에 다소 복잡한 일이 일어난다. 사실 이를 알고 놀라는 사람이 많다. 나는 뉴욕 주 스키넥터디에 위치한 유니언칼리지에서 시간에 관한 강의를 할 때, 첫 수업 시작 전에 늘 간단한 온라인 퀴즈를 내곤 했다. 한번은 스키넥터디에서 정오가 되면 태양이 어느 위치에 있느냐는 퀴즈를 낸 적이 있었다. 그런데 이 질문에 '머리 바로 위'라고 대답하는 학생들이 상당히 많았다. 물론 이것은 정답이 아니다. 스키넥터디가 자리한 위도에서 정오의 태양은 항상 남쪽 하늘의 중간 정도 위치에 자리한다.

그 이유는 지구의 둥근 모양과 관련이 있다. '머리 바로 위'라는 방향은 지표면에서 어디에 위치하느냐에 따라 달라진다. '위'와 '아래'라는 방향은 특정 위치의 중력에 따라 결정되며, 이것은 정의상 지구 중심을 향해 작용하는 힘이다. 따라서 우리는 위치에 상관없이 이 방향을 똑같이 인식하지만, 지구 중심에서 '위'를 향해 직선을 그어보면 우리가 지표면의 어느 곳에 있느냐에 따라 그 직선의 끝이 닿는 항성계의 지점은 달라진다. 세대를 막론하고 어린이들이 재미 삼아 이야기하듯이, 호주에 사는 사람이 '위쪽'이라고 생각하는 방향은 뉴욕 사람에게는 정반대 방향이 된다.*

이처럼 '위쪽'의 방향이 달라진다는 것은 춘분이나 추분에 정확히 적도에 서 있는 사람은 정오에 태양이 바로 머리 위에 떠 있는 모습을 보는 데 비해, 그 시각에 위도가 다른 지역에 서 있는 사람은 비스듬한 각도에서 태양을 바라보게 된다는 뜻이다. 적도의 북쪽에 있는 사람은 정오에 태양이 남쪽에서 보일 것이고, 남반구에 사는 사람은 태양이 북쪽에 떠 있는 것으로 보일 것이다. 다시 말해, 태양은 북반구와

* 뉴욕과 정확히 반대 방향은 호주에서 남서쪽으로 수백 킬로미터 떨어진 해상의 지점이지만, 교과서 수준에서는 호주라고 해도 무방할 것이다.

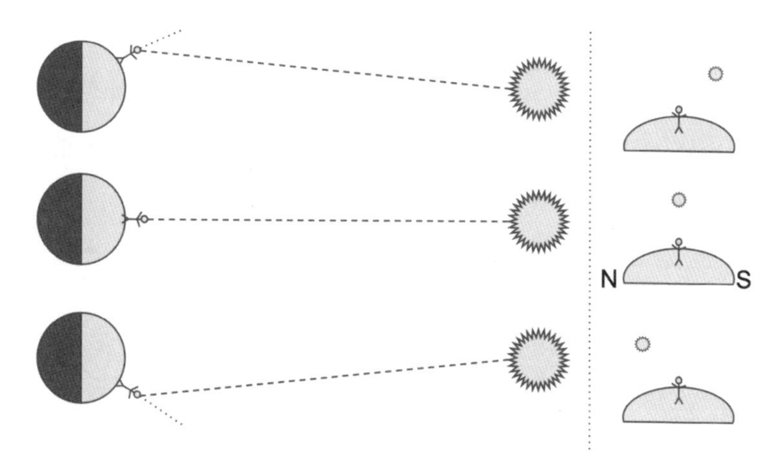

태양의 최고점은 위도에 따라 달라진다. 적도에 있는 사람에게는 정오의 태양이 머리 바로 위에 있는 것으로 보이지만, 북쪽 위도에 있는 사람에게는 남쪽에, 남쪽 위도에 있는 사람에게는 북쪽에 있는 것으로 보인다.

남반구에서 확연히 다른 경로로 움직인다는 뜻이기도 하다. 북위 지역에서는 태양이 오른쪽(남쪽)으로 떠오르지만, 남쪽 위도에서는 왼쪽(북쪽)으로 떠오른다. 이런 움직임은 해가 질 때도 비슷하다.** 해가 정동 방향에서 떠올라 머리 위를 가로질러 정서 방향으로 지는 것은 춘분과 추분 때 오직 적도에서만 관찰할 수 있는 현상이다.

정오에 머리 위에 있는 태양의 위치가 지역에 따라 이렇게 다르다는 것은 곧 정오에도 항상 그림자를 볼 수 있다는 것을 의미하며, 이것은 지표면에서 우리의 위치를 파악하는 첫 번째 단서이기도 하

** 지구 자전의 천문학을 조금만 이해하면 영화에서 흔히 볼 수 있는 장면이 속임수임을 금세 알아챌 수 있다. 태평양의 일몰을 촬영한 뒤 거꾸로 틀어 대서양의 일출을 연출해놓은 장면 말이다. 이렇게 거꾸로 연출된 할리우드 영화의 일몰 장면을 보면 태양이 왼쪽으로 떠올라서 지는 것처럼 보이는데, 이것은 뉴욕에서 보는 일출과는 정반대 방향이다.

다. 적도에서 멀어질수록 정오의 그림자는 점점 길어지므로, 높이를 아는 물체의 그림자만 측정하면 약간의 계산을 통해 태양이 바로 머리 위에 있는 지점에서 우리가 얼마나 멀리 떨어져 있는지 알 수 있다.*

자전축의 기울기와 계절

그림자 측정법은 내가 있는 곳에서의 '위쪽'과 태양이 머리 바로 위에 있는 곳에서의 '위쪽' 사이의 각도를 측정하는 것으로, 이것은 곧 내가 있는 곳의 위도를 측정하는 것과 같다. 그리고 이것은 1년에 단 이틀, 즉 춘분과 추분에는 정확히 내가 있는 위치의 위도에 해당한다. '위쪽'의 방향이 지표면의 어디에 있느냐에 따라 달라지듯이, 지구가 공전 궤도에 따라 움직이기 때문에 지구에서 태양까지의 방향도 달라진다. 지구의 자전축은 기울어져 있으므로, 이 말은 곧 태양이 머리 바로 위에 있는 곳도 연중 달라진다는 뜻이다. 4계절이 순환하는 이유도 바로 여기에 있다.

지구의 자전축(북극과 남극을 잇는 가상의 선)은 공전축에 대해 23.5도 기울어져 있다. 이 자전축(자전축을 따라 북극에서 가상의 직선을 그으면 항상 작은곰자리에 속한 '북극성'에 닿는다)의 방향은 1년 내내 일정하다. 마치 회전하는 자이로스코프가 여러 곳을 옮겨 다녀도 자전축의 방향에 변함이 없는 것과 유사하다.** 지구가 태양을 중심으

* 적도에서는 그림자의 길이가 0이므로 이런 계산이 필요 없다.

** 사실 지구의 자전축은 아주 천천히 이동한다. 이것을 학술 용어로는 축의 세차운동이라고 하며, 그 주

로 공전하는 동안, 북극의 방향은 태양을 향해 약간 기울어졌다가 같은 정도로 멀어지는 움직임을 반복한다.

지구가 공전 궤도에서 태양과 가장 멀어지는 하지점, 즉 6월에 북극은 태양의 방향으로 기울어져 있다. 이 지점에서 출발하여 공전을 계속할수록 자전축의 방향과 지구와 태양을 잇는 방향 사이의 각도는 점점 커져서 9월 말이 되면 정확히 90도가 된다. 12월 말에 북극은 6월과 비교해 태양과 정확히 반대 방향으로 기울어지고, 이후로는 3월에는 다시 지구 자전축의 방향과 지구와 태양을 잇는 방향 사이의 각도가 90도가 되었다가 이듬해 6월에는 다시 출발점으로 돌아온다.

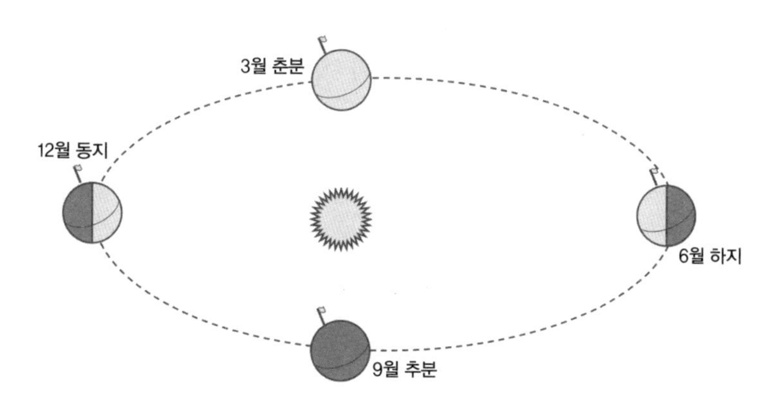

공전 궤도 상 핵심 위치에서 지구의 방향

기는 약 2만 6,000년에 달한다. 이런 변화는 인류 문명의 시간대에 비춰보면 상당한 의미를 지닌다. 기원전 3000년에 뉴그레인지가 처음 등장했을 때 북극성은 용자리에서 가장 밝은 별인 투반(Thuban)이었을 것이다. 그러나 한 사람의 인생에서는 그리 중요하다고 볼 만한 변화가 아니므로, 이 책에서는 무시하기로 한다.

이 궤도 주기에는 4개의 특별한 지점이 있다. 그중 두 개는 분명하다. 6월의 하지에는 북극이 태양과 가장 가까워지고, 12월인 동지에는 반대로 가장 멀어진다. 나머지 둘인 3월의 춘분과 9월 추분에는 자전축과 지구에서 태양을 잇는 선의 각도가 90도가 된다. 두 번의 이 '직각일'에는 태양의 움직임이 아주 단순하다. 이 날 적도에서 태양은 정동에서 떠서 정서 방향으로 지며, 정오에는 바로 머리 위에 자리한다. 춘분과 추분에는 지구상 어디에 있든 자전 시간의 절반은 낮이고 나머지 절반은 밤이 된다. 그래서 춘분과 추분일에 해당하는 지점을 '주야평분점'이라고 한다.

이 나흘을 제외한 1년의 나머지 모든 날에는 자전축의 기울기와 공전 궤도상의 움직임에 따라 북극과 남극의 한 곳은 다른 곳보다 태양과 더 가깝고, 그곳에 가까운 지역일수록 낮이 더 길어진다. 여름이면 낮이 더 길고 밤이 짧은 데 비해, 겨울에는 그 반대가 되는 이유가 여기에 있다. 극 지대와 매우 가까운 지역이나 하·동지점에 가까운 시기에는 이런 현상이 극단적으로 변한다. 즉, 북극과 남극에서는

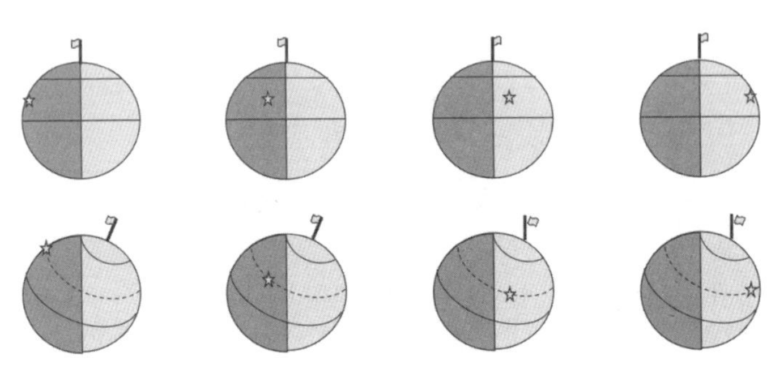

주야 평분점(위)과 하 · 동지점(아래)에서의 지구 자전

태양이 추분이나 춘분에만 떠서 다음 하·동지점이 되어야 지고, 나머지 6개월 동안은 지평선 바로 위나 아래에 머무른다. 극지대(남북위 각각 66.5도 지역)에는 24시간 내내 태양이 지지 않거나 떠오르지 않는 시기가 반드시 존재한다.

이런 현상을 하루 중 태양의 움직임이라는 면에서 살펴보면, 정오에 해가 바로 머리 위에 오는 곳의 위도가 달라지는 것으로 드러난다. 3월과 9월 사이에는 이 지점이 북위 지역이고, 9월과 3월 사이, 즉 북반구의 가을과 겨울에 해당하는 시기에는 남위 지역에 해당한다. 이것은 지리학적으로 '열대 지방'을 정의하는 요소이기도 하다. 이른바 북회귀선은 북위 23.5도에 해당하는 지점으로, 6월 말의 하지 정오에 태양이 머리 바로 위에 오는 곳이다. 한편 남회귀선은 남위 23.5도로, 12월 말인 동지 정오에 태양이 머리 바로 위에 오는 곳

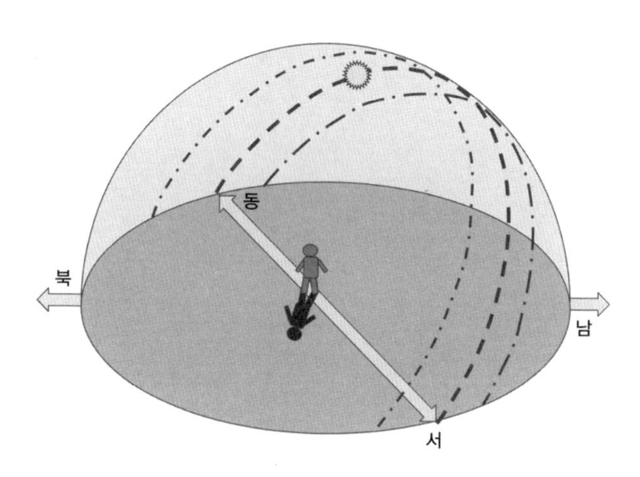

북반구에서 각각 다른 날에 태양이 하늘을 가로지르는 경로를 보면, 항상 하늘의 남쪽에 있음을 알 수 있다. 이것은 정동보다 북쪽에서 떠서 정서의 북쪽으로 지는 여름에도 마찬가지다.

이다.

뉴그레인지를 건설한 신석기인이나 현대의 미국인처럼 북회귀선과 북극권 사이에 사는 사람이 보기에, 태양은 매일 뜨고 지며 낮에는 항상 하늘의 남쪽 절반에 떠 있다. 그러나 태양의 최대 고도는 계절에 따라 달라져서 여름에는 더 높고 겨울에는 더 낮다. 태양이 하늘을 이동하는 경로를 살펴보면 여름에는 몇 달간 적도에 가까워지고, 겨울에는 남북 양극에 더 가까워지는 것을 알 수 있다. 이것은 그림자를 이용하여 위도를 파악하기가 좀 더 어려워지는 요인이 되기도 한다. 정오의 그림자 길이만 보면 위도의 **변화**를 쉽게 측정할 수 있지만, 그것을 정확한 위치로 환산하려면 그날 지표면 상에서 태양이 바로 머리 위에 오는 곳이 어디인지를 알아야 한다.

하루의 길이와 태양의 고도가 이렇게 달라짐에 따라 지평선에서 태양이 뜨고 지는 위치도 변화한다. 이것은 아래의 그림과 같이 만약 태양에서 지구를 바라보면서 지표면 상의 특정 지점(예컨대 뉴욕 주

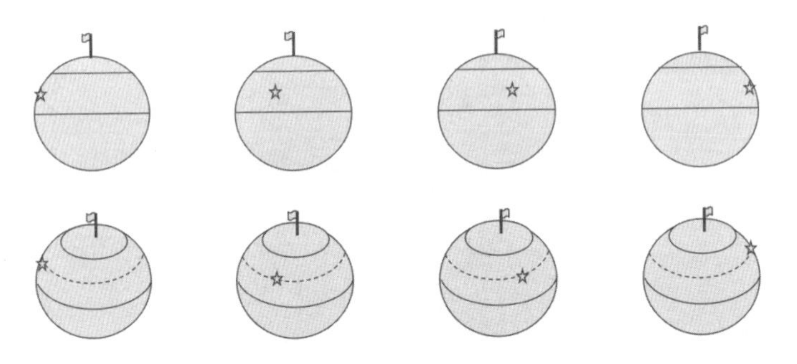

위 : 춘분이나 추분에 태양에서 지구의 대낮을 바라본 4개의 장면으로, 북반구의 한 지점은 지구의 자전에 따라 직선으로 움직인다. 아래 : 같은 지점을 하지에 바라본 4개 장면이다. 곡선의 경로를 따라 움직이는 것을 알 수 있다.

스키넥터디)이 하루 동안 움직이는 경로를 따라간다고 상상해보면 쉽게 이해할 수 있다. 우주 공간에서 보는 그 경로는 지구의 해당 지점에서 바라보는 태양의 경로를 그대로 반영한다. 춘분이나 추분이 되면 북반구의 어느 한 지점은 직선을 따라 움직일 것이다. 그러나 하지에는 같은 지점이 일출과 함께 북쪽에서 출발해 하루 동안 남쪽으로 이동했다가 해가 질 때는 다시 북쪽으로 돌아간다. 그 지점에 서 있는 사람의 눈에는 정동과 정서 방향의 북쪽에서 태양이 떴다가 지는 것으로 보인다. 동지에는 이 곡선의 방향이 뒤집혀 일출과 일몰 지점이 모두 남쪽으로 이동한다.

뉴그레인지를 건설한 천재적인 건축가가 엄청나게 무거운 돌을 사용해 포착하고자 했던 것도 바로 태양의 이런 움직임이었다. 동지의 태양은 1년 중 가장 먼 남쪽에서 떠오르며, 지붕 상자에서 중앙 묘실로 이어지는 통로는 바로 이런 태양의 위치와 일치하도록 정교하게 설계된 것이었다. 뉴그레인지 유적의 목적은 연중 가장 낮이 짧은 날을 표시하는 것이었으나, 하지가 찾아오는 시점을 예측하는 기능도 그 못지않게 중요했다. 연중 낮이 가장 짧고 가장 추운 날이 언제인지 알게 되면 자연스럽게 낮이 더 길고 따뜻한 날이 다가온다는 것을 떠올리게 된다. 농경사회에서 한 해 중 가장 힘겨운 이 시기에 가장 절실한 희망을 안겨주는 기능이 아닐 수 없다.

| CHAPTER 2 |

완벽한 달력이 존재하지 않는 이유

우리 부부의 첫 아이는 2008년 8월에 태어났다. 아이가 태어나기 몇 달 전부터 우리는 스키넥터디 지역에서 보육시설을 알아보기 시작했다. 그러던 중 스키넥터디 유대인 지역사회 센터에서 운영하는 유아교육 프로그램이 최고로 추천받는다는 말을 듣고 아이를 그곳에 보내기로 결정했다. 우리가 처음 그곳을 방문했을 때, 책임자는 우리 부부 둘 다 유대인이 아닌 것은 아무런 문제가 되지 않는다고 안심시켰지만(그곳에 아이를 보내는 부모들 중 절반 정도는 유대인이 아니었다), 그 센터는 미국의 일반적인 공휴일뿐 아니라 유대교의 종교 기념일도 함께 지킨다는 말을 힘겹게 꺼냈다.*

당시에는 그 말이 무슨 뜻인지 미처 다 이해하지 못했고, (나팔절

* 그녀는 아주 인상 깊은 말을 했다. "유대인의 기념일은 모두 똑같습니다. 누군가가 우리를 미워했고 심지어 죽이려고도 했지만, 끝내 성공하지 못했지요. 바로 그런 사건들을 기리는 날입니다."

Rosh Hashanah, 대속죄일Yom Kippur, 하누카Hanukkah 등) 몇몇 주요 기념일에 대해서도 어렴풋하게만 알고 있었다. 그러다가 가을에 시작되는 대축제일이라고 불리는 나팔절과 대속죄일 사이의 기간 중 7일 동안은 시설이 운영되지 않는다는 사실을 알게 되었다. 게다가 그 기간은 일반적인 달력, 즉 상용력에 표시된 날짜와 정확히 일치하지도 않았다. 가을에 찾아오는 이 명절의 첫날인 나팔절이 9월 5일부터 10월 6일 중 언제가 될지는 그 해가 되어야 알 수 있었다. 그래서 처음 몇 해 동안은 아무것도 모르고 있다가 코앞에 닥치고서야 부랴부랴 아이를 맡길 다른 시설을 찾아 헤매곤 했다.

우리는 그런 혼란을 겪으면서, 상용력에서 일정한 규칙에 따라 한 달의 길이가 (거의) 일정하게 정해져 있는 것이 얼핏 보기에는 보편적인 방식인 것 같지만 사실은 시간의 흐름을 표시하는 유일한 방법이 아님을 분명히 깨닫게 되었다. 유대 기념일이 미국의 상용력과 비교하여 시기가 유동적인 이유는 그것이 서양의 달력과는 우선순위나 구성 원리가 전혀 다른 히브리 역법을 바탕으로 하기 때문이다.

히브리력은 그나마 보육기관의 휴무일이 가을에 한정되도록 기념일의 시기가 제한된다는 점에서 우리는 운이 좋은 편이었다. 널리 사용되는 또 다른 종교 기반 역법 중 하나인 이슬람력의 주요 기념일은 상용력의 12달 전체에 고루 분포되어 있고 심지어 상용력을 기준으로 한 해에 기념일이 두 번이나 돌아올 때도 있다. 다시 말하지만 그것은 우리가 사용하는 상용력과는 다른 부분에 우선순위를 둔, 전혀 다른 역법이다.

이 세 종류의 역법(히브리력, 이슬람력, 그리고 미국이 채택한 그레고리우스 상용력)은 수천 년에 걸쳐 신학과 정치에 따라 분화되었으나, 그 기원을 거슬러 올라가보면 결국 천문학에 이르게 된다. 역법의 차이는 하늘에 보이는 불빛들의 제각각 다른 순환 주기를 수용하는 방법이 그만큼 다양하다는 사실을 반영한다.

지평선에 보이는 태양의 계절별 움직임과 그에 따라 달라지는 낮의 길이는 천체의 겉보기운동에서 관찰할 수 있는 가장 중요한 순환 주기다. 그러나 그것이 유일한 순환 주기는 아니다. 태양이 우리 눈에 보이는 유일한 천체는 아니기 때문이다.

우리 눈에 뚜렷이 보이는 두 번째 천체 주기는 바로 달이 만드는 것이다. 달이 하늘을 가로지르는 경로는 태양과는 다르지만 역시 규칙적인 패턴을 따른다. 달이 뜨고 지는 시간은 매일 조금씩 달라지며 달의 모양도 달라진다. 해가 서쪽으로 지는 바로 그 순간 동쪽에서 떠오르는 보름달을 기준으로, 달은 매일 밤 조금씩 늦게 떠오르면서 모양도 달라져 반달(하현달)이 되고, 이후에는 그믐달이 될 때까지 계속 기울어진다. 신월(삭)new moon이 되면 달과 해가 동시에 떠오르므로 밤하늘에서 달을 볼 수 없다. 그다음에는 일몰 직후에 겨우 보이는 초승달의 형태로 다시 등장하고, 이후 점점 차오르면서 반달(상현달)이 될 때까지 월몰 시간도 바뀐다. 이런 식으로 월몰 시간과 일출 시간이 정확히 일치하는 다음 보름달에 이르면 마침내 한 주기가 마감된다.

달은 주기적으로 하늘에 나타나는 천체 중에 두 번째로 밝은 것이며, 그 변화 주기가 며칠 내로 눈에 띌 만큼 짧기 때문에 천문학적 시간 측정 수단으로는 더할 나위 없는 선택지라고 할 수 있다. 하늘을 가로지르는 달의 움직임은 우리 눈에 보이는 수많은 별의 움직임을 동반하며 그 패턴도 시간의 경과에 따라 조금씩 변화한다. 가장 밝게 빛나는 별을 바라보면 특정한 모양으로 이루어져 있는 별자리가 항상 함께 보인다. 어떤 별이나 별자리가 뜨고 지는 시간은 한 해가 지나는 동안 매일 조금씩 빨라진다.

유럽의 전통에서는 별들의 이런 순환을 주로 별을 배경으로 한 태양의 겉보기운동으로 설명해왔다. 해가 떠 있을 때는 별이 보이지 않으므로 이런 설명 방식은 다소 직관에 반하는 것 같지만, 일출 직전이나 일몰 직후 지평선에서 볼 수 있는 특정 별자리가 날이 지날수록 달라지며 그에 따라 태양의 위치가 규정된다는 것은 분명한 사실이다. 1년 동안 태양을 볼 수 있는 별자리는 대략 12개에서 13개 정도이며, 이것이 바로 유럽 점성술의 기초가 되는 '황도 12궁'이다.

그러므로 천체의 움직임을 관찰하는 사람들은 해와 달, 별 사이에서 풍부한 순환 주기와 패턴을 관찰할 수 있다. 우리가 아는 모든 인류 문명은 이 순환 주기를 다양하게 조합하여 시간의 흐름을 측정하는 수단을 만들어왔다. 그러나 이런 순환 주기와 관련하여 가장 중요한 사실은, 그들의 길이 중 그 어느 것도 다른 것의 정확한 배수가 되지 않을 정도로 모두 제각각이라는 점이다. 1년은 양력 일수나 음력 달수 어느 쪽으로 따져도 짝수가 아니다. 음력으로 계산한 12달은 양력으로 따진 1년보다 거의 11일이나 짧으며, 따라서 어느 해 봄에 시작한 달은 10년 내로 겨울에 시작하게 된다.

달이 차고 기울어지는 주기와 1년의 길이가 근본적으로 맞지 않기 때문에 하·동지점과 춘·추분점이 달의 변화 주기에 맞춰 항상 같은 날에 표시되는 '완벽한' 달력이란 애초에 불가능하다! 그래도 사람들은 포기하지 않고 이런 주기를 그럭저럭 한데 섞을 방법을 모색하며 엄청난 혁신을 이루었다. 이 장에서는 별을 배경으로 해와 달이 움직이는 패턴을 뒷받침하는 놀라운 과학적 원리와 그 패턴이 변화하는 방식을 자세히 살펴볼 것이다. 아울러 달과 태양의 주기를 서로 통합하려고 시도했던 역사적 사례와 그것이 오늘날의 다양한 역법 체계로 이어진 과정을 추적해나갈 것이다.

계절에 따라 변하는 별자리의 의미

일출과 일몰의 계절별 움직임이 그렇듯이 황도를 따라 움직이는 태양의 주기 운동도 그 원인은 어디까지나 지구의 공전 운동이다. 지구가 태양의 주위를 공전하면서 우리의 시점이 바뀌기 때문에 일출 직전과 일몰 직후에 우리가 보는 별도 달라진다. 지구가 한 바퀴 자전하여 어떤 별이 바로 머리 위에 올 때쯤 되면 그 시간만큼 공전 궤도에서도 움직이므로 각도가 약간 달라진다. 이런 효과로 '항성일'(하늘에서 별이 같은 위치로 돌아오는 시간)은 태양일보다 4분 정도 짧고, 멀리 떨어져 있는 별이 움직이지 않는 것처럼 보이

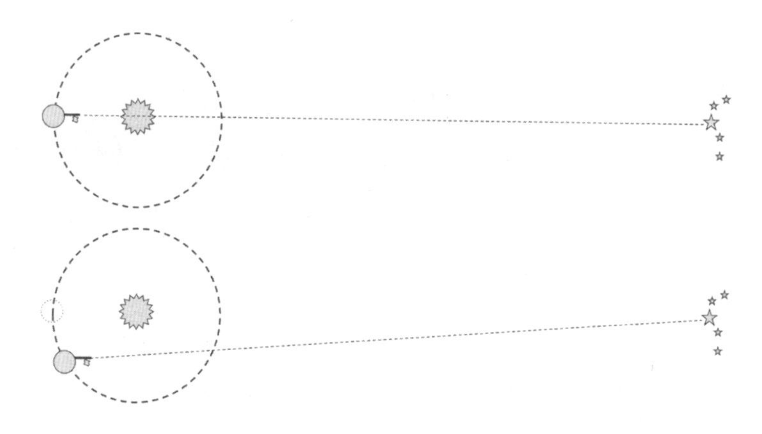

태양일과 항성일의 차이: 지구가 공전 궤도를 돌기 때문에 멀리 떨어진 별이 다시 머리 위에 오는 데 걸리는 시간(항성일)은 태양이 다시 머리 위에 오는 데 걸리는 시간(태양일)보다 4분 정도 짧다.

는 것에 비해 태양의 위치는 조금 움직인 것처럼 보인다. 이런 효과는 달리는 열차 안에서 창밖을 내다볼 때도 경험할 수 있다. 멀리 지평선에 보이는 산은 거의 움직이지 않는 것처럼 보이는 데 비해 가까이 있는 건물은 빨리 움직이는 것처럼 보인다. 머릿속으로 조금만 신경 쓰면 멀리 보이는 산과 나는 가만히 있는데 건물은 마치 빠르게 지나가는 싸구려 만화의 배경처럼 보일 수 있다.*

태양의 이런 겉보기운동을 관찰하면 일출과 일몰의 위치 변화를 일일이 파악하지 않고도 한 해 동안 시간의 경과를 추적할 수 있다. 이처럼 별을 관찰하여 시간을 측정하는 일은 언제 어디에서나 할 수

* 사실 별의 위치는 완전히 고정된 것이 아니라 지구의 공전 운동에 따라 미세하게 달라진다. 비교적 가까이 있는 항성들의 상대적 위치를 아주 자세하게 관찰해보면 미세한 원운동을 한다는 것을 알 수 있으나, 가장 가까이 있는 별까지도 너무나 엄청난 거리가 있으므로, 이런 '별의 시차'를 감지해내기는 힘들다. 실제로 수 세기에 걸친 노력에도 1800년대 초반에 이르기 전까지는 제대로 측정된 적이 없었다.

있다는 장점이 있다. 지평선에서 일출의 위치를 정확히 파악하기 위해서는 일정한 위치에 있는 지형지물이 우리 눈에 보여야 하지만 별을 기준으로 한 태양의 움직임은 지구상의 어느 위치에서 봐도 똑같기 때문이다. 일출과 일몰의 위치를 추적하는 일은 주요 건축물이 있는 경우에 적합한 데 비해, 특정 계절에 일몰 직후 눈에 띄는 별을 식별하는 방법은 이리저리 옮겨 다니는 집단이나 광범위한 지역에 분포한 문명에 더 유용하다.

바로 이런 이유에서 고대의 모든 문명에는 저마다 별에 관한 지식 체계가 있었고, 그것은 특정 계절과 특정 별에 관련된 신화와 전설의 형태로 기록되었다. 그리고 이런 신화는 대개 밤하늘에 가장 밝게 빛나는 별인 시리우스에 관한 것이었다.

수천 년 전 북아프리카 지역에서 시리우스는 5월에 태양의 뒤편으로 사라졌다가 7월 중순이 되면 새벽 직전에 동쪽 지평선에 다시 떠올랐다. 시리우스가 태양과 가까운 위치와 시간에 떠오르는 이런 '신출 현상heliacal rising'은 나일 강이 북쪽 유역에서 범람하기 시작하는 시기에 발생했다. 이는 고대 이집트 사회에서 가장 중요한 사건이었다.** 따라서 이 별은 이집트 문명에서 홍수의 여신에 해당하는 소프데트Sopdet, 그리고 나중에는 다산의 여신과 관련되었다.

지중해 전역의 유럽에서 시리우스가 다시 나타나는 시기는 한여름에 해당하므로, 시리우스의 신출 현상은 특별히 긍정적인 징조가

** 정확한 신출 날짜는 위도에 따라 달라지며, 지구의 자전축과 공전 궤도의 방향이 바뀜에 따라 이 날짜도 천천히 변화한다. 오늘날 시리우스의 신출 날짜는 고대에 비해 며칠 늦다.

아니라 더위와 가뭄과 관련되었다. 고대 그리스, 로마인들은 시리우스가 포함된 별자리를 '큰개자리'라고 불렀는데*, 7월 말부터 8월 초까지 이어지는 불쾌한 무더위를 뜻하는 '여름 개의 날dog days of summer'이라는 표현이 여기에서 비롯되었다. 그런데 계절이 반대인 남반구 지역, 즉 뉴질랜드의 마오리족을 비롯한 폴리네시아 문명권에서는 시리우스가 겨울과 관련된다.

거의 모든 문명은 밝은 별들이 각각 출현했다가 사라지는 현상뿐만 아니라 수많은 별자리의 움직임에도 중요성을 부여했다. 또한 일출이나 일몰 시기에 어떤 별자리가 태양과 가장 가까운 곳에 있는지를 보고 한 해를 계절로 구분했다. 바빌로니아를 비롯해 유라시아 서부 지역의 거의 모든 문명은 태양이 하늘을 가로지르는 경로 주변의 띠를 중심으로 12개에서 13개 정도의 별자리를 정의했다. 이들 각각은 전체 360도 궤도에서 대략 30도 정도를 차지한다.** 이 별자리들의 이름과 특징은 그들이 신출하거나 소멸하는 계절을 반영하며 각 민족은 그 계절에 맞는 농경 활동을 해당 별자리와 연관시켰다.

* 고대 그리스의 시인 호메로스는 『일리아드』의 한 구절에서 시리우스를 '오리온의 개'로 묘사했다.
** 중국의 전통적인 별자리에서는 12개월이 24개의 태양절로 다시 구분되고, 각각은 태양의 겉보기운동의 15도에 해당한다.

적중하는 별점의 비밀

이들 별자리가 계절을 구분하는 유용한 수단이 될 수 있음은 부인할 수 없는 사실이다. 하지만 여기서 한발 더 나아가 별자리가 개인의 삶에도 의미를 지니며 이런 별자리를 기준으로 해와 다른 천체의 위치가 사람들의 성격과 심지어 매일 해야 할 바람직한 행동까지 결정한다는 엉뚱한 믿음이 등장하게 되었다. 심지어 오늘날에도 별자리에 비춰 가장 바람직한 행동(혹은 피해야 할 행동)이 무엇인지를 안내하는 별점이 매일 세계 곳곳의 신문에 실리고 있다. 이런 관행에는 어떠한 과학적 근거도 없으며, 설혹 효과가 있는 것처럼 보이더라도 그것은 확증편향의 결과로 충분히 설명할 수 있다. 한때 마술사였다가 사회운동가로 변신한 제임스 랜디James Randi는 1980년에 발간한 『허튼소리!Flim-Flam!』라는 책에서 젊은 시절 그가 '조란Zo-Ran'이라는 필명으로 별점 칼럼을 기고했던 일을 회고한다. 그 칼럼에서 그는 실제로 별점을 본 것이 아니라 다른 점성술 칼럼에서 본 것을 매일 그대로 베낀 다음 징조와 일자를 임의로 할당했을 뿐이다. 그런데 놀랍게도 많은 독자가 조란의 예측이 '적중했다'며 다음 칼럼을 애타게 기다린다고 말했다. 이는 간단한 심리학 지식만으로도 설명할 수 있는데, 사람들이 적중한 예측은 기억하는 반면 틀린 예측은 망각하거나 그럴듯한 말로 합리화하기 때문에 일어나는 현상이다.

태양력, 태음력, 태음태양력

세계 어디에서나 한 해를 12등분으로 나누는 관행이 다소 이상하게 보일 수도 있지만, 거의 모든 문명이 태양의 움직임을 추적하는 방법으로 별에 주목한 결과 이 숫자를 선택하게 된 것은 결코 우연이 아니다. (태양이 춘분점을 출발하여 다시 춘분점으로 돌아오기까지의 시간으로 정의되는) 태양년의 12분의 1은 30일이 조금 넘는 데 비해, 달이 희미하게 보이기 시작해서 차오르고 기울어졌다가 다시 나타나기까지의 시간, 즉 달의 순환 주기는 대략 29.53일이다. 달은 단 며칠 만에 모양이 변하는 것이 눈에 띄므로 이것은 매우 편리한 시간 범위이고, 따라서 거의 모든 문명이 달을 이용해 시간을 측정해왔다.

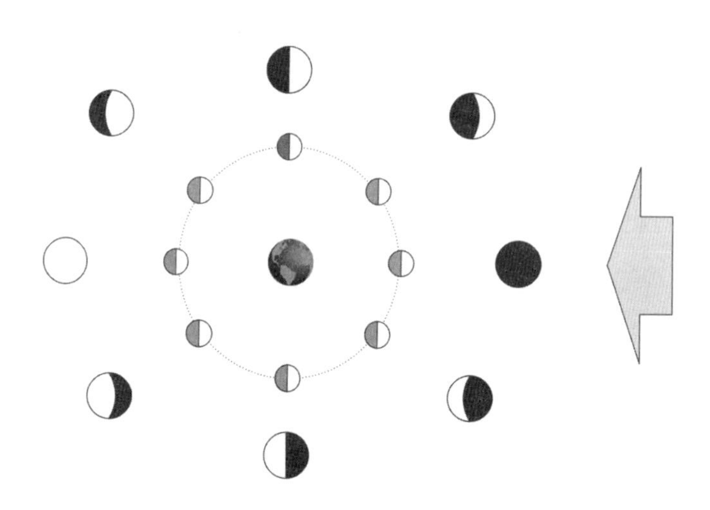

위치에 따른 달 모양의 변화

달의 모양이 변하는 이유는 지구와 달이 모두 햇빛을 받기 때문이다. 양쪽 모두 지표면의 절반은 늘 빛을 받고 있지만, 달이 지구를 중심으로 공전하면서 우리 눈에 보이는 각도가 달라지므로 모양이 변하는 것처럼 보이는 것이다. 달이 지구와 태양 사이에 들어가서 세 천체가 일직선을 이루면 달은 밤하늘에서 아예 사라지고, 햇빛에 가려지지 않는다면 지구에서는 달의 어두운 면만 보이게 된다.* 달은 지구의 주위를 공전하므로 우리 눈에 보이는 달의 밝은 면은 처음에는 일몰 직후 초승달의 모습으로 시작했다가 지구와 달까지 이은 선이 지구와 태양 사이의 선과 직각을 이룰 때가 되면 반달이 된다.

보름달은 지구가 태양과 달 사이에 위치해서 세 천체가 일직선에 놓일 때 일어나는 현상이다.** 달이 계속 공전을 하면서 지구에서 보이는 밝은 면의 면적은 점점 줄어 반달이 되었다가 일출 직전에 떠오르는 그믐달로 변하고, 다시 햇빛에 가려 사라진 다음 새로운 주기가 반복된다.

달이 계속 공전하면서 우리가 지구에서 보는 각도가 달라짐에 따라 달의 밝게 빛나는 면적뿐만 아니라 뒷배경의 별에 대한 달의 겉보기 위치도 바뀌게 된다. 하늘에서 달이 별 사이를 지나가는 경로는

---

* 이때 지구에서 보이지 않는 달의 뒷면은 완전히 대낮이다. '달의 어두운 면'이라는 표현이 잘못되었다는 이유가 바로 이것이다[영어로 dark side of the moon(달의 어두운 면)은 지구에서 보이지 않는 달의 뒷면을 뜻한다-옮긴이].

** 해가 지구와 달 사이에 들어오는 배열은 결코 일어날 수 없다. 그랬다가는 세상이 종말로 치달을 테니 다행이라고 할 수 있다. 세 천체가 직선으로 배열되는 다른 두 가지 경우에는 일식이나 월식이 일어난다. 이것은 나름대로 장관을 연출하지만, 파국을 초래하지는 않는다. 달의 공전 궤도에 대해서는 9장에서 더 자세히 살펴볼 것이다.

태양의 경로와 대동소이하며 단지 속도가 더 빠를 뿐이다. 달은 황도 12궁을 한 달에 한 번 가로지르지만, 태양은 이 경로를 지나가는 데는 꼬박 한 해가 걸린다.* 사실 달의 공전 운동은 너무나 빨라 자세히 관찰하면 하룻밤 사이에도 그 변화가 눈에 띌 정도다.

달은 별자리를 기준으로 대략 시간당 달의 지름 정도의 거리(공전 궤도 전체의 0.5도에 해당한다)를 이동한다. 즉, 보름달은 떠서 질 때까지 하늘에서 황도 12궁 중 한 별자리가 차지하는 전체 폭에서 약 5분의 1만큼 이동한다. 이것은 달을 이용해서 항해할 때 매우 중요한 사실이다(자세한 내용은 7장에서 좀더 자세히 살펴볼 것이다).

태양의 주기 vs. 달의 주기

달의 위상과 계절의 변화가 완벽히 일치하는 단순한 세상을 쉽게 상상해볼 수 있다. 만약 달의 공전 주기를 지금보다 조금 더 긴 30일이라고 하고, 지구의 공전 주기는 조금 더 짧은 360일이라면 일출의 위치와 달의 위상을 결합하여 한 해 중 어떤 날이라도 명확히 식별할 수 있기 때문에 천체를 활용하여 간단하게 시간을 측정할 수 있다. 달의 주기는 1태양년마다 항상 정확히 12번이 될 것이므로, 해가 바뀔 때마다 새 달력을 구할 필요도 없고 이번 달이 며칠인지 확인하기 위해 "30일은 9월……"로 시작하는 구절을 매번 암송하지 않아도

---

* 태양의 움직임과 마찬가지로 별자리를 지나는 달의 움직임으로 점을 보는 방법은 무수히 많다. 심지어 2021년에도 정원 가꾸기와 관련된 웹사이트를 보면 달이 어떤 별자리에 놓였을 때 어떤 채소나 꽃을 심는 것이 좋다고 진지하게 조언하는 내용을 찾아볼 수 있다. 그 정도로 진지한 조언에는 당연히 과학적인 근거가 제시되어야 하지만, 안타깝게도 그런 내용은 전혀 없다.

될 것이다.**

그러나 우리가 사는 세상은 그렇지 않다. 1태양년은 365.24217일이고, 그믐달에서 다음 그믐달까지의 시간으로 정의되는 '삭망월'은 평균 29.530588일이다.*** 이들 간에는 단순한 배수관계가 성립하지 않는다. 1태양년을 삭망월로 계산하면 12.37개월이 조금 넘는다. 다시 말해 해마다 반복되는 달의 위상 주기는 사계절의 변화와 전혀 일치하지 않는다는 뜻이다.

순환 주기의 이런 불일치 현상은 역법을 설계할 때 심각한 문제를 초래한다. 적어도 태양과 달의 주기 중 하나는 완벽하게 들어맞을 수가 없는 것이다. 그 결과 사계절에 맞춰 살아야 하는 농경사회에서는 태양의 움직임이 무엇보다 중요했으므로, 어쩔 수 없이 달의 움직임을 무시하는 것이 당연하게 여겨졌다. 그러나 지평선을 따라 일출 지점이 변화하는 속도는 너무나 느려서 하루 단위의 변화는 거의 알아차릴 수 없는 데 비해, 달의 위상은 쉽게 눈에 띌 정도로 빠르게 변화한다. 그러므로 달을 이용하여 시간을 측정하려는 유혹은 거부할 수 없는 것이었다.

달을 이용하여 시간을 측정하는 가장 간단한 방법은 다른 변수를 모두 무시하는 것이다. 이 방법을 사용한 가장 대표적인 예로는

** 영어 문화권에서 1년의 12달의 날짜수를 기억하기 위해 다음과 같은 내용을 암송한다. Thirty days hath September, April, June, and November, All the rest have thirty-one, Except February, twenty-eight days clear, And twenty-nine in each leap year.-옮긴이

*** 1년을 정의하는 숫자가 1,000분의 1초 단위에 이를 정도로 소수점 자릿수가 많다는 사실은 시간 측정의 정밀도가 수 세기에 걸친 관찰 결과에 바탕을 두고 있음을 보여준다. 이 점에 대해서는 앞으로 여러 차례 다시 다룰 것이다.

29일이나 30일로 이루어진 음력 12달(일몰 직후에 초승달이 보이는 날에 공식적으로 새로운 한 달의 시작이 된다)이 모여 1년이 되는 이슬람 역법을 들 수 있다. 이 방법에 따르면 12달은 대략 355일이 되어 태양년보다 10일에서 11일 정도 짧다.

그 결과, 이슬람의 기념일은 태양력으로 계산했을 때 매년 조금씩 날짜가 달라져 몇 년이 지나면 계절이 달라지기도 한다. 예를 들어 독실한 무슬림들이라면 낮에 금식해야 하는 라마단 달이 2020년에는 춘분에서 약 한 달이 지난 4월 24일부터 시작되었다. 그런데 2010년에는 추분이 오기 약 한 달 전인 8월 11일부터 시작되었는가 하면, 2030년에는 동지가 몇 주 지난 1월 6일부터 시작된다.*

예전에 내가 가르쳤던 한 독실한 무슬림 학생이 이것과 관련한 자신의 경험을 매우 구체적으로 이야기해준 적이 있다. 그가 일출에서 일몰까지 금식할 나이가 되었을 때는 라마단 기간이 겨울이었다고 한다. 따라서 그때는 낮의 길이가 비교적 짧았으므로 금식하기가 그리 어렵지 않았다고 한다. 그런데 해가 갈수록 라마단 기간이 점점 앞당겨져서 대학에 진학할 때쯤 되자 라마단이 늦여름에 시작되었다는 것이다. 그는 "해가 갈수록 라마단을 지내기가 힘들었습니다"라고 말했다.

이슬람력을 농업 목적으로 사용하기가 어렵다는 것은 말할 필요도 없다. 따라서 이슬람력을 따르는 국가는 작물을 심고 수확하는 날

* 2030년은 그레고리우스력으로 매우 흥미로운 한 해가 될 것이다. 이 해에 라마단은 1월과 12월에 한 번씩 모두 두 번이나 찾아오기 때문이다.

짜를 정하는 별도의 체계를 마련해야만 한다. 그래서 음력을 사용하는 여러 문명에서는 자신들의 역법과 계절을 일치시키기 위해 이른바 '윤달'이라는 기법을 이용했다. 다시 말해 12개의 태음월을 1년으로 하되, 몇 년에 한 번씩 한 달을 더 추가하는 것이다.

윤달 방식이 가장 정교하게 적용된 예는 바로 유대인들이 기념일을 정하는 데 사용하는 히브리 역법을 들 수 있다. 그 덕분에 나는 아이들 교육에 큰 곤란을 겪었지만 말이다(우리뿐만 아니라 이스라엘도 상용력을 만드는 데 큰 애를 먹었다). 히브리력은 29일이나 30일로 구성된 태음월 12개월을 기본으로 하되, 유대교의 신년제인 나팔절(태양력으로 9월~10월경에 해당한다)이 월요일, 화요일, 목요일, 또는 토요일 중 어느 하나가 될 수 있도록 종종 1년에 하루를 더하거나 뺀다.**

따라서 히브리력에서 1년은 353일, 354일, 혹은 355일이 되는데, 이슬람력과 마찬가지로 태양년에 비해 10일에서 12일 정도 짧아서 유대의 주요 기념일은 해가 갈수록 계절에 비해 앞당겨진다. 하지만 토라에 따르면 특정 기념일은 특정 계절과 관련이 있으므로 이런 불일치는 종교적으로도 문제가 된다. 그래서 2년에서 3년마다 한 번씩 30일짜리 한 달을 더하여*** 모자라는 날짜를 채우고, 이를 통해 신

** 이는 안식일에는 일하면 안 된다는 규칙과 관련이 있으며, 대속죄일에도 똑같이 적용된다. 대속죄일이 안식일 바로 다음 날이라면 이 날을 지키기 위해 미리 준비하는 행동은 금지되고, 안식일 하루 전이 대속죄일일 때 안식일을 미리 준비해서도 안 된다. 이런 혼란을 막기 위해 금식하지 않아도 되는 4개 요일 중 하나가 나팔절이 될 수 있도록 한 해의 길이를 조정하는 것이다.

*** 추가된 달의 이름은 정상적인 해의 마지막 달과 같다. 그래서 윤년의 마지막 달은 히브리력의 12월을 지칭하는 아달(Adar)에 차수를 붙여 1차 아달, 2차 아달이라고 한다. 둘 중에서 첫 번째 달을 추가된 달로 간주하기 때문에 부림절은 회임년의 2차 아달에 지낸다.

년과 속죄일 등의 대제일大祭日을 계절 주기에 맞춘 것이다. 이렇게 길어진 해에도 나팔절을 정하는 규칙은 다른 해와 똑같아서 히브리력에서는 결국 한 해의 길이가 총 353일, 354일, 355일, 그리고 383일, 384일, 385일로 총 여섯 가지가 된다.

수천 년 전에는 신월이 나타나는 날을 매달의 첫날로 정했고, 이스라엘에서 윤달을 정하는 것은 랍비들의 몫이었다. 그러나 서기 70년에 예루살렘이 로마 제국에 함락되고 유대인들이 뿔뿔이 흩어지면서 이런 결정사항을 알리기 어려워지자 점차 정해진 규칙에 따라 만든 달력이 도입되기에 이르렀다. 현재 사용되는 공식적인 규칙인 그레고리우스력은 서기 1178년에 확립된 것으로, 19년을 한 주기로* 3년, 6년, 8년, 11년, 14년, 17년, 그리고 19년째에 해당하는 총 일곱 해를 윤년으로 정하는 식이다. 이런 19년 주기는 기원전 432년에 그리스력에 이 방법을 도입한 '아테네의 메톤Meton of Athens'이라는 그리스 천문학자의 이름을 따서 '메톤 주기Metonic cycle'라고 한다. 물론 우리가 그리스 수학자나 천문학자의 공로로 알고 있는 다른 업적도 그렇듯이, 이 규칙도 이미 그 이전 바빌로니아 시대부터 사용되어왔다. 윤달이 추가되는 패턴은 이후 나팔절 연기 규칙에 따라 계속 보완되었는데, 이는 히브리력의 특정 연도 순서가 68만 9,742년 동안 똑같이 반복되지는 않는다는 것을 뜻한다.**

---

* 19태양년과 235삭망월을 날짜로 환산하여 반올림한 근사치는 둘 다 6,940일이고, 12개월을 1년으로 하여 235개월을 해수로 계산하면 19년 7개월이 된다.

** 그러고 보면 우리는 엄청나게 운이 좋은 편이다.

요컨대 히브리력은 엄청나게 복잡하다. 대학에서 시간 측정의 역사를 가르치다 보면 그레고리우스력의 향후 날짜를 히브리력으로 바꾸는 프로그램을 작성하겠다는 학생을 최소한 한 명씩은 만나게 되는데, 그럴 때마다 완벽하게 성공하는 경우는 한 번도 없었다. 그러나 히브리력이 태음력과 태양력을 서로 일치시키는 데 꽤 효과를 발휘했던 것은 사실이다. 어쨌든 히브리력은 217년마다 평균 하루의 오차가 발생한다. 아마도 먼 미래에 언젠가는 윤달을 또 추가해서 이 문제를 해결할 수 있겠지만, 우리가 지금 이것까지 염려할 필요는 없다.

달은 잊어버리자

이렇게 태양과 달의 주기가 애초에 맞지 않는 현상을 해결하는 세 번째 방법은 달의 위상 변화를 굳이 역법에 반영하려고 애쓰지 않는 것이다. 사실 이 방법은 오래전부터 사용되었고, 알고 보면 현대 상용력의 기초가 되기도 했다.

이 방식을 가장 먼저 적용한 것은 고대 이집트의 상용력이었다. 이집트 상용력이 정확히 언제 만들어졌는지를 알기는 쉽지 않다. 그 기원이 기원전 4242년까지 거슬러 올라간다고 주장하는 자료도 있으나, 그것은 해당 지역에 문명이 있었음을 보여주는 고고학적 증거보다도 앞서는 시기다. 역법의 구조와 그것이 시리우스 별의 신출과 관련되어 있음을 생각하면 기원전 약 2782년 정도가 좀 더 타당한 설명이라고 볼 수 있다.

앞에서 언급했듯이 농경시대에 접어든 고대 이집트에서 가장 중요한 사건은 해마다 반복되는 나일 강의 범람이었고, 그것은 하필 시리우스의 신출과 그 시기가 맞아떨어졌다. 고대 이집트에서 수립된 상용력은 시리우스의 신출을 새해의 첫날로 삼아 각각 30일씩 총 12달을 한 해로 보았다. 또한 한 해를 세 계절로 구분했는데, 각 계절의 이름은 대략 "홍수", "출현", "수확"으로 번역할 수 있다. 이에 따르면 1년은 총 360일이 되어 태양년보다 약 5일 정도 짧아진다. 이 차이를 보완하기 위해 어느 달에도 포함되지 않는 5일을 다섯 명의 주요 신의 '탄생일'로 삼아 따로 추가했다.

그 결과 마련된 365일짜리 역법은 기원전 2800년 당시에는 꽤 정확했으나, 그래도 약 4분의 1일 정도 짧은 것은 어쩔 수 없었다. 따라서 시리우스가 떠오르는 날은 상용력과 비교하여 4년마다 하루씩 빨라지는 셈이다. 예를 들어 기원전 2782년 첫 번째 범람월의 첫날 일출 직전에 시리우스가 떠올랐다면, 기원전 2778년에는 첫 번째 범람월의 둘째 날에, 기원전 2774년에는 첫 번째 범람월의 셋째 날에 시리우스가 떠올랐을 것이다.

망원경이 등장하지 않았던 시대에는 특정 별이 떠오르는 날짜를 정확히 알기 어려웠으므로 날짜가 점점 뒤처지는 현상을 뚜렷이 인식하기까지 꽤 오랜 시간이 걸렸을 것이다. 이따금 윤달을 끼워 넣어 이 문제를 해결할 수도 있었지만, 이집트인들은 자꾸만 바뀌는 시리우스의 신출 날짜를 달력에 기록해두는 데 만족했다.

시리우스의 신출 날짜가 상용력 첫 달의 첫째 날로 다시 돌아오기까지는 무려 1,400여 년이 걸리지만, 이집트 문명은 이 '천랑성 주기Sothic cycle'를 실제로 확인할 수 있을 정도의 놀라운 수명과 안정성을 과시했다. 실제로 우리가 이집트 상용력의 기원을 추정할 수 있는 것도 바로 천랑성 주기 덕분이다. 로마의 저술가 센소리누스Censorinus에 따르면, 어떤 이집트 연도에 해당하는 달력의 첫날이 우리가 기원전 139년이라고 부르는 해의 시리우스 신출 날짜와 맞아떨어진다. 그 날짜를 기준으로 천랑성 주기를 적용해 거꾸로 따져보는 것이 바로 오늘날 고고학자들이 이집트 역사의 주요 시점을 현대 역법으로 환산하는 방법이다. 시리우스가 떠오른 '정확한' 날짜에 현대 역법이 공식적으로 시행되었다고 가정하면 아마도 그것은 기원전 2782년부터였을 것이다.*

이집트 상용력에서 한 달이 30일이었다는 점은 초창기 음력 체계가 반영된 것일 수도 있지만, 그것이 달의 관측 결과와 엄밀히 일치하지 않는다는 점은 역법의 발달사에서 주목할 만한 혁신을 보여주는 것이기도 하다. 엄격하게 정의된 12달로 365일 주기를 구성함으로써 날짜만 세면 어느 날이든 지정할 수 있다는 것은, 한 제국이 광대한 영토에 걸친 수많은 활동을 통제하는 데 상당한 이점이 되었을 것이다. 이후 등장한 모든 역법이 한 달의 기간을 일정하게 하고 날짜를 쉽게 계산할 수 있는 방식을 채택한 이유도 바로 이런 이점 때문이라고 볼 수 있다.

한편, 천랑성 주기의 느린 변화 속도는 상용력과 농경 연도가 괴

---

* 물론 이 날짜는 천랑성 주기의 정확한 기간과 센소리누스가 말한 정보의 신빙성 여부에 따라 다소 오차가 있을 수 있다.

리되는 주요인이었다. 이집트의 경우, 시리우스의 신출과 나일 강의 연례적인 범람 시기를 통해 이런 분리 과정을 쉽게 확인할 수 있다. 이것은 윤일을 끼워 넣어 달력 날짜가 점점 어긋나는 문제를 교정할 수 있다는 것을 이집트인들이 알고 있었으면서도 그렇게 하지 않았던 이유를 설명해준다. 365일로 구성된 이집트 상용력은 무려 2,800년 동안이나 거의 변함없이 사용되다가 혁신적인 차세대 역법이라는 외부 요인에 의해 어쩔 수 없이 바뀌게 되었다.

로마력과 율리우스력의 탄생

전통적인 로마 체계에서는 로마 시가 설립된 기원전 753년을 '로마력ab urbe condita(AUC 역법)'의 기원으로 간주한다. 여느 고대사회와 마찬가지로 로마력은 태양년에 비해 훨씬 짧은 음력 체계에 뿌리를 두고 있다. 로마는 여러 신들이 등장하는 종교적 이유 때문에라도 수많은 제례를 그에 맞는 계절에 시행해야 할 필요가 있었다. 따라서 히브리력도 그렇듯이 로마력은 이따금 윤달을 끼워 넣어 공식적인 역법과 태양의 주기를 맞추었다.

로마인들은 매우 종교적이었을 뿐만 아니라 정치적 성향이 강한 사람들이기도 했다. 윤달을 추가하는 시기를 결정하던 폰티펙스 막시무스Pontifex Maximus, 즉 대제관은 종교뿐만 아니라 정치적으로도 최고 권력을 지닌 자리였다. 그러나 최고 권력의 어쩔 수 없는 운명과도 같이, 이것 역시 남용의 길을 걸었다. 대제관을 지지하는 정치 세력의 임기를 연장하거나, 반대로 정적의 임기를 단축하려는 목적으로 윤달이 추가되는 일이 비일비재했다. 기원전 1세기 중반에 율리우스 카이사르Julius Caesar가 권력의 정점에 올랐을 때쯤, 로마력은 개혁이 절실히 필요한 상태였다. 카이사르가 최고 권력에 오르는 최종 단계는 이집트 정복이었는데, 이 과정에서 그가 클레오파트라Cleopatra*에게 사로잡히는 너무나 유명한 사건이 일어났다. 결국 그는 이집트에서 수년을 보낸 후에야 로마로 복귀하는데, 그가 반포한 새 역법의 구조에 이집트의 상용력이 상당 부분 반영된 것은 결코 우연이 아니었다.

카이사르의 역법은 처음에 30일과 31일로 번갈아가며 고정된 12달이 모여 한 해를 이루는 구조였다. 이렇게 되면 1년의 길이는 366일이 되어 다소 길어지기 때문에 2월에서 (30일에서 29일로) 하루를 덜어냈다. 그러나 이집트인들은 이렇게 하더라도 약 4분의 1일 정도가 모자란다는 것을 경험으로 알고 있었고, 이는 오늘날의 '윤년' 체계의 시조라고 할 수 있는 카이사르의 대담한 혁신으로 이어졌다. 4년마다 한 번씩 2월에 하루를 추가하여 1년의 길이를 평균 365.25일로 맞추면 천랑성 주기의 변화를 교정할 수 있다.

율리우스력이 처음 시행되었을 때는 달력을 계절과 맞추기 위해 1년의 길이가 445일에 이르는 이른바 '혼란의 마지막 연도ultimus annus confusionis'(현대의 달력으로 환산하면 기원전 46년이다)를 도입할 필요가 있었다. 율리우스력이 공식적으로 채택된 해는 기원전 45년이며, 기

* 공식 명칭은 클레오파트라 7세 필로파토르(Cleopatra VII Philopator)이며, 이집트 프톨레마이오스 왕조의 마지막 여왕이다. 이후에는 이집트는 로마에 합병된다.

원전 8년에 아우구스투스 황제 시대에 윤년을 채택하며 약간의 조정을 거친 이후에는* 로마 제국의 전 기간과 유럽의 로마 이후 시대에 걸쳐 공식적인 역법으로 자리 잡았다. 이것은 계절 감각이 안정되어야 하는 절실한 필요에 따른 것이었다. 따라서 천문학이나 농경과 관련된 중요한 사건을 상용력의 달과 일치시켜 종교적 제의를 적합한 계절에 치를 수 있게 되었다.

달력은 사회적 필요의 결과다

지금까지 소개한 세 가지 주요 역법은 우리가 하늘에서 관찰하는 두 가지 중요한 주기, 즉 태양의 운동과 달의 위상을 조화시키는 세 가지 방법이라고 할 수 있다. 각각의 역법은 둘 중 어느 것을 더 중요시하느냐에 따라 차이가 드러나는데, 이슬람력은 달의 위상을 가장 중시하므로 1년 중의 달과 계절의 오차가 매년 조금씩 벌어진다. 율리우스력은 계절에 가장 큰 우선순위를 두므로 봄과 여름은 항상 같은 달에 시작하지만, 하늘에 떠 있는 달의 위상과는 직접적인 연관성을 찾아볼 수 없다. 히브리력은 이 둘의 균형을 추구한 것으로, 각종 기념일은 항상 음력 주기의 해당 시점과 일

* 당시 퀸틸리우스(Quintilius)와 섹틸리우스(Sextilius)라는 달의 이름을 카이사르의 이름을 따서 바꿔었고, 이것이 오늘날 '7월(July)'과 '8월(August)'의 기원이 되었다. 7월과 8월의 길이를 맞추기 위해 2월의 길이도 하루 더 짧아졌는데, 이것이 바로 현대 역법에서 달의 길이가 뒤죽박죽이 된 주요 원인이다.

치하지만 이것을 일반적인 계절과 맞추려면 때때로 한 달씩 추가해야 하는 번거로움이 있다.

이 세 종류의 역법이 불편하게 공존하고 있다는 사실은 시간이 사회적 구성물임을 보여주는 중요한 증거라고 할 수 있다. 지구와 달의 공전은 천문학적으로 실증된 사실이지만 역법은 인간의 발명품으로, 여기에는 그것을 발명해낸 사회의 이해와 우선순위가 녹아 있다. 역법 체계는 천문 현상에 그 뿌리를 두고 있지만, 신학과 농경, 정치적 이해의 타협을 거쳐 발전해왔다. 이런 이해관계의 전모는 카이사르가 반포한 율리우스력에서 오늘날 국제 표준이 된 그레고리우스력으로 이전하는 과정이 비교적 잘 기록되어 있으므로 이를 살펴보면 쉽게 알 수 있다. 이런 전환은 1500년대 말 유럽에서 종교 개혁의 일환으로 일어났는데, 다음 장에서 살펴보겠지만 오랜 세월에 걸쳐 확립된 교황의 권위를 타파한 것은 다름 아니라 신학과 국제 정치상의 논쟁거리에 율리우스력의 사소한 규칙 하나를 추가한 것뿐이었다. 그 변화는 한 세기 반 후의 달력에 엄청난 격차를 초래하기도 했다.

CHAPTER 3

자연의 시간 vs. 사회적 시간

1755년에 영국 화가 윌리엄 호가스William Hogarth는 의회 선거 운동과 관련된 여러 사건을 〈선거의 유머Humous of an Election〉라는 제목의 유화 연작으로 풍자했다.* 그중 첫 번째 작품인 〈선거 오락An Election Entertainment〉이라는 그림을 보면 별로 호감이 가지 않는 외모의 휘그당원들이 주막에 모여 있고 바깥에서는 폭동이 맹렬히 일어나고 있다. 이 한 장면에 담긴 여러 가지 사소한 내용 중에서도 폭동에 가담한 폭력배들이 전리품으로 여기는 듯한 짓밟힌 플래카드가 유독 눈에 띈다. 거기에는 "우리에게 11일을 돌려달라!"라는 구호가 적혀 있다.

호가스의 작품은 1754년 옥스퍼드셔에서 치러진 선거를 모티브

* 이 연작 유화는 런던 존 소안 미술관에 윌리엄 호가스의 다른 작품과 함께 전시되어 있다. 원래 소안의 저택이었던 이 미술관은 그가 자신의 수집품을 전시하기 위해 설계한 독특한 건축적 특징이 잘 드러나 있어 한 번쯤 방문할 가치가 있다.

로 삼고 있고, 실제로 그 선거의 주요 쟁점 중 하나가 잃어버린 11일이기도 했다. 1752년에 영국 의회는 9월 2일 바로 다음 날을 9월 14일로 정한다는 법령을 가결했다. 그렇게 11일이 사라지면 여러 가지 일정에 대혼란이 발생하고 일부 민감한 사안과 관련하여 갈등이 일어날 것이 충분히 예상되었다. 지주들은 단 19일에 불과한 기간에 대해 한 달 치 임대료를 요구하는가 하면, 고용주들은 사라진 기간에 대한 급료를 지급하지 않는 식이었다. 휘그당이 이런 변화를 주도했다고 생각하던 보수파 유권자들의 눈에는 이런 혼란이 여전히 생경할 수밖에 없었다.

11일이 사라지는 것은 (식민지를 포함한) 영국이 유럽 대륙에서 이미 한 세기 반 동안 사용되던 그레고리우스력을 채택하기 위해 불가피한 일이었다. 다행히 호가스의 풍자화가 묘사하는 것과는 달리, '구식' 날짜의 종언에 반대하는 폭동이 실제로 일어나지는 않았다. 당시 신문과 기록들은 한 시대의 역법이 바뀌는 그 엄청난 과정이 비교적 순조롭게 이루어졌다고 기록하고 있다. 몇 년 후에는 일반 서민들의 무지를 화려하게 묘사하고자 하는 화가들과 휘그파 역사가들을 제외하면 날짜 변화에 따른 혼란은 사실상 사라진 것과 마찬가지였다. "11일을 돌려달라"라는 구호는 사실 정치적 구호라기보다는 순박한 시골뜨기를 놀리는 말로 훨씬 더 오래 살아남았다.

정치적 영향은 크지 않았지만, 영국의 역법 개혁은 그 자체로 대단한 사건이었다. 의회가 1752년의 길이를 11일 줄이는 법령을 제정한 사건은 수 세기 전에 부활절 날짜를 둘러싼 신학적 문제로 시작된 복잡한 이야기의 마지막을 장식하는 하나의 작은 조각이었다.

변화무쌍한 기념일이 가져온 혼란

앞에서 언급했듯이, 율리우스력은 로마 제국은 물론 그 이후 유럽의 공식 역법이었다. 그것은 종교적 우선순위와 관료적 이해 사이에서 훌륭한 균형을 달성한 것이었다. 즉, 고정된 달의 길이와 주기적 윤년을 도입함으로써 상용력을 계절의 변화와 일치시키고 중요한 계절별 축제가 돌아오는 날짜를 예측할 수 있게 되었다.

어쨌든 대체로는 그랬다. 이집트 상용력도 그랬듯이, 율리우스력은 너무나 오랜 기간 사용되다 보니 아주 미세한 오차만 발생해도 그것이 축적된 결과는 상당한 영향을 미칠 수밖에 없었다. (4년에 한 번씩 하루를 더하는) 율리우스력에서 1년은 365.25일로, 365.2422일인 태양년에 비해 약 11분 더 길다. 이 차이는 1, 2년 정도 범위에서는 눈에 띄지도 않지만, 세월이 흐를수록 축적되어 128년이 지난 후에는 만 하루가 뒤처지게 된다. 중세 영국의 신학자 베다 베네라빌리스 Beda Venerabilis가 노섬브리아 수도원에서 역법에 관한 논문을 쓰던 725년 무렵에는 실제 춘·추분점과 율리우스력에서의 해당 날짜가 거의 일주일이나 차이가 나게 되었다. 그 정도 차이는 흐린 날씨가 많던 당시 영국 제도에서도 해시계로 충분히 식별할 수 있었으며, 달리 오락거리가 없던 수도사에게는 더욱더 그랬을 것이다.

예측한 춘분 일자와 실제 날짜가 엿새쯤 차이가 나는 것은 자세히 관찰하면 충분히 측정할 수 있었겠지만, 그리 심각한 일은 아니라고 봤을 수도 있다. 그 당시만 해도 거의 모든 일반인에게 이런 현상은 그리 중요한 일이 아니었을 것이다. 사실 첫 파종일은 변덕스러운 날씨 때문에 엿새 이상 달라지는 경우가 더 많았으므로, 농부들은 더욱더 이런 현상을 눈치 채지 못했을 가능성이 크다. 그러나 천문학에 큰 관심을 기울이던 8세기 기독교 수도사에게 이것은 굉장히 심각한 문제였다.

기독교는 원래 유대교의 한 분파로 시작하여 후기 로마 제국의 국교가 되기에 이르렀다. 중세 기독교가 주요 제례를 계절에 딱 맞춰 거행하는 데 집착했던 것도 이런 기원을 생각하면 그리 놀랄 일이 아니다. 기독교력에서 가장 중요한 축일인 부활절은 예수의 죽음과 부활을 둘러싼 일련의 사건을 기념하는 날이다. 복음서는 이것이 유대인들의 이집트 탈출을 기념하는 유대인의 명절인 유월절경에 일어났다고 분명히 밝히고 있는데, 유월절은 히브리력으로 (첫 번째 달에 해당하는) 니산Nisan월의 15일에 해당한다. 태음태양력의 성격을 갖고 있는 히브리력에 따르면, 니산월 15일은 반드시 봄철 보름달에 돌아오게 되어 있지만, 이 날짜가 반드시 태양의 움직임과 엄격하게 연동되어 있지는 않다. 이날은 윤달의 주기에 따라 춘분 다음에 오는 첫 번째 보름달이 될 수도 있고, 두 번째 보름달이 될 수도 있다. 그러나 율리우스력은 달의 위상과는 직접적인 관련이 없었으므로 부활절 날짜를 계산하기가 매우 곤란한 상황이 되고 말았다.

이 문제에 대한 가장 분명한 해결 방법은 니산월 15일이나 이 날짜에 가장 가까운 일요일에 부활절을 기념하는 것이었고, 실제로 이것은 초기 기독교 교회들이 가장 널리 채택한 방법이기도 했다. 그러나 기독교의 가장 중요한 축일을 경쟁 종교인 유대교의 역법과 연동한다는 데서 오는 신학적 문제가 발생할 수밖에 없었다. 게다가 더 큰 문제는 히브리력이 음력의 특성을 보인다는 것과 초기 유대인 디아스포라 사회에 중앙 권력이 존재하지 않았다는 사실 때문에 제국 내 각 지역의 유대인 권력 사이에 니산월이 과연 어느 달인가에 관한 합의가 이루어지지 않았다는 점이었다. 결국 초기 기독교 신학자들은 이처럼 역법 때문에 발생하는 혼란에 질서를 가져올 수 있는 부활절 날짜를 계산하느라 무던히도 애를 써야 했다.

부활절을 기념하는 적절한 절차가 무엇인가 하는 것은 서기 325년에 콘스탄티누스 1세가 주재한 1차 니케아공의회의 주요 논점 중 하나였다. 이 회의는 부활절을 정하는 구체적인 방법을 도출하며* 전 세계 기독교인이 단 하나의 부활절을 기념해야 한다는 원칙을 선언했다. 4세기의 논리로 볼 때, 이 선언은 계산을 바탕으로 부활절을 결정해야 한다는 원칙을 강력하게 천명한 것으로, 이후 수 세기 동안 이 분야에서 치열한 노력이 진행되는 계기가 되었다.

수백 년에 걸쳐 발전한 "부활절 계산법computus"의 핵심 개념은

* 부활절이 니산월 15일이 아닌 춘분 이후 보름달이 뜬 다음 일요일이 되어야 한다고 선언했다.

모의 음력을 이용하여 기독교식 니산월 15일을 확립하는 것이었다. 그러기 위해서는 한 달의 길이를 29일과 30일로 번갈아 운영하는 '숨겨진' 교회력을 만들고, 19년 단위의 메톤 주기를 지켜서 가끔씩 한 달을 추가했다. 이 방법을 수립한 교회 당국은 안식일 규칙을 꼭 지켜야 한다고 생각하지 않았으므로, 각 달의 시작을 율리우스 상용력으로 계산할 수 있는 날짜에 맞춤으로써 히브리력보다 더 단순한 숨겨진 달력shadow calendar을* 만들 수 있었다.

이 숨겨진 달력의 유일한 목적은 보름달이 뜨는 날짜를 예측하는 것이었으므로, 보름달이 뜨는 날이 각 달의 15일이 되는 것은 당연한 일이었다. 율리우스력은 태양년과 밀접한 관련이 있어서 춘분이 3월 21일경에 해당하므로, 부활절은 기독교력으로 3월 21일 이후 첫 보름달이 지난 다음의 첫 일요일이 된다. 간단하지 않은가?

이론적으로 부활절 날짜는 기본적인 수학 실력을 갖추고 기독교력의 원칙만 알면 누구나 계산할 수 있다. 실제로 노섬브리아 왕국 출신의 신학자 베다 베네라빌리스는 자신의 책에서 이 방법을 설명하기 위해 상당한 시간을 쏟았다. 그러나 인간의 천성은 게으른 편이라서 기독교인들은 주로 일부 성직자들이 만들어서 널리 보급한 계산표를 보고 날짜를 확인하는 편을 선택했다. 그중에서 가장 유명한 두 가지로는 525년에 디오니시우스 엑시구스Dionysius Exiguus가 만든 디오니시우스 계산표와 아키텐의 수학자 빅토리우스Victorius of Aquitaine가

* 실제 대중이 이용하진 않았지만 성직자들이 부활절같이 중요한 종교 축일을 계산하기 위해 내부에서 이용한 달력을 뜻한다.-옮긴이

457년에 만든 빅토리우스 부활절 계산표를 들 수 있다. 미리 준비된 계산표를 이용하는 방식은 언뜻 간단해 보이지만, 실제로는 표를 참조하더라도 실수할 가능성이 커서 부활절의 정확한 날짜는 8세기에 들어와서도 여전히 논란이 되는 경우가 많았다. 심지어 베다의 고향인 노섬브리아 왕국에서는 이것 때문에 665년에 "두 개의 부활절"이라는 어처구니없는 사건이 일어난 것으로 널리 알려져 있다. 당시 이언플뢰드 여왕Queen Eanflæd은 종려 주일Palm Sunday(부활절 직전의 일요일)의 전통에 따라 금식을 지키고 있었는데, 같은 날 그녀의 남편 오스위그 왕King Oswy은 다른 표에 따라 계산된 부활절을 기념하느라 잔치를 벌이고 있었다.

베다는 이런 정치적, 신학적 배경 속에서 하·동지점과 춘·추분점을 관측했고, 율리우스력에서 명목상의 춘분인 3월 21일과 며칠 후에 다가오는 실제 천문학적으로 낮과 밤의 길이가 같아지는 날짜(주야평분점)가 분명히 다르다는 사실을 알게 되었다. 부활절을 계산하는 데 고정된 주야평분점 날짜를 사용함으로써 이런 차이가 종교적으로 매우 중요한 의미를 띠게 되었다. 즉, 부활절을 유일한 하루로 고정하는 데는 성공했을지 몰라도 엉뚱한 보름달 다음의 첫 일요일을 기념하게 된 셈이었다! 하지만 베다가 살던 곳이 멀리 떨어진 오지였던 데다 당시 정치 상황이 대체로 불안했던 까닭에 수 세기가 더 지나서야 이 문제를 해결하려는 조치가 취해졌다.

그레고리우스력의 탄생

부활절 날짜를 정확하게 정하는 것이 중요한 신학적 문제로 여겨졌지만, 유럽의 강대국들은 더 심각한 위기에 봉착해 있었다. 지중해 지역에서 이슬람 세력이 부상하여 북아프리카와 스페인을 정복했다. 또한 성지를 탈환하기 위한 십자군 전쟁이 시작되었고, 수백 년에 걸친 전쟁 끝에 스페인에서 이슬람 세력이 축출되었다. 종교적으로는 여러 명의 교황이 경쟁을 하는 기간이 오래 지속되는 등 수많은 종교적 분열이 일어났으며, 1300년대 중반에는 유럽 전역에 흑사병이 덮쳐 인구의 3분의 1이 목숨을 잃기도 했다. 이런 와중에 역법 개혁은 뒷전으로 밀릴 수밖에 없었다.

그러나 천문학과 수학이 비록 느리지만 꾸준히 발전하고 율리우스력의 오차가 서서히 축적되는 동안, 수학적으로 명석한 사람들은 이 문제를 계속 염두에 두고 있었다. 수많은 저술가가 율리우스력과 천문학적 주야평분점이 서로 일치하지 않는다는 점을 지적했다. 서기 900년경의 "말더듬이 노트커"라고 불렸던 노트커 발불루스Notker Balbulus와 서기 1000년 전후에 "입술 두꺼운 노트커"라는 별칭으로 불린 노트커 라베오Labeo Notker라는 두 명의 수도사, 그리고 1040년경에 살았던 절름발이 헤르만Harmann the Lame이라는 독일의 대학자 수도사가 모두 그런 사람들이었다. 영국의 수도사이자 최초의 과학자였던 로저 베이컨Roger Bacon은 1267년에 천문학적 주야평분점이 기독교력에 비해 9일 정도 앞서게 된 데 주목하여, 율리우스력이

"견딜 수 없고, 끔찍하며, 우스꽝스러운" 신세가 되었다고 말했다.

이렇게 오차가 갈수록 심해지자 마침내 공식적인 관심이 집중될 수밖에 없었다. 베이컨이 125년마다 하루씩 차감되는 윤년 체계를 개혁안으로 제시했지만, 교황 클레멘스 4세Pope Clement IV는 어떤 조치를 취하기 전에 사망했고, 그 후계자는 베이컨의 개혁안에 아무 관심이 없었다. 그러다가 1400년대에 들어와 몇 가지 해결책을 모색하는 움직임이 있었는데, 그중 가장 진지한 시도는 1475년에 교황 식스토 4세Pope Sixtus IV가 저명한 천문학자이자 수학자였던 레기오몬타누스Regiomontanus를 독일에서 로마로 초빙한 일이었다. 레기오몬타누스는 개선된 역법을 개발하기에 가장 적합한 인물이었으나, 로마에 도착한 직후 사망하는 바람에 역시 없었던 일이 되고 말았다.

이처럼 교회를 둘러싼 국내외의 정치적 혼란으로 역법의 개혁은 수 세기 동안이나 미뤄졌다. 하지만 얄궂게도 이 문제는 또 다른 정치적, 종교적 분열의 파급 효과로 마침내 해결되었다.

1517년에 독일의 수도사 마르틴 루터Martin Luther는 가톨릭교회의 부패상을 고발하는 95개 조의 논제를 발표했다(루터가 그 문서를 교회 문에 못 박았다는 이야기는 후대에 부풀려진 것이다). 루터의 문서로 촉발된 종교개혁은 가톨릭교회를 오늘날과 같은 다양한 기독교 종파로 분열시켰고, 이후 한 세기가 넘는 종파 분쟁의 촉매가 되었다. 가톨릭교회는 루터를 비롯한 종교개혁가에 대응하여 가톨릭 교리를 분명히 밝히고 공식화하는 "반종교개혁Counter-Reformation"을 시작했다. 이런 노력의 중심에는 1545년 말 교황 바오로 3세Pope Paul III가 공식 소집한 트리엔트공의회Council of Trient가 있었다. 이로부터 모두 6대의 교황을 거치며 37년이 지난 후, 비로소 현대적인 그레고리우스력이 도입되기에 이르렀다.

트리엔트공의회가 열린 기간은 1545년부터 1563년까지이며, 전쟁, 전염병, 그리고 교회 내 정치적 갈등 등의 원인으로 중단된 기간을 기준으로 크게 3기로 구분할 수 있다. 현대적인 용어로 서술하자면 이 회의의 전반적인 기조는 "전통 가치"로의 회귀를 호소하며 루터를 비롯한 개혁가들이 의문을 제기한 거의 모든 교리를 재확인하는 것이었다. 역사적으로 거의 모든 위원회가 그랬듯이, 그들은 다른 여러 기구에 임무를 위임했다. 1563년 교황 비오 4세가 공의회를 해산하면서 마지막으로 발표한 법령에는 이단 서적의 목록을 작성하던 분과위원회의 업무가 포함되어 있었다. 법령에서는 그들에게 해당 업무를 완료하여 교황에게 보고하도록 지시하는 한편(이것이 악명 높은 가톨릭 금서 목록Index Librorum Prohibitorum이다), 미사와 성무일과서breviary를 포괄적으로 개정하여 1년 내내 미사에서 성경 강독을 의무화하라는 내용이 거의 지나가는 말처럼 씌어 있었다.

성무일과서와 미사는 기본적으로 계절에 맞춰 진행되는 일정이므로 이를 개정하는 일은 역법 개혁과 맞물릴 수밖에 없었다. 트리엔트공의회가 끝나고 얼마 되지 않은 1568년 발표된 성무일과서에는 기독교력의 사소한 개혁안이 포함되어 있었다. 그러나 이후 교회력에서 4일을 앞당기고 300년마다 한 번씩 만 하루를 누락시키는 이 개혁안은 상용력과 태양년의 불일치를 해결하는 데 아무런 도움이 되지 않았고, 결과적으로 세인의 관심에서 멀어지고 말았다.

이것은 트리엔트공의회를 위해 일하던 교회 법률가 중 한 명인 우고 본콤파니Ugo Boncompagni에게도 결코 좋은 일은 아니었다. 그는 1572년에 교황 그레고리오 13세가 된 후 역법 문제를 완전히 해결하기로 마음먹었다. 그레고리오 교황은 이 문제를 연구할 위원회를 설립하여 새로운 역법을 만들었다. 그러나 위원회의 설립 일자는 물론이고 공식적인 명단마저도 지금은 찾아볼 수 없다. 이 위원회와 관련해 현재까지 남아 있는 유일한 공식 기록은 1581년에 교황에게 제출된 최종 보고서로, 여기에서 소개된 내용이 바로 오늘날 그레고리우스력으로 불리는 것이다. 이 보고서에 서명한 사람은 모두 아홉 명으로, 로마 가톨릭교회의 추기경과 주교, 동방정교회의 총대주교, 법률가, 번역가, 역사가, 그리고 개혁안의 과학적 측면을 연구한 세 명의 학자(도미니코 수도회의 천문학자이자 수학자였던 이그나치오 단티Ignazio Danti, 예수회 천문학자 크리스토퍼 클라비우스Christopher Clavius, 그리고 이탈리아 남부 칼라브리아의 의사 안토니오 릴리우스Antonio Lilius)가 그들이다.

안토니오 릴리우스는 이 보고서에 서명한 사람 중 가장 중요하지 않으면서도 어찌 보면 가장 중요한 사람이라고 할 수 있다. 그는 자신의 이해 때문이 아니라 1576년에 세상을 뜬 그의 형제를 대신해서 보고서에 서명했다. 이 역법에 관한 논문을 작성한 사람은 역시 칼라브리아의 의사였던 알로이시우스 릴리우스Aloisius Lilius*였으며, 위

* 그의 본명은 루이지 질리오(Luigi Giglio)였으나(당시는 기록에 오류가 많아 릴리오(Lilio)라고 기록된 문서도 있다) 공식 문서에는 이를 라틴어로 번역한 "알로이시우스 릴리우스(Aloisius Lilius)"로 기록

원회가 결국 이를 통째로 수용함으로써 세상에 알려지게 되었다. 천문학자 클라비우스가 가장 유명한 과학자였고 그다음은 단티였지만, 그들은 릴리우스가 제안한 개혁안의 타당성을 검증하는 역할을 했을 뿐이다. 또한 클라비우스는 알로이시우스를 개혁안의 주요 저자primus auctor라고 치켜세웠다.

수 세기 동안 역법을 개혁하는 데 더 큰 걸림돌이 되었던 것은 율리우스력의 윤년 규칙을 따르면서도 간단하고 실용적인 방식으로 태양년의 근사치를 결정하는 문제였다. 오랫동안 거론되던 몇몇 개선안들은 너무 복잡해서 쓸 수 없었다. 달력에 날짜를 추가하거나 빼는 간격을 쉽게 알 수 없었기 때문이다. 릴리우스가 제안한 방법은 윤년 규칙을 간단하게 조정하여 400년마다 세 번만 1년에서 하루씩 빼는 것이었다. 가령, 율리우스력에서 4년마다 발생하는 윤년 중에서 서기로 표기한 연도의 뒷자리가 '00'으로 끝나는 해는 평년으로 수정을 하되 그중 400으로 나누어 떨어지는 해는 그대로 윤년으로 두는 것이다. 따라서 1900년은 윤년이 아니지만, 2000년은 윤년이 된다. 이 방법을 적용하면 율리우스력에서 1년의 길이는 400분의 3일만큼 줄어들어 평균 365.25일에서 365.2425일로 단축된다. 이렇게 하더라도 하루의 길이는 태양년에 비해 1만분의 3일 정도(26초에 조금 못 미친다) 더 길어 완벽하게 일치하지는 않았지만, 훨씬 더 정확한 근사치일 뿐 아니라 무엇보다 규칙을 기억하기 쉽다는 장점이 있다.

되어 있다.

물론 교회의 관점에서 위원회가 마주한 가장 시급한 과제는 신학적인 문제였다. 그것은 바로 부활절 날짜를 어떻게 사계절과 달의 위상에 모두 맞춰 적절하게 배치할 수 있는가 하는 점이었다. 일부 천문학자는 달을 직접 관측한 결과를 바탕으로 날짜를 결정하자고 주장했지만(클라비우스도 최소한 처음에는 이렇게 주장했다), 교회는 성직자가 굳이 천문학적 지식을 갖추지 않아도 되는 방안을 선호했다. 릴리우스는 이 문제를 멋지게 해결하는 방안도 찾아냈는데, 윤년 규칙을 바꾸는 것과 유사한 방식으로 교회력을 개혁하는 것이었다. 즉, 300년마다 하루씩 숨겨진 음력의 길이를 단축하기를 일곱 번 반복하고, 다시 400년이 지난 후에는 그다음 날 하루를 빼는 것이었다. 그런 다음 이 2,500년 주기를 반복하면 된다.*

물론 그레고리우스력 개혁안은 위원회의 작품이었던 탓에 정치적 타협에서 오는 불편한 측면도 안고 있었다. 그것은 주로 율리우스력에 축적된 오류를 처리하는 방법과 관련된 문제였다. 트리엔트공의회의 전통적 가치에 따르면 춘분 일자를 (카이사르 시대의 춘분일인) 3월 14일로 되돌려야 했는데 위원회가 선택한 방안은 3월 21일로 옮기는 것이었다. 이것은 니케아공의회에서 정한 날짜와도 일치했지만, 이미 배포된 수천 장에 이르는 성무일과서를 다시 인쇄할 필요가 없다는 점이 더 중요했다. 그레고리우스력으로의 변경은 한 해에 무려 열흘을 빼버리는 방식으로 진행되었고, 이는 이후에 영국에서도

* 이론적으로 우리는 그레고리우스력이 시작된 지 400년밖에 안 된 시대에 살고 있다. 그러니 이 규칙은 아직 모두 적용되지 않은 셈이다.

그대로 사용되었다.* 1582년 10월 4일 목요일 다음 날을 10월 15일 금요일로 정할 수 있었던 것은 그 사이에 중요한 축일이나 성일이 없었기에 가능한 일이었다.

시간의 사회적 의미

역법 개혁은 1582년 2월 24일자의 교황 칙령인 "중대 문서Inter gravissimus"**의 형태로 발표되었고, 시행 시점은 가을부터라고 명시되었다. 안토니오 릴리우스는 고인이 된 형제의 업적에 대한 보상으로 10년 동안 새로운 체계에 따른 달력을 독점 출판할 권리를 부여받았다. 그러나 9월부터로 예정된 시행일이 빠르게 다가오는 가운데 릴리우스는 수요에 대응할 능력이 부족했고, 따라서 생산 능력을 대폭 증대하기 위해 그가 얻었던 보조금 혜택은 폐지되었다.

그레고리우스력의 발전을 간접적으로 촉발했던 종교개혁은 그것이 도입되는 과정을 복잡하게 만들기도 했다. 가톨릭교회에 충성하는 군주국이었던 스페인과 프랑스, 그리고 폴란드-리투아니아 연방만이 예정대로 새로운 역법을 도입했다. 개신교와 동방정교회 편에 서 있던 많은 나라는 로마에서 나오는 그 어떤 것도 믿지 않았고, 적어도 처음에는 로마와 관련된 것이라면 무조건 거부했다. 다음 세

---

* 릴리우스가 처음에 제안한 내용은 10년마다 하루씩 단축하자는 것이었으나, 클라비우스가 한꺼번에 열흘을 빼는 것이 더 낫다고 주장했다.

** 교황 칙령은 모두 문서의 맨 앞에 나오는 두 단어(라틴어)를 따서 제목으로 삼는다. 이 문서 역시 마찬가지였다. 서두는 이렇게 시작한다. "목자로서 우리가 진 수많은 의무 가운데에서도 가장 중요한 것은 트리엔트공의회가 물려준 신성한 의례를 신의 인도 아래 완성하고자 노력하는 것이다."

기에 접어들어 국제 무역에 대한 수요가 유럽 대륙 전역으로 확대되자 비로소 새 역법 도입을 미뤄오던 태도가 점차 바뀌기 시작했다. 일부 개신교 교파는 부활절 날짜를 독자적으로 계산하기도 했으나 이것은 단지 명목상의 변화일 뿐이었다. 그들 역시 그레고리우스력 방식으로 계산한 것과 똑같은 규칙을 단지 교황의 재가만 얻지 않았을 뿐 공식적으로는 그대로 채택했기 때문이다.

1580년대에 엘리자베스 1세 치하의 영국은 개신교 국가로는 이례적으로 역법 개혁의 문턱에 다다를 정도가 되었다. 엘리자베스 여왕은 궁정 점성술사 존 디John Dee에게 새로운 역법의 타당성을 평가하는 임무를 부여했다. 그는 역법을 갱신해야 하는 과학적 이유를 설명하는 방대한 보고서를 작성한 데 이어 영국도 그레고리우스 체계에 준하면서*** 영국의 이해에 부합하는 새로운 역법을 도입해야 한다고 제안했다. 여왕과 추밀원은 디의 주장에 수긍하여 역법 개정을 추진하고자 했지만 캔터베리 대주교의 반대로 결국 무산되고 말았다. 이후 올리버 크롬웰Oliver Cromwell이 통치하던 시대와 (율리우스력으로 윤년이었으나 그레고리우스력으로는 그렇지 않은 해였던) 1700년이라는 중요한 해에 각각 한 번씩 역법을 개혁하려는 시도가 더 있었으나, 역시 모두 실패로 돌아갔다.

앞에서 언급했던 윌리엄 호가스 시대에 영국이 마침내 그레고리우스력을 채택하게 만든 의회 법령은 사실 체스터필드 백작 필립 스

*** 디는 자신이 제안한 체계의 정당성을 천문학에 두었고, 니케아공의회의 결론을 따르기보다는 하루를 단축하여 춘분을 예수 시대의 날짜로 되돌리는 편을 선호했다.

탠호프Philip Stanhope가 편의상의 이유로 입안한 것이었다. 그는 해외에서 대사로 근무하는 동안 율리우스력과 그레고리우스력을 서로 끊임없이 환산하는 일에 진력이 났다. 그래서 영국으로 복귀하면 기존의 역법을 어떻게든 고쳐야겠다고 결심했다. 스탠호프와 그의 동맹 세력은 천문학적 주장의 명분을 극대화하는 한편 교황과의 연관성은 최소화하는 식으로 입법 과정을 처리했고, 이 법령은 영국 성공회의 부활절 계산 방식을 그레고리우스력 개혁안과 똑같은 체계로 공식 변경하면서도 원래 출처에 대한 언급은 일체 생략했다. 법령은 의회를 무사히 통과했고, 그 결과 영국과 전 세계 식민지에서 1752년 9월 둘째 수요일 다음 날인 목요일은 14일이 되었다.

역법을 바꾼 것은 영국만이 아니었다. 러시아는 20세기 들어와서도 옛날 방식을 고집하다가 1917년 공산 혁명 이후에야 개혁에 동참하는 바람에 무려 13일을 단축해야 했다.* 그러나 부활절 날짜를 정하는 문제는 아직도 완벽하게 해결되지 않았다. 동방정교회의 많은 종파는 계속해서 율리우스력 규칙으로 부활절을 계산했기 때문이다. 그러나 그레고리우스력은 태양년과 일치하도록 고안된 태음태양력 중에서는 가장 효과적인 것으로, 수천 년에 걸친 시간 측정 노력이 정점에 오른 결과물이다. 그레고리우스력의 1년과 태양년의 길이 차이가 26초에 불과하다는 것은 춘분 날짜에서 하루만큼 오차가 발생하기까지는 무려 3,323년이 필요하다는 뜻이다.

---

* 율리우스력으로는 1800년과 1900년이 모두 윤년이지만, 그레고리우스력에서는 그렇지 않다.

공식적인 규칙으로만 보면 율리우스력에서 그레고리우스력으로의 전환은 사소한 변화에 불과하다. 400년마다 3일씩 줄이는 것이므로 연간 평균 10분씩 단축하는 것뿐이다. 그러나 그 발전과 시행 과정을 보면 시간 측정 역사의 가장 중요한 대목이 드러난다. 우선 1년의 길이에서 발생하는 사소한 차이는 오랜 기간에 걸친 시간 측정의 기술이 얼마나 정밀했는지를 보여준다. 율리우스력과 태양년의 차이는 수백 년이 지나야 겨우 눈에 띌 정도이니 말이다. 그레고리우스력 개혁으로 드러난 또 하나의 중요한 측면은 바로 시간의 사회적, 정치적 속성이다. 율리우스력에서 그레고리우스력으로의 변화는 크지 않았고 특히 농업 분야에서는 큰 의미가 없었다. 이집트력이 보여주었듯이, 안정적인 문명은 한 해의 길이를 계산하는 데 훨씬 더 큰 오류가 있어도 매우 오랜 기간 지속할 수 있다.

규칙의 변화와 그 시행에 관련된 정치적 논쟁은 주로 신학적인 이유로 필요한 것으로 여겨졌다. 종교적 축일을 적절한 계절과 시기에 맞춰 지내야 한다는 생각이었다. 이런 생각은 역법 체계에 자의성이 개입할 수밖에 없으며 천문학적 자연 질서뿐만 아니라 사회적 우선순위가 거의 같거나 더 큰 비중으로 반영된다는 사실을 보여준다.

그레고리우스력 개혁이 비록 작은 규모이기는 하지만, 다른 우선순위를 반영하는 새로운 역법 체계를 보여주는 가장 극적인 사례는 아니다. 그런 사례는 대서양을 건너가 완전히 다른 주기에 바탕을 둔 전혀 다른 시간 측정 방식을 살펴봐야 찾을 수 있다.

| CHAPTER 4 |

마야 문명의 낯선 시간 속으로

21세기 초 10년 동안, 2012년 12월 21일이 되면 세상이 종말을 맞이하거나 적어도 우리가 알던 것과는 전혀 다른 모습으로 변할 것이라는 예측이 놀라울 정도로 세상에 퍼져나갔다. 그 과정이 구체적으로 어떻게 진행될 것이라는 전망은 출처에 따라 달랐다. (태양의 거대 흑점, 지구 자기장 역전, 옐로스톤 화산 대폭발 등) 자연재해가 일어날 것이 틀림없다는 주장도 있었고, (은하계 중심에 자리한 블랙홀이 지구를 빨아들인다거나, 태양계가 은하계의 '불안정한 에너지 영역'으로 진입한다는 등) 과학적 근거가 빈약한 터무니없는 추측도 등장했다. 지구 종말이 외계인에 의해 초래될 것이라는 주장도 어김없이 나타났다.

이런 현상은 인터넷의 확대로 수많은 웹사이트에 난무하던 각종 억측으로 촉발된 것이었으나, 그 영향은 마침내 전통 매체로까지 확대되었다. 『아포칼립스 2012 Apocalypse 2012』나 『2012년 그 후 Beyound 2012:

Catastrophe or Ecstacy』와 같은 책들이 미래에 벌어질 상황과 관련해 온갖 이론을 내놓았고, 역사나 탐험을 다루는 TV 채널에서도 이런 현상에서 영감을 받은 프로그램이 다수 방영되었다. 이런 흐름을 타고 개봉된 영화가 바로 롤랜드 에머리히Roland Emmerich가 감독하고 존 쿠삭John Cusack이 주연을 맡은 할리우드 블록버스터 〈2012〉로, 이 영화는 평단의 혹평에도 불구하고 7억 5,000만 달러가 넘는 흥행 성적을 기록하기도 했다.

이와 같은 이른바 2012년 현상은 자칭 예언자들이 이런저런 이유로 세상이 끝난다고 떠들어온 종말론의 오랜 전통과 딱 맞아떨어지는 일이었다. 그런데 2012년의 소동과 여타 종말론이 달랐던 점은 바로 이 책의 주제이기도 한 그 날짜의 근거였다. 현대에 등장한 다른 종말론의 근거가 주로 기독교의 성경을 억지로 해석한 것이라면, 2012년에 관한 예언은 마야력을 바탕으로 간단한 추론을 통해 대재앙의 날짜를 정했다는 점에서 가장 큰 차이가 있었다.

고대 마야 문명은 여러 종류의 주기로 구성된 복잡한 체계를 통해 날짜를 기록했는데, 이 역법을 미래까지 적용하여 계산하면 그중 가장 긴 주기가 끝나는 시점이 바로 2012년 12월 21일이었다. 즉, 기원후 첫 천 년 기간에 살았던 마야인들이 기록한 가장 긴 주기의 끝인 이 날짜를 (1987년 호세 아르구엘레스José Argüelles를 시작으로) 현대의 예언자들이 이 세상이 끝나는 날이라고 지목한 것이다. 이 글을 쓰는 현재의 시점에서 되돌아보면 2012년에 벌어졌던 소동에는 다소 우스꽝스러운 면이 있다. 2012년 12월에 세상에는 이렇다 할 대재앙이 일어나지 않았으며, 자기들 문명의 붕괴가 코앞에 닥친 줄도 몰랐던 서기 600년경의 마야인들이 그로부터 14세기 후의 우리에게 닥칠 재앙을 예언했다는 것도 좀 웃기는 이야기다.

2012년 소동은 그것을 촉발한 사람에 대해서는 결코 좋게 평가할 수 없으나 그나마 한 가지 긍정적인 면은 있다. 마야 문명이 이룩한 놀라운 업적에 주목하게 되었다는 점이다. 비록 그들의 역법이 종말의 날을 알아맞히는 데는 쓸모가 없었지만, 그들은 정교한 수학 체계를 보유한 최고의 천문학자들이었다. 마야력과 마야인의 천문학은 그 자체로 충분히 논할 가치가 있는 굉장한 업적이며, 마야력은 시간의 사회적 측면을 보여주는 훌륭한 사례이다.

시간을 결정하는 서로 다른 기준

유라시아 지역의 거의 모든 문명(지중해 연안의 여러 제국과 중앙아시아, 고대 중국 및 인도 등)은 어떤 형태로든 태음태양력을 사용해왔다. 이 사실은 이들 문명권이 최소한 조금씩은 서로 교류했었다는 점을 생각하면 놀라운 일이 아닐 수도 있으나 우리는 이것과 비슷한 개념이 전혀 다른 문명권에서도 작동했음을 알 수 있다. 예를 들어 미국 남서부의 나바호 원주민이 사용하던 역법은 겨울철에 떠오르는 특정 별을 기준으로 삼는 음력 체계이고, 뉴기니 근처 트로브리안드 제도에 사는 사람들은 봄철에 보름달이 뜬 후 밤에 해양 곤충이 산란하는 시기에 맞춰진 음력을 사용한다. 또한 음력에 윤달을 끼워 넣어 계절과 일치시키는 방법은 전 세계에서 보편적으로 사용되는 개념이다.

태음태양력의 보편성에 그레고리우스력의 놀라운 정확성이 더해지면서 이런 체계가 꼭 필요하다는 이미지가 형성되었을지도 모른다. 태음태양력을 계절의 변동에 맞춰 교정하는 방법이 비록 보편적인 선택지이기는 하지만 유일한 해결책은 아니다. 그레고리우스력의 대안이 될 수 있는 역법 체계를 확인하려면 독자적인 시간 측정법을 자유롭게 개발할 수 있었던 문화권을 살펴봐야 한다. 안타깝게도 이런 전통문화 중에는 많은 곳이 유럽 제국주의에 의해 수십 년에 걸쳐 파괴되었고, 서구 학계에서 그들의 문화적 체계를 기록하고 이해하려는 노력을 진지하게 기울일 때쯤에는 그런 전통은 이미 사실상 사라진 후였다.

시간을 측정할 때 무엇을 우선순위에 둘 것인지에 대한 다양한 방식을 관찰할 수 있는 자료는 그런 문명들이 서양 제국과 만나기 전에 작성된 기록들이다. 물론 그런 기록은 매우 드문데다 단편적으로만 존재한다. 고대 마야 문명은 문자로 된 기록을 남긴 몇 안 되는 메소아메리카 문명 중 하나로, 마야 문명의 역법이 서양 역법과 우선순위가 달랐다는 점이나 그들이 선택한 목표를 달성했다는 점에서 매우 훌륭한 사례가 되고 있다.

마야 문명의 역사

"마야"는 유카탄반도(오늘날의 벨리즈와 과테말라, 그리고 엘살바도르, 온두라스, 멕시코 등지의 일부를 포괄하는 지역)에서 번영하여 서기 200년부터 900년까지 전성기를 누렸던 메소아메리카 문명을 통칭하는 말이다. 그들은 이 지역에 등장한 첫 번째 문명도 아니었고 (불가사의한 거대 두상을 건설했던 올멕 문명이 기원전 2,000년 동안 전성기를 누렸다), 그 시대의 가장 강력한 제국도 아니었으나(그런 칭호는 아마도 멕시코 중부에 존재했던 테오티우아칸Teotihuacán 문명에 돌아가야 할 것이다. 그들은 서기 400년경에 마야의 도시국가들인 티칼Tikal, 코판Copán, 퀴리구아Quiriguá 등을 정복했다), 예술과 건축 분야에서 찬란한 유산을 남겼다는 점에서는 의문의 여지가 없다. 무엇보다 그들은 상형문자가 새겨진 수많은 비문과 몇 가지 기록 문서를 남겼으며, 이는 지금까지도 신대륙 발견 이전 시대의 문화와 과학을 연구하는 데 가장 상세한 자료가 되고 있다.

1500년대에 스페인 사람들이 유카탄반도에 도착했을 때까지만 해도 실제로 사용되고 있던 마야인들의 문자 체계는 이후 다른 전통 풍습과 함께 급격히 사라졌다. 마야인을 가톨릭으로 개종시키는 임무를 맡았던 디에고 데 란다Diego de Landa 주교가 남긴 기록을 보면 스페인 당국이 그의 지시로 다수의 마야 서적을 수거한 다음, "어느 것 하나 미신과 악독한 거짓말 아닌 것이 없었기에 모두 불태워버렸다"*라고 자랑스

* 출처는 디에고 데 란다의 『유카탄 상황에 관하여(Relación de las cosas de Yucatán)』이다. 이 책은 1937년에 윌리엄 게이츠(William Gates)가 번역하여 『정복 전후의 유카탄(Yucatan Before and After the Conquest)』이라는 제목으로 출간되었다. 이 책은 그가 이곳

럽게 말하는 내용이 나온다. 그 결과 마야 문명의 몇 안 되는 고문서*와 수많은 상형문자판이 오랜 기간 사장되어 있다가 1960년대에 이르러서야 비로소 해독되었다.**

현존하는 석판 문자는 주로 무덤과 사원, 그리고 정교한 조각을 새겨 넣어 일정한 간격으로 세운 "석주"에 남아 있던 것으로, 여기에는 (당시 기준으로) 최근의 역사가 설명되어 있다. 고고학자들은 이를 바탕으로 고대 마야 문명의 흥망성쇠를 생생하게 집대성했다. 즉, 초기에는 도시국가인 티칼과 칼라크물Calakmul이 경쟁했고, 이후에는 북부 지역에 자리 잡은 치첸이트사Chichen Itza와 우스말Uxmal 등으로 권력의 축이 이동했다. 그러나 마야 문명이 어떻게 최후를 맞이했는지는 여전히 수수께끼로 남아 있다. 마야인의 활동을 알 수 있는 기록은 오로지 기념석에서만 발견되므로, 우리로서는 그 건설이 중단된 시점까지만 알 수 있기 때문이다.

에서 행한 심문 관행이 스페인 정복자의 시각으로도 너무나 잔인하다고 판단되어 스페인 법정으로 소환된 이후에 집필되었다는 점에서 매우 의미심장하다.

* 현존하는 고문서는 4권뿐이다. 그중 3권은 스페인 정복기에 유럽으로 옮겨졌고, 네 번째는 1960년대에 어느 동굴에서 발견되었다.

** 얄궂게도 이 문서를 해독하는 데 결정적인 역할을 한 사람이 바로 데 란다였다. 그가 유카탄에서 한 일에 관해 직접 설명한 기록을 보면 라틴 문자로 기록된 문서와 관련지어 마야 문자를 해석하고자 했다는 내용이 나온다. 그러다 보니 둘 사이에 모순이 발생했고, 따라서 이런 시도는 오랫동안 고려할 가치가 없는 것으로 여겨졌다. 그러나 데 란다는 마야 문자가 알파벳이 아니라 음성 문자라는 사실을 깨닫지 못했다. 마야 문자를 해독하기 위해서는 그 점을 반드시 깨달아야 했다.

마야 문명을 만든 세 개의 역법

고고학자들이 마야 문명을 연대순으로 정리할 때면, 다수 기념물에 적용된 "롱 카운트Long Count"라는 역법의 분명하고 일관된 연대 측정 방식이 큰 도움이 된다. 롱 카운트 연대법은 고대 마야 문명의 가장 뚜렷한 고고학적 특징으로, 현대적인 그레고리우스력의 기원이 되는 히브리력과 율리우스력에 못지않게 그들도 시간 측정에 집착했음을 보여주는 증거다. 마야력은 서로 맞물린 여러 주기로 구성된 복잡한 체계이지만, 다른 문명의 역법과는 완전히 다른 수학적, 천문학적 기반을 가지고 있다.

마야의 수학과 날짜 체계

실제로 마야인들은 세 종류의 약간 다른 체계를 같이 사용했기 때문에 "마야력"이라는 표현은 약간 잘못된 것이다. 그들이 사용한 세 종류의 역법 중 가장 널리 알려진 '하브haab'라는 농경용 역법에서는 20일로 구성된 18개월을 1년으로 보았고, 각각의 달은 고유한 이름을 가지고 있었다. 하브의 날짜는 유라시아의 역법과 마찬가지로 각 달의 이름과 숫자로 표시되었다. 즉, 첸Ch'en월 8일, 혹은 막Mak월 15일이라는 식이다. 왜 개월 수는 더 많고 한 달의 일수는 더 짧을까? 마야인들이 한 달의 길이를 20일로 정한 것은 그것이 수학적으로 더 아름답다고 생각했기 때문이다.

현대 문명이 십진수를 채택한 것과 달리, 마야인들의 수학 체계

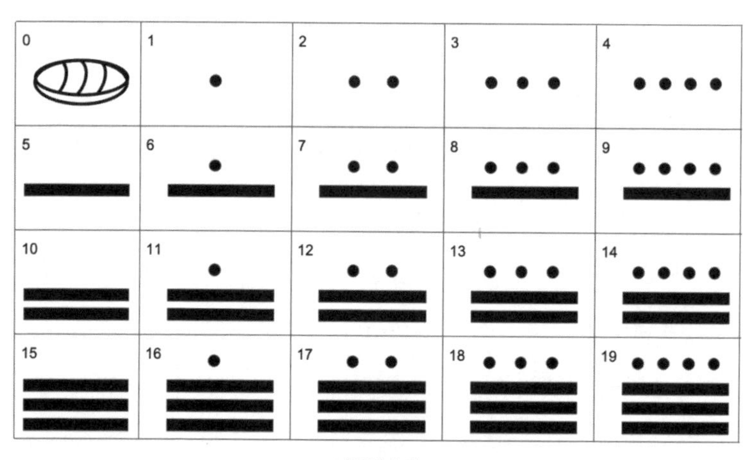

마야의 숫자

는 20진수를 기초로 했다. 우리는 0부터 9까지의 고유한 기호를 부여했지만, 그들에게는 0에서 19에 이르는 20가지 기호가 있었다.

그들은 이런 기호를 바탕으로 현대인과 비슷한 자릿수 체계를 사용했다. 다만 그 바탕이 20진법이었으므로,* 첫째 자릿수는 1, 둘째 자릿수는 20, 셋째 자릿수는 400(20×20), 넷째는 8,000(20×20×20)이 되는 식이다. 따라서 10,000이라는 숫자는 마야의 표기법으로 다음과 같이 쓸 수 있다.

$$(1\times 8{,}000) + (5\times 400) + (0\times 20) + 0 = 10{,}000$$

* 많은 문화권에서 20진법이 등장하는 이유는 아마도 인간의 손가락과 발가락을 합한 수가 20이기 때문일 가능성이 있다. 심지어 프랑스어에도 20진법의 흔적이 남아 있다. 프랑스어로 80에 해당하는 단어는 '20의 4배'라는 뜻이다.

따라서 마야인들에게 하브의 매달이 20일이라는 것은 하나의 자릿수를 다 채운다는 뜻이므로 분명히 매력적인 숫자였다. 그리고 이 역법은 태양년에 맞춰 농경 목적으로 사용하는 것이었으므로 총 18개월이 되어야 360일에 맞출 수 있었다. 고대 이집트인들과 마찬가지로 마야인들 역시 이렇게 하더라도 실제 1년의 길이에 못 미친다는 것을 알고 있었으므로 그들 역시 18개월 외에 5일을 추가했다. 이를 '와예브Wayeb'라고 하는데, 마야인들은 이 기간을 특히 불길하게 여겼다.

마야인들은 하브 이외에 20일 단위로 구성된 '촐킨tzolkin'이라는 두 번째 역법을 병행해서 사용했다. 촐킨의 날짜 하나하나에 부여된 고유의 이름은 그날의 운명을 결정하는 '신'과 관련되어 있었다. 촐킨 역법의 날짜는 순차적으로 매일 하나씩 바뀌며 20일의 주기를 형성하는데, 이처럼 20일의 길이를 가진 촐킨의 한 달은 13번을 주기로 다시 반복된다.** 숫자와 이름을 이렇게 조합하는 방식은 식민지 시대의 연감을 보면 알 수 있듯이 점술 목적으로 사용되었다.

촐킨 날짜와 하브 날짜를 결합하면 어느 날이나 네 글자로 표현할 수 있다. 예를 들면 도시국가 중 하나인 코판에 남아 있던 기록으로, "10아하우 8첸"이라는 중요한 날짜가 있다. 이렇게 숫자와 이름을 결합하여 (52하브년과 73촐킨 주기에 해당하는) 1만 8,980일마다***

** 따라서 촐킨 역법의 1년은 20일×13달=260일이 된다. 한편 하브 역법의 1년은 20일×18달=360일에 마지막 5일(와예브)를 더해서 현재 우리의 1년과 같은 365일이다. -옮긴이

*** 앞에서 설명한 것처럼, 촐킨 역법과 하브 역법의 주기는 각각 260일, 365일이다. 따라서 촐킨 주기가 73번 반복된 1만 8,980일(260일×73)은 하브 주기가 52번 반복되는 날짜와 같다(365일×52=1만 8,980

3	벤(Ben)	숲에 들어가는 사람에게 흉한 날
4	익스(Ix)	여왕벌이 수태하는 날
5	멘(Men)	흉한 날
6	시브(Cib)	숲속을 걷기에 나쁜 날
7	카반(Caban)	흉한 날. 사슴 우는 소리를 흉내 내는 날.
8	에즈나드(Eznad)	경배하는 사람에게 흉한 날
9	카우악(Cauac)	벌들에게 길한 날
10	아하우(Ahau)	길한 날. 화로에 불을 피우는 날
11	이믹스(Imix)	지도자에게 흉한 날
12	이크(Ik)	흉한 날. 바람 부는 날
13	아크발(Akbal)	파수꾼에게 흉한 날
1	칸(Kan)	흉한 날. 적막
2	치칸(Chiccan)	흉한 날
3	시미(Cimi)	흉한 날
4	마니크(Manik)	길한 날
5	라마트(Lamat)	길한 날
6	물루크(Muluc)	태양의 경로를 재는 날
7	오크(Oc)	흉한 날
8	추엔(Chen)	흉한 날
9	에브(Eb)	길한 날
10	벤(Ben)	흉한 날

이 표를 보면 숫자와 이름으로 구성된 촐킨 역법의 작동 원리뿐만 아니라 식민지 시대 마야인들의 쾌활한 세계관을 읽을 수 있다. **출처:** 앤서니 애브니(Anthony Aveni) 저, 『시간의 문화사(Empires of Time: Calendars, Clocks, and Cultures)』 (1989)

한 번씩 반복되는 주기를 "역법 주기Calendar Round"라고 한다. 이것은 대략 인간의 수명과 비슷한 시간이므로 어떤 사람이든 역법 주기는

일). 이 기간은 현대 역법으로 52년이므로 한 사람의 인생에서 딱 한 번만 주기가 되풀이된다고 볼 수 있다. 우리나라의 환갑도 60년이어서 한 사람의 인생에서 딱 한 번만 환갑을 맞는 것과 비슷하다.–옮긴이

평생 한 번씩만 경험하게 된다.

마야인들이 도시국가 단위의 시간 측정을 위해 사용한 롱 카운트 연대법은 단위가 좀 더 많을 뿐 로마 창건(기원전 753년)을 기원으로 하는 로마력이나 오늘날의 서력기원 체계와 거의 유사했다. 롱 카운트에 사용되는 시간 표시 단위로는 킨kin(마야어로 하루라는 뜻이다), 위날uinal(1위날은 20킨, 즉 1하브월에 해당한다), 툰tun(1툰은 18위날로, 1하브년에서 불길한 5일인 와예브를 뺀 기간이다), 카툰katun(1카툰은 20툰, 약 20년에 해당한다), 박툰baktun(1박툰은 20카툰으로, 14만 4,000일, 대략 394태양년이다) 등이 있다. 이런 단위는 기본적으로 20진법을 따르고 있는데, 1툰은 태양년과 근사치를 맞추기 위해 18위날로 단축했다.

롱 카운트 날짜는 고대 마야 예술과 건축의 전형적인 특징이었으며, 이런 주기는 일반 서민의 생활에 중요한 역할을 했다. 오늘날 마야 문명의 연대를 연구하는 데 기초가 되는 문자가 기록된 석주들은 카툰 주기가 한 번 끝나는 것을 기념하기 위해 세워진 것이었다. 이는 마치 오늘날 뉴스나 오락매체가 10년 단위로 각종 분야의 최고 목록을 발표하는 관행을 연상시키며, 그런 관행이 조금 더 영구적인 형태로 표현된 것이라고 볼 수 있다.

역법 주기와 롱 카운트 방식은 나란히 운영되므로 두 방식에 모두 기록된 날짜들이 많다. 롱 카운트 날짜는 주로 8박툰과 9박툰 시대의 것으로 확인되었으며, 이를 천문학적 사건에 관한 기록과 관련지어보면 마야인들이 롱 카운트를 시작한 날짜를 비교적 정확히 계산할 수 있다. 이 날짜를 마야력으로 표시하면 "13.0.0.0.0, 4아하우

8쿰쿠"인데, 이는 그레고리우스력으로 기원전 3114년 8월 11일에 해당한다. 기원전 3114년의 첫날은 롱 카운트 날짜가 새겨진 최초의 석주보다도 3,000년이나 앞선 시기이므로 이 역법이 과연 그 시대에도 사용되었는지는 다소 의심스러운 것이 사실이다. 사실 롱 카운트 역법은 고대에 가까운 시기에 성립되었는데, 당시 통치권자가 권위를 세우기 위해 연대를 소급 적용했을 가능성이 더 유력해 보인다.

이런 주기의 조합은 그레고리우스력에 익숙해진 사람에게는 너무 복잡하게 보일 수도 있지만 사실 서구 문화에도 이런 요소가 전혀 없는 것은 아니다. 오늘날 사용되는 역법으로 복수의 주기를 사용하는 날짜 체계와 가장 유사한 것이 바로 율리우스 적일제이다. 이것은 이름과는 달리 그레고리우스력과 같은 시대에 등장했다. 이 역법은 1583년에 프랑스의 종교 지도자이자 학자였던 조제프 스칼리제르Joseph Scaliger가 세 종류의 주기를 조합해서 만든 것이다(유대력과 기독교력에서 사용했던 19년의 메톤 주기, 율리우스력의 28년 주기* 로마 제국이 군대 급료를 지급하기 위해 자산을 재평가하던 15년 주기를 조합해서 사용했다. 이 15년 주기는 로마 제국이 멸망한 이후에도 오랫동안 상용력에 남아 있었다). 이들 주기를 기준으로 수많은 역사적 사건에 (메톤 주기 9년, 자산 재평가 주기 3년, 율리우스력 5년 등의 순서로) 날짜가 부여되었고, 이를 조합하면 총 7,980년에 달하는 주기의 어느 날이든 고유하

---

* 28년 주기는 일주일이 7일이라는 것과 윤년이 4년 주기라는 데서 나온 결과다. 율리우스력으로 가능한 모든 주기를 순환하는 데는 28년이 걸린다. 모든 요일마다 윤년이 시작된다고 생각하면 7×4는 28년이다.

게 식별할 수 있었다.

스칼리제르는 이 모든 주기가 동시에 1년이 되는 마지막 시점까지 거슬러 올라갔다. 그의 역법은 기본적으로 이 "율리우스력 기원"에서 얼마나 지났는지를 계산해서 날짜를 정하는 방식이다. 그가 찾아낸 시작 날짜는 기원전 4713년 1월 1일이었다(이것은 율리우스력을 거꾸로 연장한 결과이다. 그레고리우스력을 사용하면 기원전 4714년 11월 24일이 된다). 이 시점은 1장에서 언급한 신석기 시대 유적보다도 훨씬 앞서나, 그렇다고 율리우스력이 그 시대에도 사용되었다는 의미는 아니다. 앞에서도 추측했듯이, 마야인들의 롱 카운트 연대법도 그들이 사용하던 주기를 과거의 특정 날짜까지 소급하여 적용함으로써 비교적 최근의 사회적, 종교적 제도가 오랜 역사를 지니고 있다는 인상을 주기 위한 것이라고 볼 수 있다. 고고학자들이 마야의 역법 주기 날짜와 천문학적 사건의 우연한 조합을 바탕으로 역산하여 롱카운트가 시행되었을 것으로 추정되는 후대의 날짜를 제안했지만, 결정적인 증거는 없다.

마야의 롱 카운트와 마찬가지로 율리우스 적일도 경과된 시간을 재서 나오는 간단한 숫자로 표현된다. 예를 들어 2000년 1월 1일은 율리우스력으로 245만 1,545일이 된다. 일부 컴퓨터 시스템에서는 필요한 경우에 그레고리우스력의 날짜를 계산하기 위해 지속적으로 증가하는 율리우스 적일을 "눈에 띄지 않게" 사용하기도 한다. 이 방법은 천문학적 사건을 기록하는 데 사용되기도 하는데, 각 사건 사이의 경과 시간이 그레고리우스력이 제공하는 태양년 범위의 상대적

위치 정보보다 훨씬 더 중요할 때 사용한다.

마야력의 기원을 찾아서

마야력의 구성 요소는 서구 사회가 도입한 역법과 비슷한 점이 많다. 하브는 태양년을 따르고, 롱 카운트는 율리우스 적일제와 비슷한 방식이다. 마야력의 진정한 독특성은 260일로 구성된 촐킨 주기다. 이 체계는 서구의 역법이 따르는 그 어떤 체계와도 관련이 없다. 따라서 수많은 고고학자와 고천문학자들이 이 주기의 기원을 추측해왔다.

우선, 단순히 숫자로 설명하는 논리가 있다. 260일은 20에 13을 곱한 값이며, 13은 마야인의 우주관에서 중요한 숫자다. 그러나 이 논리는 마치 닭이 먼저냐, 달걀이 먼저냐와 같은 논란의 여지가 있다. 13이 신비의 숫자라서 촐킨 주기에 포함되었는지, 촐킨에 사용되다 보니 중요하게 여겨졌는지 분명치 않다.

또 다른 가능성은 촐킨이 또 다른 기간을 측정하는 과정에서 유래했다는 것이다. 예컨대 13이라는 숫자는 원래 음력 달을 세는 단위였고, 한 달의 길이를 20일로 삼은 것은 20진법과 조화를 이루기 위해서였다는 것이다. 혹은 생물학적인 이유와 관련이 있을 수도 있다. 촐킨 주기인 260일은 인간의 평균적인 수태 기간과 큰 차이가 나지 않는다. 즉, 인간의 임신 기간에서 촐킨의 기원을 찾을 수 있다는 것이다.

그러나 이 책의 목적에 부합하는 가장 흥미로운 가능성은 천문학적 기원이다. 촐킨 주기가 하늘에 빛나는 태양의 움직임에 바탕을 두고 있을지도 모른다는 것이다. 그리고 이런 천문학적 기원으로 꼽을 만한 훌륭한 후보도 존재한다. 그것은 태양의 거동이 보여주는 독특한 특성에 기인한다.

지금까지 우리가 언급한 거의 모든 문화권의 사람들처럼, 중위도 지역에서 육안으로 하늘을 관찰하는 사람들은 계절에 따른 태양의 움직임을 네 가지 사건, 즉 하지와 동지, 춘분과 추분으로 규정한다. 그러나 지구상의 다른 지점에서는 또 다른 현상이 계절 경험에 큰 영향을 미친다. 그중에서 가장 놀라운 것은 북쪽이든 남쪽이든 66.5가 넘는 위도 지역(이를 북극권 혹은 남극권이라고 한다)에서 겨울에 해가 뜨지 않거나 여름에 해가 지지 않는 날이 하루 이상 존재하는 현상이다.

북위와 남위 각각 23.5도 사이의 적도 인근 지역에서는 두드러지게 눈에 띄지는 않아도 자세히 관찰하면 쉽게 알아볼 수 있는 새로운 현상이 있다. 연중 최소 하루는 태양이 바로 머리 위에 오는 것이다. 열대 지방에서는 바로 하지가 그런 날이다. 1장에서 에라토스테네스가 지구의 둘레를 쟀다고 이야기한 것을 기억할 것이다. 열대 지방에서 낮의 태양은 계절에 따라 천정天頂(지표면에서 바라보는 하늘의 정점-옮긴이)의 북쪽이나 남쪽에 자리하며, 태양이 머리 바로 위에 오는 "천정교차일"은 두 번 찾아온다.

적도 북쪽과 북회귀선의 남쪽에서 일출과 일몰 지점이 시기에

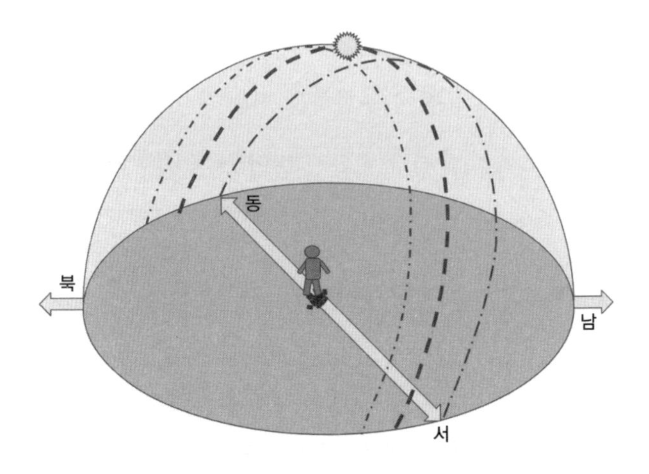

열대 위도 지역에서 태양의 움직임. 춘분과 하지 사이에 하루 태양은 동북쪽에서 뜬 다음 정오에 머리 위로 왔다가 서북 방향으로 진다.

따라 남북으로 이동하는 패턴은 고위도 지방과 같으며, 다만 이동 거리가 조금 짧을 뿐이다. 하루 동안 태양이 이동하는 패턴 역시 중앙아메리카 지역이나 북쪽 고위도 지역이나 똑같다. 태양은 일출 후 오른쪽(북반구에서는 남쪽 방향)을 향해 비스듬하게 떠올라 점점 고도가 높아지면서 정남 방향에 오게 된다. 고위도 지역에서는 태양은 지평선 위에 낮게 떠서 지평면의 정남 방향에 가깝지만 고위도 지역이 아니라면 태양이 남중할 때의 위치가 고위도 지역처럼 남쪽에 치우치지는 않는다.*

북회귀선과 적도 사이의 지역에서 태양은 1년에 두 번 정오에 천정을 가로지른다. 이때 태양은 정동에서 북쪽으로 약간 치우진 곳에

* 태양이 남중할 때의 고도는 저위도에서는 더 높아져서 지평면 위의 정남 방향에서 하늘을 가로질러 북쪽으로 이동한다는 의미다.-옮긴이

서 떠서 남쪽으로 올라갔다가 정오에는 머리 위 천정에 도달한다. 바로 이 순간 지표면과 수직 방향으로 서 있는 물체에는 그림자가 보이지 않는다. 마야 문명이 생겨나고 번성했던 북위 14.5도 지역에서 태양이 이렇게 움직이는 시기는 각각 4월과 7월이므로 105일의 간격이 있다. 즉, 이 기간의 시작은 우기의 시작과 대략 일치하며, 이때가 바로 마야 중심 지역의 농경에서 매우 중요한 시점이다. 1년 중 나머지 260일 동안 태양은 종일 천정의 남쪽에 머문다. 농작물을 수확하고 대부분의 전쟁이 치러지는 이 260일이 바로 촐킨의 기원이라는 것이 고천문학자 앤서니 애브니를 비롯한 여러 사람의 주장이다.

마야인들이 태양이 천정을 지나는 날짜를 중요하게 생각했음은 고고학으로도 진술로도 모두 입증된다. 식민지 시대의 문헌에는 하브력의 신년을 기념하는 날이 두 번째 천정교차일과 가까운 7월이었다는 기록이 남아 있다.** 멕시코의 몬테 알반Monte Albán과 쇼치칼코Xochicalco 등지의 마야 유적에는 천정교차일이 가까워지는 시기에 햇빛이 어두운 방에 도달할 수 있도록 만든 수직 통로인 "천정통zenith tubes"이 있으며, 이곳의 수많은 구조물은 천정교차일이 되면 일출과 일몰 방향을 바라보도록 건설되어 있다. 예컨대 치첸이트사의 유명한 카라콜 천문대Caracol observatory에는 좁고 가느다란 창이 몇 개 나 있는데, 그중 하나가 천정교차일에 일몰 지점을 향하고 있다. 롱 카운트 역법의 명목상 시작일인 기원전 3114년 8월 11일이 마야 영토 서

** 태양년에 비해 하브력의 365일이 계속 변한다는 점을 생각하면, 이것은 우연의 일치인 듯하다.

부 지역에 찾아오는 두 번째 천정교차일과도 매우 가깝다는 사실은 이런 천문학적 사건이 중요한 역할을 했음을 알려주는 또 하나의 증거다.

오랜 세월과 정복자, 약탈자 등에 의해 마야 문명의 기록이 사라진 탓에, 260일로 구성된 촐킨 주기가 도입된 진짜 이유는 영영 알 수 없을지도 모른다. 그러나 천정교차일이 최소한의 역할을 했던 것은 틀림없으며, 따라서 촐킨이 마야인들의 천문 관측 활동에 활용되었던 것도 거의 분명해 보인다.

종말이 아닌 영원한 시간의 기록

마야 롱 카운트력 제13박툰의 마지막 해가 되기 불과 7개월 전에 해당하는 2012년 5월, 일단의 고고학자들이 과테말라 북부의 술툰Xultún이라는 마야 도시에서 고대 천문 사제와 필경사들의 작업실이었을 것으로 추정되는 구조물을 발견했다고 발표했다. 서기 800년경의 것으로 추정되는 그 유적에는 회반죽 벽에 숫자가 그려진 기둥이 있었다. 그것은 이른바 드레스덴 고문서(현존하는 몇 안 되는 마야 서적 중 하나로 식민지 시대의 말살에서 살아남아 결국 독일까지 전해진 자료다. 이에 대해서는 7장에서 자세히 설명할 것이다)의 천문계산표를 연상시켰으나, 그보다도 수 세기나 앞선 것이었다. 벽화를 분석한 결과 몇 번이나 새로 칠해가며 계산을 반복한 흔적이 있었다. 마치 오늘날 천문학자들의 사무실 벽에 걸린 화이트보드를 아주 오래 사용하면 그렇게 될 것만 같았다.

술툰 벽화는 심하게 훼손된 데다* 미완성 작품처럼 보이기도 했으므로 그림의 내용이 무엇인지 정확히 알기는 어렵다. 계산표에는 몇 가지 촐킨 날짜에 뒤이어 마야인들이 관측하는 주요 주기의 배수에 해당하는 시간적 간격이 기록되어 있다. 즉 하브, 촐킨, 역법 주기, 금성과 화성의 공전 주기, 월식 주기 등이다. 이것은 260일 촐킨 주기에 맞춰 미래의 천문학적 전조를 계산하고자 하는 사제들이 사용했을 법한 내용이다. 기록된 간격 중에는 그들이 기록을 남긴 때로부터 현재에 이르는 시간보다도 훨씬 더 긴 것이 허다했다. 가장 긴 것은 6,700년이 넘어, 명목상의 롱 카운트력 시작 연도인 기원전 3114년부터 세상의 종말이 온다는 2012년까지보다 더 긴 세월이다. 이것은 마야인들이 2012년 12월 21일을 세상이 끝나는 대재앙으로 생각하지 않았다는 강력한 증거가 될 수 있다.

술툰의 천문 계산이 석주 벽화로 그려진 시기는 고대 마야 말기로, 그 시대를 지배했던 몇몇 도시국가들이 마지막 붕괴 단계에 접어든 지 한참 지났을 때였다. 그들이 기록을 남긴 당시 상황과 함께 여기에 관련되는 장대한 시간 범위는 그들이 시간적 주기를 먼 미래로 투영하는 일을 얼마나 중요하게 여겼는지를 보여준다. 나아가 그들

---

* 그 벽화가 보존되었다는 사실 자체가 기적이라고 할 수 있다. 그것이 살아남은 과정은 나중에 사원을 보수할 때까지 고의로 매장해둔 덕분에 보관되었다가 약탈자들에 의해 일부 드러나는 바람에 알려진 것이다.

의 세계관이 현대인의 그것과 매우 달랐음을 넌지시 알려준다. 마야인들에게 롱 카운트는 단 한 번의 재앙을 향해 다가가는 종말의 초읽기가 아니라 끝없이 이어지며 반복되는 주기의 연장선이었다. 술툰 유적 발굴을 주도했던 보스턴대학교의 고고학자 윌리엄 새터노William Saturno가 시적으로 표현했듯이, 서구인들의 시선은 "언제나 종말을 향하지만, 마야인이 추구한 것은 아무것도 변하지 않는 세상이었다. 그들의 사고방식은 우리와 전혀 다르다."*

시간을 대하는 방식이 이렇게 전혀 다르다는 점은 260일이라는 독특한 주기를 가진 촐킨 역법과** 함께 시간의 사회적 성격을 더욱 더 극적으로 보여주는 사례가 아닐 수 없다. 인류가 역법을 통해 강조하는 바는 계절이나 천체의 공전 주기 등의 객관적 사실 못지않게 문화적인 배경도 중요한 역할을 한다는 것이다. 그레고리우스력에 익숙한 현대인의 눈에는 마야인들이 13과 20이라는 숫자에 집착하는 것이 특이하게 보이겠지만, 거꾸로 생각하면 그들이야말로 260일 주기의 자연적인 리듬과 동떨어진 현대인의 생활방식에 당황할 것이 틀림없다.

드레스덴 고문서에 실린 계산표는 천문학, 나아가 과학 자체가 서구 문명의 전유물이 아님을 일깨워준다. 우리가 아는 모든 문명은

---

* 이 문장은 유적 발굴과 관련된 여러 기사에 등장한다. 한 예로 2012년 5월 10일자 BBC 기사를 들 수 있다. 다음 사이트를 참조하라. http://www.bbc.com/news/sicence-environment-18018343.

** 이런 특징은 다른 메소아메리카 문명에서도 발견된다. 사실 그들에게 전달되었을 가능성도 있다. 마야안의 문자 체계와 비문이 각인된 석주를 일정한 간격으로 세웠던 관행은 그들이 최고 수준의 기록 체계를 가지고 있었음을 보여준다.

저마다 고유한 천문 지식과 그에 따른 시간 측정법을 발전시켜왔다. 과학의 이런 보편성은 특정 문화권에 속한 활동에도 마찬가지로 적용된다. 다음 장에서는 천문학에서 한발 물러나 또 다른 시간 측정법을 살펴볼 것이다. 이 기술은 현대 유럽과 전혀 동떨어진 곳에서 최고의 경지에 도달했다.

| CHAPTER 5 |

물시계, 시대의 첨단 기술

지금까지 우리가 살펴본 천문 주기들은 모두 며칠, 몇 달, 몇 년에 걸쳐 장중하고 조용하게 펼쳐진다. 그러나 시간 측정이라는 주제가 나올 때 현대인의 뇌리에 가장 먼저 떠오르는 것은 하지 표시 장치나 달력 같은 물건이 아니다. 우리는 시간 측정법이라고 하면 대체로 빠르고 현란한 어떤 것을 떠올린다. 바로 시계다. 시계는 하루보다 훨씬 짧은 시간을 재는 도구다. 우리는 시계를 다양한 목적으로 사용한다. 근무 시간이나 스포츠 경기 시간을 정하고, 친구나 동료들과의 모임을 조정하며, 급격히 바뀌는 사건을 지켜보는 등의 활동에 모두 시계를 사용한다. 시계 제조업체들은 이를 위해 발광 디스플레이에서 종소리, 알람음 등 다양한 표시 장치를 도입했다.

그러나 무엇보다, 시계로 측정한 시간은 **공적** 자원이다. 천문을 이용해 시간을 측정하려면 별들을 식별하고 그 위치를 파악하거나 드레스덴 고문서의 계산을 바탕으로 다음번 화성이 출현할 시기를 추정할 수 있는 전문지식이 필요하다. 고대사회에서 이런 지식은 주로 엘리트 계층의 전유물로, 그들의 권력 유지에 사용되는 경우가 많았다. 그에 비해 시계를 보는 데는 전문적인 지식이 필요없고, 세계 어디서나 통용되는 체계를 바탕으로 하므로 누구나 현재의 시간을 공평하게 알 수 있다.* 시계는 주요 지형지물이 되기도 한다. 교회나 공공건물을 활용한 시계는 모든 사람의 눈에 띄는 거대한 표지판에 시간을 표시하거나, 심지어 종을 울려서 시계를 보지 않고도 몇 시인지 알 수 있게 해준다.

현대 생활의 많은 부분을 지배하는 공공 시계는 대부분 기계식 또는 전자식이다. 하지만 개방적인 공공 시간 측정의 필요성은 이러한 기술들의 발명 전 수천 년까지 거슬러 올라간다. 결과적으로, 더 짧은 간격을 신뢰할 수 있는 방법으로 측정하는 기술은 수천 년 동안 천문학 및 달력 과학과 함께 발전해왔다. 이런 기술 뒤에 숨겨진 중심 개념은 놀랍도록 단순하고, 오래되었으며, 거의 보편적이다.

어둠 속에서 시간을 재는 법

잘 만든 해시계를 올바로 정렬해서 사용하기

* 세계 공통의 시간 체계가 어떻게 수립되었는지는 11장과 13장에서 자세히 다룰 것이다.

만 하면 하루의 시간을 분 단위까지 측정할 수 있다. 실제로 그런 해시계는 수 세기에 걸쳐 여러 문화권에서 시간을 측정하는 최고의 표준으로 여겨졌다. 대도시에서는 트럼펫을 불거나 북을 치는 등 큰 소음을 통해 일정한 간격으로 사람들에게 상용시를 알렸다. 그리고 이런 시간은 태양시에 맞춰 정기적으로 교정되었다.

그러나 태양을 이용한 시간 측정에는 한 가지 뚜렷한 단점이 있다. 햇볕이 쨍쨍 내리쬐어야 한다는 것이다. 날씨가 흐리면 그림자가 뚜렷하지 않아 해시계를 정확히 읽을 수 없었다. 게다가 야간이나 실내에는 그림자가 아예 존재하지 않는다. 앞에서 살펴보았듯이 밤에는 별의 움직임으로 시간을 알 수 있었지만, 눈에 보이는 별은 계절에 따라 위치가 달라지므로 별을 이용하여 시간을 측정하기 위해서는 상당한 전문지식과 훈련이 필요했다(물론 그런 훈련도 밤에 구름이 끼면 무용지물이었다).

따라서 천문 현상을 이용할 수 없을 때를 대비해 또 다른 시간 측정 방법이 필요했고, 전 세계 모든 문화권은 이 문제에 대해 똑같은 해결책을 찾아냈다. 용기에 일정한 양의 물질을 집어넣고 저절로 빠져나가도록 내버려두는 것이다. 그러면 빠져나간 물질의 양으로 시간을 잴 수 있다. 이때 용기와 물질, 그리고 배출구의 형태를 표준화할 수만 있다면 분 단위, 시간 단위까지는 거뜬히 잴 수 있는 척도가 된다.

이것이 바로 물시계의 작동 원리다. 각종 물시계는 수천 년이나 최첨단 시간 측정 장치로서, 수많은 공학적 혁신의 대상이 되기도 했다. 특수 제작된 물시계는 시간 측정과 관련해 오늘날 우리가 아는 거의 모든 용도에 사용되었다. 가령 야간과 흐린 날에도 어김없이 흘러가는 공식 시간을 측정하기 위해, 신호음을 울려 시간을 알리거나 잠든 사람을 깨우기 위해, 각종 활동에 정해진 시간을 알리는 스톱워치로, 또는 과학 실험의 정밀 측정 장치 등으로 사용되었다. 수천 년에 걸쳐 다양하게 변형된 이 모든 기능은 밑이 뚫린 용기에 물을 채운 다음 새어 나간 양으로 시간을 잰다는 간단한 개념을 바탕으로 하고 있다. 물시계의 "똑딱임"은 액체가 용기를 빠져나간다는 단순한 프로세스를 바탕으로 한 것이지만, 그것을 측정하는 데는 두 가지 방법이 있었다. 액체가 유출되는 물시계는 용기의 물이 비는 속도에 따라 떨어지는 저수량을 보고 시간을 재는 데 비해, 액체가 유입되는 물시계는 첫 번째 용기에서 흘러나온 물이 두 번째 용기를 채워가는 정도를 기록하는 원리를 이용했다.

현존하는 가장 오래된 물시계는 이 둘 중에 유출 방식을 채택한 것으로, 오늘날 화분과 비슷한 납골 용기 형태를 띠고 있으며, 이집트 카르나크 신전에서 발견되었다. 물시계의 표면에 파라오 아멘호텝 3세Pharaoh Amenhotep III의 이름이 장식되어 있는 것으로 보아 기원전 1350년경에 만들어진 것으로 추정된다. 이 카르나크 클렙시드라clepsydra(물시계)의* 내부에는 시간을 알리는 눈금이 새겨져 있어, 정확한 시간에 신전 제례를 집행하기 위해 야간에 시간을 측정하기 위한 용

* 클렙시드라는 그리스어로 '물 도둑'이라는 뜻으로, 고대 지중해 사회에서 사용된 유출형 물시계를 가리키는 용어였다.

도로 사용되었으리라고 짐작할 수 있다. 물론 카르나크 클렙시드라가 고대 물시계 중에서는 가장 잘 보존된 대표적인 사례이기는 하나 이것이 유일한 것은 아니다. 지중해 지역 여러 곳에서 발견된 비슷한 종류의 장치의 파편들은 약 2,000년 전 로마 시대로까지 거슬러 올라간다. 이런 장치의 기원을 알려주는 힌트는 기원전 1500년경 고대 이집트 아멘호텝 1세Amenhotep I 시대에 건설된 아메넴헤트Amenemhet라는 이집트 관리의 무덤에서 발견되 비문에서 찾아볼 수 있다. 아메넴헤트가 남긴 업적 중에는 연중 변화하는 밤의 길이를 측정하는 일종의 물시계를 발명했다는 내용도 있다. 그밖에 자세한 내용이 기록되어 있지는 않지만, 카르나크 클렙시드라 역시 이런 전반적인 설명과 일치한다.

고대사회에서 유출형 물시계는 주로 현대의 스톱워치와 같은 용도로 더 많이 사용되었다. 아테네와 로마의 법정에서는 변호인의 증언 시간을 제한하는 용도로 유출형 물시계가 사용되었다. 물시계에 정해진 양의 물을 부은 다음 그 물이 다 흘러 나가면 발언을 멈춰야 했다. 아테네의 기록을 보면 발언자들이 물시계를 보고 정해진 발언 시간이 임박했음을 알았다는 내용이 나온다. 현존하는 고대 물시계는 불투명한 토기이므로 그들이 용기 내부의 물 수위를 볼 수는 없었을 것이다. 아마도 유출되는 물줄기의 세기를 보고 남은 시간을 판단했을 가능성이 더 크다. 여기에 유출형 물시계의 결정적인 단점이 도사리고 있다. 물시계의 바닥 가까이에 뚫린 배수구를 통해 물이 흘러 나가는 유속은 용기에 남아 있는 물의 깊이에 따라 달라진다. 이것은 커다란 종이컵의 측면에 구멍을 뚫은 다음 싱크대 가장자리에서 물을 흘려보면 쉽게 알 수 있다. 컵이 가득 차 있을 때는 물이 싱크대 바닥으로 세차게 흘러 나가지만, 수위가 낮아질수록 유속이 느려지다가 마지막에는 방울만 겨우 똑똑 떨어지는 것을 볼 수 있다. 마지막 남은 물이 다 빠져나오는 데 걸리는 시간은 컵이 가득 차 있을 때 같은 양의 액체가 흘러나오는 시간보다 훨씬 더 길다. 즉, 유출형 클렙시드라는 점점 속도가 느려지는 시계라고 할 수 있다.

이렇게 유속이 달라지는 문제를 해결하는 방법이 바로 유입형 클렙시드라다. 유입형의 원리는 물이 흘러 나가도 수위 변동에 큰 차이가 없을 정도로 큰 수통에서 정해진 규격의 용기에 물을 채우는 시간을 재는 것이다. 유입형 물시계는 기원전 300년경 이집트 프톨레마이오스 왕조 시대와 기원전 200년경 중국에서 개발되었고, 그 후 약 1,500년에 걸쳐 수많은 시계 제작자에 의해 정밀한 시계로 발전했다. 유입형 물시계는 2,000년 가까이 최첨단 시간 측정 장치의 역할을 하다가 기계식 시계에 그 자리를 내주었다.

사실 유입형 물시계 중에는 무려 20세기까지 살아남은 것도 있었다. 페르시아의 펜잔fenjaan이 바로 그것으로, 바닥에 작은 구멍이 뚫린 금속제 사발을 그보다 더 큰 그릇에 담긴 물 위에 띄워놓은 형태였다. 물이 천천히 채워지면 사발은 물속으로 점점 내려가다가 어느 순간 갑자기 가라앉게 된다. 사발이 가라앉는 이 시계는 주로 이란의 농촌 지역에서 관개 시스템에 물을 분배하는 용도로 사용되었다. 공동 저수지에서 흘러온 물을 특정 농가에 공급할 때 펜잔을 저수지에 띄워놓은 다음, 해당 지역의 관리자가 사발을 지켜보다가 그것이 가라앉는 순간 물길을 다음 농가로 바꾸는 식이었다. 이 시스템은 사용할수록 마모되는 구동부나 소모되는 배터리도 필요가 없기 때문에 물의 흐름을 공평하게 나누기에는 매우 훌륭하고 오류가 없는 방법이었으며, 가장 간단한 해결책이 가장 오래가는 방법이라는 것을 보여주는 사례이기도 하다.

중국 첨단 기술의 결정체, 수운의상대

정교한 물시계는 지중해 연안의 기독교와 이슬람을 막론한 모든 나라에서 개발되었지만, 물시계 기술이 정점에 도달한 것은 아마도 서기 1100년 중국에서였을 것이다. 송나라 소송蘇頌이 발명한 "수운의상대水運儀象臺"라는 탑시계가 그것으로, 최고 수준의 물시계 기술에 (다음 장에서 살펴볼) 훗날 기계식 시계의 핵심 요소가 결합된 천재적인 작품이었다.

소송(서기 1020년-1101년)은 북송 시대 말기의 관료로, 최고 직위는 형부상서에까지 올랐다. 그는 관료와 행정가로 입신했을 뿐 아니라 과학 분야에도 뛰어난 식견을 발휘한 인물이었다. 무려 1,400개가 넘는 별자리가 수록된 천문지도를 작성했을 뿐만 아니라 주요 약재 제조법을 집대성하기도 했다.* 천문지도와 약재 제조법은 그 내용이 오늘날까지도 전해지지만, 역사상 가장 큰 규모가 아니었을까 생각되는 소송의 이 발명품은 북송의 수도 개봉開封에 겨우 30년 남짓 서 있었을 뿐이다. 이 시계의 실물은 1127년에 개봉이 함락되면서 함께 사라졌지만, 그 작동 원리는 소송의 다른 책에 상세히 기록되어 오늘날까지 전해진다. 덕분에 시간 측정 역사에서 기념비적인 의미가 있는 이 작품을 오늘날에도 재현할 수 있게 되었다.

소송이 시간 측정에 관심을 갖게 된 계기는 1077년에 일어난 사건이었다. 당시 그는 북쪽 요나라에 외교 사절로 파견되어 동짓날에 맞춰 군주를 알현할 예정이었다. 그런데 소송과 그의 서한은 당시 북송이 사용하던 역법의 오류로 동지 하루 전에 도착하고 말았다. 대제국의 사절로서는 이만저만 난처한 일이 아니었으나, 그는 능란한 외교술과 해박한 천문지식을 발휘하여 북송의 친선 우의를 요나라에 무사히 전달했고, 이 일이 외교 분쟁으로 비화하는 사태를 피할 수 있었다. 그는 개봉으로 복귀하여 황제에게 이 사실을 보고했고, 그 결과 역법을 관장하던 관리는 처벌을 받았다. 소송은 향후 이런 일이 재발하지 않도록 역법 개혁에 착수했다. 자신의 재능도 물론 뛰어났지만, 그는 한공렴韓公廉을 비롯해 북송 최고의 천문학자와 수학자, 기술자들을 등용했고, 그들과 함께 그 누구보다 정확하게 천문 운행을 읽고 시간과 날짜를 표시할 수 있는 장치를 만들기 위해 진력했다.

* 중국 전통 의술은 광범위한 요소를 망라한다. 그래서 중국에서 "약리학"이라고 하면 식물학, 동물학, 심지어 금속 야금학까지 폭넓은 분야를 모두 포함한다.

이 시계는 높이가 12미터에 달하고 맨 위층에 청동제 혼천의(천체의 각좌표가 표시된 동심원을 여러 개 조합해 만든 천문기구)가 설치된 거대한 탑의 형태였다. 중앙 층 바로 아래에 자리한 내부 격실에는 밤하늘에 보이는 별의 위치가 표시된 작은 구체가 자리 잡고 있다. 또한 별의 운행에 맞춰 장치가 돌아가는 구조이므로 주목적은 천문 관측

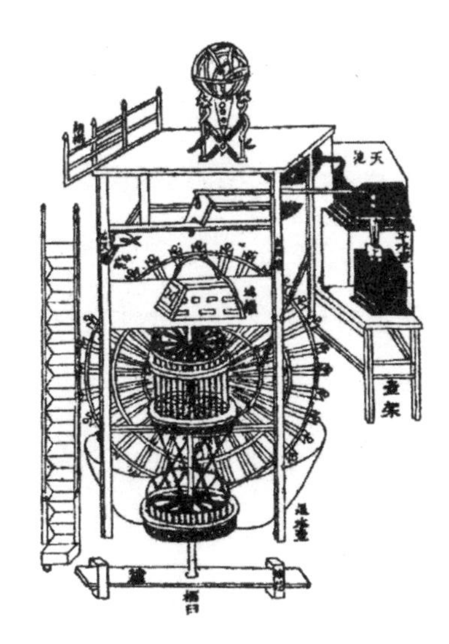

소송의 탑시계(수운의상대).
출처: 소송의 저서,
『신의상법요(新議象法要)』(1092)

이라고 봐야 하나, 일반에 시간을 안내하는 기능도 함께 갖추고 있었다. 대형 회전 바퀴가 돌면서 수도 개봉을 향해 난 창문을 통해 날짜와 시간을 나타내는 표지판이 드러난다. 또한 스프링으로 작동되는 종이나 북소리로 특정 시간을 알려주기도 하는 이 장치는 전자동 시간 측정기의 초기 사례라고 할 수 있다.

이 탑시계는 일정한 수위를 유지하는 탱크로부터 물을 채우는 방식이므로 기본적으로 유입형 물시계라고 볼 수 있다. 혼천의의 무게만 10~20톤이나 될 만큼 엄청난 크기의 천문기구와 시간의 표시와 관련된 기어는 지중해 연안의 여타 물시계가 채택한 부양 방식으로는 도저히 감당할 수 없으므로, 탑시계는 필요한 나머지 구동력을 흐르는 물의 하중으로 충당했다.

시계의 중심부에는 직경이 3.35미터에 달하는 거대한 바퀴가 있고, 그 주위에는 물을 떠올리는 두레박이 36개 달려 있다. 바퀴가 앞으로 돌면서 수위가 일정한 용기에서 흘러 나오는 물의 아래에 빈 두레박이 놓이면 나무 막대 시스템이 아래로 내려가며 바퀴를 제자리에 고정시킨다. 두레박에 담긴 물의 하중이 평형추의 무게를 넘어서는 순간 두레박이 아래로 기울어지면서 자물쇠 역할을 하던 나무 막대가 위로 올라가고 바퀴 아래쪽 4분 면의 두레박에 들어 있던 물의 무게 때문에 바퀴가 앞으로 돌아간다.* 그다음에는 바퀴가 돌면서 위에 있던 빈 두레박이 수원에서 쏟아지는 물 아래로 오게 되면서, 이

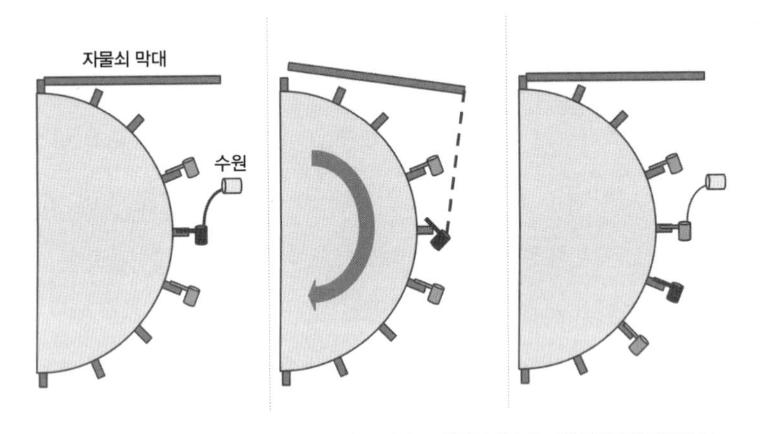

탑시계에 설치된 두레박 탈진기의 구조. 두레박에 물이 차면 앞으로 기울어지면서 자물쇠 막대를 들어 올려 바퀴가 회전한다. 다음 두레박이 회전하여 수원에서 오는 물을 담는 위치에 오면 자물쇠 막대가 다시 내려와서 바퀴를 붙잡고 있는 동안 두레박에 물이 가득 찬다.

* 두레박이 기울어져 수레바퀴의 맨 아래에 오면 아래쪽에 자리한 여러 개의 용기에 물을 쏟아낸다. 그러면 수동식 두레박 바퀴를 사용해 그 용기에 저장된 물을 다시 위쪽 정류 수조로 퍼 올린다.

과정이 처음부터 다시 시작된다.

두레박과 자물쇠 막대를 특징으로 하는 이 구조는 훗날 탈진기의 기초가 되는 혁신적인 시스템이다. 탈진기란 일정한 주기로 움직이는 부품을 이용하여 시계의 구동력을 조절하는 시스템을 말한다. 서구의 기계식 시계는 일반적으로 구동부와 조절부가 구분되어 있다. 예를 들면 구동력은 낙하 하중을 이용하고, 조절 기능은 시계추를 이용해 탈진기를 톱니바퀴에 끼워넣거나 빠져나오게 함으로써 구현하는 식이다. 중국 방식에서 대단한 점은 구동부와 조절부를 하나로 결합했다는 것이다. 물의 하중으로 수레바퀴를 앞으로 돌리는 한편, 정류조의 물로 두레박을 채우기 때문에 바퀴가 일정한 속도로 앞쪽으로 미끄러진다(소송의 책에 근거하여 현대식으로 계산해보면 24초마다 한 번씩 두레박에 물이 담긴다) 역사학자 조지프 니덤Joseph Needham이 말했듯이, 이 장치는 유체를 이용한 시간 측정 방식과 기계식 진동에 의한 방식 사이의 '잃어버린 연결고리' 역할을 한다.**

소송의 시계는 바퀴 구동형 시간 측정기라는 중국의 오랜 전통에서 큰 부분을 차지한다. 소송 자신도 당시로부터 1세기 전에 장사훈張思訓이라는 사람이 만든 유명한 시계(이 시계에 대해서는 이 장에서 다시 설명할 것이다)를 언급한 바 있다. 그 시계 역시 혼천의를 움직이는 바퀴와 신호음으로 시간을 알리는 구조를 갖추고 있었다. 그것은

** 니덤의 역작 『중국의 과학과 문명(Science and Civilization in China)』은 소송의 물시계를 설명하는 최고의 권위서다. 그러나 유럽의 그 어느 시계 제작자도 소송의 이 놀라운 시계로부터 영향을 받기는커녕 그 존재를 알았다는 증거조차 거의 찾아볼 수 없다.

다시 서기 700년대 중반에 흐르는 물로 혼천의를 구동했던 당나라의 초기 시계 제작자들로부터 영감을 얻은 것이었다.

소송의 시계에서 또 하나 주목할 점은 그 엄청난 규모와 놀라운 정확성으로, 이는 정교한 공학적 설계와 세밀한 검증으로 이루어낸 결과였다. 소송과 한공렴은 우선 작은 목재 모형부터 만들어본 후, 실물 크기의 모형을 2년 동안 가동하면서 네 가지 다른 방식의 물시계와 성능을 비교하고, 천문 관측 결과로 검증했다. 그런 다음에야 완성품에 필요한 대형 청동 부품을 주조했다.

완성품 시계와 그 작동 원리를 밝힌 소송의 책은 서기 1094년에 완성되었다. 오랜 세월 과학을 통해 북송에 공헌한 대학자가 남긴 최고의 업적이었다. 소송은 1101년에 사망했는데, 안타깝게도 시계는 그의 사후에 오래 살아남지 못했다. 1126년에 수도 개봉이 금나라에 함락되면서 북송 시대가 끝이 났고, 북송이 멸망한 후 제국의 운영에 중요했던 다른 것들과 함께 소송의 시계 부품들도 남쪽으로 쫓겨 내려간 수도 임안臨安(지금의 항저우)에 다시 자리 잡았으나, 소송의 아들인 소시를 비롯해 최고의 공학자들이 노력했음에도 소송의 걸작품을 재현하는 데는 실패했다. 원본 탑시계는 1127년에 정벌군에 의해 해체되어 금의 수도였던 북쪽의 중도中都, 즉 오늘날의 북경으로 옮겨졌으나, 금나라 기술자들은 그것을 다시 작동할 수 없었다. 거대한 혼천의와 천구의는 금이 몽골에 함락당한 1264년까지 수도 시내에 전시되었다.

수레바퀴 구동 시계라는 중국의 전통은 몽골 시대를 거쳐 명나라까지 꾸준히 전해졌지만, 소송의 탑시계에 버금가는 거대한 규모는 재현되지 않았다. 특히 명나라 시대에 이루어진 흥미로운 혁신은 차세대 시간 측정 장치로 이어지는 계기가 되었다. 그것은 물을 모래로 대체한 것이었다.

물시계의 한계를 극복한 모래시계

클렙시드라는 고대의 시간 측정을 대표하는 장치였고, 지중해와 중국에서 생산된 정교한 물시계들은 그 시대의 놀라운 기술력을 보여주는 신뢰할 수 있는 상징물이었다. 그러나 물시계의 성능을 제한하는 단점이 하나 있었다. 그것은 바로 액체 상태의 물을 사용해야 한다는 것이었다. 이집트처럼 기후가 온화한 지역에서는 큰 문제가 없으나, 추운 지방에서는 겨울철에 물시계가 얼어버렸다.

중국의 시계 제작자들도 이 점을 잘 알고 있었다. 서기 900년대 중반에 장사훈이 만든 탁상용 시계(소송이 그의 위대한 작품에 영향을 미쳤다고 말한 그 물건이다)는 물 대신 수은으로 작동하는 것이었다. 수은은 중금속이면서도 상온에서 액체로 존재하며, 영하 40도까지 내려가도 그 상태를 유지한다.* 이렇게 넓은 범위의 온도에서 액체 상

* 이 경우 섭씨인지 화씨인지는 별로 중요하지 않다. 영하 40도는 두 단위가 일치하는 온도기 때문이다.

태를 유지하는 까닭에 수은은 예로부터 온도계의 작동 유체로 널리 사용되었으며, 그 덕분에 장사훈의 시계는 혹한의 기후에서도 문제없이 작동했다.

수은은 시계의 구성 요소가 될 만한 이런 훌륭한 장점에도 불구하고, 가격이 비싸고 독성이 매우 강하다는 치명적인 약점을 지니고 있다. "모자쟁이처럼 미쳐 날뛴다"라는 서양 속담은 모자 제조업자들이 모자의 재료인 펠트를 가공하기 위해 수은을 사용하다가 중독된 데서 나온 말이다. 수은 대신 시계에 사용할 수 있는 훨씬 경제적인 대체재는 고운 모래 같은 분말 물질인데, 모래는 물처럼 작은 구멍을 통과하여 흐를 수 있을 정도로 입자의 크기가 작고 추운 기후에서 얼지도 않아 시계로 쓰기에는 안성맞춤이다.

모래는 기후에 상대적으로 민감하지 않다는 점 외에 유속이 압력에 영향을 받지 않는다는 장점도 있다. 모래와 같은 분말 물질의 흐름은 물과 같은 연속적인 유체의 흐름과는 매우 다르다. 알갱이 하나하나가 독립적으로 움직이고, 위에서 압력을 가해도 공간을 덜 차지하도록 재배열되기 때문에 모래더미의 위쪽에서 누르는 힘 때문에 아래쪽의 알갱이가 더 빨리 밀려나지 않는다. 저장조에서 흘러내리는 모래 알갱이는 자체 무게에 따라 떨어지는 것이므로, 모래 더미의 깊이는 모래가 떨어지는 속도에 영향을 미치지 않는다.

그렇다고 모래 알갱이가 흐름 속의 다른 알갱이로부터 아무런 영향을 받지 않는다는 뜻은 아니다. 작은 구멍을 통과하는 알갱이 사이에서 '정체'가 발생한다. 이것은 알갱이들이 구멍 바로 앞에서 퍼

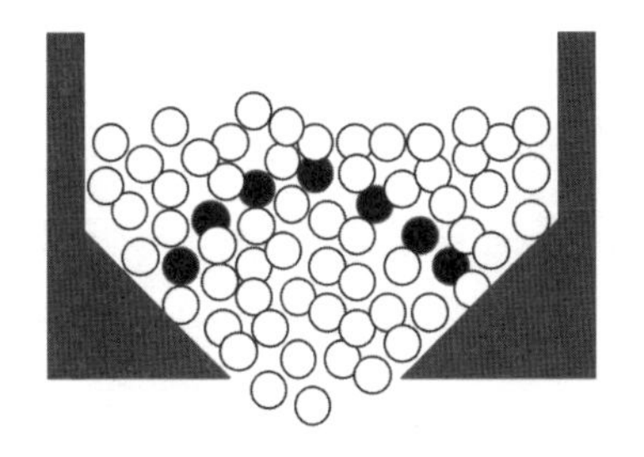
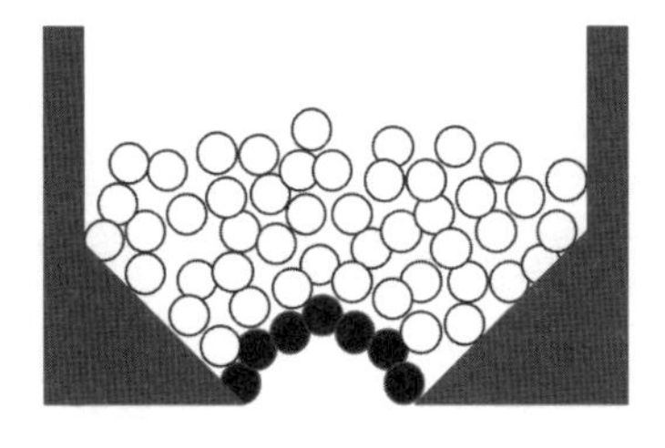

"정체" 현상은 배출구를 빠져나가는 알갱이가 일시적으로 아치 모양으로 한데 뭉쳐 흐름을 가로막는 것을 말한다.

즐 조각처럼 맞물려서 아치 모양을 형성한 채 서로 밀어내면서 일시적으로 흐름을 가로막는 현상이다. 이것 때문에 모래가 지나가야 하는 구멍의 크기와 모양이 유속에 영향을 미친다. 중국의 시계 제작자들도 이 문제를 언급했다. 1500년대 중반에 살았던 명나라의 천문학자 주술학周述學은 자신이 사용하던 모래시계에 이런 정체 현상이 생기는 것이 마땅치 않았다. 그러다가 배출구를 넓히고 그에 맞춰 기어 장치를 바꿔보니 시계가 잘 작동된다는 사실을 발견했다. 중국의 시계 제작자들은 명 왕조가 시작될 무렵인 1370년경부터 물 대신 모래를 사용했다. 모래시계는 소재가 바뀌었다는 점만 다를 뿐 소송의 물시계나 장사훈의 수은 시계와 작동 원리가 대동소이했다. 모래의 하중은 동력원이기도 하면서, 바퀴를 돌려 기어를 작동하고 이를 통해 표시 장치를 움직이는 조절 기능도 담당했다.

유럽에서는 모래가 정교한 시계 장치의 동력원이 아니라, 모래를 유리공에 가둬두고 그것이 다른 쪽 유리공으로 다 빠져나가는 데 걸리는 시간을 재는 "모래시계hourglass" 용도로 사용되었다.* 모래가 흘러가는 데 걸리는 시간은 모래의 양과 유리구 사이에 난 구멍의 폭에 좌우된다. 모래시계로 잴 수 있는 시간은 몇 분에서 길어야 1시간 정도다. 이렇게 간단한 개념인데도 시간 측정의 역사에서 모래시계가 이토록 늦게 등장했다는 사실은 놀랍기만 하다. 유럽에서 모래시계가 기록된 최초의 사례는 1338년에 이탈리아 시에나에서 암브로조 로렌체티Ambrogio Lorenzetti가 그린 〈좋은 정부Il Buon Governo〉라는 제목의 프레스코화다. 절제를 상징하는 인물이 모래시계를 들고 있는 모습이 곧바로 눈에 띄는 것을 보면, 이 시계가 오랫동안 사용되다가 그 시기에 최종적인 형태를 갖춘 것으로 짐작되지만, 그것이 발명된 정확한 시기는 기록에 남아 있지 않다.**

모래시계는 비교적 짧게 진행되는 일의 시간을 재는 용도라면 어디에나 사용되었다. 설교나 기타 연설 시간을 잴 때, 요리 시간을 맞출 때, 근무 중 휴식 시간을 알릴 때 등이다. 시간을 측정하기 위해 모래시계를 사용할 때 가장 큰 단점은 형태상 중간 시간을 측정할 수 없다는 것이다. 즉, 모래는 가운데에서부터 흘러내기리 시작해서 중앙에 원뿔 모양의 구멍이 생기고 모래가 더 많이 흘러내리면서 이 구멍도 점점 커진다. 이런 현상 때문에 유리벽 쪽에 있는 모래는 나중

* 유럽식 물시계의 표시 장치는 주로 부양 방식이므로 물이 곧바로 모래로 대체되는 경우는 드물었다.

** 서기 700년대 말에 프랑스의 어느 수도사가 모래시계를 발명했다는 주장도 있으나, 실제로 이를 뒷받침하는 증거는 없다. 이후 500년 동안이나 그 어떤 미술이나 문학 작품에도 모래시계로 단정 지을 만한 것이 등장하지 않는다는 점을 보면 그런 주장이 모래시계가 출현한 후에 만들어진 신화에 가까운 이야기임을 알 수 있다.

에야 천천히 떨어지기 시작하고, 따라서 유리에 눈금을 그어 시간을 측정하는 것은 애초에 불가능하다.*** 이 문제를 개선하는 방법은 하나의 틀 안에 여러 개의 유리구를 설치하는 것이다. 네 개의 유리구를 한 세트로 결합하면 1시간을 4분의 1씩, 즉 15분, 30분, 45분, 60분 단위로 나누어 잴 수 있다.

유출형 물시계의 저수조에 물을 꾸준히 다시 채워야 하듯이, 모래시계도 하나의 유리구로 잴 수 있는 것보다 더 긴 시간을 재려면 계속해서 뒤집어줘야 한다. 이런 일이 필요한 대표적인 예가 바다를 항해하는 선박에서 시간을 재는 경우인데(9장에서 자세히 살펴볼 것이다), 이럴 때는 계속 지켜보다가 필요한 시간이 되면 시계를 뒤집어주는 보조원이 필요하다. 뒤집어줘야 할 때를 놓쳐 시간이 부정확해지는 위험을 막기 위해 여러 개의 유리구를 중첩해서 연결해두기도 한다.

이런 정체 현상을 해소하기 위해 중세 말 유럽에서는 모래시계에 적합한 재료를 찾는 실험이 꾸준히 진행되었다. 여기에는 일반적인 강모래는 물론, 대리석 분말, 은, 주석, 납, 철과 구리 합금, 호박, 금강사, 계피가루(매우 비싼 시계였음이 틀림없다) 등이 모두 포함된다. 그중에도 특히 귀한 소재인 "베네치아 모래"는 주석과 납을 태운 재를 뭉쳐서 만든 아주 치밀한 분말로, 다른 소재들보다 흐르는 속도가

*** 길고 좁은 유리관을 사용하면 모래 높이가 일정한 속도로 내려가는 것을 볼 수 있으나, 실제로 이런 모양의 모래시계가 사용된 사례는 역사적으로 드물다. 게다가 이런 용도에 맞는 모양을 계산하는 물리학은 훨씬 더 나중에 발전한다.

훨씬 더 느렸다(24시간을 잴 수 있는 베네치아 모래시계의 크기는 일반 강 모래가 들어간 1시간용 시계와 같았다). 좀더 저렴하면서도 성능이 우수한 재료는 달걀 껍질 분말로, 선박용 모래시계에 널리 쓰였다.

모래시계는 1300년대부터 1600년경까지 가장 정확하고 휴대가 간편한 시간 측정 기술로 인정받았고, 그 이후로도 선박용으로 얼마간 사용되었다. 영국 해군은 1839년까지도 기계식 시계를 교정하는 데 모래시계를 사용했다. 그러나 이 모든 장점에도 모래시계의 정확도는 극히 제한적이었고, 다음 장에서 살펴볼 기계식 시계를 유럽 과학자들이 창안하고 구현한 이후로는 빠르게 사라졌다. 그러나 모래시계의 작동 원리에는 아주 강렬하면서도 가슴 아픈 측면이 있다. 그것은 바로 위쪽 저장 공간에서 점점 줄어드는 모래가 시간의 흐름을 직관적으로 보여준다는 것이다. 모래시계를 이용해 시간을 정밀하게 측정하는 시대는 이미 지나갔지만, 시간의 경과를 나타내는 그 상징성이 지금도 생명력을 발휘하는 이유가 바로 여기에 있다. 그래서 드라마의 엔딩크레딧이 끝날 줄 모르고 올라갈 때나 컴퓨터가 무슨 이유에선지 작동이 느려질 때 나타나는 아이콘도 모두 모래시계다.

다양한 물시계의 작동 원리

스톱워치나 특정 시간 간격을 반복적으로 재는 시계를 만드는 것이 목적이라면 유출형 물시계가 훌륭한 선택지였고, 그것이 바로 이들이 수천 년 동안 널리 사용되어온 이유였다. 그러나 임의의 시간이나 더 긴 시간 중에서 짧은 구간을 정밀하게 측정할 때는 유속이 달라지는 문제가 여전히 큰 골칫거리였다. 유출형 클렙시드라에 물을 정량의 반만큼 채웠을 때 그것이 다 빠져나가는 데 걸리는 시간은 원래의 절반이 아니라 그보다 상당히 더 길다.

우리는 현대 물리학을 통해 이런 현상이 유체역학에 관한 파스칼의 법칙에 따른 결과임을 알고 있다. 즉, 비압축성 액체에 가한 압력(물체에 가해지는 힘을 면적으로 나눈 값)은 그 액체의 체적에 골고루 분포한다는 원리다. 1입방미터의 물을 위에서 1뉴턴의 힘으로 누르면,* 그 힘은 나머지 표면에 모두 같은 크기로 전달된다. 1입방미터당 1뉴턴만큼 각 표면에 압력이 증가했으므로, 정육면체의 바닥을 누르

* 1뉴턴(N)은 1킬로그램(kg)의 물체를 $1m/s^2$의 가속도로 움직이는 힘이다. 즉, $1N=1kg\ m/s^2$이다. 대략 100그램의 사과에 가해지는 중력과 같은 크기다.

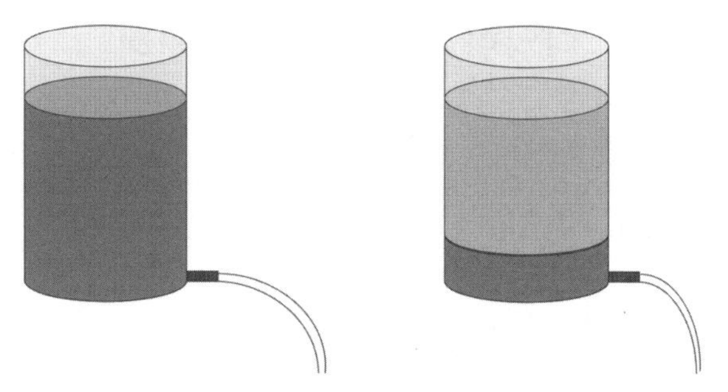

거의 다 채워진 용기의 바닥 가까이 설치된 배출구로 물을 비울 때는 배출구 위에 자리한 물의 하중이 강한 압력을 가해 물이 수평 방향으로 상당히 멀리 배출된다. 액체의 수위가 낮아지면 압력도 줄어들어 배출된 물의 흐름이 수직 방향에 가까워진다.

는 힘도 나머지 표면과 똑같이 1뉴턴 증가한다.*

그런데 유출형 물시계에서는 인위적으로 누르는 힘이 아니라 물 그 자체의 무게가 중요하다. 예를 들어 수직 방향의 원통에 수평 방향으로 배출구가 설치된 단순한 형태의 물시계를 생각해보자. 이 "시계"에서 배출되는 물이 어떻게 움직이는지 알기 위해서는 배출구에 물을 조금 넣었을 때 거기에 어떤 압력이 가해지는지 생각해보면 된다. 여기서 면적은 배출구의 면적이 되고, 가해지는 힘은 그 지점 바로 위에 있는 물의 복합하중이다.** 물기둥이 높을수록 하중이 커지

* 이것이 바로 유압을 이용하여 들어올리는 힘을 얻는 기구인 유압잭의 원리다. 유압잭은 액체가 들어찬 가느다란 관과 더 큰 체적의 액체로 채워진 피스톤이 연결된 구조로, 관의 작은 면적에 가해진 힘은 액체를 통해 넓은 면적의 피스톤에 전달된다. 직경이 1밀리미터 정도인 관에 들어찬 액체에 1뉴턴의 힘을 가하면, 그때의 압력은 약 제곱밀리미터당 1뉴턴 정도가 된다(정확히 직경이 1mm라면 압력은 $\pi/4N/mm^2$이다). 이 압력은 피스톤의 헤드에도 같은 값으로 전달된다. 압력에 면적을 곱한 것이 힘이므로 면적이 큰 피스톤에 큰 힘이 작용하게 된다. 직경이 11센티미터인 피스톤 헤드의 면적은 관의 9,500배이므로, 유압잭은 9,500뉴턴의 힘으로 자동차 한 대를 가볍게 들어 올릴 수 있다.

** 엄밀히 말하면 대기압이 물기둥 상부를 누르는 힘과 배출구에서 물을 안쪽으로 밀어 넣는 힘도 고려해야 하나, 위쪽이 열려 있으면 이 두 힘의 크기가 같아 서로 상쇄된다. 그러나 한쪽이 대기를 향해 열려 있고 다른 쪽은 닫혀 있는 상황에서는 대기압의 영향이 중요해진다. 빨대 위쪽 구멍을 손가락으로 덮으

므로 물을 배출구 밖으로 밀어내는 압력도 더 커진다.

유체의 정확한 속도는 배출구의 크기, 모양, 소재 성분 등의 변수와 복잡한 관련이 있다. 그러나 그런 변수가 일정하다면 유속의 변화를 결정하는 변수는 용기가 비워지면서 달라지는 압력이다. 배출수의 속도는 물기둥 높이의 제곱근에 비례하기 때문이다. 그래서 정량의 절반이 채워진 물시계에서 물이 배출되는 속도는 원래 속도의 $\frac{1}{\sqrt{2}}$이어서 70퍼센트가 되고, 같은 체적의 액체를 모두 배출하는 데 걸리는 시간은 더 길어진다.

이런 유속 변화는 유출형 시계에 사용되는 용기의 모양을 바꿔 어느 정도 상쇄할 수 있다. 카르나크 클렙시드라가 바로 그 예다. 카르나크 클렙시드라는 밖을 향해 기울어진 용기 안쪽 벽에 시간을 알리는 눈금이 대략 같은 간격으로 표시되어 있다. 클렙시드라에 물이 거의 다 채워진 초기일수록 전체 수위가 낮거나 용기 폭이 좁을 때보다 수위가 일정한 간격만큼 내려가는 데 더 많은 물이 필요하다.

오늘날에는 미적분을 이용하여 유출형 물시계의 유속을 일정하게 유지할 수 있는 모양을 비교적 쉽게 계산할 수 있지만, 그것은 카르나크 클렙시드라가 만들어졌던 당시로서는 아직 3,000년 이상을 기다려야 하는 일이었다. 카르나크 클렙시드라의 실제 모양은 아마도 시행착오를 통해 만들어졌겠지만, 시간을 표시하는 거의 모든 지

면 액체를 들어 올릴 수 있는 이유도 바로 이것 때문이다. 손가락이 빨대 위의 압력을 차단하나 아래쪽 압력은 그렇지 않으므로, 빨대 내부의 액체는 그 무게가 아래쪽에서 밀어 올리는 제곱미터당 10만 뉴턴의 압력(10만 N/m^2)보다 크지 않는 한 빨대 안에 갇혀 있게 된다.

역에서 대체로 이론적인 이상형과 크게 다르지는 않다. 진품을 석고로 본뜬 모형으로 실험해보면 밤의 길이를 똑같은 시간으로 나누는 카르나크 클렙시드라의 기능이(아마도) 꽤 훌륭하다는 것을 알 수 있다. 여기서 한 번 더 개선된 카르나크 클렙시드라는 1시간 단위 눈금뿐 아니라 이집트 상용력에서 월별 이름에 해당하는 총 12개의 눈금 역할을 할 수 있다. 시간 단위 눈금의 간격은 계절에 따라 변화하는 밤의 길이에 대응하여 달라진다.

카르나크 클렙시드라의 섬세한 모양은 기원전 1500년의 과학자이자 기술자였던 아메넴헤트가 사후에까지 자신의 발명을 자랑할 정도로 중요한 업적이었다. 그러나 유속을 일정하게 유지하는 더 쉬운 방법이 있다. 액체의 수위를 일정하게 유지하는 것이다. 물론 유출형 시계에는 소용이 없으므로, 이 방법을 쓰려면 유입형 물시계로 전환해야 한다.

가장 간단한 형태의 유입형 물시계는 매우 큰 저수조를 사용하여 시간이 지날수록 액체의 수위가 다소 떨어지더라도 유속에 큰 변화가 올 정도로 내려가지는 않도록 한 것이다. 바빌로니아 석판에 언급된 물시계가 바로 이런 종류에 해당한다고 주장하는 사람도 있으나, 그런 주장을 뒷받침할 만한 고고학적 증거는 뚜렷하지 않다. 수위를 일정하게 유지하는 방법은 대부분 수원과 유입형 시계의 판독기 역할을 하는 용기 사이에 매개 용기를 하나 더 설치하는 것이다. 가장 간단한 형태는 바닥에 천천히 물이 빠지는 배수구가 있고 상부로는 넘치는 물을 밖으로 내보낼 수 있게 만든 용기를 준비한 다음 수원으로부터 판독 용기로 흘러가는 유속보다 빠른 속도로 물을 공급받는 구조다. 상부의 넘치는 배출구가 수위를 일정하게 유지해주어 판독 용기로 흘러가는 유속도 일정해지므로 물이 계속 흐르는 한 이런 상태가 계속 유지된다.

상부 배출 방식은 흘러넘친 물을 다시 모아 수원으로 보내지 않는다면 낭비가 될 수 있으므로 수위를 일정하게 조절하면서도 흘러넘치는 양을 최소화하는 방법이 많이 개발되었다. 그중에는 같은 크기의 용기를 계단식으로 여러 개 나열한 뒤 앞에서부터 차례로 다음 용기에 흘려보내는 간단하고도 훌륭한 방법이 있었다. 이것은 중국에서만 개발되었다. 첫 번째 용기에 꾸준히 물을 채워주기만 하면 네 번째나 다섯 번째 용기는 같은 수위를 꾸준히 유지한다. 따라서 유입형 시계에 일정한 유속으로 물을 공급하는 장치가 될 수 있다.

유속을 일정하게 유지하는 문제와 관련해 가장 널리 알려진 해법은 다소 복잡한 것으로, 장차 기계식 시계가 등장하는 데 전조가 되는 방법이다. 그중에서도 가장 유명한 것은 기원전 250년에 알렉산드리아의 크테시비우스Ctesibius라는* 기술자가 만든 플로팅 밸브 구조(부력구**)다. 이 장치의 원리는 더 큰 저수조에 띄워놓은 막대의 지지대 역할을 하는 부력구가 배출구를 가로막아 매개 용기의 수위를 일정하게 조절하는 것이다. 매개 용기의 수위가 떨어지면 부자가 내

---

* 크테시비우스 방식은 로마 시대의 기술자 비트루비우스(Vitruvius)도 감탄하며 소개한 바 있으며, 수 세기 동안 최신식 물시계로 사용되었다.

** 부력구는 화장실 변기의 물통에도 들어 있다. 물이 물통에 들어오면서 수면과 함께 부력구가 위로 떠오르고 결국 물의 유입을 막는 원리다.-옮긴이

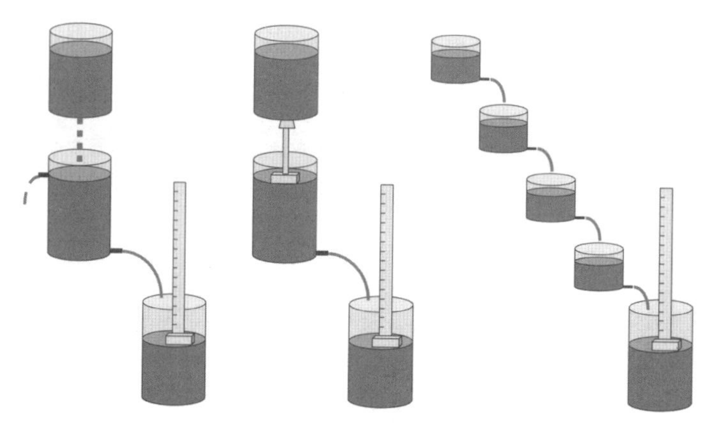

수위가 일정한 유입형 물시계. 왼쪽 그림은 상부 배출 방식이고, 가운데는 크테시비우스의 플로팅 밸브 방식, 오른쪽은 중국의 계단식 폭포 방식이다.

려간다. 그러면 물이 흘러들어와 수위가 올라가면서 부자도 함께 떠오른다. 그러다 보면 부자가 흐름을 차단하는 지점으로 되돌아온다.

크테시비우스의 플로팅 밸브 방식은 유입형 물시계의 판독 기능에 일대 혁신을 가져왔다. 이후 수 세기 동안 유라시아 전역의 물시계 제작자들은 점점 더 정교한 판독 방법을 고안했고, 그 바탕은 대부분 용기에 부자를 띄우는 방식이었다. 처음에는 단순히 수직 막대의 눈금을 가리키는 화살표로 시작했지만, 나중에는 부자가 떠오르면 기어가 돌아가면서 회전 바늘을 돌리는 형태로 발전했다(현대식 아날로그 시계에 들어간 시계바늘의 원조다).* 이 시계는 목표 수위에 도

* 서기 1000년경에 등장한 흥미로운 형태 중 하나로, 바닥에 뚫린 구멍으로 물이 들어차면서 천천히 가라앉는 실린더를 들 수 있다. 그리고 이 실린더에 끈을 연결한 다음, 도르래를 거쳐 다이얼 바늘을 움직이는 구조다.

달하면 종소리가 울리거나 정교한 로봇 인형이 춤을 추면서 시간을 알리는 등의 신호 기능도 갖추게 되었다.

| CHAPTER 6 |

기계식 시계가 발명되다

모래시계에 이어 이제는 이 책에서 시간을 측정하는 가장 대표적인 은유로 사용한 기계식 시계를 살펴볼 차례다. 기계식 시계에서 들리는 똑딱임은 모든 시간 측정 방식의 핵심이 되는 반복 과정을 나타내는 표현이다. 이 방식은 지금도 공공건물(머리말에서 소개한 유니온칼리지 기념 예배당의 흔들리는 시계추)이나 가정(우리 부부는 "이제 시계 종이 울리면 TV 끄는 거다!"라고 말하며 주방 벽시계의 종소리로 아이들의 활동을 제한한다)에서 널리 사용된다. 기계식 시계에 대한 향수 때문인지 작동 원리상 소리가 전혀 나지 않는 최신식 전자시계에도 인공적인 똑딱 소리가 나는 기능이 들어 있다.

이 비유는 단순히 시계 차원을 넘어 전 우주를 포괄하는 데까지 나아간다. 최근의 과학자와 과학 저술가들은 우주의 작동 원리를 흔히 "태엽 장치"에 비유하곤 한다. 태양계, 은하계, 심지어 전 우주를 마치 기계식 시계인 것처럼 묘사한다. 기계식 시계는 수많은 작은 부품이 복잡하게 움직이며 이미 알고 있는 과거에서부터 예측 가능한 미래를 향해 부드럽고 정확하게 똑딱이는 장치다. 이것은 간단한 규칙과 원리에 따라 작동하며, 그 다양한 패턴과 주기는 외부의 간섭이 없이도 계속해서 반복된다. 그러나 기계식 시계는 비교적 최근에 발명된 것으로, 초기 수세기 동안은 결코 원활하고 정확하게 작동한다고 볼 수 없었다. 사실 1700년대 초까지 저술가들이 우주를 시계에 비유한 것은 적극적인 개입이 필요하다는 점을 언급하기 위해서였다. 즉, 세상이 제대로 돌아가기 위해서는 때때로 신의 손길이 개입하여 곳곳을 정화하고 다듬어야 한다는 뜻으로 한 말이었다.

시계 태엽이 어설프고 믿을 수 없는 장치에서 그 자체로 매끄럽게 작동하는 것으로 그 의미가 바뀐 것은 엄청난 패러다임 변화였고, 그것은 1600년대 후반에 진행된 시간 측정 기술의 비약적인 발전 덕분이었다. 그리고 이런 변화는 물론 수세기에 걸쳐 진행된 자연철학 분야의 발전이 기계식 시계가 등장한 시기에 와서 급격하게 진행된 결과였다.

혁명이 일어나기 전

물체의 운동을 이용하는 믿을 만한 기계식 시계를 만들기 위해서는 두 가지 근본적인 문제를 해결해야 했다.

즉, 시간을 재는 데 사용할 수 있을 정도의 규칙적인 반복 운동을 찾아내고, 그 물체가 계속해서 운동하도록 하는 것이다. 시간을 측정할 만큼 반복적으로 운동하는 물리적 시스템은 쉽게 찾을 수 있지만 그런 것은 대개 이런저런 단점을 하나씩 가지고 있다. 예를 들어 일정한 높이에서 공을 떨어뜨리면 반복적으로 튀어 오르지만 한 번 튀어 오를 때마다 시간이 조금씩 짧아지다가 곧 멈춘다는 것을 쉽게 알 수 있다. 줄에 매달린 물체가 앞뒤로 흔들리는 진자 운동은 1회당 소요 시간이 일정한 편이지만 역시 속도는 점점 줄어들고 결국 얼마 안 가 멈추고 만다.

이것은 마치 규칙적으로 물을 채워줘야 하는 물시계나 계속해서 뒤집어줘야 하는 모래시계와 비슷하지만 그런 장치도 1시간 정도는 가동하게 만들 수 있다. 현대식 고성능 베어링을 써서 세심하게 제작한 기초 물리학 실험용 진자는 멈추기까지 수백 번 흔들리지만, 그래봐야 그 시간은 몇 분 정도일 뿐이므로 쓸 만한 시계가 되기에는 턱없이 부족하다. 시계가 멈추는 문제를 해결하려면 독창적인 공학 기술이 필요하다. 믿을 만한 기계식 시계가 나오기까지 시간이 그렇게 오래 걸린 이유가 바로 여기에 있다.

현대적인 용어로 표현하면 이것은 마찰 작용으로 에너지가 소실되기 때문에 일어나는 현상이다. 기계식 시계의 베어링은 서로 맞물리는 과정에서 약간의 잔류 마찰이 발생하는데, 이 마찰력으로 인해 태엽의 거시적인 운동에너지는 점차 그것을 구성하는 원자와 분자의 무작위적인 미세 운동, 즉 열로 전환된다. 기계식 시계가 오랫동안 작동하기 위해서는 시스템에 에너지를 계속 공급하여 진자 운동의 동력을 규칙적으로 갱신해줘야 한다. 이때 동력 공급은 시간 조절을 담당하는 진자 운동 체계는 방해하지 않고 마찰에 의한 에너지 손실분만 보충하는 정도여야 한다.

소송의 탑시계에서 살펴봤듯이 중국식 해결책은 이런 요건을 놀라운 솜씨로 결합한 것이었다. 일정한 물의 흐름을 조절 장치로 이용하는 한편, 물의 하중을 시계의 기어를 돌리는 간헐적 동력원으로 이용했다. 그러나 유럽에서는 대체로 이 둘을 분리하는 방식을 채택했다. 지중해 지역의 물시계는 주로 부양 방식이었으므로 복잡한 톱니바퀴를 돌릴 만한 동력원이 나올 데가 없었다. 신호음이나 표시 장치를 갖춘 화려한 물시계가 등장하기는 했지만, 이 경우에도 수위가 상승하는 힘을 방아쇠로 이용한 정도였으며 그것을 동력으로 삼은 것은 아니었다. 부자가 상승하면서 발생하는 작은 힘으로 감겨 있던 태엽을 풀거나 기어 축에 매달린 추를 떨어뜨려서 자동장치를 움직이는 방식이었다. 태엽이나 무게추는 상당한 힘을 발휘하지만 그 힘은 곧바로 소진되었다.

수세기 동안 시간을 측정하는 기능만 갖추고 있으면 무엇이나 "호롤로지엄horologium"(시계 또는 별자리의 하나인 시계자리라는 뜻 – 옮긴이)이라는 표현을 사용한 탓에 기계식 시계가 발명된 시점을 정확히 파악하기는 어렵다. 그 때문에 어떤 문헌에 "호롤로지엄"이라는 표현이 나와도 그것이 기계식 시계인지, 물시계인지, 심지어 해시계인지 짐작하려면 온갖 추리력을 동원해야 한다. 예를 들면 서기 1198년에 세인트 에드먼즈베리St. Edmundsbury의 어떤 수도승들이 불을 끄러 “시계를 향해 달려갔다”라는 구절을 보고 그것이 상당한 크기의 저수조를 갖춘 물시계였을 것이라고 짐작하는 식이다. 그런가 하면 서기 1284년 던스터블 수도원에서 평신도석과 제단 사이의 칸막이 위에 시계를 설치했다는 기록을 보면 그것이 물시계가 아니라 기계식 시계였음을 알 수 있다. 이런 모호함 때문에 기술적 영향의 연쇄적인 흐름을 파악하기가 무척 어렵지만, 순수한 기계식 시계의 뿌리는 당연히 물시계의 발달 과정에서 유래한 하중 기반의 자동 표시 장치였을 것이다. 벤처 정신이 충만했던 무명의 수리업자들 중 몇몇 사람들은 추를 떨어뜨릴 때 발생하는 상당한 힘으로 단순히 표시 장치만 돌릴 것이 아니라 그 방출력을 제대로 조절할 수만 있으면 시계 자체의 동력원으로 삼을 수 있다는 것을 깨달았다.

1300년대 초부터는 누가 봐도 기계식 시계가 틀림없는 장치에 대한 기록이 나타나기 시작한다. 지금도 유럽의 일부 교회에는 14세기 후반에 만든 것으로 추정되는 시계가 남아 있다. 물론 그런 시계들은 수 세기에 걸쳐 개선되어 처음 만들어진 기계식 기계보다 훨씬 정확하게 작동하고 있다.

최초의 기계식 시계는 그것을 작동하고 유지하는 기능을 동시에 담당하는 “버지-폴리오verge-and-foliot” 구조를 채택했다. 주 구동부에 해당하는 폴리오는 회전축에 부착된 크고 긴 막대를 말하는 것으로, 이것이 앞뒤로 뒤틀림 운동을 할 때마다 시계가 한 번씩 똑딱인다. 똑딱이는 소리는 폴리오 축의 맨 위쪽과 아래에 각각 하나씩 설치된 받침판 형상의 부품인 버지에서 나는 것인데, 이것이 낙하 하중으로 구동되는 크라운 기어의 톱니와 부딪치면서 소리를 낸다. 크라운 기어의 구동축에 설치된 줄 맨 끝에는 무게추가 매달려 있으며, 이 무게추가 내려가면서 구동축이 돌아가다가 받침판이 크라운 기어의 톱니와 부딪치면 회전을 멈춘다.

폴리오가 한 차례 진동하는 주기를 살펴보면 전체적인 작동 방식을 이해할 수 있다. 맨 처음에는 폴리오가 멈춰 있고, 상부 받침대는 크라운 기어에 맞물려 있다. 이때 매달린 무게추가 구동축을 돌리려는 힘이 기어를 통해 받침대에 전달된다. 그러나 곧이어 하부 받침대가 기어의 아래쪽 톱니와 충돌하면 상하 받침대와 크라운 기어가 일시적으로 멈춘다. 그러면 무게추의 구동력이 폴리오를 반시계 방향으로 돌려 하부 받침대가 풀려나고, 기어와 폴리오는 계속 움직이다가 상부 받침대가 크라운 기어와 부딪치면 다시 멈춘다. 이렇게 한 주기가 완성되면 다시 똑같은 과정이 반복된다.

기계식 시계의 특징인 "똑딱임"이 최초로 나타난 것은 바로 이와 같은 버지의 탈진 작용 때문이었다. 처음에 들리는 "똑" 소리는 상부 받침대가 기어 위쪽 톱니와 충돌할 때 들리는 것이고, 그다음에 들리는 "딱"은 하부 받침대가 아래쪽 기어 톱니와 부딪칠 때 나는 소리다. 버지 시스템은 먼저 기계식 시계의 탈진기에 널리 사용되었으나 그들 사이에는 뚜렷한 공통점이 있다. 두 개의 서로 다른 표면이 부딪쳐 각각 다른 지점에서 기어 톱니를 잠깐 멈춘다는 점이다.

버지-폴리오 시스템은 구동력이 존재하는 한 시계가 계속 작동

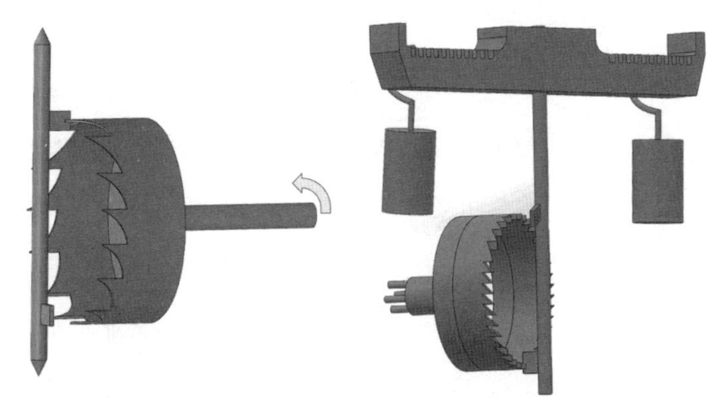

왼쪽 그림 : 구동축 하나와 크라운 기어의 운동을 간섭하는 두 개의 받침대로 구성된 버지 탈진기가 축을 앞뒤로 90도 정도로 돌린다. 받침대와 크라운 기어 톱니가 부딪치면서 기계식 시계의 "똑딱" 소리를 낸다.
오른쪽 그림 : 버지-폴리오 시계의 작동 방식. 수직 구동축에 연동된 폴리오(무거운 수평바)의 회전 운동이 시계의 주기를 결정한다. 바에 매달린 무게추가 중심부에 가까워지면 주기가 빨라지고 바깥으로 벗어나면 느려진다.

할 수 있게 해주는 천재적인 발명품이었다. 폴리오는 구동축에 가해지는 힘으로 움직이고, 버지 탈진기의 규칙적인 간섭 작용은 무게추가 너무 빨리 떨어지지 않게 해준다. 시계는 무게추가 떨어지는 거리가 멀수록 계속해서 똑딱거리기 때문에 중세 교회의 높은 탑은 시계가 오랫동안 작동할 수 있는 충분한 조건이기도 했다.

여기에 기어를 추가하면 바늘로 시간을 표시할 수도 있고, 일정한 간격으로 종소리를 낼 수도 있다. 그래서 탑시계는 똑딱 소리를 들을 수 있을 정도로 가까이 있는 사람뿐만 아니라 교외에 사는 사람에게도 시간을 알릴 수 있었다. 이를 통해 꽤 정확한 시간이 일반 대중에 전파되었고, 서기 1300년에서 1600년 사이에 탑시계는 유럽 전역의 교회와 도시 경관에서 핵심적인 특징이 되었다. 이런 공공 시계는 일반 시민의 생활방식에 중대한 변화를 가져왔다.

버지-폴리오 시스템은 비록 혁명적이기는 했으나, 정확성 면에서는 여전히 개선의 여지가 많았다. 폴리오가 회전하여 한 번 똑딱이는 데 걸리는 시간은 폴리오의 하중뿐만 아니라 그 모양에도 영향을 받았다. 폴리오가 길면 폴리오의 한가운데로부터 더 먼거리에 질량이 분포하게 되어 회전 속도가 느려진다.* 이 점을 이용해 시계 속도를 조절할 수도 있는데, 폴리오에 무게추를 추가로 매달고 바깥으로 돌리면 시계가 느려진다(반대로 안쪽을 향해 돌리면 빨라진다). 그러나 이것은 시계 작동을 표준화하기 위해서는 시행착오를 거듭해야 한다는 점에서 단점이기도 했다.

더 중요한 사실은 폴리오 시계의 똑딱이는 시간이 구동력의 크기에 좌우된다는 점이다. 미는 힘이 셀수록 회전 속도가 빨라지고 똑딱거리는 시간도 짧아진다. 다시 말해 시계의 속도가 동력원인 무게추에 따라 달라지며, 심지어 더 민감하게 반응한다는 뜻이다. 영국 솔즈베리 대성당에 복원된 버지-폴리오 시계를 통해 실험한 결과에 따르면 한 겹의 밧줄로 감은 시계는 하루에 몇 분 정도 오차를 보이지만, 밧줄을 두 겹으로 감으면 시계가 더 빨라진다는 것이 확인되었다. 밧줄을 한 겹 더 두르면 무게추가 당기는 힘이 전달되는 구동축의 토크가 커지므로 크라운 기어를 통해 폴리오에 전달되는 힘도 커진다. 따라서 시계를 구동하는 밧줄을 너무 빨리 당기거나 반대로 천

* 막대의 회전관성은 질량과 길이의 제곱에 비례한다. 즉, 전체 질량이 같아도 더 긴 막대가 더 큰 회전관성을 갖는데, 회전관성이 큰 물체는 회전 속도가 느려진다.-옮긴이

천히 당기면 작동 속도가 바뀌어 심각한 오류가 발생한다.

이런 문제 때문에 버지-폴리오 시계는 운영하고 유지하기가 매우 까다롭다. 1600년대 초에 스위스의 시계 제작자 요스트 뷔르기Jost Bürgi는 하루에 1분 이내의 오차로 시간을 측정하는 최고의 버지-폴리오 시계를 제작했다.** 그러나 그 시대의 기계식 시계는 대부분 성능이 훨씬 떨어졌다. 기계식 시계에는 오랫동안 분침도 없었다. 분 단위를 측정하는 것이 의미가 없을 정도로 부정확했기 때문이다. 기계식 시계가 믿을 만한 정확도를 갖추기 위해서는 구동력 변화에 크게 영향을 받지 않는 새로운 조절 장치가 개발되어야 했다.

시계추의 물리학

기계식 시계가 출현한 후, 기술자와 장인들이 버지-폴리오 시스템을 근본적으로 개선하기까지는 무려 300여 년이 걸렸다. 그리고 1600년대 중반에 천 년 동안 이루어진 움직이는 물체에 대한 철학적 인식의 변화가 마침내 그 모습을 드러냈다.

지난 2,000년 동안 물리학에 관한 철학적 접근법은 주로 그리스 철학자 아리스토텔레스(기원전 384년-322년)의 업적을 기반으로 한

** 뷔르기는 시계 제작 분야에서 많은 혁신을 이루었으나, 그중에서도 구동부를 감아올리는 레몽투아(remontoire)라는 장치가 대표적이다. 이 장치에서는 주 구동부가 직접 시계를 구동하는 것이 아니라 작은 기어 구동장치를 일정한 시간마다 자동으로 감아주는 역할만 한다. 이 방식을 사용하면 시계가 작동하는 기간 내내 일정한 힘을 공급할 수 있어 정확도가 크게 향상된다.

것이었다. 아리스토텔레스 물리학에서 물체는 가장 낮은 지점에 멈춰 있을 때가 가장 자연스러운 상태라고 보았다. 따라서 움직이는 물체는 자연 상태를 벗어난 것이며, 움직임을 지탱하는 힘이 사라지면 곧 원래대로 돌아온다고 생각했다. 지금이야 이런 설명에 치명적인 결함이 있다는 것을 누구나 알고 있다. 하지만 움직이는 물체는 그것을 막는 힘이 없는 한 계속 움직이려고 한다는 물리학에 관한 현대적인 이해가 정립되기까지는 로마 제국 말기에 시작해서 중세를 지나 현대에 이르기까지 수 세기에 걸친 수많은 철학자와 수학자들의 노력이 필요했다.

물체에 작용하는 힘의 특징은 운동이 아니라 운동의 **변화**, 즉 가속, 감속, 방향 변화 같은 것들이다. 물체가 직선 운동을 하는 것은 힘이 **작용한** 결과지만, 힘이 사라져도 그 운동이 멈추지는 않는다. 그러나 우리가 사는 세상에서 만나는 모든 물체는 마찰을 비롯해 운동을 멈추게 하는 온갖 힘의 영향을 받으므로, 아리스토텔레스의 생각이 틀렸다는 것을 곧바로 인식하기는 쉽지 않다.* 아리스토텔레스 물리학이 직면한, 그리고 극복하기에 가장 어려운 과제는 발사체의 운동을 어떻게 설명할 것인가 하는 점이었다. 공중에 던져 올린 물체나 시위를 떠난 화살은 도중에 운동을 지속하는 데 필요한 힘을 제공해 줄 다른 물체를 만나지 않고도 꽤 오랜 시간을 움직인다. 이런 발사

---

* 내 경험에 따르면 대학에서 물리학 개론을 가르칠 때 가장 어려운 점이 바로 학생들이 무의식적으로 품고 있는 아리스토텔레스식 관념을 깨뜨리는 일이다. 장차 물리학자와 공학자가 될 학생들조차 움직이는 물체가 그 상태를 유지하려면 계속 힘을 가해주어야 한다는 아리스토텔레스식 관념에서 쉽게 벗어나지 못한다. 아무래도 우리가 일상에서 접하는 사물에 대해서는 그것이 더 자연스럽게 느껴지는 것 같다.

체는 땅에서 구르고 미끄러지는 물체가 멈춘 후에도 한참이나 운동을 계속한다. 그렇다면 공중을 날아가는 물체를 움직이는 힘은 무엇인가?

아리스토텔레스는 이 질문에 대해, 발사체의 운동을 지속하는 힘은 공중 그 자체에 있다고 답했다. 그는 발사체가 계속 공중을 날아갈 수 있는 것은 물체의 앞쪽에 있던 공기가 주변을 급격히 휘감으면서 뒤에서 물체를 밀어주기 때문이라고 여겼다. 그렇게 공기가 계속 밀어주기 때문에 발사체가 사람의 손이나 활시위를 떠나 운동을 시작한 이후에도 오랫동안 움직일 수 있다는 것이다. 공기가 힘을 제공한다는 아리스토텔레스의 설명은 그 당시의 철학이 봉착한 곤경을 모면할 수 있는 꽤 기발한 발상이었으나, 조금만 더 깊이 파고 들어가면 허점투성이였다. 무엇보다 이 설명에 따르면 단면적이 큰 물체일수록 공기 중에 발사했을 때 받는 추진력이 더 커서 더 멀리 날아가야 하지만, 실제로는 그렇지 않다는 문제가 있었다.**

과학사에서 널리 통용되는 수많은 신화로 인해 아리스토텔레스식 물리학은 1600년대까지 별다른 저항 없이 지배적인 관념으로 남아 있었으나, 철학자들은 이미 1,000년 전부터 그의 개념에 의문을 제기해왔다. 아리스토텔레스의 개념을 최초로 비판한 사람은 서기 500년대 중반에 살았던 존 필로포누스John Philoponus라는 사람이었다. 그는 공중에 던진 물체가 계속 운동하는 것은 그것을 던진 사람으로

** 갈릴레오의 『대화(Dialogues)』에도 이와 유사한 주장이 나온다. 그는 옆으로 쏜 화살은 과연 화살촉을 정면을 향해 쏜 일반적인 방식보다 더 멀리 날아가겠느냐고 질문한다.

부터 전달된 어떤 특성 때문이라고 주장했다. 필로포누스는 이 힘을 라틴어로 "vis impressa", 즉 "인상적인 힘"이라고 표현했으나 이 표현은 결국 "추동력impetus"이라고 번역될 수 있다. 이 단어는 물체의 질량에 그 속도를 곱한 값을 뜻하는 오늘날의 수학 용어 '모멘텀momentum'과 비슷한 말이지만, 완전히 같은 뜻은 아니다.* 필로포누스는 이렇게 물체에 전달된 특성은 시간이 지나면서 자연스럽게 소멸한다고 생각했다. 그로부터 500년 후에 위대한 무슬림 과학자 이븐 시나Ibn Sina는 여기서 한발 더 나아가 발사체의 속도가 줄어드는 것은 운동에 원래 그런 특성이 있기 때문이 아니라 공기의 저항에 따른 결과라는 주장을 내놓았다. 그의 주장은 완벽한 진공 속에 물체를 던지면 영원히 운동을 지속한다는 것이었다(오늘날 우리는 이 말이 옳다는 것을 알고 있다).

이 문제를 둘러싼 논쟁은 주로 철학자들 사이에서 진행되었기 때문에 물체의 임페투스 이론impetus theory이 물체의 운동과 정지에 관한 더 크고 추상적인 질문으로 이어진 것은 어쩌면 당연한 일이었을 것이다. 이런 고상한 가설 중 하나인 지구를 관통하는 터널에 관한 개념은 나중에 시간 측정 과학 분야에서 실제 응용할 수 있는 하나의 사례로 발전하기도 했다.

터널 가설은 "자연 상태"의 고체는 가장 낮은 지점에 머문다는

* 나중에 나온 임페투스 이론 중에는 추동력과 속도 사이의 관계를 올바로 이해한 것도 있었으나, 그런 이론에는 대체로 직선 운동이냐, 회전 운동이냐와 같은 다른 요소가 포함된 경우가 많았다. 그러나 뉴턴 물리학에서 말하는 모멘텀은 직선 운동만 고려한 값이다.

아리스토텔레스의 원리에서 온 것이다. 고체 상태의 지구가 둥근 우주의 한가운데에 자리하고, 그보다 가벼운 별들은 모두 지구의 주위를 돈다는 생각도 바로 이런 원리에 따른 세계관이다. 이 이론에 따르면 무거운 물체가 아래로 떨어지는 이유는 우주의 중심을 향해 다가가려는 성질 때문이다. 그러나 이런 가설에 제기되는 한 가지 의문은 땅 밑으로 터널을 계속 파 내려가서 중심을 지나 반대편으로 나가면 어떻게 될 것인가 하는 것이다.** 그 구멍에 돌을 하나 떨어뜨리면 고체가 가장 안정되는 지점인 지구 중심에 도달하는 순간 갑자기 멈춰 설까?

물론 엄격한 아리스토텔레스론자들은 그렇다고 말했지만,*** 프랑스 철학자 장 뷔리당Jean Buridan이나 그의 제자 니콜 오렘Nicole Oresme과 같은 임페투스 이론 지지자들의 생각은 달랐다. 서기 1377년에 오렘은 이런 임페투스 이론의 관점을 분명히 제시하면서 일상생활에서 볼 수 있는 사례를 근거로 들었다.

> 만약 이곳에서 출발해 지구 중심을 관통하는 구멍이 있다고 가정하고 무거운 물체를 그 구멍에 떨어뜨린다면, 그 물체는 지구 중심을 지나 반대편으로 올라갈 것이다. 이것은 우연히 획득한 성질 때문이

** 흔히 잘못 알려진 바와 달리, 중세 철학자들은 대부분 세상이 평평하다고 생각하지 않았다. 그들은 지구가 둥근 것이 당연하다고 생각했다.

*** 이 사례를 최초로 발표한 사람은 배스의 애덜라르(Adelard of Bath)로, (1107년-1133년경에 쓰여진) 그의 책 『자연에 대한 질문들(Quaestiones naturals)』에서 많은 곳을 여행한 철학자와 호기심이 많은 조카 사이의 상상의 대화로 제시되었다.

다. 그러고는 다시 떨어져서 마치 긴 줄에 묶여 기둥에 매달린 물체 처럼 몇 차례 왔다 갔다를 반복할 것이다.*

엄격한 아리스토텔레스 이론에 따르면 지구를 향해 낙하하는 물체가 중심에 도달하면 갑자기 멈춰 선다. 그 말은 곧 긴 줄에 매달린 물체 **역시** 가장 낮은 지점에 도달하자마자 멈춘다고 주장하는 셈이다. 그러나 이것은 우리가 현실에서 관찰하는 상황과 명백히 다르다. 줄에 매달린 무게추는 여러 번 흔들린 후에야 멈춰 선다.

니콜 오렘은 지구를 관통하여 낙하하는 물체도 마찬가지라고 주장했다. 그는 낙하하는 물체는 지구 중심을 지난 **후부터** 속도만 느려질 뿐이며, 만약 공기 저항이 없다면(구멍이 지구 중심을 관통할 뿐 아니라 그 공간이 완전한 진공이라고 가정한다면) 물체는 반대편 지표면까지 올라가 멈춘 다음 다시 낙하하여 출발 지점으로 돌아올 것이라고 말했다.

매달린 물체를 가정한 오렘의 이 사고실험은 과학사에서 최초로 진자가 왕복운동의 대표적인 예시로 등장한 시점이었다. 이후 수 세기 동안 흔들리는 진자는 더욱 보편적인 예시로 언급되었고, 그 자체로 주요 연구 주제가 되었다.

* 니콜 오렘, 『하늘과 지구에 관하여(Le livre du ciel et du monde)』, 앨버트 메뉴(Albert D. Menut), 알렉산더 데노미(Alexander J. Denomy) 편집 및 번역, 「과학 연감(Annals of Science)」 35권 5호 (1980), 버트 홀(Bert S. Hall)의 「스콜라 철학의 진자 이론(The scholastic pendulum)」에서 인용.

진자 물리학

이론물리학의 대가 시드니 콜먼Sidney Coleman은 20세기 말 물리학 연구의 핵심 요소를 다음과 같은 유명한 말로 정리해서 말했다. "젊은 이론물리학자가 할 일은 조화 진동자harmonic oscillator를 그 어느 때보다 높은 수준으로 이론화하는 연구다." "조화 진동자"란 그 이름에서 알 수 있듯이 단 하나의 특정 진동수에서 진동하는 시스템을 말하는 것으로, 수학적으로는 가장 쉽게 수립하고 풀 수 있는 기초적인 문제에 해당한다. 그러나 정말로 멋진 일은 세상을 추상적인 용어로 표현할 수만 있다면 놀랍도록 다양한 물리적 시스템을 조화 진동자처럼 **보이게** 만들 수 있다는 사실이다. 고체의 거시적 진동에서 결정체를 구성하는 원자의 미시적 운동, 나아가 광자photon(양자역학에서 말하는 빛의 입자)의 거동에 이르기까지, 거의 모든 운동은 똑같은 수학 방정식으로 표현할 수 있다. 가장 낯설고 추측에 가까운 이론조차 조화 진동자처럼 보이게 만들 수 있다. 예를 들어, 끈이론은 적절한 형태로 표현할 수만 있다면 비록 일반적인 공간 차원을 넘어서 더 많은 차원에서 이루어지는 진동이라도 입자물리학의 특정 과정을 서술하는 방정식을 하나의 끈의 조화 진동을 설명하는 방정식으로 만들 수 있다는 사실에서 출발한 이론이다.

콜먼이 조화 진동자를 통해 가장 먼저 구체적으로 제시한 사례는 질량을 가진 하나의 물체가 스프링의 한쪽 끝에 매달린 채 수평면 위에서 미끄러지는 상태이다. 스프링이 느슨할 때는 힘이 작용하지 않아 물체가 제자리에 멈춰 있지만, 스프링을 당기거나 압축하면 스프링을 느슨한 상태로 만들려는 힘이 작용하며 물체를 밀어내거나 끌어당긴다. 힘의 크기는 스프링이 늘어난(혹은 압축된) 양이 증가할수록 커진다. 스프링의 길이가 두 배 늘어나면 끌어당기는 힘도 두 배 증가한다. 마찬가지로, 압축 길이를 두 배로 늘리려면 미는 힘도 두배로 가해야 한다. 이런 현상을 서기 1678년에 이것을 발견한 로버트 훅Robert Hooke의 이름을 따서 "훅의 법칙"이라고 한다.*

스프링을 당겼다가 놓으면 진동이 발생한다. 이때 스프링이 원래의 위치로 돌아가려는 힘이 작동하며 스프링에 매달려 있는 물체는 가속된다. 스프링이 평형 위치에 도달하면 힘은 0이 되지만 물체는 계속 움직여서 이번에는 스프링을 압축하고, 물체가 멈출 때까지 힘이 더 증가한다. 그다음에는 이 과정이 역전되어 물체가 밀려나고, 스프링이 느슨해진 상태를 지나쳐서 처음에 늘어났던 상태로 되돌아온다. 진동 주기(완전히 늘어난 지점에서 완전히 압축된 지점까지 갔다가 다시 늘어난 지점으로 돌아오는 시간)에 영향을 미치는 요소는 단 두 가지, 스프링의 강성(일정한 길이로 당기는 데 필요한 힘)과 질량(물체의 질량이 운동의 변화에 필요한 힘의 크기를 결정한다)뿐이다.

스프링에 매달린 물체는 순수한 조화 진동자를 가장 뚜렷하게 보여주는 사례로서, 야심 찬 물리학자가 가장 먼저 마주치는 물리 시

---

* 훅은 자신이 발견해낸 결과를 "ceiiinosssttuv"라는 애너그램(anagram)으로 발표했다. 해독하면 "길이가 늘어날수록 힘도 커진다"는 뜻의 라틴어 "ut tensio, sic vis"가 된다. 이로써 그가 발견한 내용을 계속 연구할 시간을 벌기도 했지만, 사실 그의 우선권을 확보하는 것이 더 큰 목적이었다. 1600년대에는 이런 말장난이 횡행했다[이 라틴어 문장 전체에 있는 글자를 모아서 알파벳 순서로 적으면 ceiiinosssttuv가 된다는 것을 확인할 수 있다-옮긴이].

스템이다. 그러나 이것조차 현실의 복잡한 운동을 이상화한 모델일 뿐이다. 실제 스프링이 극단적으로 늘어나거나 압축된 상태에서는 훅의 법칙에서 많이 벗어난다. 스프링을 아주 세게 밀면 코일이 서로 닿고 힘은 급격히 증가한다. 반대로 지나치게 세게 당기면 강선이 풀려버린다. 그러나 스프링이 늘어나거나 줄어드는 길이를 적정한 수준에서 유지한다면, 훅의 법칙은 훌륭한 근사치로서, 스프링에 매달린 물체의 진동을 정확하게 예측한다.

콜먼의 사례에서 다음 단계는 순수한 진자 운동, 즉 아주 가벼운 줄 끝에 매달려 앞뒤로 움직이는 질량이 있는 작은 물체다. 진자는 스프링보다 더 빠르게 이상적인 조화 진동의 거동에서 벗어나지만, 진폭이 그리 크지 않다면 스프링에 매달린 질량처럼 매우 간단한 조화 진동에 대한 훌륭한 근사approximation가 된다. 20세기 물리학자의 관점에서 보면 1600년에 이르도록 진자가 하나의 물리 시스템으로

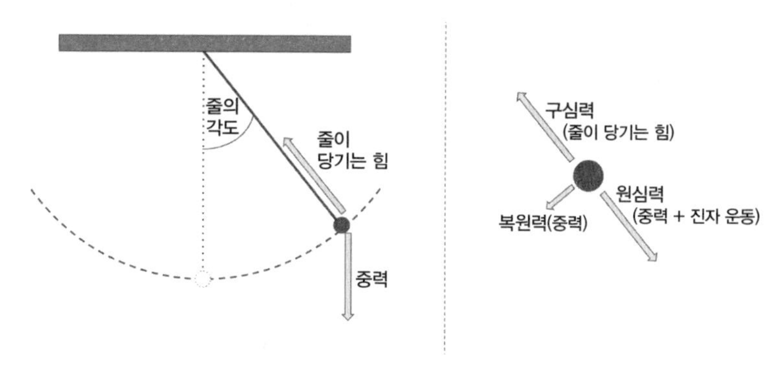

왼쪽 그림은 순수한 진자에는 작용하는 힘과 줄의 각도를 나타낸다. 오늘쪽 그림은 질량을 중심으로, 줄이 당기는 구심력과 중력과 진자 운동에 의한 원심력이 서로 상쇄되는 상황을 보여준다. 여기에 가운데를 향해 돌아가려는 힘도 있다. 복원력은 중력과 줄의 각도에만 좌우된다.

진지하게 연구되지 않았다는 사실은 놀라움을 넘어 충격에 가까운 일이다.

진자 운동의 단순성은 줄의 끝에 매달린 진자에 작용하는 힘이 두 가지뿐이라는 데 있다. 그것은 항상 일정하게 아래 방향으로 끌어당기는 중력과 줄이 당기는 구심력이다. 중력은 그 크기와 방향이 모두 항상 일정하지만, 줄이 당기는 힘은 진자가 궤도를 따라 움직이는 동안 계속 변화한다. 그네를 타본 사람이라면 이런 변화를 잘 알 것이다. 줄이 당기는 힘은 높이 올라가 그네가 방향을 바꾸는 지점에서 최소가 되고, 큰 궤적을 그리는 구간에서 사슬이 잠깐 느슨해졌다가, 바닥에 내려오면 사람의 몸무게보다 더 커져 최대치에 도달하므로 실제로 "무겁다"라는 느낌을 체감한다.

줄이 당기는 힘이 계속해서 변하고 그 방향과 중력 사이의 각도도 달라지므로 가까이에서 진자 운동을 바라보는 사람이 고정된 수직 수평 방향으로 미치는 힘을 계산하기는 매우 어렵다. 외부 관찰자가 보기에 진자는 위아래와 좌우로 항상 움직이며 상하좌우 방향으로 작용하는 힘의 구조도 끊임없이 변한다.

물리학 개론에서 진자 운동을 다룰 때 가장 흥미진진한 점은, 관점만 바꾸면 상황이 극적으로 단순화된다는 것이다. 외부의 객관적인 관찰자 시점이 아니라 흔들리는 진자의 관점으로 보면 이 문제를 다루기가 훨씬 편해진다. 진자에 올라탄 사람의 관점으로 보면 이 운동은 수직과 수평 거리가 아니라 수직 방향에 대한 줄의 각도와 그네가 흔들리는 궤적상의 거리로 표현할 수 있다. 일반적인 진자 운동에서 진자가 궤도를 벗어나는 일은 거의 없으므로 힘의 구성도 달라지지 않는다. 따라서 우리가 신경 써야 할 변수는 진자의 위치를 결정하는 줄의 각도 하나뿐이다. 앞 페이지 그림에 나오는 여러 힘도 이렇게 단순화할 수 있다. 줄이 당기는 구심력은 진자 운동에 의한 원심력과 같아 서로 상쇄된다.* 따라서 진자 운동의 주기를 알아내기 위해 고려해야 하는 것은 원호를 따라 좌우 방향으로 작용하는 힘뿐이다.**

좌우 방향으로 작용하는 힘은 삼각함수로 표현된다. 진자의 무게(질량에 중력가속도를 곱한 값)에 수직선과 줄 사이의 각도의 사인함수를 곱한 복원력은 항상 가운데 방향으로 작용하며 각도가 커질수록 증가하므로 진동 운동을 일으킨다.

이상적인 조화 진동자는 훅의 법칙에 따라 힘이 정비례로 증가한다. 즉 각도가 두 배 증가하면 힘도 두 배가 된다. 그런데 진자는 다르다. 진자에 작용하는 힘은 진자의 하중보다 클 수 없으므로 최대치가 존재하는 셈이다. 줄의 각도가 90도가 되면 진자는 곧장 아래로 떨어질 것이다. 그러나 그 전에 이미 복원력의 증가 속도가 훅의 법칙에 따라 계산한 값에 훨씬 못 미치는 수준으로 떨어진다. 그러나 진동 폭이 크지 않다면 진자는 조화 진동자와 거의 비슷하게 특정한 진동수로 좌우 방향으로만 움직인다.

---

* 진자에 작용하는 중력과 원호를 따라 움직이는 진자의 "원심력"의 합은 줄의 속도와 길이에 따라 달라진다. 그네가 맨 밑바닥에 왔을 때 "무겁다"라고 느끼는 이유가 여기에 있다.

** 원심력의 크기가 그네 제작에 중요한 요소임은 틀림없지만, 진동 주기에는 아무런 영향을 미치지 못한다. 시간을 측정하는 데는 진동 주기만 중요하다.

진자를 가운데로 끌어당기는 힘은 중력에서 온 것이므로 진자의 질량이 증가할수록 커진다. 그러나 뉴턴의 법칙에 따르면 물체를 움직이는 힘은 질량에 비례하므로, 이 두 효과는 서로 상쇄된다.* 진자의 운동과 그 진동수는 진자의 질량과 아무런 상관이 없다. 진동수를 결정하는 것은 줄의 길이와 중력의 세기뿐이며, 지표면 가까이에서 중력은 거의 일정하다.

진자 운동의 이런 두 가지 특징은 기계식 시계의 조절 장치로 쓰기에 매우 큰 장점이다. 버지-폴리오의 진동 주기가 폴리오의 질량과 미는 힘의 세기에 모두 의존하는 것과 달리 진자는 상대적으로 이 두 요소에 그리 민감하지 않으므로, 진자시계는 제작과 교정이 더 간편하고 오랫동안 사용하더라도 정확도가 크게 변하지 않는다. 이 방식은 누군가 처음 생각해내기까지 시간이 오래 걸렸을 뿐(오렘이 개념을 구상한 후 무려 280년이 지난 1657년에야 비로소 최초의 진자시계가 등장했다), 한번 등장하자 이내 들불처럼 퍼져나갔다.

진자운동을 시계에 활용하다

최초의 실용적인 진자시계는 1657년에 네덜란드의 크리스티안 하위헌스Christiaan Huygens가 설계하고 살로몬 코스터Salomon Coster가 제작했다. 하위헌스는 당시 막 일어나던 과학혁명의 핵심 인물로, 광

* 물체의 질량을 m, 중력가속도를 g, 줄이 연직 방향과 이루는 각도를 θ라고 하면 물체가 연직위치(θ=0)에 돌아오려고 하는 복원력은 $F=-mg\sin\theta$이다. 뉴턴의 운동법칙 $F=ma$를 이용하면 $-mg\sin\theta=ma$이므로 줄에 매달린 물체의 질량은 수식의 양변에서 함께 사라진다. 결국 진자의 운동은 매달린 물체의 질량과 상관이 없다.-옮긴이

학, 천문학, 확률론 등 여러 분야에서 획기적인 업적을 남겼다. 이 책의 주제와 관련하여 그가 이룩한 가장 뚜렷한 업적은 새롭게 떠오르는 물리학 분야의 수학적 기초를 튼튼히 닦았다는 것이다. 그는 물체의 다양한 운동을 설명하는 공식을 확립하고 여러 문제를 더욱 엄밀하게 분석했다.

그는 결국 진자 운동에 관한 이론을 완성하여 1673년에 『진자시계Horologium Oscillatorium』라는 책을 출간했다. 이 책이 다룬 여러 문제 중에 하나가 바로 등시성이었다.** 하위헌스는 순수한 진자 운동의 원호가 곧 주기 운동이 되는 것이 아님을 수학적으로 증명했다. 여기서 한발 더 나아가 주기 운동을 형성하는 곡선의 모양이 사이클로이드cycloid(구르는 원의 둘레의 한 지점이 지나간 궤적)임을 발견했는데, 사이클로드의 표면을 따라 움직이는 입자는 운동을 시작하는 지점과 상관없이 바닥에 도달하는 시간이 같다. 사이클로이드는 순수 진자의 원호에 비해 더 가파르기 때문에 하위헌스는 진정한 등시성을 가진 진자를 만들기 위해 진자가 매달린 천장의 양쪽을 사이클로이드 모양으로 만들어 궤적이 커지는 구간에서 줄의 유효 길이를 줄임으로써 진자를 사이클로이드에 따라 운동하게 만들었다. 그러나 이것은 줄이 천장 양쪽의 사이클로이드 모양 부분과 충돌하면서 추가로 발생하는 마찰 때문에 실제 시간 측정에 사용할 수 없었으므로, 결국 기구학적인 호기심의 차원을 벗어나지 못했다.

** 등시성(isochrony)은 진자의 주기가 진자의 진폭과 질량과는 상관없이 진자의 길이와 진자가 있는 곳에서의 중력가속도에만 관련된다는 뜻이다.–옮긴이

순수 진자 운동은 완벽한 등시성을 갖추고 있지 않지만, 구동력이 조금 달라져도 폴리오처럼 민감하게 반응하지는 않으므로 기계식 시계의 기반으로 사용하기에 훌륭한 장치였다. 하위헌스의 초기 진자시계가 채택한 버지 탈진기의 구조는 두 개의 받침대가 설치된 축에 매달린 진자가 흔들리면서 낙하 하중이나 스프링으로 구동되는 크라운 기어 톱니와 맞물리는 방식이었다. 진자가 한쪽 끝에 도달하면 그쪽의 받침대가 기어 톱니의 경로로 밀고 들어가 그 충격으로 기어 회전이 일시 정지하면서 진자에도 작은 충격을 주어 흔들리는 방향이 바뀐다. 이런 충격으로 인해 회전축에 발생하는 마찰에도 불구하고 진자 운동이 계속될 수 있다. 버지-폴리오 시계와 달리 이 방식에는 그리 큰 힘이 필요하지 않다. 구동 기어의 마찰로 손실되는 에너지를 보충해줄 힘만 조금 있으면 된다. 구동부에 큰 힘을 공급하지 않아도 진자 운동을 멈추고 방향을 바꾸는 데는 큰 문제가 없는데, 중력이 그 역할을 해주기 때문이다. 전체적인 구동력이 크지 않으므로 힘의 변이도 줄어들고 그에 따라 시간 오차도 최소화된다.

하위헌스의 진자시계는 기계식 시계의 발전을 향한 커다란 진전이었다. 그가 처음 만든 시계의 오차율은 최고 수준의 버지-폴리오 시계에 버금가는 하루당 1분 정도였으며, 나중에는 이것이 하루에 10초 정도로 줄어들었다. 그럼에도 개선의 여지는 있었다. 특히 버지 탈진기가 문제였다. 받침대를 기어 톱니에서 벗겨내려면 진자 운동의 궤적이 그만큼 커야 했기 때문이다. 일반적인 받침대 방식의 버지 탈진기는 진폭이 45도 이상인 진자 운동, 다시 말해 좌우로 90도 이상의 각도로 진동하는 진자 운동이 필요했고, 각도가 그렇게 크게 되면 실제 시계추는 진자의 등시성이 만족되는 이상적인 조건과 멀어지게 된다.* 진자시계는 애초에 구동력의 변화에 그리 민감하지 않지만, 버지 탈진기 방식은 구동력의 변화에서 오는 "원호 오차"가 여전히 크다는 문제가 있다.** 원호가 커질수록 진자 운동은 이상적인 조건에서 멀어지므로, 진폭이 45도에서 46도로 변할 때 한 번 똑딱이는 시간은 5도에서 6도가 될 때보다 훨씬 커진다.

따라서 원호 오차를 피하는 가장 쉬운 방법은 진폭을 최소화하는 것이다. 최초의 진자시계가 등장한 지 얼마 안 돼 선보인 "앵커 탈진기"가 바로 이런 원리였다.*** 앵커라는 이름은 선박에 사용되는 닻 모양처럼 진자 축에 두 팔을 걸치고 있는 모양에서 나온 말이다. 이 팔의 끝에 구동 기어의 움직임을 멈추는 받침대가 있어서 진자가 좌우로 조금만 움직여도 톱니에 쉽게 걸리고 또 쉽게 빠져나올 수 있다. 이로써 진폭을 작게 유지하면서 이상적인 조건에 가까운 상태를 만들 수 있었다. 또 길고 무거운 진자를 쓸 수 있어 구동력의 작은 변화에 대한 민감성을 더욱 줄이는 데 한몫하기도 한다.

---

* 진자의 복원력은 $F=-mg\sin\theta$인데, 연직방향으로부터의 각도 θ가 충분히 작을 때에는 $F=-mg\theta$로 어림할 수 있으며, 이때 진자의 등시성(진자의 주기가 진폭에 무관)이 성립하게 된다. 따라서 좌우 90도 정도로 큰 진폭을 갖는 경우에는 진자의 등시성이 만족하는 이상적인 조건이 성립하지 않게 된다.-옮긴이

** 이 문제는 시계가 작아질수록 더 커진다. 주방용 벽시계는 낙하 하중의 항상 일정한 힘이 아니라 단단히 감긴 스프링을 구동력으로 삼으므로 스프링이 풀리면 힘이 약해진다.

*** 앵커 탈진기는 1657년에 로버트 훅이 발명한 것으로 보이지만, 시계 제작자 윌리엄 클레멘트(William Clement)의 업적이라고 생각하는 이들도 있다. 그는 1680년경에 앵커 탈진기를 채용한 시계를 최초로 판매했다. 최초의 발명자가 누구냐를 놓고 한동안 논란이 있었으나, 대체로 훅의 업적이라는 쪽이 정설이다.

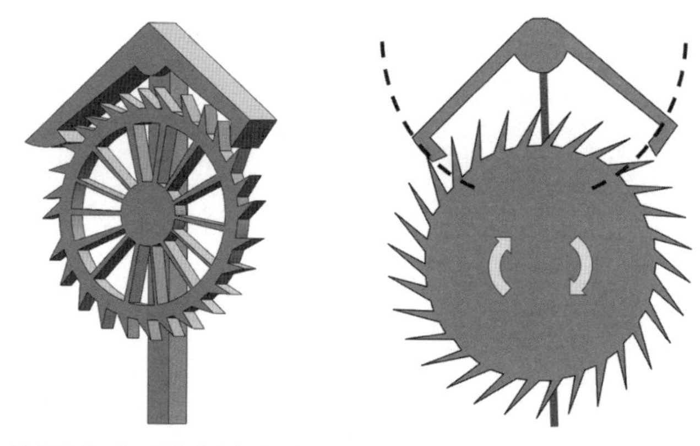

앵커 및 데드비트 방식 탈진기. 기본적인 앵커 방식 탈진기(왼쪽)는 구동 기어의 회전을 멈추는 받침대가 긴 팔의 끝에 달려 있어 진자 운동의 각도가 크지 않아도 받침대를 쉽게 걸었다 풀었다 할 수 있다. 그에 비해 데드비트 방식 탈진기(오른쪽)에서는 받침대의 면이 휘어 있어 두 받침대가 한꺼번에 기어를 단단히 붙잡을 수 있으므로 기어 반동 문제를 해결할 수 있다.

탈진 설계를 통해 완화할 수 있었던 마지막 이슈는, 받침대와 기어가 부딪칠 때 구동 기어가 뒤로 약간 미끄러지는 기어 반동 문제였다. 이로 인해 톱니바퀴열 전체의 응력은 물론이고 마모로 인한 작업 내 마찰이 증가하여 유지 및 보수가 더 자주 필요하게 된다. 기어 반동 문제는 1670년대에 천문학자 리처드 타운리Richard Towneley와 시계 제작자 토머스 톰피언Thomas Tompion이 개발한 "데드비트 탈진기deadbeat escapement"로 해결할 수 있다. 데드비트란 앵커 탈진기의 일종으로, 두 팔 끝을 곡면으로 만들어 진자의 회전축과 중심이 일치하도록 만들어놓은 장치다. 진자가 움직이는 동안 데드비트의 어느 한쪽은 구동 기어의 톱니와 맞물리면 톱니는 탈진기의 데드 페이스를 따라 미끄러지면서 제자리에 고정된다. 즉, 톱니가 곡선을 따라 미끄러지는 동안 기어는 움직일 필요가 없다. 기어는 진자가 가운데를 지날 때만 잠깐 회전하는데, 이때 데드 페이스가 탈출하면서 기어 톱니가 팔 끝의 "임펄스 페이스"을 밀어내면 톱니를 밀던 각도가 진자를 미는 각도로 바뀐다.

데드비트 탈진기는 1715년에 영국의 시계 제작자 조지 그레이엄George Graham이 제작한 시계에 폭넓게 적용되면서 정확한 진자시계의 표준으로 빠르게 자리 잡았다. 구식 대형 괘종시계는 십중팔구(시계 종류에 따라 매일, 또는 주간 단위로 원래 높이로 감아올리는 장치가 있는) 속도가 느린 낙하 하중으로 구동되는 데드비트 탈진기 방식의 진자시계다. 1800년대가 되면 이런 시계가 보편화되어 옛날 가정이라면 층마다 갖춰놓은 상징이 되다시피 했다. 유럽 전역에서 버지-폴리오 방식으로 가동되던 대형 공공 시계가 모두 진자시계로 바뀌었고, 일부 분침이 설치되기도 하면서 대중적 시간 측정 기술이 크게 발전했다.

그레이엄이 제작한 시계 중 성능이 가장 좋은 것은 하루당 오차가 1초에 불과했다. 정확도가 이 정도 수준에 이르자 온도 영향 같은 다른 변수가 중요해지기 시작했다. 모든 물질은 열을 받으면 부피가 팽창하므로, 진자시계도 온도가 오르면 진자가 아주 조금 길어진다. 진자가 길어지면 진동 폭이 커지고 시계가 느려진다. 길이의 변화는 아주 미세하겠지만, 다른 조건이 모두 같다면 그 차이가 크지 않더라도 분명히 영향을 미친다. 1미터 길이의 진자일 경우, 40분의 1밀리미터만 늘어나도(사람 머리카락 굵기의 4분의 1 정도다) 하루에 1초의 오차가 발생한다. 황동으로(1700년대에 가장 보편적인 시계 소재였다)

만든 진자가 그 정도 늘어나는 데 필요한 온도 변화는 섭씨 2도가 채 안 된다.

이 정도로 온도에 민감한 특성은 하루당 1초 단위의 정확성을 확보하는 데는 큰 문제가 틀림없지만, 그레이엄은 이 문제를 보완할 현명한 방법을 찾아냈다. 진자 주기의 결정과 관련해 중요한 길이는 진자의 회전 중심에서 질량 중심까지의 거리로서, 이는 질량의 분포에 따라 달라진다. 전체 길이의 증가분은 질량을 조금이라도 회전 중심에 가깝게 옮기면 상쇄할 수 있고, 그레이엄도 바로 이런 방법을 사용했다. 그는 진자에 수은을 넣어 밀봉한 관을 부착했다.* 온도가 상승하면 튜브 속에 있는 수은이 팽창하여 액체를 관 위쪽으로 밀어 올린다.

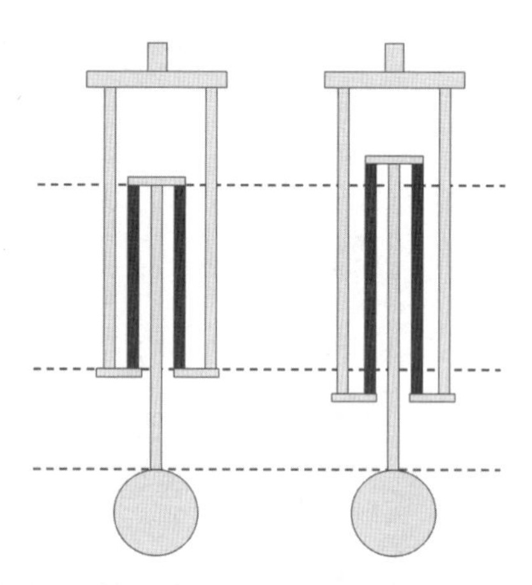

존 해리슨이 발명한 신축 보정형 진자. 온도 증가에 따른 연신율이 서로 다른 두 소재로 회전축을 만들었으며, 모두 세 구간으로 구분되어 있다. 오른쪽 그림에서, 길이가 짧은 중간 구간은 더 많이 늘어나고, 바깥 구간은 더 길지만 더 적게 늘어난다. 따라서 축의 길이는 온도 변화에 따라 이 둘의 늘어난 길이가 상쇄되는 지점을 찾아서 결정한다.

* 앞 장에서 설명했듯이, 수은은 매우 무거운 금속이며 상온에서 액체로 존재한다.

마치 온도계와 같은 원리다. 무거운 수은 액체가 막대 위쪽으로 올라가면 막대가 길어져서 진자가 멀어지는 효과를 상쇄하기 때문에 그레이엄의 시계는 넓은 온도 범위에서 신뢰도를 확보할 수 있었다.

열팽창 문제에 관한 기발한 해결책 중 대량 생산에 적합한 또 한 가지 방법은 시계 제작자 존 해리슨John Harrison(10장에서 자세히 설명할 것이다)이 개발한 "신축보정 진자gridiron pendulum"라는 것이다. 그는 온도 변화에 따른 팽창률이 서로 다른 두 금속을 교대로 배치하는 형태의 진자를 구상했다. 이렇게 되면 팽창률이 상대적으로 작은 철 막대 두 세트가 결합하여 진자를 밀어 내리고, 팽창률이 큰 황동 세트 한 벌은 정확히 같은 길이만큼 진자를 끌어올린다. 해리슨은 이와 같은 신축보정 방식을 사용하여 진자의 전체 길이를 일정하게 유지함으로써 괘종시계의 정확도를 한 달에 1초 단위로 관리할 수 있었다.

진자시계의 한계

진폭이 작아도 되는 탈진기를 이용하여 원호 오차를 최소화하고 소재 선택을 통해 열팽창 오류도 사라짐에 따라, 17세기의 가장 훌륭한 진자시계는 사상 유례없는 수준의 정확도를 달성할 수 있게 되었다. 그리고 진자의 주기에 영향을 미치는 또 다른 요소인 중력이 더해지면서 진자시계는 자연스럽게 지구 자체를 측정하는 도구로 발전했다. 중력은 지표면에 있는 모든 물체를 그 위치와 질량, 성분과 상관없이 아래쪽을 향해 똑같은 속도로 당기며, 지표면의 어디에서나 일정하다는 제곱초당 9.8미터의 가속도는 단지 근사치일 뿐이다.* 아주 미세한 차이지만 양질의 진자시계로 충분히 감지할 수 있는 크기다.

이런 사실은 1672년에 프랑스 천문학자 장 리처Jean Richer가 적도에서 불과 몇 도 위에 있는 프랑스령 기아나French Guiana의 카옌Cayenne을 탐험했을 때 극적으로 드러났다. 프랑스의 장 도미니크 카시니Jean-Dominique Cassini와 장 펠릭스 피카르Jean-Félix Picard의 자문으로 계획한 이 탐험의 주목적은 태양계의 크기를 확인하기 위해 몇 차례 화성을 관측하는 것이었다. 그해 가을이 바로 화성이 지구와 가장 가까워지는 시점이었기 때문이다. 이런 관측에는 타이밍이 가장 중요한 요소였으므로 리처는 자신이 가지고 있는 최고 성능의 시계를 그 지역의 천체 관측을 기준으로 교정했다. 그는 그 과정에서 그의 시계가 파리에 있을 때보다 하루에 2분 이상 느리다는 사실을 알게 되었다.

천문 관측 결과를 바탕으로 시계를 교정하는 것과 긴밀한 관련성이 있었던 리처의 또 다른 과제는 "초진자seconds pendulum"의 길이를 정하는 것이었다. 초진자란 주기가 정확히 2초인 진자를 말한다(이것은 시계에서 구동 기어를 초당 한 번씩 움직이는 데 사용된다). 파리에서 초진자의 길이는 현대적 단위로 99.353센티미터로 알려져 있었고, 이것이 미터의 길이를 정의하는 표준으로 제안된 상태였다. 파리의

* 가속도는 속도(초당 미터)의 변화량이므로, 그 단위는 시간당 속도로 표현된다. 정지 상태에서 낙하하는 물체의 낙하한 지 1초 후 속도는 초속 9.8미터이다.

과학자들은 길이의 표준을 지구상 어디에서 재도 똑같은 보편상수와 연결하는 역할을 초진자가 맡을 수 있으리라고 기대했다. 그러나 안타깝게도 리처는 카옌에서의 초진자 길이가 파리에 있을 때보다 3밀리미터 정도 짧다는 것을 확인했다.

진자의 주기를 결정하는 요소는 그 길이와 중력의 세기 단 둘뿐이다. 리처의 진자시계가 느려진 것과 초진자의 길이가 더 짧게 측정된 것은 모두 똑같은 문제를 시사하는 것이었다. 즉, 카옌에서의 중력이 파리에서 잴 때보다 아주 조금 약하다는 것이었다. 리처의 보고를 접한 많은 과학자는 의혹을 제기했다. 특히 하위헌스는 리처가 시험 항해를 통해 바다에서는 진자시계가 잘 맞지 않는다는 것을 증명했을 때부터 그에게 분노를 품고 있었다.** 그러나 후속 탐험을 통해서도 비슷한 결과가 나왔다. 초진자는 적도 지역에 가면 유럽보다 길이가 약간 짧았다.

그러나 처음부터 리처의 말을 믿었던 사람이 바로 영국의 아이작 뉴턴Isaac Newton이었다. 그는 당시에 중력이론을 다듬고 있었다. 뉴턴은 초진자의 길이가 어긋나는 것은 적도에서 지구가 약간 불룩 튀어나와 있기 때문임을 알고 있었다. 이것을 적도 융기 현상이라고 한다. 즉, 적도에서는 지표면이 지구 중심에서 더 멀기 때문에 저위도 지역으로 갈수록 중력의 세기가 아주 조금 약해진다. 오늘날 리처의

** 이 사건은 10장에서 더 자세히 설명할 것이다. 하위헌스는 시계가 맞지 않았던 것은 리처드가 충분히 주의를 기울이지 않은 탓이라고 생각했다. 그러나 이후 수십 년 동안 다른 사람들이 같은 실험을 시도한 결과, 파도에 흔들리는 배 위에서는 순수 진자시계가 정확할 수 없다는 결론에 도달했다.

탐험은 측지학 분야의 획기적인 사건이자 지구의 모양을 측정하는 데 시계를 활용한 최초의 사례로 기억되고 있다.*

리처의 측정 결과와 그레이엄과 해리슨이 개발한 온도 보정 진자는 시간 측정의 역사에서 또 하나의 전환점이다. 그것은 인간이 만든 시간 측정 장치가 과거 절대적이고 보편적인 것으로 여겨졌던 현상에 의문을 제기할 수 있을 정도로 정밀해졌음을 보여준다. 리처의 측정 결과가 나오기 전까지는 중력이 일정하므로 시간에 관한 절대적이고 보편적인 표준이 될 수 있다고 생각했다. 누구나 정확한 길이의 진자를 만들 수 있는 기구만 있다면 정확히 1초에 한 번씩 똑딱이는 시계를 만들 수 있다는 것이었다. 리처가 카옌에서 측정한 결과는 이런 생각을 진자시계에 적용하는 것은 아직 섣부른 일임을 보여주었다. 그러나 시간의 보편적인 표준에 대한 추구와 시스템의 미세한 효과를 파악하고 교정하기 위한 분투는 모두 지난 350년 동안 이어져 온 시간 측정과 시계 제작의 핵심 주제였다.

리처의 오랜 항해(그리고 그를 향한 하위헌스의 불만)는 글로벌 대제국이 등장하던 이 시기에 부상한 또 다른 문제로 이어진다. 시간 측정에 대한 수요는 견고한 육지에만 국한된 것이 아니었고, 그럴 수도 없었다. 톰피언과 그레이엄, 해리슨이 제작한 진자형 괘종시계는 육지에서는 너무나 훌륭한 시간 측정 기구였으나, 항해하는 선박의

* 초기에는 이와 관련해 논란이 없지 않았다. 리처의 후원자 카시니는 오히려 지구가 극지를 향해 더 불룩하다는 설을 지지했다. 그러나 적도 융기는 뉴턴 물리학을 통해서도 지구 자전의 결과로 설명할 수 있었으므로 비교적 쉽게 받아들여졌다.

불안한 갑판 위에서는 완전히 무용지물이었다. 유럽 각국이 세계 곳곳을 향해 진출하기 시작하자, 항해 중에 시간을 파악하는 문제야말로 너무나 중요한 일이 되었다. 해결책을 찾기 위해서는 주의 깊은 관찰과 천문 계산뿐만 아니라 기계공학 분야에서의 엄청난 천재성이 필요했다. 그리고 이 또한 1600년대에 혁명기를 맞이하고 있었다. 다음 장에서는 시간 측정과 관련된 기계공학의 발전상을 살펴보기 전에 먼저 천체로 시선을 돌려보기로 한다.

갈릴레오의 진자 실험

1600년 경에 갈릴레오 갈릴레이Galileo Galilei는 진자 운동을 하나의 물리 체계로서 최초로 연구했고, 그 과정을 자신의 후원자였던 귀도발도 델 몬테Guidobaldo del Monte와 함께 공유했다. 갈릴레오는 이 과정에서 진자가 등시성을 띤다고 생각했다. 다시 말해, 진자가 움직이는 진폭과 상관없이 한 번 진동하는 데 걸리는 시간은 같다는 것이다. 그는 물시계와 저울을 사용하여 각각 다른 길이의 진자가 흔들리는 동안 흘러 나온 물의 무게를 비교하는 방식으로 이 개념을 몇 차례에 걸쳐 검증했다. 또한 그는 자유 낙하체를 타이머로 사용하기도 했다. 낙하하는 물체의 속도는 질량과 상관없이 모두 똑같은 변화율로 증가한다는 개념을 이미 확립했던 그는 물체를 바닥에 떨어뜨리는 것과 동시에 진자가 수직 벽을 향해 운동하게 했다. 그리고 진자와 물체가 각각 벽과 바닥에 부딪히면서 동시에 소리가 나기 위해서는 물체를 어느 정도 높이에서 떨어뜨려야 하는지를 측정했다.

갈릴레오는 줄의 길이가 진자의 주기에 미치는 영향도 관찰했다. 단, 처음에 그는 이것을 수사적인rhetorical 용도로 관찰했을 뿐이다. 그가 처음으로 진자 운동에 관해 발표한 연구는 태양계를 태양 중심으로 보느냐, 지구 중심으로 보느냐는 해묵은 논쟁을 배경으로 한 것이었다. 갈릴레오는 지구를 비롯한 행성들이 태양을 중심으로 공전한다는 코페르니쿠스 모형을 지지했다. 1632년에 출간한 유명한 책 『두 우주 체계에 대한 대화Dialogue Concerning the Two Chief World Systems』(이후 『대화』로 표기)에서* 그는 진자를 비유로 들어 긴 줄에 매달린 진자가 한 번 흔들리는 시간이 더 긴 것처럼, 태양에 가까운 행성은 멀리 떨어진 행성보다 공전 주기가 더 빠르다고 주장했다.

갈릴레오의 저서에 나타난 수사적 특징은 그가 연구 결과를 각색하는 데서도 찾아볼 수 있다. 그는 위에 언급한 『대화』는 물론, 『새로운 두 과학에 관한 수학적 증명Discourses and Mathematical Demonstrations Relating to Two New Sciences』(이후 『새로운 두 과학』으로 표기)에서도 화려한 문체로 진자의 등시성을 역설했다. 『새로운 두 과학』에서 그는 진폭이 다른 두 개의 진자를 두 사람이 동시에 세기 시작한다면 "그들이 열 번, 혹은 백 번을 세더라도 오차는 한 번, 아니 10분의 1에도 미치지 않을 것"이라고 썼다. 사실 갈릴레오가 사용했던 진자가 100번 진동하기는 여간 어려운 일이 아니다. 그것이 가능하다고 하더라도 진자의 진폭이 크고 작은 경우 주기에도 분명히 차이가 난다(진자는 이상적인 조화 진동자가 아니기 때문이다). 그와 동시에 살았던 르네 데카르

* 그가 가톨릭교회와 갈등을 빚게 만든 바로 그 책이다. 세간의 오해와 달리, 이 책은 과학 도서라기보다는 정치 서적에 가깝다. 교회는 태양계를 코페르니쿠스의 천동설로 설명한 것을 신성모독으로 간주했다기보다는 책의 내용이나 그것을 출간하는 과정에서 갈릴레오가 교황을 모욕했다고 판단했다.

트Rene Descartes, 마랭 메르센Marin Mersenne, 지오바니 리치올리Giovanni Battista Riccioli 등의 학자는 갈릴레오의 주장과 관찰 결과가 일치하지 않는다는 점에 주목했고, 메르센은 심지어 갈릴레오가 실험을 했는지조차 의심스럽다고 말했다.

실제로 갈릴레오가 진자 운동 시간을 자신의 물시계로 잰 실험에서도 진폭이 5도와 45도인 지점에서 초기운동을 시작한 진자는 주기당 진동 시간이 다르다는 사실이 확인되었다. 백분율로 계산할 때 두 진자 운동의 주기는 약 9.4퍼센트정도 차이가 나며, (이상적인 조화 진동자와의 편차를 고려하여) 현대적으로 분석하면 약 10퍼센트 정도 차이가 난다. 갈릴레오의 오류는 그의 실험이 아니라 그것에 대한 해석에 있었다. 그가 측정한 결과에 따르면 진폭이 다른 진자 운동의 주기는 분명히 차이가 있었지만, 그는 이것을 "우연"의 결과로 해석했다. 마찰이나 공기 저항 같은 간섭 때문에 그가 실험한 진자가 이상적인 운동을 하지 못했다는 것이었다. 그는 이상적인 진자는 등시성을 갖는다고 굳게 믿었고, 그가 사용한 실제 기구가 불완전할 수밖에 없어서 진자 운동의 주기가 다른 것처럼 **보일** 뿐이라고 생각했다.

그는 실험 결과를 일반에 발표하기 위해 논문을 쓸 때도 데이터를 약간 "교정"했다. 오늘날의 시각에서 보면 갈릴레오는 과학자이자 세일즈맨인 셈이었다. 그는 실험을 수행하고 보고서를 썼으나 그 목적은 특정 세계관을 홍보하는 데 있었고,* 자신의 사상을 설득력

---

* 홍보의 대상에는 자기 자신도 포함되었다. 그 당시 과학자들은 거의 모두 부자들로부터 후원받아야 했다. 그래서 그로서는 가장 부유한 권력자의 환심을 사기 위해 열심히 일해야 했고, 그렇게 해서 자신과

있게 전할 수만 있다면 실험 결과를 편파적으로 해석하는 일도 서슴지 않았다. 오늘날 우리는 당시에 아리스토텔레스 우주관을 지지하던 사람들이 이런 식으로 행동했으리라 생각하지만, 아이러니하게도 갈릴레오 역시 그들이 할 법한 행동을 했다. 그는 우주가 특정 방식으로 행동할 것이라는 자신의 관념과 현실의 실험 결과가 일치하지 않자 자신의 이상에 더 부합하는 결과만 일반에 발표했다.

그의 이런 이상주의적인 본성은 낙하 물체의 거동에 관한 논의를 비롯하여 여러 면에서 그가 올바른 방향으로 나아가는 힘이 되었다. 공기 저항이 존재하면 밀도가 높은 물체는 더 빨리 떨어지는데, 이는 모든 물체의 낙하 속도가 같다는 갈릴레오의 주장과는 차이가 있었다.** 그러나 이것은 **실제로** 결과를 왜곡하는 "우연"일 뿐이다. 공기 효과를 제거하면 자유 낙하 속도는 질량과 무관하다.*** 무게추라는 특수한 경우에 대해 그의 직관이 혼선을 일으킨 이유는 그 당시에는 진폭에 따라 주기가 달라진다는 것을 보여줄 수학적 방법이 없었기 때문이다.

비록 진자가 완전한 등시성을 보인다는 그의 주장은 틀렸지만, 진폭이 크게 달라져도 진동수의 차이는 몇 퍼센트에 불과하다는 점은 1600년대 중반의 시간 측정 표준에 비춰보면 매우 훌륭한 수준이

가문이 존귀한 지위를 확보해야 했다.

** 리치올리를 비롯한 몇몇 사람도 이 사실을 증명했다.

*** 같은 이유로 진자의 주기도 질량과 무관하다. 무거운 물체는 작용하는 중력도 더 크지만, 그에 비례하여 물체를 가속하기 위해 필요한 힘도 함께 증가하므로 두 효과는 서로 상쇄된다. 이런 현상은 아폴로 15호의 달 탐사 과정에서 극명하게 드러났다. 데이비드 스콧(David Scott) 선장이 공기가 없는 달 표면에서 망치와 깃털을 떨어뜨리자 두 물체는 똑같은 속도로 낙하했다.

었다. 갈릴레오는 생애 말기에 이르러 역사상 최초로 진자를 기계식 시계의 조절 장치로 제안한 인물이 되었다. 그의 제자이자 나중에 전기작가가 된 빈센조 비비아니Vincenzo Viviani가 1641년에 남긴 기록에 따르면, 갈릴레오는 폴리오 대신 진자를 이용하여 하중식 기어를 규칙적으로 밀어서 진자 운동을 일으킨다는 개념을 창안했다고 한다. 그러나 이 시기에 이르러 갈릴레오는 거의 시력을 잃은 상태였으므로, 비비아니가 설계도를 그리고 그와 갈릴레오의 아들 빈센조가 모형을 제작했지만, 1642년에 갈릴레오가 사망할 때까지 실제로 작동하는 시계는 결국 만들지 못했다.*

---

* 빈센조 갈릴레이는 아버지가 사망한 후 얼마 지나지 않아 1649년에 세상을 떴고, 그 시점에는 이미 그가 만든 모형은 하나도 남아 있지 않았다.

A BRIEF HISTORY OF TIMEKEEPING

| CHAPTER 7 |

별을 이용한 시간의 측정

1996년에 큰 인기를 끌었던 〈X파일〉 드라마에서 UFO의 착륙을 목격한 듯한 어떤 남자가 자기 차고에 검은색 대형 캐딜락 한 대가 주차하는 것을 보고 깜짝 놀라는 장면이 나온다. 자동차 창문이 내려가면서 등장한 인물은 레슬러 출신의 정치인인 제시 벤추라Jesse Ventura였다. 그는 위협적인 어조로 이렇게 독백한다. "그 어떤 물체도 금성만큼 많이 미확인 비행물체로 오인된 적이 없지."

금성은 태양과 달에 이어 세 번째로 밝게 빛나는 천체이며, 밤하늘에 보이는 가장 밝은 물체의 범주에 속하는 것 중에서 아직 우리가 다루지 않은 행성이다. 지구에서 육안으로 확인할 수 있는 행성은 모두 다섯 개이며(밝은 순서대로 금성, 목성, 화성, 수성, 그리고 토성이다), 모두 달과 별의 특징을 골고루 지니고 있다. 행성은 밝게 빛나는 작은 빛이라는 점에서 여느 별과 다를 바 없어 보이지만, 달과 마찬가지로 시간에 따라 위치가 바뀐다. 이런 특성은 행성planet, 行星이라는 이름에도 반영되어 있다. 이 단어는 그리스어로 planetes asteres, 즉 "방랑하는 별"이라는 뜻에서 나온 이름이다.

물론 〈X파일〉에 카메오로 등장한 벤추라의 그 대사는 악의를 품고 한 말이었겠지만, 금성이 UFO로 오인하기에 가장 좋은 조건을 갖추고 있는 것은 사실이다. 너무나 밝은 것도 그렇지만, 무엇보다 금성은 예상치 못한 곳에 나타나는 경우가 많기 때문이다. 다른 행성과 마찬가지로 금성은 복잡하게 움직인다. 시시때때로 하늘의 여러 위치에 나타나는가 하면 꽤 오랫동안 사라지기도 한다. 달은 언제 어디에서 나타날지 대충 짐작할 수 있지만, 금성은 도무지 종잡을 수 없다. 전혀 예상하지 못한 곳에 나타나 밝게 빛나는 별이 바로 금성이다.

행성의 복잡한 운동 때문에 행성을 시간 측정에 사용하기는 어렵다(특정 계절에 특정 장소에 나타나지 않는다). 행성을 그리 중요하게 여기지 않은 문화권이 많은 것도 바로 이런 이유 때문이다. 그러나 일부 문화권에서는 태양이나 달과 같은 규칙적인 움직임을 보이지 않는다는 점에서 행성의 움직임을 예측 가능한 시간 측정 기능에 대한 도전으로 여겼다. 그 결과, 행성의 운행은 수 세기 동안 섬세하게 관찰하고 기록해서 해결해야 하는 문제가 되었고, 이 모든 천문학적 노력은 결국 우주와 그 속에 있는 우리 행성의 운동을 지배하는 법칙을 혁명적으로 재검토하는 계기가 되었다.

혼란스러운 금성의 주기

금성은 너무나 밝게 빛나기 때문에 모든 인류 문명이 그 운행에 주목할 수밖에 없었지만, 그중에서도 금성에 가장 큰 의미를 부여한 사람들은 고대 마야인들이었다. 그들은 금성을 전쟁의 신과 관련지어 생각했고, 금성을 묘사한 그림은 주요 사원뿐 아니라 승전을 기념하는 유명한 보남파크Bonampak 벽화에서도 나타난다. 금성의 상징물과 함께 이 행성이 태양과 함께 떠오르는 날짜가 담긴 기록을 보면, 당시의 승리자들은 적을 공격하기에 가장 상서로운 시간을 금성을 보고 알 수 있다고 생각했었던 것 같다.

(4장에서 살펴본) 드레스덴 고문서에는 금성의 운행을 추적하고 예측하는 내용이 상당한 분량을 차지한다. 총 78페이지 중 6페이지가 금성과 관련된 표이며, 여기에는 각각 다른 의상을 입은 다섯 명의 금성과 관련된 신들이 화려한 모습으로 묘사되어 있다. 이 표는 수 세기 동안 금성이 나타나고 사라지는 시점을 놀랍도록 정확하게 예측하고 있는데, 이는 마야 천문학자들의 놀라운 주의력과 정확성을 보여주는 증거가 아닐 수 없다.

행성 중에 가장 밝게 빛나고 움직임도 가장 빠른 편에 속하는 금성은 행성의 움직임을 살펴보기 위해 가장 먼저 관찰할 만한 천체다. 일반인이 보기에는 금성의 움직임이 매우 복잡한 것 같지만, 움직인다는 생각을 잠시 제쳐두고 오랜 시간에 걸쳐 금성의 움직임을 지켜보면 뚜렷하고 간단한 패턴을 관찰할 수 있다. 무엇보다 금성은 일출이나 일몰 직후에만 보인다는 것을 알 수 있다. 이런 특성 때문에 금성을 "새벽별"이나 "저녁별"이라고 부르는 것은 비록 완전히 정확한 표현은 아니지만, 그래도 도움이 되는 별명이라고 할 수 있다.

일출이나 일몰 직후에 태양을 기준으로 금성이 어디에 있는지 살펴봐도 뚜렷한 패턴이 또 하나 보인다. 처음 몇 달 동안은 새벽 직전의 지평선에 보일 듯 말 듯 모습을 드러낸 후 태양과 함께 하늘 위로 떠오른다. 그다음 263일간은 태양보다 몇 시간 전에 하늘의 정점에 도달한 다음 하늘에서 내려와 다시 "지평선 바로 위"에 머물기를 반복한다. 그 후 50일 동안은 아예 눈에 띄지 않다가, 다시 일몰 직후에 지평선 바로 위에 다시 등장한다. 이후 263일 동안 초저녁에 나타나서 하늘에 올랐다가 내려오는 비슷한 패턴을 반복한다. 그리고 8일 동안 다시 사라졌다가 또 새벽별로 나타난다. 이처럼 대략 584일간의 주기가 반복된다.

일출이나 일몰 직후의 금성 위치를 수년 동안 관찰하면 금성이 하늘을 오르내릴 뿐만 아니라 남북으로 이동하며 복잡한 패턴으로 움직인다는 것을 알 수 있다. 그러나 충분한 시간을 두고 자세히 관찰해보면 이런 패턴에도 일정한 규칙성이 있음을 알 수 있다. 새벽별과 저녁별 시기에 금성은 모두 다섯 가지 모양으로 하늘을 가로지르며, 그것이 반복되는 데도 일정한 순서가 있다. 584일의 금성 주기가 다섯 번 반복되면 정확히 8태양년이 흐른다. 따라서 8년이라는 오랜 기간에 걸쳐 금성을 관찰하면 이 행성이 매년 같은 계절마다 지평선의 똑같은 위치에서 떠오르는 것을 볼 수 있다.

드레스덴 고문서를 작성한 고대 마야의 천문 사제는 이런 패턴을 파악한 다음 예측 운행표를 작성했다. 금성 운행표의 주요 다섯 페이지에는 촐킨 역법의 시간과 날짜 이름으로 금성의 운행을 기술한 목록이 담겨 있다. 아래에 그 일부를 예로 들었다.

> 10시브 일에 …… 236일간 …… 금성이 …… 동쪽에서 사라진다.
> 9시미 일에 서쪽에서 90일간 보이지 않던 금성이 북쪽에서 다시 나타난다.
> 12시브 일에 …… 남쪽으로 옮겨가, 250일간 보이던 금성이 서쪽에서 사라진다.
> 7칸 일에 동쪽에서 8일간 사라졌던 금성이 남쪽에서 다시 나타난다.*

이러한 시간 간격(236일, 90일, 250일, 8일)과 금성을 상징하는 신의 그림이 나온 후 8일 동안 금성이 사라지는 패턴이 다섯 페이지에 걸쳐 기록된 표는 다시 처음으로 돌아가 총 다섯 구간으로 이루어진 주기가 다시 반복된다. 13개의 줄로 구성된 표에는 총 3만 7,960일이 수록되어 있어 전체 표는 1세기가 넘는 금성 주기를 설명할 수 있다.

마야인들이 금성 주기의 각 단계에 부여한 시간도 모두 584일이므로, 다섯 구간으로 이루어진 실제 금성 주기와 거의 비슷하다고 할 수 있다. 그러나 이것은 정확한 주기와 약간 다르기 때문에 표의 마

* 앤서니 애브니, 『별나라로 가는 계단(Skywatching in Three Great Ancient Cultures)』, 1997.

지막에 가까워지면 새벽 하늘에 금성이 떠오르는 예측 날짜는 실제와 약 5.2일의 오차가 있다. 마야인도 이 사실을 알고 있었기 때문에 표의 맨 앞에 새로운 주기를 시작하기 전에 4일을 빼라는 내용의 "사용 안내서"를 첨부해놓았다. 그 덕분에 예측이 현실과 더 가까워져서 금성과 관련된 조합인 촐킨력 1아하우 일에 새로운 주기를 다시 시작할 수 있었다. 이보다 더 긴 시간 범위에서는 8일을 빼는 "이중 교정"이 이따금 등장하여 1아하우라는 상서로운 날짜에 다시 시작할 수 있게 해준다.*

드레스덴 고문서에 수록된 표에서 롱 카운트 형식의 9.9.9.16.0의 명목상 시작 날짜는 서기 623년 2월 6일에 해당한다. 그 날짜는 실제 금성의 신출일과 상당한 차이가 있다. 이는 사제들이 표를 작성할 때 과거 날짜를 반영했음을 시사한다. 전체 표를 (교정을 포함해서) 두 번 계산해서 나온 날짜인 10.5. 6.4.0(서기 934년 11월 20일)은 금성의 신출일과 정확히 일치한다. 이 표를 사용하던 당시의 실제 날짜가 맞다는 점을 강력하게 시사하는 대목이다.** 여기서 표를 다시 따라가면서 안내서에 제시된 교정을 적용해보면 롱 카운트력 11.5.2.0.0(서기 1324년 12월 22일)이 되고, 이는 금성이 다시 나타난다

* 이런 교정이 촐킨 주기와 동기화되어 있다는 사실은 시간의 사회적 측면과 마야인이 여러 가지 요소를 역법에 반영하고 있음을 다시 한번 상기시켜준다. 이것은 주기 내에 있는 더 짧은 간격에서 당황스러운 차이를 초래하기도 한다. 드레스덴 고문서에 첫 새벽별이 보이는 기간으로 제시된 236일은 오늘날의 263일에 비해 현저히 짧은 기간이다. 이를 통해 금성의 주기표를 마야인들이 매우 중시했던 다른 어떤 주기와 동기화하려 했던 것이 아닌가 추측할 수 있다. 물론 우리로서는 알 수 없는 일이다.

** 이 시작 날짜를 특히 지지하는 사람으로는 고고학자 플로이드 라운스버리(Floyd Lounsbury)를 들 수 있다. 그는 최초로 드레스덴 주기표를 금성 주기에 대한 현대적인 계산법으로 검증한 인물이다.

고 예측한 날짜와 오차가 3.2일에 불과하다. 이 시기는 고대 마야 문명이 이미 오래전에 붕괴한 시점이므로 더 이상 표를 수정해줄 천문사제도 존재하지 않았다.

창을 휘두르는 금성의 신을 묘사한 삽화는 마야 고문서가 기본적으로 과학 문서가 아니라 점술 도구였음을 시사한다. 이 그림과 주변의 문자는 금성 주기의 다섯 단계와 관련된 징조를 나타내는 내용이다.*** 비록 그 목적은 현대 서구 천문학자와 큰 차이가 있지만, 별이 떠오른다고 예측한 날짜의 전체적인 정확성만 봐도 마야 천문학자의 집중력과 끈기를 한눈에 알 수 있다.

드레스덴 고문서의 금성 주기표가 마야 천문학의 놀라운 업적이기는 하나, 그들이 금성에만 관심을 기울인 것은 아니었다. 이 기록의 다른 곳에 수록된 비슷한 방식의 표 중에는 달의 위상을 예측하면서 월식이 일어날 가능성이 가장 큰 날짜를 기록해둔 것도 있다. 또 다른 여섯 페이지짜리 표는 금성의 주기표와 비슷한 방식으로 화성의 움직임을 추적하고 있다. 파리와 마드리드에 남아 있는 다른 고문서에도 드레스덴 고문서처럼 정교하지는 않지만, 역시 천문 표가 수록되어 있다. 이런 표들이 어디에나 존재한다는 사실이나 천문학적 상징과 사원 구조의 배치 등을 보면 천체를 주의 깊게 관찰하는 것이 마야인의 종교에서 핵심적인 활동이었음을 알 수 있다. 나아가 그런 표가 수 세기에 걸쳐 천체의 움직임을 정확히 예측했다는 사실은 그

*** 대개 나쁜 징조였다. "달에 저주를", "사람에게 저주를", "옥수수 신에게 저주를" 등으로 해석되는 것이 대부분이다. 마야인의 심성이 그리 쾌활하지는 않았던 것 같다.

들이 오로지 육안만으로 최고의 경지에 오른 천문학자들이었음을 보여준다.

사라졌다 나타나는 행성

드레스덴 고문서 표를 통해 마야 천문학이 정확하게 천체의 움직임을 예측했다는 사실을 알 수 있지만, 그들이 어떤 물리 모델을 바탕으로 천체 운동을 이해했는지는 알 방법이 없다. 그러나 우리에게는 태양계에 관한 현대적인 지식이 있으므로, 지구와 금성의 공전 운동을 바탕으로 금성의 주기를 속속들이 쉽게 설명할 수 있다.

금성은 지구보다 가까운 거리에서 태양을 돈다(금성 공전 궤도의 반지름은 지구 공전 궤도의 약 72퍼센트다). 그리고 이것이 바로 한밤중의 하늘에서 금성을 볼 수 없는 이유다. 금성의 공전 주기는 지구의 한 해보다 짧은 225일이다. 이 두 가지를 결합하면 지구에서 바라본 금성의 운행을 간단한 모델로 만들 수 있다.

금성의 공전 궤도와 각도

물론 우리는 항성과 행성 사이를 오가며 천체의 거리를 직접 잴 수는 없으므로 눈에 보이는 것을 바탕으로 측정할 수밖에 없다. 이 말은 곧 천문학에서 위치 측정은 각도 측정으로 귀결된다는 것을 의

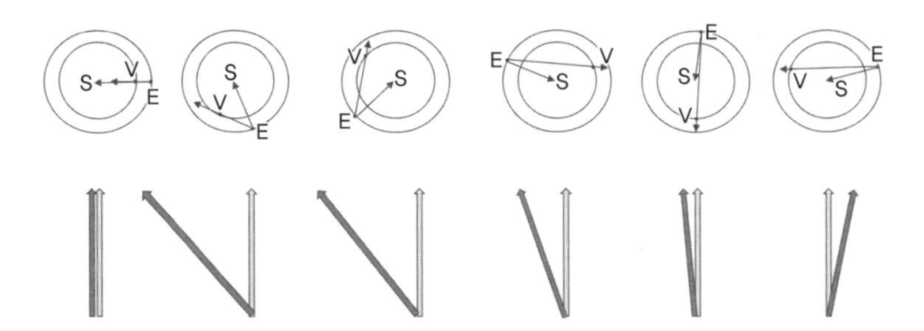

첫 번째 그림에서 지구에서 볼 때 금성의 처음 위치는 태양과의 일직선상에 있다. 그러나 금성이 공전하면서 일직선상에서 벗어나는데, 이때 금성은 "새벽별"로 하늘에 나타난다. 그러다가 네 번째 그림과 같이 금성이 태양의 뒤쪽에 숨으면서 모습을 보이지 않다가 이번에는 반대 방향에서 모습을 드러낸다. 이때 금성은 "저녁별"이 된다. (위 그림에서 S는 태양, E는 지구, V는 금성의 위치를 나타낸다)

미한다. 즉, 관찰 대상을 바라보려면 기준점이 되는 천체로부터 어느 방향으로 얼마나 멀리 시선(망원경)을 돌려야 하는가의 문제가 된다. 아주 정밀한 측정에서는 이 기준점이 멀리 떨어진 항성이 되겠지만, 드레스덴 고문서의 주기를 이해하기 위해서는 지평선에 떠오르는 순간의 금성과 태양의 각도만 생각하면 된다. 그러기 위해서는 위의 그림과 같이 두 행성의 공전 궤도 상의 위치를 따라가면서 지구에서 금성, 그리고 지구에서 태양 방향으로 화살표를 그려보면 된다.

금성이 지구와 태양 사이에 들어가 일직선이 된 지점에서 움직이기 시작해 지구를 빠르게 앞서가면, 지구에서 (지표면의 관측자가) 보는 금성과 태양의 각도는 위의 두 번째와 세 번째 그림에서처럼 빠르게 증가한다. 여기까지가 금성이 새벽별로 모습을 드러낸 후 빠르게 하늘로 올라가는 시기이다. 매일 아침 태양이 지평선에 떠오를 때마다 금성의 위치는 전날보다 조금 더 높은 곳에 있다. 그러나 금성이 공전 운동을 계속하면 세 번째와 네 번째 그림과 같이 지구에서 보기에 태양의 뒤편으로 점점 가까이 다가간다. 이 시기에 금성과 태양의 각도는 줄어들고 금성은 하늘에서 점점 내려온다. 금성이 태양의 뒤편을 지나갈 때는 한동안 지구에서 보이지 않다가 반대편에서 저녁별로 다시 나타난다. 각도가 증가했다가 감소하는 주기가 반복되다가 마침내 두 추세가 다시 일직선으로 정렬하면서 금성의 주기가 완성되고, 다시 이를 반복한다.

금성이 새벽별이나 저녁별로 모습을 드러내는 두 시기는 그 기간이 비슷하지만, 금성이 태양의 빛 때문에 보이지 않는 두 시기는 기간이 다르다. 지구와 금성이 태양을 중심으로 반대편에 있을 때(이를 외합superior conjunction이라고 한다)는 둘 다 태양을 두고 서로 보이지 않는 방향으로 움직인다. 마치 슬랩스틱 코미디에서 테이블을 가운데 두고 서로를 쫓는 두 사람 같은 모습이다. 어차피 금성의 공전 속도가 더 빠르므로 결국은 앞서가겠지만, 서로 태양에 가려 보이지 않는 기간은 몇 주나 지속된다. 두 행성이 태양을 중심으로 같은 편에 있을 때는(내합inferior conjunction이라고 한다) 금성의 궤도가 더 빠르므로 불과 며칠 만에 태양으로부터 멀어진다. 금성이 새벽 하늘에서 사라졌다가 저녁 하늘에 나타날 때까지는 50일 정도 걸리지만(드레스덴 고문서에는 이 시간이 90일로 기록되어 있다), 저녁 하늘에서 사라졌다가 새벽 하늘에 다시 등장할 때까지의 시간은 8일에 불과한 것이 바로 이 때문이다.

역행하는 행성들

드레스덴 고문서 주기표는 원래 목적을 달성했다는 면에서는 대단히 성공적이었으나, 그 목표는 금성이 떠오르고 지는 날짜를 예측한다는 비교적 소박한 수준에 불과했다. 훨씬 더 어려운 문제는 그 날짜 사이에 금성이 하늘에서 상하남북 방향으로 어떻게 움직이느냐 하는 더 세부적인 움직임을 예측하는 것이다. 게다가 금성의 움직임은 눈에 보이는 다른 행성에는 없는 또 다른 제약을 받는데, 이런 금성의 특징은 다른 행성들의 움직임을 예측하는 것을 더 어렵게 만들었다.

행성의 위치를 예측하기 어렵게 만드는 근본적인 문제는 눈에 보이는 행성들도 황도의 별자리를 기준으로 움직이기도 하지만, 태양이나 달과 달리 진행 방향을 바꾸어 뒤로 움직이기도 한다는 점이다. 태양은 별자리를 특정 순서에 따라 이동한다. 때에 따라 속도는 조금 달라질 수도 있지만 방향은 항상 일정하다. 달도 마찬가지다. 단지 그 주기가 1년이 아니라 한 달이라는 점이 다를 뿐이다. 그러나 화성 같은 행성은 **주로** 매일 밤 동쪽으로 조금 이동하지만, 이동 방향이 약 2년에 한 번씩 바뀌어 매일 **서쪽**으로 이동할 때가 있다. 그리고 몇 개월이 지나면 서쪽으로 움직이는 것을 멈추고는 다시 동쪽으로 움직이기 시작한다.

이런 "역행 운동"이 일어나는 간격(화성은 26개월마다 한 번, 토성은 매년 한 번)과 기간(화성은 72일간, 토성은 138일간)은 행성마다 모두 다르다. 이런 일이 일어나는 이유를 설명하는 것은 행성의 구체적인 움직임을 예측하는 데 심각한 문제를 야기했으며, 이런 이유 때문에 행성의 움직임에 아예 관심을 기울이지 않는 문화권이 많을 정도로 어려운 문제이기도 했다. 그러나 마야인은 달랐다. 드레스덴 고문서의 화성 주기표가 역행 운동 주기를 분명히 반영하고 있는 것을 보면 그들이 이 현상을 잘 알고 있었음을 알 수 있다. 고문서에 나오는 금성과 관련된 다섯 명의 신에게 저마다 다른 징조가 부여되어 있다는 점도 금성이 다양한 패턴으로 움직인다는 사실을 마야인들이 잘 알고 있었음을 시사한다.*

마야인이 화성과 금성을 어떻게 관측했는지 구체적인 기록은 남아 있지 않지만, 이런 관측을 할 때 어디에서나 필요한 몇 가지 과정이 있다. 다시 말하지만, 천체의 위치를 측정하는 것은 결국 각도를 측정하는 것이며, 우리가 하늘에서 어떤 행성의 정확한 위치를 측정하려면 최소한 두 개의 각도가 필요하다. 세 개 이상의 각도를 잴 수 있다면 더 좋다. 관찰 대상이 되는 천체와 그것과 가장 가까운 세 개의 별 사이의 각거리angular separation를 알면, 약간의 기하학을 이용하여 그 천체의 위치를 측정할 수 있다.** 각거리를 이용해 측정하고자 하는 별까지의 거리를 반지름으로 하는 원을 그릴 수 있고, 세 개의 원은 측정하려는 그 별에서 서로 교차한다.***

세 개의 각도와 세 개의 기준 별이 있으면 **그 세 별에 대한** 특정

---

* 금성에도 역행 운동 주기가 있지만, 금성이 태양과 일직선이 될 때 그런 일이 일어나므로 관측하기 어렵다.

** 케빈 크리시우나스(Kevin Krisciunas)는 〈미국 물리학 저널(American Journal of Physics)〉에 실린 한 논문에서, 매우 간단한 기구로 화성 궤도를 측정하는 과정에서 이 방법을 자세히 기술했다. 이 논문은 2019년에 발표되었으므로, 이 책을 쓰는 시기와 아주 우연히 맞아떨어진 셈이다.

*** 교차하는 세 개의 원이라는 개념은 13장에서 GPS 항법을 설명할 때 다시 살펴볼 것이다.

행성의 위치를 결정할 수 있다. 그러나 시간이 흐름에 따라 황도 전체를 가로지르는 행성의 위치를 예측하려면 다른 기준 별을 사용하는 연계 측정 방법이 필요하다. 그러기 위해서는 하늘 전체에서 가장 밝게 빛나는 별들의 상대적인 위치를 알 수 있는 항성 지도가 있어야 한다.

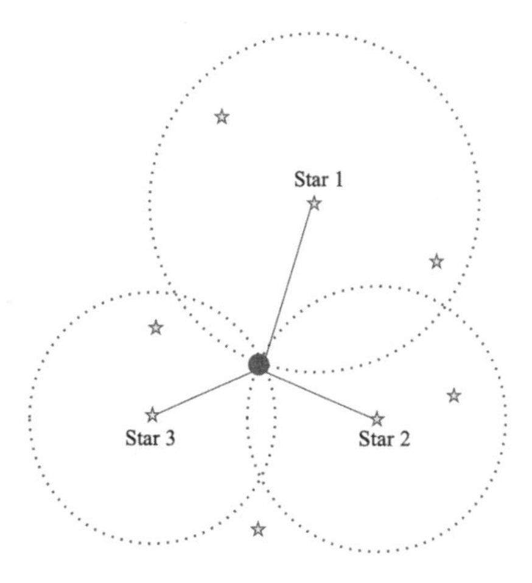

위치를 잘 알고 있는 세 개의 항성으로부터의 각거리를 이용하여 행성의 좌표를 결정한다. 세 개의 각거리는 기준 별에서 떨어져 있는 원의 반지름을 정의하며, 세 원은 단 하나의 점에서 서로 만난다.

인류는 수천 년 동안 항성 지도를 제작해왔다. 이집트 무덤의 천정에 그려진 항성 지도는 그것이 기원전 1500년 전의 별자리임을 알 수 있을 정도로 정확하고, 바빌로니아의 항성 목록은 기원전 1200년에 제작된 것이다. 중국에서는 서기 1092년에 소송이 (그보다 앞선 서기 600년경의 연구를 바탕으로) 1,400개 이상의 별을 수록한 항성 지도를 작성하여 그가 제작한 거대한 시계탑의 천구의에 기록해두었다. 유럽에서 가장 중요한 항성 지도는 클라우디오스 프톨레마이오스Claudius Ptolemy의 『알마게스트Almagest』에 등장하는 약 1,022개의 항성 목록이다.****

**** 프톨레마이오스의 항성 목록은 기원전 135년경에 히파르코스가 만든 850개 항성 목록의 개정판이었다. 그것은 또 그 전에 다른 그리스 천문학자들이 작성한 문헌을 바탕으로 제작한 것이었다. 원본은 로마 제국의 몰락 이후 소실되고 서기 800년경의 무슬림 왕조에서 번역본으로만 전해왔다. 오늘날 이 책이 아랍어에서 파생된 이름으로 알려진 것도 이 때문이다.

마야인이 어떤 종류의 항성 지도를 작성했는지는 모르지만, 고문서의 내용과 그림을 보면 그들도 하늘을 태양과 달, 행성이 포함된 별자리로 구분했었다는 힌트를 얻을 수 있다. 그 정확한 명칭과 유럽식 황도와의 연관성은 지금도 고고학계에서 논쟁이 진행되고 있어 앞으로도 확실히 알기는 어려울지도 모른다. 그러나 그들이 몇몇 항성의 위치를 잘 파악하고 이를 통해 행성 운동의 변화를 추적했을 가능성은 여전히 남아 있다.

현대의 항성 지도는 두 개의 각 좌표angular coordinates를 통해 항성의 위치를 파악한다. 마치 지표면의 한 지점을 위도와 경도로 정의하는 방식과 매우 유사하다. 천구에서 위도와 유사한 용어는 적위赤位, declination이며, 경도는 적경赤經, right ascension이라고 한다.* 위도와 마찬가지로 적위도 천구의 적도에서 멀어지는 각도로 표현된다. 천구의 북극은 적위 +90도이고, 천구 남극은 적위 −90도에 해당한다. 그러나 적경은 시, 분, 초 같은 전통적인 시간 단위로 표시된다.**

적경이 시간과 관련이 있는 이유는 그것이 지구가 자전하는 방향의 각도이며, 따라서 야간에 끊임없이 변하는 값이기 때문이다. 어떤 항성의 적경 값은 0시 0분 0초 지점이 머리 바로 위에 온 시점부터 그 항성이 머리 바로 위에 올 때까지의 경과 시간과 밀접한 관련

* 이 책에서 다루는 것을 비롯한 거의 모든 역사적 측정 결과는 황도에 대해 측정한 위도와 경도를 사용하여 얻은 결과다. 즉 1년 동안 태양이 따라간 경로가 기준이 된다.

** 각도로 표시하는 각거리도 분, 초로 나타내기 때문에 혼동할 수 있지만, 이것은 적경의 분, 초와는 크기가 다르다. 적경의 1분은 각거리로 15분에 해당한다.

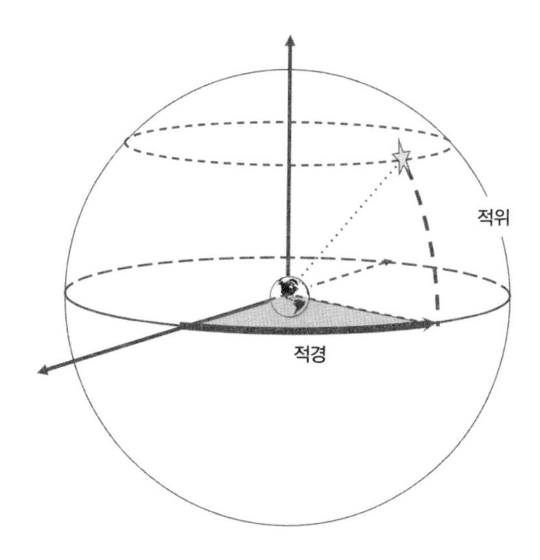

지구에서 보이는 항성의 위치는 두 개의 각 좌표로 정해진다. (지구의 경도와 유사한) 적경과 (지구의 위도와 유사한) 적위가 그것이다.

이 있다.*** 항성이 자오선을 지나가는 "통과" 시간만 정확히 기록해 두면 그것을 적경으로 환산하는 것은 아주 간단하다. 바로 이런 이유로 예전에는 천문대마다 북극과 남극을 잇는 선에 정확히 맞춰진 "통과 망원경"이 설치되어 있었다. 적위 방향으로는 각도가 기울어질 수도 있으나, 적경은 통과 순간을 정밀하게 포착하여 정확한 시간이나 미확인 천체의 적경을 파악해야 하므로 항상 정확히 자오선을 향하게 되어 있었다.

우리는 마야인이 하루 이내의 시간을 측정한 방식을 모르기 때문에 적경을 어떻게 다루었는지 알 수 없지만, 그들에게 각도의 **차이**

*** 항성시와 태양시의 차이 때문에 약간의 교정이 필요하다. 적경을 따라 하늘이 회전하는 1시간은 우리가 말하는 1시간보다 아주 조금 짧다.

를 측정하는 능력은 충분히 있었다고 봐야 한다. 밤하늘에 빛나는 두 별의 각도를 재려면 눈에서 좀 떨어진 거리에 물체를 두고 그것을 척도 삼아 두 별 사이의 거리를 재기만 하면 된다. 그 물체의 길이를 눈에서 떨어진 거리로 나눈 값은 바로 두 별 사이의 각도와 직결된다. 마야의 천문 사제들을 묘사한 그림을 보면 그들이 십자가 모양의 막대를 들여다보거나 갈고리 사이에 별 모양이 달린 지팡이를 들고 있는 것을 볼 수 있다. 이것으로 그들이 행성 운동을 자세하게 측정하고 기록하는 도구를 사용했음을 알 수 있다.

마야인들이 행성의 위치를 어떻게 기록했든, 그들이 어떤 모델을 바탕으로 그 운동을 예측했든, 그 모두는 세월의 풍파를 못 이기고 사라지거나 디에고 데 란다 일족의 방화로 이미 수 세기 전에 소실되고 말았다. 그들은 역행 운동을 알고 있었음이 틀림없고, 그것을 자세히 관측할 능력도 충분했다. 그러나 그들이 얼마나 정확하게 예측했으며 무슨 모델을 사용했는지는 영영 미궁에 빠질 가능성이 크다.

행성의 위치를 측정하여 수립한 태양계의 모델이 어떻게 변덕스러운 행성의 운동에 시계 같은 규칙성을 부여했는지 알기 위해서는 다시 유럽을 살펴보아야 한다. 유럽의 천문학자들은 그레고리우스력의 개혁이 확립되면서 행성의 움직임에 관한 모든 문제가 혁명적으로 해결되는 상황을 목전에 두고 있었다.

프톨레마이오스 모형과 코페르니쿠스 모형

유럽에서는 수천 년에 걸쳐 여러 가지 행성 운동의 모형이 수립,

검증되어왔고, 1500년대 중반에 이르러서는 두 가지 모형이 살아남아 서로 팽팽히 경쟁하고 있었다. 그중 하나가 태양을 중심으로 행성이 공전한다는 태양 중심설로, 오늘날 태양계 모형의 직계 조상 격이라고 할 수 있다. 비교적 최신 이론에 속했던 이 학설은 1543년에 폴란드의 한 성당 참사원이 처음 제안한 것으로, 오늘날 라틴어로 더 잘 알려진 그의 이름은 바로 니콜라우스 코페르니쿠스Nicolaus Copernicus였다.* 그의 가장 중요한 저작인 『천구의 회전에 관하여De revolutionibus orbium coelestium』는 그가 임종을 앞둔 시기에 출간되었으며,** 비록 학계에 파문을 일으키기는 했으나 내용이 너무 엄밀하고 난해했다. 태양 중심설이 널리 알려진 데는 이른바 "프루테닉 표Prutenic tables"의 공이 상당히 컸는데, 이것은 1551년에 천문학자 에라스무스 라인홀드Erasmus Reinhold가 코페르니쿠스 모형을 바탕으로 모든 행성의 예상 위치를 계산해서 사용자들이 쉽게 이해할 수 있게 만들어놓은 표였다.

프루테닉 표 이전에 행성의 운행을 기록한 것으로는 1200년대 중반에 카스티야의 왕 알폰소 10세Alfonso X, King of Castile의 명을 받아 저명한 천문학자들이 편집한 "알폰소 표Alfonsine tables"를 들 수 있다. 이 표의 근거가 된 자료는 이슬람이 지배하던 시대에 스페인 톨레도에서 수집된 아라비아 표를 해석한 내용이었다. 그 자료는 또 서

* 코페르니쿠스뿐만 아니라 그 당시 사람들의 이름은 출처에 따라 어지러울 정도로 다양하게 불린다. 현대 폴란드어로는 미코라이 코페르니크(Mikołaj Kopernik)라고 발음한다.

** 그러나 그는 오래전부터 이보다 짧은 편집본을 지인과 동료들에게 회람하고 있었다. 그는 이미 기원전 250년에 사모스의 아리스타르코스(Aristarchus of Samos)가 태양이 우주의 중심이라고 제안한 고전으로부터 영감을 받기도 했다.

기 150년경 로마 제국의 속주 아이깁투스(오늘날의 이집트)의 프톨레마이오스가 작성한 『알마게스트』에서 온 것이었다. 라틴어로 된 알폰소 표는 1300년대 초 파리에서 발견되어 유럽 전역으로 빠르게 보급되었고, 1500년경에는 유럽 각국의 천문학자와 점성술사들이 참고하는 표준이 되었다. 알폰소 표가 항성 위치를 계산하는 데 사용한 프톨레마이오스 시스템의 기반은 태양과 달을 비롯한 각 행성이 움직이지 않는 지구를 중심으로 원형의 궤도를 따라 공전한다고 본 지구 중심설이었다.

코페르니쿠스 모형과 프톨레마이오스 모형도 행성의 역행 운동에 대해 나름대로 설명하고 있다. 프톨레마이오스 모형은 이것을 해당 천체의 운동에 직접 추가된 또 다른 움직임이라고 보았다. 모든 행성은 지구를 중심으로 큰 공전 궤도를 따라 돌고 있지만, 그 궤도의 한 점을 중심으로 형성된 작은 원형 궤도인 "주전원epicycle, 周轉圓"을 따라 한 번 더 회전하고 있다는 것이다. 이 이론에 따르면 이따금 우리 눈에 보이는 퇴행 현상은 실제로 행성이 잠시 거꾸로 움직이기 때문에 일어나는 일이다.

그러나 코페르니쿠스 모형에서는 지구가 태양의 주위를 도는 또 하나의 행성일 뿐이므로, 역행 운동은 각 행성의 공전 속도가 서로 달라서 일어나는 현상이라고 설명했다. 어떤 행성의 공전 속도가 느려서 다른 행성보다 뒤처지기 때문에 뒤로 가는 것처럼 보인다는 것이다. 화성을 예로 들면, 약 2년마다 한 번씩 지구가 천천히 움직이는 화성을 따라잡아 두 행성이 잠깐 태양과 일직선상에 놓이

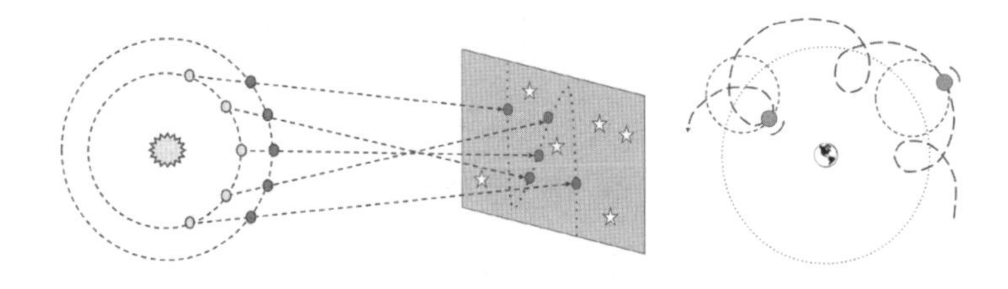

두 모형이 설명하는 행성의 역행 운동. 왼쪽 그림의 코페르니쿠스 모형은 역행 운동을 속도가 더 빠른 내행성이 더 느린 외행성을 따라잡아 앞서기 때문에 시선의 각도가 달라져서 일어나는 현상으로 설명한다. 오른쪽 프톨레마이오스 모델에서 다른 행성들은 지구를 중심으로 공전하면서 주전원을 중심으로 한 번 더 회전하므로, 실제로 가끔 행성이 뒤로 움직일 때가 있다고 설명한다.

는 시기가 찾아온다.* 이렇게 "역전"이 일어나는 순간, 지구에서 화성을 보는 시선의 방향이 급격히 바뀌면서 마치 화성이 멀리 떨어진 항성에 비해 뒤로 가는 것 같은 착각을 일으킨다는 것이다.

그러므로 코페르니쿠스와 프톨레마이오스 모형은 모두 역행 운동의 개념적 기초를 비교적 간단하게 설명할 수 있었다. 하늘에 보이는 행성의 위치를 정확히 예측하는 것은 사실 복잡한 일인데, 두 모형은 비록 완벽하지는 않더라도 이 일을 꽤 훌륭하게 해냈다. 현대인의 오해와는 달리, 프루테닉 표를 이용한 코페르니쿠스 모형이 알폰소 표를 사용한 프톨레마이오스 모형보다 훨씬 더 나은 것은 아니었다. 양쪽 모두 정확도가 약 6분의 1도, 즉 보름달 크기의 3분의 1 정도를 벗어나지 않는다고 **주장했지만**, 실제 예측치는 이 정도 수준에

* 태양과 화성을 연결하는 직선과 지구의 공전 궤도와 만나는 점을 생각해보자. 공전 궤도 위에서 지구가 이 점을 빠르게 통과하면 이 시점을 전후해서 지구에서 본 화성은 마치 움직이는 방향이 바뀌는 것처럼 보이게 된다. 코페르니쿠스 모형에서 화성의 역행을 설명하는 방법이다.-옮긴이

근접하기는커녕 대개 1도 이상의 오차가 났다. 결국 행성 운동 문제를 해결하기 위해서는 측정의 정확도가 극적으로 개선되어야 했다. 그리고 그것은 역사상 가장 뛰어난 육안 천문학자였던 어느 화려한 덴마크 귀족의 노력으로 마침내 달성되었다.

행성의 운동을 정리한 천문학의 천재

학계의 관행에 따라 "튀코Tycho"라는 라틴어 이름으로 더 잘 알려진 티게 오테센 브라헤Tyge Ottesen Brahe는 두뇌는 명석했으나 성품은 다소 오만한 인물이었다. 전성기에 그의 관측소에 설치된 대형 벽화형 사분의mural quadrant, 壁四分儀에는 각종 관측기구에 둘러싸인 자신의 거대한 초상화가 그려져 있었다. 그는 이 그림이 어찌나 좋았던지 자신의 기구를 설명하는 책에 권두 삽화로 대문짝만 하게 싣기도 했다. 또한 성미가 불같아서 대학생 시절에는 자신을 모욕했다는 이유로 사촌뻘이 되는 먼 친척 한 사람과 결투를 벌였다가 얼굴에 큰 상처를 입는 바람에 평생 코 보형물을 착용한 채 살아야 했다.*

서기 1563년, 당시 16세의 라이프치히 대학생이었던 그는 목성과 토성의 적경이 일치하면서 서로 교차하는 장면을 관측했다. 이를

* 그의 가짜 코가 금이나 은이라는 말도 있었으나, 훗날 발굴된 그의 시신을 화학적으로 분석해본 결과, 그는 특별한 날에는 귀금속 제품을 착용했으나 평소에는 주로 황동으로 만든 코를 달고 다녔다고 한다.

계기로 그의 진로가 결정되었다. 교차 현상이 일어난다는 것은 이미 잘 알려져 있었으나, 프루테닉 표나 알폰소 표 모두 그 날짜와 위치를 예측하는 데 실패했고, 특히 알폰소 표는 무려 한 달이나 오차가 났다.** 젊은 튀코는 더 정확한 천문 주기표가 필요하다고 생각했고, 결국 그것을 만들어냈다.

당시 유럽에서 튀코 정도의 귀족 신분으로(그는 덴마크의 최고 세도가의 둘째 아들이었다) 학자의 길을 걷는다는 것은 당시의 지배적인 사회적 규범에 어긋나는 것이었으나, 일단 그가 이런 장벽을 뛰어넘자 그의 신분은 대단한 이점으로 작용했다. 특히 그는 국왕 프레데릭 2세Frederick II와의 친분 덕분에 동시대의 어떤 천문학자도 얻을 수 없는 자원을 확보할 수 있었다. 1576년 그는 외레순 해협의 벤 섬을 영지로 부여받아 궁전 같은 사유지와 천문대를 건설하기 시작했다. 그리고 그곳을 그리스 천문학 여신의 이름을 따서 우라니보르크Uraniborg, 즉 우라니아의 성Castle of Urania이라고 명명했다. 이곳에는 일반적인 침실과 연회장은 물론이고 천체 관측에 필요한 장소와 설비까지 갖출 수 있도록 설계되었다. 튀코는 더 큰 설비가 필요하다고 생각해서 인근에 두 번째 관측소인 스티아너보르크Stierneborg(별의 성)를 건설하기도 했다. 그는 벤의 영주로서 받는 지대와*** 덴마크의 다른 지

** 이 교차에 대해서는 프루테닉 표의 오차가 며칠밖에 나지 않아 더 정확했다. 그러나 이것은 그저 우연일 뿐이었고, 다른 천문 현상에 대해서는 둘 다 크게 빗나갔다.

*** 튀코는 자기 영지인 외딴섬 주민들에게 그리 환영받지 못했다. 오랫동안 방치되다시피 했던 그들로서는 어느 날 낯선 귀족이 불쑥 나타나 이곳저곳 건물을 짓는다면서 돈 내라, 일 해라 하는 것이 마음에 들 리가 없었다.

역에서 관직을 수행하며 얻는 수입 말고도 최고의 천문 설비를 구매하거나 건설할 자금이 충분했다.

물론 최고급 기구는 능숙한 손놀림과 눈썰미가 없이는 조작하기도 어려웠지만, 튀코는 그 누구보다 뛰어난 솜씨를 가지고 있었다. 벤에 정착하기 전부터 그는 아리스토텔레스 세계관에 도전하는 두 가지 중요한 업적으로 학계에서 명성을 얻고 있었다.

튀코는 헤레바드 수도원에서 숙부와 함께 지내던 1572년에 카시오페이아 성좌 근처에서 그전까지는 보이지 않던 "항성"을 발견하고 깜짝 놀랐다. 오늘날 우리는 이것이 수천 광년 떨어진 별 중 하나가 폭발하여 초신성으로 변한 결과임을 알지만, 당시로서는 어느 날 갑자기 새로운 항성이 출현한 것을 설명할 방법이 없었다. 새로운 별은 급속히 밝아져서 거의 금성에 버금가는 수준이 되었다가 이후 몇 년에 걸쳐 천천히 사라져갔다.

이 사건은 유럽 전역의 학자들 사이에서 큰 반향을 불러일으켰다. 당시 이름 있는 천문학자라면 거의 모두 이 별을 관찰했으나, 『새로운 별De Nova Stella』에 발표한 튀코의 관측이 가장 뛰어났다. 그는 새로운 별과 주변의 몇몇 별 사이의 각거리를 세심하게 측정하여 위치를 기록했고, 혹시 결과가 바뀐 것이 있는지 몇 번이나 재확인했다. 그 과정에서 그는 별의 시차, 즉 시야각의 변화로 인한 겉보기 위치 변화를 찾아내고자 했다.* 당시의 교통수단으로는 튀코가 유의미

* 물체가 비교적 가까이 있을 때, 관측 지점을 옮기면 멀리 떨어진 배경에 대한 그 물체의 위치가 바뀌게 된다. 이것을 가장 쉽게 확인하는 방법은 손가락 하나를 앞에 두고 양쪽 눈으로 번갈아 바라보는 것이

한 정도로 자신의 위치를 재빨리 옮길 수는 없었지만, 사실은 그럴 필요도 없었다. 하늘이 회전하면서 대신 위치를 바꿔줄 때까지 기다리기만 하면 되었기 때문이다. 밤새 새로운 별이 천구의 극을 중심으로 회전하는 동안** 시야각은 상당히 바뀌게 된다. 새로운 별이 비교적 가까이 있었다면 이것 때문에 별 사이의 상대적 위치가 바뀌었을 것이다. 그러나 튀코의 능력 범위 내에서 최선을 다해 측정한 결과는 새로운 별의 위치가 달라지지 않았다는 것이었다.

새로운 별에 시차가 없다는 점으로부터, 지구에서 그 별까지의 거리가 시차를 분명히 볼 수 있는 달까지의 거리보다 훨씬 더 멀다는 것을 알 수 있었다. 이것은 아리스토텔레스 세계관의 뚜렷한 문제점이었다. 아리스토텔레스는 수많은 천체를 포함하는 우주를 구체 모양의 여러 구역으로 나눈 다음 각각의 천체를 해당 구역과 연관지었는데, 고정된 항성이 포함된 가장 먼 거리의 구체는 완벽하고 변함없는 구역이라고 여겼다. 반면에 운석이나 혜성처럼 일시적으로 나타나는 것들은 기본적으로 지구와 달 사이에 존재하는 "달의 하위 구역"에 제한된 기상 현상으로 인식했다.*** 튀코는 신성의 시차가 아주 작다는 것을 알아냄으로써 신성은 그런 구역을 훨씬 넘어서는 존재

다. 그러면 손가락이 뒷배경을 기준으로 위치가 바뀌는 것처럼 보일 것이다. 물체와 눈의 거리가 가까울수록 눈에 보이는 물체의 위치도 크게 달라진다. 인간이 양안 시야를 가진 이유도 바로 이것 때문이다. 우리는 양쪽 눈이 조금 떨어진 덕분에 가까이 있는 물체의 거리를 꽤 정확하게 알아맞힐 수 있다. 이것은 3차원 세상을 돌아다니는 데 큰 도움이 된다.

** 카시오페이아 성좌는 천구의 극과 가까워 덴마크의 위도에서 볼 때 하늘에서 지는 경우는 없다.

*** 그래서 오늘날에도 날씨를 연구하는 학문인 기상학을 영어로 meteorology(유성에서 파생된 단어다 - 옮긴이)라고 한다.

가 되어 이런 세계관에 심각한 문제를 제기했다.

튀코의 초기 경력에서 두 번째로 중요한 사건은 그의 대단한 천문대가 건설되던 도중에 찾아왔다. 1577년에 대혜성이 지구에서 보일 정도로 가까이 다가온 것이었다. 이 혜성을 관측했다는 기록은 페루, 중국, 베트남, 그리고 유럽 전역과 이슬람 세계에서도 발견된다. 튀코는 다시 한번 주의 깊에 시차를 측정하여 그 혜성이 달 궤도를 넘어서는 존재임을 확인했다. 그는 혜성의 꼬리가 항상 태양의 반대 방향을 향하며, 태양에서 멀어질수록 혜성의 속도가 느려진다는 사실도 최초로 발견했다. 그는 10여 년간 이 사실을 공개하지 않았으나,* 이 사실을 발표하면서 유럽 최고의 천문학자라는 명성을 얻었다.

튀코와 행성

튀코의 훌륭한 천문대가 완전히 가동할 때쯤에 그는 유럽 최고의 천문 관측기구를 모두 갖추고 있을 정도였다. 안타깝게도 지금은 그중에 하나도 남아 있지 않지만, 우리는 앞서 언급한 그의 책 덕분에 그 당시 기구에 관해 비교적 상세하게 알고 있다.

튀코가 살던 시대의 천문기구들이 각도를 측정한 기본 원리는 마치 총을 겨누는 것처럼 고정된 조준경으로 관측 지점을 이리저리 옮

* 당시 그가 기록하던 관측일지가 지금도 남아 있어 그의 사고 과정을 엿보는 데 큰 도움이 되나, 직접적인 결과물은 혜성의 운행이 다가오는 정치적 사건에 대해 어떤 의미가 있는지를 왕에게 보고한 문서뿐이었다. 이런 종류의 징후와 전조를 보고하는 일은 그가 왕에게 수행해야 할 의무 중 하나였고, 당시로서는 꽤 흔한 일이기도 했다.

겨가면서 멀리 떨어진 표식과 표적 물체를 일직선상에 놓고 관측하는 것이었다. 그렇게 일직선으로 정렬한 다음, 두 번째 표적을 찾아 두 번째 표식을 또 사이에 놓는다(두 개의 조준선을 사용한다는 점이 천문학자가 좀비 사격 비디오 게임을 즐기는 10대와 다른 점이다). 그러면 눈과 두 표식을 잇는 직선 사이의 각도를 잴 수 있다. 이런 절차적 특성 때문에 각도 측정은 곧 거리 측정이 된다. 즉, 표식 사이의 거리와 눈에서 표식 사이의 거리를 측정한 다음, 삼각함수를 이용해 측정 거리를 각도로 환산하는 것이다.** 눈에서 표식까지의 거리가 멀어질수록 측정하는 각도는 작아진다. 따라서 아주 정밀하게 측정하기 위해서는 기구의 크기가 어마어마하게 커져야 했다. 튀코의 천문대는 그 크기와 정확도 면에서 당시 한계를 한 단계 끌어올렸다.

튀코가 자신의 기구를 설명한 책의 권두 삽화. 자신의 초상화와 함께 대형 벽화형 사분의가 보인다.

그가 보유하고 있던 가장 대표적인 기구인 벽화형 사분의는 남북 방향의 벽에 그려진 반지름이 2미터에 조금 못 미치는 사분원으로, 0도에서 90도까지의 각도를 잴 수 있었다(원의 4분의 1이므로 "사

** 혹은 기구 제작 단계에서부터 삼각함수를 이용하여 여러 위치에 각도를 미리 표시해두는 방법도 있다. 어느 방법을 쓰던 수학 계산을 피할 수는 없다.

분의"라고 한다). 관측자는 위치를 이리저리 옮겨가며 관찰하고자 하는 천체가 남북 자오선을 지날 때의 적위를 읽고 그 시간으로부터 적경을 계산했다(시간은 관측대에 설치된 물시계로 측정했다. 기계식 시계는 아직 튀코가 기대하는 수준의 정확도를 달성하지 못한 시대였다).

그는 대형 벽화형 사분의가 남북 방향의 각도만 잴 수 있는 한계를 보완하고자 역시 반지름이 2미터 정도나 되는 회전형 사분의도 따로 한 대 가지고 있었다. 처음에는 목재로 제작한 것이었으나 나중에는 더 튼튼한 철제로 바꿨다. 그보다 더 작은 크기로 어느 방향으로든 회전할 수 있는 황동제 사분의도 있었고, 그가 벤에 정착한 뒤에는 같은 원리로 작동하지만 원의 6분의 1(60도)까지만 잴 수 있는 육분의도 들여놓았다.*

튀코가 가장 정밀하게 각도를 측정하면 대개 오차가 몇 분 이내에 불과했다. 이것은 보름달 크기의 10분의 1 정도에 해당하는 정확도였다. 따라서 그는 행성의 위치는 물론, 기준 항성의 위치까지 더 정확하게 측정함으로써 태양계의 구조를 결정적으로 파악할 수 있는 기반을 확보했다. 겸손이라고는 모르는 그의 성격답게, 튀코는 태양계에 관한 프톨레마이오스와 코페르니쿠스의 모형이 모두 결함이 있다고 단언했다. 그가 주창한 혼합형 모델은 다른 행성들은 태양을 중심으로 공전하고, 태양과 달은 지구의 주위를 돈다는 것이었다. "튀코" 모형은 기하학적으로는 결국 코페르니쿠스 모형과 동등했지만,**

---

* 육분의는 아무래도 사분의보다 좀 가벼웠으므로, 자체 하중으로 휘어지는 현상이 덜했다.

** 태양이 정지해 있는 코페르니쿠스 모형의 모든 천체의 운동을 지구가 정지해 있는 좌표계에서 기술

튀코로서는 단단하고 무거운 지구가 멈춰 있고 밤하늘에 빛나는 별은 항상 움직이는 편이 직관적으로 더 옳다고 생각한 것 같다. 그러려면 천체가 엄청나게 빨리 움직여야 하지만, 태양과 행성이 얼마나 거대한 존재인지 아무도 몰랐던 당시로서는 그 점을 큰 결함으로 생각하지 않았던 것 같다.***

튀코가 살았던 당시의 세계관은 모두 행성 운동의 기본적인 현상을 설명할 수 있었으므로 서로를 구분하기가 어려울 정도였지만, 화성에 대해서만큼은 뚜렷한 차이가 하나 있었다. 모든 천체가 지구를 중심으로 돈다고 설명한 프톨레마이오스 체계에서는 화성이 항상 태양보다 지구에서 더 멀리 떨어져 있었다. 그러나 튀코와 코페르니쿠스 체계에서는 화성이 태양의 주위를 공전하므로, 1년 중 적당한 때가 되면 지구와의 거리가 태양보다 더 가까워진다. 튀코는 신성과 혜성을 관측할 때 사용했던 방법으로 화성의 시차를 측정하여 지구에서 화성까지의 거리를 알 수 있으리라고 기대했다. 그는 1580년대에는 거의 시차 측정에만 초점을 맞춰 관측에 몰두했다. 1582년, 1583년, 1585년, 그리고 1587년에는 화성이 지구에 가장 가까워지는 겨울의 상당 시간을 화성 관측에 할애했다. 특히 덴마크의 긴 겨울밤은 화성을 한 번 관측할 때마다 최대한 긴 시간을 기다릴 수 있는 조

하면 튀코의 모형과 같다. 즉 코페르니쿠스 모형은 튀코 모형으로 변환이 가능해서 두 모형은 수학적으로 동등하다. -옮긴이

*** 1580년대에 니콜라우스 라이머스 베어(Nicolaus Reimers Bär)라는 또 다른 천문학자가 지구가 자전을 한다고 보면서도 튀코의 이론과 유사한 체계를 주장하기 시작했다. 튀코는 베어가 1584년에 우라니보르크를 방문했을 때 자신의 개념을 접하고 이를 표절했다고 생각했다. 그래서 갖은 노력을 다해 베어를 고발했고, 결국 신성 로마 제국 전역에서 그의 책이 판매되지 못하도록 하는 데 성공했다.

건이었다. 튀코는 그의 조수들과 함께 화성과 기준 항성 사이의 각거리를 화성이 자오선을 지나가는 이른 저녁에 한 번, 그리고 일출 직전에 한 번 더 기록하여 위치가 변화하는지 확인하려고 했다.

1587년에 튀코는 화성의 시차를 측정했다고 잠깐 생각했으나, 2년 후에 다시 자세히 분석해본 결과 빛이 지구 대기에 굴절되어 발생한 오차였음을 확인했다. 항성이나 행성이 지표면에 떠오를 때 그 빛은 천정에 떠 있을 때보다 엄청나게 더 두꺼운 지구의 대기를 통과해야 한다. 따라서 빛은 마치 두꺼운 렌즈를 통과할 때처럼 굴절한다. 튀코가 1587년에 측정한 값은 이 굴절 효과를 기존 방식대로 교정한 결과였고, 굴절 효과를 다시 철저히 검토한 결과 그가 시차라고 생각했던 것이 착각이었음을 알게 된 것이다. 이렇게 되자 튀코는 아쉽게도 화성까지의 거리를 직접 측정하려는 시도를 포기하고 만다.*

시차 측정이 불가능하다는 것이 분명해지자, 이제 튀코에게 남아 있는 희망은 그 누구보다 정밀하게 행성의 위치를 측정하는 그의 능력으로 공전 궤도의 또 다른 특성을 찾아내 튀코 체계의 우월성을 확증하는 것뿐이었다. 튀코의 데이터는 유럽에서 가장 뛰어난 수준이었으므로 이 문제를 관측으로 해결할 만한 사람은 그밖에 없었으나, 위치를 측정한 값을 궤도로 환산하는 일은 전문가 수준의 수학자도

* 오늘날 우리가 아는 태양계의 규모와 구조를 생각하면 애초에 튀코가 성공할 가능성은 아예 없었던 셈이다. 그가 측정하고자 했던 일주 시차(diurnal parallax, 日周視差)의 최대 가능치는 1분의 절반의 각도에도 미치지 못한다. 그의 기구로 측정할 수 있는 수치의 오차보다도 몇 배나 더 작은 수치다. 그로부터 한 세기가 지난 후에 장 리처가 카옌 탐험에서 관측한 값과 수천 킬로미터 떨어진 파리에서 동시에 관측한 결과를 결합해서, 두 지역 사이에 15분 정도 각도의 화성의 시차가 있다는 것을 알아냈다.

고도의 집중력을 발휘해야 하는 매우 까다로운 일이었다. 그러나 이즈음 튀코는 1588년에 작고한 선왕의 뒤를 이어 왕위에 오른 덴마크의 젊은 국왕 크리스티안 4세Christian IV의 눈 밖에 난 상태였다. 튀코는 이런 정치적인 격변 때문에 일에 집중하지 못하다가 결국 보헤미아로 망명하는 길을 선택했다.

그러는 사이 우주의 구조를 확립하려던 그의 프로젝트는 한동안 보류되었다. 게다가 그가 마침내 다시 건설한 새로운 천문대는 벤에서 건축했던 시설의 높이에 미치지 못했다. 튀코는 자신의 원대한 프로젝트를 마치지 못한 채 1601년에 세상을 떠났다. 그러나 그는 그 어떤 것보다 뛰어난 행성 관측 기록을 프라하에서 만난 한 젊고 명석한 조수에게 남겼다.

튀코 브라헤와 드레스덴 고문서를 작성한 마야의 천문 사제들이 하고자 했던 일은 결국 똑같은 것이었다. 행성의 복잡한 운동을 알기 쉽게 정리하는 것이다. 심지어 그들은 염두에 두고 있던 목표도 같았다. 튀코가 살던 시대에는 오늘날처럼 천문학과 점성술이 뚜렷이 구분되지 않았으므로 그의 모델은 예언적 목적도 함께 지니고 있었다. 행성의 위치를 더 정확하게 예측할 수 있다면 점성술의 정확도도 높일 수 있다고 생각한 것이다. 즉, 별점을 보는 일은 튀코가 덴마크와 보헤미아의 궁정 천문학자로서 해야 할 중요한 책무이기도 했다. 그런 점에서 튀코는 금성의 주기와 관련된 징조를 모아 기록했던 고대 마야의 사제들과 별반 다르지 않다.

튀코와 마야인들은 천문 예측이라는 일반적인 문제에 대한 보완적인 해결 방식을 대변하는 사람들이기도 하다. 마야인은 수 세기 동안 비교적 단순한 관측에만 의존했다. 이는 드레스덴 고문서 표에 교정할 내용이 간헐적으로 적혀 있는 것을 보면 알 수 있다. 튀코는 마야인보다 훨씬 뛰어난 금속학과 제조 기술을 활용하여 단 몇 십 년 동안 더 적은 양을 관측했을 뿐이지만, 마야인과는 비교할 수도 없는 수준의 정밀도를 달성했다. 그리고 그 결과는 튀코의 마지막 조수이자 과학적 후계자라 할 수 있는 요하네스 케플러Johannes Kepler가 우주에 대한 철학적 인식에 혁명을 촉발하는 기초가 되었다. 다음 장에서는 그 과정을 살펴보자.

A BRIEF HISTORY OF TIMEKEEPING

| CHAPTER 8 |

천체 시계를 만든 철학 혁명

20세기를 뒤흔든 과학적 언명을 하나만 꼽으라면 아마도 대학 교수직을 얻는 데 실패하고 스위스 특허청에서 공무원이 되었던 젊은 학자가 1905년에 내놓은 가정이었을 것이다. 그는 「운동하는 물체의 전기역학에 관하여Zur Elektrodynamik bewegter Körper」라는, 누가 봐도 가슴이 뛴다고 할 수는 없는 딱딱한 제목의 논문에서 이렇게 주장했다.

> 모든 빛은 정지한 물체에서 나온 것이든 움직이는 물체에서 나온 것이든, "정지된" 좌표계에서 일정한 속도 c로 운동한다.*

* 「물리학 연보(Annalen der Physik)」에 실린 그의 논문은 독일어로 씌어 있다. 원문은 다음과 같다. "빛은 정지 상태에서 방출되든 운동하는 물체에서 방출되든 상관없이 정지 좌표계에서 일정한 속도 V로 운동한다.(Jeder Lichtstrahl bewegt sich im 'rubenden' Koordinatensystem mit, der bestimten Geschwindigkeit V, unabhängig davon, ob dieser Lichtstrahl von einem rubenden oder bewegten Körper emittiert ist.)"

이를 좀 더 알기 쉽게 표현하면, 다음과 같이 말할 수 있다. 빛의 속도는 광원의 움직임과 상관없이 어떤 관찰자의 눈에도 똑같이 보인다. 가속기를 통해 빛의 속도의 90퍼센트에까지 이른 전자에서 방출된 빛이든, 움직이지 않는 컴퓨터 화면에서 나온 빛이든 그 속도는 똑같다.

이 놀라운 주장을 담고 있는 논문은 현대 물리학의 기초가 된 앨버트 아인슈타인Albert Einstein의 특수 상대성 이론을 처음으로 소개한 문헌이다. 빛의 속도가 보편상수라는 개념은 앞으로 살펴볼 시공간에 대한 우리의 이해에 지대한 영향을 미쳤다.

빛의 속도가 유한하다는 생각이 아인슈타인에 의해 근본 원리로 격상된 것은 1905년이었지만, 그것은 이미 200여 년간의 실험으로 정립된 사실이었다. 아인슈타인의 논문에는 빛의 속도가 구체적인 숫자로 제시되어 있지 않다. 그 당시 가장 정확한 측정값은 초당 2억 9,979만 2,458미터에서 1퍼센트 내의 오차를 보이는 수준이었다. 그렇게 빠른 속도는 너무나 측정하기 어려워 초창기 철학자들은 거의 무한대라고 봐도 좋다고 생각하기도 했으나, 1676년에 덴마크 철학자 올레 크리스텐센 뢰머Ole Christensen Rømer에 의해 유한한 값임이 증명되었다(그리고 실제로 측정했다).

뢰머는 목성의 위성 중 하나인 이오Io를 관측하여 빛의 속도를 계산했다. 구체적으로는 이오가 목성의 뒤로 숨는 시간과 그렇게 사라지리라고 예상한 시간 사이에 발생하는 단 몇 분의 차이를 관측했는데, 이것이 가능했던 것은 두 가지 기술 혁명이 일어난 덕분이었다. 즉, 진자시계의 등장으로 시간 측정의 정확도가 비약적으로 향상되었고, 망원경이 발명되어 목성의 네 번째 위성을 발견했기에 가능한 일이었다. 그에 못지않게 중요했던 것은 태양계에 속한 천체의 위치를 예측할 수 있을 만큼 믿을 만한 수학 모델을 만들어낸 철학 혁명이었다. 1600년대 초반에 태양계와 그 구조에 관한 새로운 이해가 등장하지 않았더라면 뢰머가 아무리 정밀하게 관측했더라도 소용이 없었을 것이다. 그리고 이 혁명의 바탕은 튀코 브라헤와 그의 마지막 조수이자 오스트리아의 명석한 수학자였던 요하네스 케플러의 관측 결과였다.

행성의 운동 법칙을 발견하다

튀코 브라헤가 부와 특권을 타고난 것과 달리, 그보다 25살 어렸던 요하네스 케플러는 한때 부유했으나 어려운 시절을 만나 몰락한 가문의 아들이었다. 가난한 용병이었던 그의 아버지는 가끔 집에 얼굴을 보일 때마다 폭력을 일삼았고, 그나마 케플러가 16세가 되었을 즈음에는 완전히 가정을 저버렸다. 케플러는 허약하고 병치레가 잦았다. 한번은 천연두를 크게 앓아 목숨을 잃을 뻔한 바람에 평생 시력이 좋지 않았다. 그러나 수학 실력만큼은 의심의 여지가 없었고, 집안 형편이 조금 나아져 학교에 다닐 수 있게 되면서 매우 훌륭한 성적을 올렸다. 그의 재능을 알아본 선생님이 독일

아델베르크와 말브론에 있던 기숙학교 입학을 주선해준 덕분에 이후에 튀빙겐대학교에까지 진학할 수 있었다. 튀빙겐의 어떤 교수는 그를 위해 흔쾌히 장학금 추천서를 써주며 이런 말을 남기기도 했다. "젊은 케플러는 대단히 훌륭한 지성을 갖추고 있어 뭔가 비범한 일을 해낼 만한 학생입니다."

케플러는 대학을 졸업한 뒤 오스트리아 그라츠의 한 학교에서 수학과 천문학을 가르치는 교사로 근무했다. 물론 그의 재능에 어울리는 직업이기는 했으나, 그곳의 상황이 큰 문제였다. 케플러는 열정적인 개신교 신자였는데,* 그라츠는 가톨릭교회에 속한 지역이었으므로 그와 그의 가족은 개종과 추방, 심지어 살해의 위협에 끊임없이 시달렸다.

케플러는 그라츠에서 학생들을 가르치면서 천문학 연구를 병행한 결과 1596년에 그의 첫 저작 『우주의 신비Mysterium Cosmographicum』를 발표했다. 그가 쓴 내용은 기존에 알고 있던 6개의 행성과 5개의 플라톤 입체에 관한 깨달음에서 비롯되었다. 케플러는 코페르니쿠스 모형에서 행성의 궤도가 이런 입체에 따라 결정된다고 주장했다. 즉, 수성의 궤도는 팔면체와 딱 들어맞는 구체를 형성하며, 이 팔면체는 금성의 궤도를 포함하는 구체를 벗어날 수 없다. 금성의 궤도가 형성하는 구체는 이십면체와 들어맞고, 그것의 바깥 경계는 지구의 궤도

* 그는 루터교 집안에서 자랐고, 신앙심이 깊었다. 그러나 칼뱅주의 설교자들의 주장도 진지하게 고려하기를 마다하지 않는 바람에 같은 교파 내에서조차 이따금 곤란을 겪곤 했다. 그의 이런 개방적인 태도는 과학 연구 분야에서는 분명히 도움이 되었지만, 종교적으로 극심한 분열을 겪던 1600년 당시에 유럽에서 살아가는 데에는 대단히 큰 장애물이 아닐 수 없었다.

로 이루진 구체다. 지구 궤도는 십이면체, 화성의 궤도는 사면체, 그리고 목성의 궤도는 토성 궤도의 내부에 있는 정육면체와 딱 맞는다.

현대인의 눈에는 이것이 쓸데없는 말장난처럼 보일 수도 있지만, 이미 언급했듯이 1500년대 말은 천문학과 점성술, 그리고 종교가 서로 뚜렷이 구분되지 않은 시대였다. 케플러는 신이 우주를 조화롭고 충만한 모습으로 창조했다고 굳게 믿었고, 조화를 향한 이런 집착은 그의 모든 연구 활동을 지배하는 원칙이었다. 케플러에게 행성의 궤도가 플라톤 입체를 따른다는 것은 창조 질서의 심오하고 아름다운 면을 보여주는 것이었다. 더구나 그런 입체 구조는 궤도 크기에 대한 당시의 추정치와 상당히 일치했을 뿐만 아니라,** 구체의 반지름으로 행성의 공전 주기를 파악하는 간단한 규칙을 제공한다는 점이 무엇보다 중요했다.***

케플러는 그라츠를 탈출할 방법을 찾고자 자신의 책을 많은 저명한 학자들에게 보냈다. 그중에는 튀코 브라헤도 있었다. 당시 튀코는 신성 로마 제국의 황제 루돌프 2세Rudolf II와 인맥을 만들 수 있기를 바라며 프라하를 향해 천천히 가고 있었다. 그는 비록 케플러의 책이 제시하는 코페르니쿠스 모형을 인정하지는 않았으나 그의 수학적 재능은 높이 사서 1600년에 케플러에게 자신을 찾아오라고 초대

** 엄밀히 말하면 당시 알려진 것은 여러 행성 궤도와 지구 공전 궤도 사이의 비율이 전부였다. 태양계의 절대적인 크기가 알려진 것은 훨씬 나중의 일이다.

*** 그는 여기에 만족하지 않았고, 추가 연구를 통해 철학적으로 매우 의미심장한 모종의 관계를 발견했다. 바로 행성들 사이의 공전 주기 비율이 음계의 비율과 일치한다는 사실을 발견한 것이다. 그래서 케플러는 태양계를 이해하는 것은 천상의 화음을 연주하는 것과 같다고 생각했다. 이것 역시 현대인의 관념으로는 이해하기 어려운 면이 있지만, 케플러 시대에 진지한 학자라면 누구나 지닐 법한 태도였다.

했다. 마침 종교적인 신앙 때문에 그라츠에서 추방될 날이 머지않았던 케플러와 그의 가족으로서는 그 초대가 더할 나위 없이 반가웠다.

튀코는 케플러를 조수로 고용한 뒤 오랫동안 측정해온 화성의 위치 데이터를 궤도로 환산하는 일을 그에게 맡겼다. 그러나 그들의 협력 관계는 삐걱거릴 수밖에 없었다. 튀코는 비밀주의를 고수해서 케플러가 볼 수 있는 데이터를 엄격히 제한했다. 반면 케플러는 요즘 말로 하면 다소 기분파에 가까운 사람이었다. 결국 그들은 함께 잘 지내다가도 다투었다 화해하기를 몇 차례나 반복했다. 그러나 케플러가 당대 최고의 수학자라는 데는 의문의 여지가 없었으므로 점차 튀코의 신뢰를 얻어가면서 그의 데이터를 자유롭게 열람할 수 있게 되었다. 1601년 초가을, 튀코는 마침내 루돌프 황제로부터 대규모 프로젝트를 의뢰받았다. 그것은 튀코의 관측 결과를 바탕으로 새로운 천문 주기표를 작성하는 일이었으며 계산 작업은 케플러가 맡게 되었다.

안타깝게도 케플러와 브라헤의 협력은 그리 오래가지 못했다. 새로운 프로젝트에 대한 황제의 승인이 떨어진 지 불과 며칠 후인 1601년 10월 24일, 병으로 몸져누웠던 튀코가 세상을 떠났다.* 케플러의 기록에 남아 있는 그의 유언은 다음과 같았다. "내 인생이 헛되지 않았음을 보여주게."

---

* 튀코는 한 연회에 참석했다가 방광 파열을 일으켰다. 당시에는 아무리 몸이 불편해도 주최자보다 먼저 일어나는 것은 결례였기 때문에 튀코는 극심한 고통을 견디며 자리에 앉아 있을 수밖에 없었다. 사실 이 이야기는 너무나 유명한 것으로, 그것이 과연 사실이었을까 의심한 사람들이 나서서 1901년과 2010년에 각각 한 번씩 브라헤의 시신을 발굴하여 (신장 결석이나 수은 중독 등) 혹시 다른 요인이 있었는지 조사하기도 했다. 그러나 그 결과에 따르면 이 이야기는 사실이었던 것으로 보인다.

케플러의 행성 운동 법칙

새로운 주기표 제작 프로젝트는 튀코 브라헤 사후에도 계속되었고, 그 책임을 고스란히 물려받은 케플러는 "제국의 수학자"라는 칭호를 얻기까지 했다. 그러나 주기표를 제작하는 일은 순탄치 않았다. 튀코의 후손 간에 벌어진 법적 분쟁으로 프로젝트는 오랫동안 지연되었고, 루돌프 황제가 폐위된 후 동생 마티아스가 뒤를 이었으며, 30년 전쟁이 시작되는 등의 우여곡절이 있었다. 이 책의 주제와 관련된 일을 살펴보면, 케플러가 태양계의 구조를 이해하는 전혀 새로운 원리를 수립하고, 그것이 마치 시계처럼 정확하게 행성의 운동을 예측할 수 있게 된 것을 들 수 있다.

장장 20년에 걸친 튀코의 화성 관측 결과를 가지고 있던 케플러는 과거 그 어떤 천문학자도 도달하지 못했던 수준의 정확도로 행성의 궤도를 파악하는 작업에 착수했다. 튀코는 세상을 뜨기 직전까지 케플러에게 자신의 체계를 고수하라고 당부했으나, 케플러는 튀코의 체계보다는 자신이 선호했던 코페르니쿠스의 패러다임에서 벗어나지 않은 채 태양을 중심에 두고 지구를 포함한 모든 행성을 공전 궤도에 올려놓았다. 궤도를 결정하는 일은 삼각함수를 이용해 지구 궤도의 반지름을 기준으로 다른 행성 궤도의 반지름을 끊임없이 반복해서 계산하는 지루한 작업이었다. 케플러가 비록 프로젝트 내내 제국의 수학자라는 직위를 유지했다고는 하나 그것은 충분한 보상이 주어지는 자리도 아니었고, 자원 제공 약속을 너무 쉽게 남발하던 루돌프 황제의 습관은 곧 그의 급여가 불규칙할 때가 많았다는 뜻이기도 했다. 결국 케플러는 조수도 한 명 구할 수 없어 모든 계산을 자기가 직접 해야만 했다. 그는 1609년에 발표한 『신천문학Astronomia Nova』이라는 책에 이렇게 썼다. "이런 계산 방법이 지루하다고 불평할 사람이 있다면, 그것을 최소한 70번씩 반복해야 했던 나를 불쌍히 여기기 바란다." 드디어 프로젝트를 마치고 세상에 발표할 때가 되었을 때, 케플러는 이 새로운 체계를 발견한 과정과 거의 유사한 정도의 논증을 펼쳤다. 그는 독자들이 새로운 체계에 조금이라도 익숙해질 수 있도록 코페르니쿠스와 프톨레마이오스 모형을 신봉하는 천문학자들에게 모두 익숙한 장치를 사용하여 논증을 시작했다.

사실 양쪽 진영의 천문학자들 모두 태양이나 지구를 중심으로 공전하는 완벽한 구형의 궤도로는 행성 운동의 관측 결과를 똑같이 재현할 수 없다는 사실을 오래전부터 알고 있었다. 오히려 태양이나 지구에서 약간 떨어진 "편심eccentric point"으로 중심을 옮겼을 때 궤도와 관측 결과가 더 잘 맞아떨어졌다. 이것은 행성마다 공전 속도가 다르지 않고서는 설명할 수 없는 일이었으므로 궤도를 따라 공전하는 행성의 속도도 달라져야만 했다. 프톨레마이오스의 중요한 업적은 이것을 체계적으로 계산하는 방법을 찾아낸 것이었다. 그는 편심의 반대 방향에 위치하여 관찰하는 행성이 일정한 각속도로 공전하는 것처럼 보이게 해주는 "등각속도점equant point"이라는 개념을 도입했다. 그리고 화성이 공전 궤도에서 등각속도점 쪽을 운행할 때는 속도가 조금 느려졌다가 태양이나 지구에 가까워지면 속도가 좀 더 빨라진다고 설명했다. 하지만 만약 가상의 관찰자가 등각속도점에 서서 바라볼 수 있다면 화성은 경도 상에서 항상 같은 방향으로 같은 거리만큼 이동하는 것으로 보일 것이다.

케플러가 화성의 궤도를 해석한 방식은 이 둘의 조합(코페르니쿠스 모형에 따라 태양을 중심에 두면서도 프톨레마이오스 방식처럼 등각속도점을 사용했다)이라고 볼 수 있으나, 구체적인 방법 면에서는 매우 훌륭한 솜씨를 발휘한 것이었다. 그런 다음 그는 튀코의 관측 데이터를 이용하여 두 가지 다른 방법으로 편심과 등각속도점의 상대적 위치를 결정했다.

한 가지 방법은 화성이 반대쪽에 있을 때, 즉 태양과 지구, 화성이 일직선에 있을 때 튀코가 관측한 결과를 사용하는 것이었다. 이 경우 태양에서 바라보는 화성의 "경도"는 명확했다. 케플러는 이런 데이터를 사용하여 이 경도를 예측하는 모형을 수립했고, 그것이 8개의 다른 관측 결과와 완벽히 일치하는 것을 확인했다. 오차는 대개 원호의 1분 이내의 각도로, 튀코가 관측한 결과보다도 작았다. 그는 또 그가 시작한 4개의 지점에 대해 등각속도점에서 본 경도를 계산하기도 했다. 이 경우 그는 관측 날짜에서 며칠이 지났는지 알고 있었으므로, 등각속도점에서 보는 화성의 공전 속도가 일정하다는 정의에 따라 이 결과를 손쉽게 각거리 상의 위치로 환산할 수 있었다.

이렇게 계산하면 서로 다른 두 지점에서 시작하는 두 세트로 된 경도가 4개 나오고, 각 쌍은 공전 궤도 상에서 화성의 실제 위치를 가리키게 된다. 화성의 네 지점이 같은 원형 궤도에 존재하도록 등각속도점과 편심을 배열하는 방법은 단 하나뿐이다. 태양이 고정되어 있

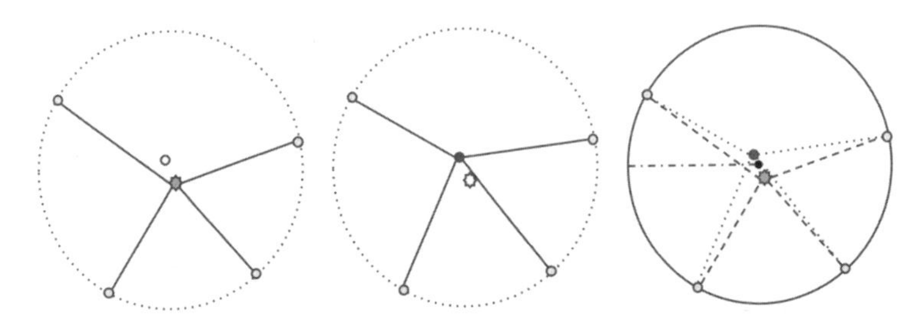

케플러가 화성의 궤도를 구한 방법. 먼저 태양에서 바라본 네 지점에서 화성의 경도 각을 계산한다. 그다음에는 등각속도점에서 똑같은 네 지점을 바라본 경도 각을 계산한다. 마지막으로, 이 두 각도 조합을 결합하여 네 지점을 모두 포함하는 궤도의 중심을 구한다.

다고 가정했으므로 케플러는 등각속도점의 위치를 조정하여 이 4개의 각도가 화성의 위치와 일치하는 지점을 찾은 다음 그것을 연결하는 원의 중심을 구했다. 이를 통해 태양에 대한 편심과 등각속도점의 위치를 지정할 수 있었다. 이렇게 계산한 편심의 위치는 기존의 프톨레마이오스 방식으로 계산했을 때보다 등각속도점에 좀 더 가까운, 태양과 등각속도점의 정확히 중간 지점에 해당한다. 그러나 튀코의 관측 결과가 너무나 우수했으므로 이런 차이를 도저히 외면할 수 없었다.

그러나 케플러는 편심의 위치를 측정하는 또 다른 방법을 알고 있었다. 그것은 화성의 "위도"를 이용하는 것이었다. 화성의 공전 궤도는 지구의 궤도에 대해 약간 기울어져 있으므로, 적위를 따라 양극단 사이를 아래위로 움직이는 것처럼 보인다. 케플러는 튀코의 데이터를 바탕으로 양극단 지점을 고정하여 화성 궤도의 중심을 구할 수 있었다. 그 결과 편심의 위치가 태양과 등각속도점의 거의 중간 지점에 위치하다는 것을 확인했다.

따라서 이제 케플러는 화성의 원형 궤도 중심을 두 가지 방식으로 계산할 수 있게 되었고, 그 해답도 서로 달랐다. 경도를 사용하여 편심의 위치를 측정할 때는 양극단 지점 사이의 거리에 큰 오차가 발생했다. 반면 프톨레마이오스 모형에 따라 위도를 측정한 지점에 편심을 두면 경도 예측이 부정확해졌다.

위도의 예측치와 관측치 사이의 절대 오차는 원호의 8분 정도로, 보름달의 4분의 1에 불과한 꽤 작은 값이다. 이 정도 오차는 앞선 시대였다면 굉장한 성공으로 여겨졌을 것이다. 참고로 프톨레마이오스가 자신의 관측 결과에 대해 스스로 밝힌 오차는 10분 내외였다. 그러나 **튀코 브라헤**의 관측 결과에서 8분의 오차가 발생한 것은 결코 무시할 수 없는 오류였다. 케플러는 다음과 같이 말했다.

> 그러므로 그동안 우리가 가정해온 것 중에 뭔가가 잘못되었음이 틀림없다. 우리의 가정은 다음과 같다. 행성의 공전 궤도는 완벽한 원이라는 것, 그리고 궤도의 장축 상에 편심으로부터 일정한 거리에 있는 고정된 점이 존재하며 그 점에서 보면 화성이 항상 같은 각도로 관찰된다는 것이다. 그러므로 관측 결과가 거짓이 아닌 한 둘 중 하나, 혹은 둘 다 거짓이라는 결론을 얻을 수 있다.
>
> 『신천문학』

이 8분의 오차는 케플러가 튀코의 관측 결과와 더 잘 맞는 새로운 태양 중심 체계를 궁리하는 계기가 되었다. 그는 이 과정에서도 자신의 철학적 신념에 더욱 의지했다. 그는 행성을 움직이게 만든 원인에 관심을 집중해야 한다고 믿었다. 그로서는 텅 빈 공간 상의 한 점이 궤도의 중심이 된다는 개념이 마음에 들지 않았다. 신이 이 세상을 아름답고 조화롭게 창조했다는 것은 평생에 걸친 그의 신념이기도 했다.

중심이 치우친 원형 궤도를 인정하지 않았던 케플러는 여러 가지 길쭉한 형태의 궤도를 검토하기 시작했으나, "길쭉한 형태"는 하나의 수학적인 범주로 완벽하게 정의되지 않는다는 문제가 있었다. 궤도로서 충분히 검토해볼 만한 형태는 많았으나 모두 수학 공식으로 표현하기가 만만치 않았다. 수학적으로 정확하고 간편하게 정의할 수 있는 형태가 단 하나 있었는데, 그것이 바로 타원형이었다. 원은 중심이 하나이고 원호의 모든 점은 중심과 같은 거리에 있는 데 비해, 타원은 두 개의 초점을 가지며 타원 위의 모든 점은 두 초점까지의 거리의 **합**이 같다.* 케플러는 처음에 타원형 궤도는 너무 뻔하다는 이유로 받아들이지 않았다. 원이 아니면 타원이라는 생각은 너무 쉬워서, 만약 그것이 해답이라면 이전 시대의 천문학자들이 몰랐을 리가 없다고 생각했다. 그러나 수학적인 편리함을 도저히 외면할 수 없던 그는 길쭉한 형태를 이용하여 좀 더 일반적인 형태의 타원에 접근했고, 그러다가 우연히 진짜 해답과 마주쳤다. 화성의 공전 궤도

---

* 이 원리를 이용해 타원을 간단하게 그릴 수 있다. 먼저 타원의 두 초점의 위치에 두 개의 못을 박고는 적당한 길이의 끈을 준비해 끈의 양쪽을 못에 묶는다. 그리고는 연결된 끈의 중간 부분 아무 위치에나 펜을 넣고 끈이 팽팽해질 때까지 당긴다. 이렇게 끈을 팽팽하게 유지하면서 펜을 움직이면 두 못의 위치를 두 초점으로 하는 타원을 그릴 수 있다.

는 타원형이었고 그 초점 중 하나가 바로 태양이었다.

케플러는 이것으로 모든 문제를 해결했다. 타원형은 수학으로 정확하게 표현할 수 있는 형태였고, 수학자를 창조하신 자비로운 신에게 누가 되지도 않았으며, 태양의 위치를 두 초점 중 하나에 둠으로써 태양에서 나온 힘이 궤도를 결정한다는 요건도 만족했다. 아울러 그가 한동안 천착했던 생각, 즉 공전 궤도 상에서 행성의 속도는 태양에서 떨어진 거리에 의해서만 달라진다는 개념과도 일치했다. 행성의 운동은 태양과 가까워질수록 빨라지고, 멀어질수록 느려진다. 케플러는 이런 관계에서 기하학적 공식을 하나 발견했다. 행성과 태양을 잇는 직선이 같은 시간 움직이면서 형성하는 면적은 항상 똑같다는 것이다.**

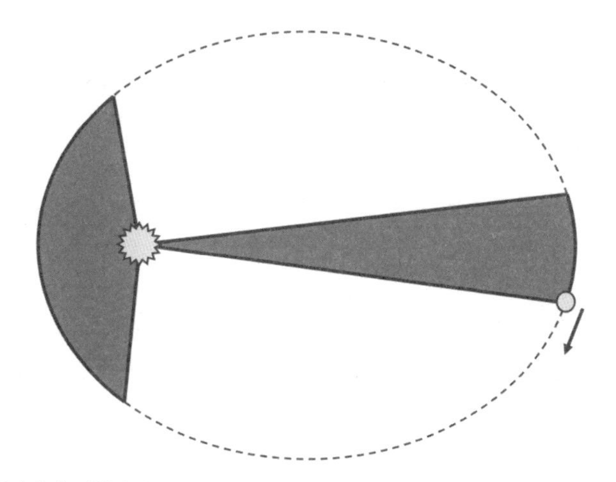

케플러의 제2 법칙에 따르면, 타원형 궤도에서 어둡게 표시된 두 영역의 면적이 같다면, 행성이 해당 영역을 지나는 데 걸리는 시간도 같다.

** 이 "면적 법칙"은 나중에 케플러의 행성 운동 제2 법칙이라는 이름으로 알려졌지만, 사실 케플러는 제1 법칙보다 이 법칙을 먼저 발견했다. (두 번째로 발견한) 제1 법칙은 화성의 궤도는 타원형이며 그 초

케플러의 『신천문학』은 그가 튀코의 관측 결과를 바탕으로 수정한 코페르니쿠스 체계를 강력하게 주장한 저술이었다. 그는 편심과 등각속도점이 화성의 궤도를 설명하기에 부적합한 이유를 설명했고, 화성 관측 결과를 뒤집어 지구 궤도의 특성을 결정짓는 천재적인 방식을 이용하여 지구 또한 하나의 행성일 뿐이라고 주장했다. 마지막으로는 자신이 발견한 면적 법칙과 타원형 궤도의 원리를 상세히 설명했다.

그 뒤를 이어 1617년에서 1621년 사이에는 자신의 체계 내에서 계산을 수행하는 방법을 다룬 『코페르니쿠스 천문학 개요Epitome Astronomiae Copernicanae』를 출간했고, 1619년에는 '조화'의 기하학적 의미를 폭넓게 다룬 『세계의 조화Harmonices Mundi』를 발표했다. 특히 이 책의 마지막 부분에서는 행성의 궤도 주기에 대해 설명하는 그의 행성 운동 제3 법칙을 소개했다. 마지막으로 1627년에는 오랜 법적 분쟁과 정치적 갈등으로 미뤄졌던 『루돌프 행성표Rudolphine Tables』를 발표했다(이 당시 황제는 이미 그에게 프로젝트를 부여했던 선대 황제로부터 2대나 이어 내려간 인물이었다).

태양을 행성 운동의 근원으로 보는 케플러의 관점이 비록 열광적인 호응을 얻지는 못했지만, 그의 주기표가 보여주는 정확성에는 이견이 없었다. 그 이전에 나온 주기표들의 행성 운동 예측치가 1도 이상의 오차를 보였던 것에 비해, 케플러의 주기표는 그 오차가 대체

점 중 하나에 태양이 자리한다는 것이다. 공전 주기와 타원 궤도의 관계를 밝힌 제3 법칙도 있다. 케플러는 이 법칙을 『세계의 조화』를 출간한 1619년에서야 공식화했다.

로 몇 분 이내에 불과했다.* 케플러의 주기표와 그 바탕이 되는 타원형 체계는 내행성이 지구와 태양 사이를 통과하는 순간을 충분히 예측할 수 있을 만큼 정확했다. 그 순간 태양의 폭은 원호의 30분에 불과하고 행성의 통과 시간은 불과 몇 시간에 불과하기 때문에 통과 시점을 예측한다는 것은 여간 까다로운 일이 아니었다. 그러나 케플러 체계는 이 조건을 멋지게 충족했다. 피에르 가센디Pierre Gassendi는 케플러의 주기표가 예측한 결과를 바탕으로 1631년에 수성의 통과를 관측했고, 제러마이아 호록스Jeremiah Horrocks는 케플러의 체계를 사용하여 1639년에 금성의 통과 시점을 정확히 예측하고 관측했다. 이런 관측 사례는 타원형 궤도를 기반으로 한 케플러의 태양 중심 체계가 1600년대 중반부터 정설로 자리잡는 데 크게 공헌했다.

그러나 안타깝게도 정작 케플러는 이런 통과 장면을 직접 목격하지 못했다. 그는 30년 전쟁의 혼란 중에 밀린 급여를 받아내고자 여러 도시를 전전하다가 감기에 걸려 병상에 누웠고, 결국 1630년 11월에 세상을 뜨고 말았다.** 그러나 그는 과학 분야에 불멸의 업적을 남겼다. 그가 수정한 코페르니쿠스 이론은 학계에 급속히 확산했고 그의 책은 표준서가 되었다. 또한 그는 1611년에 망원경의 원리를 밝힌 최초의 전문서인 『광학Dioptrice』을 출간하여 천문학의 새로

* 물론 케플러의 주기표가 완벽한 것은 아니었다. 계산이 복잡하고 지루했던 데다 조판을 손으로 하다 보니 오류가 섞일 수밖에 없었다. 그러나 그 바탕이 되는 체계 덕분에 정확도가 비약적으로 개선되었고, 특히 직접 계산할 수 있을 정도의 수학 실력을 갖춘 관측자에게는 큰 도움이 되었다.

** 슬프게도 그는 평생 이런 일을 반복적으로 겪었다. 그는 이웃으로부터 마녀로 몰린 노모를 변호하느라 몇 년을 허비한 적도 있었다.

운 시대를 여는 핵심적인 역할을 하기도 했다.

목성의 위성들

1608년 9월 말경, 네덜란드의 안경 제작자 한스 리퍼쉐이Hans Lippershey가 헤이그 평화 회담에 참석한 나소의 모리츠 공작Prince Maurits of Nassau과 다른 고위 관리들에게 새로운 발명품을 선보였다. 리퍼쉐이의 장비는 속이 빈 튜브의 양쪽 끝에 렌즈가 달린 간단한 망원경이었다. 망원경의 시연을 본 프랑스인들은 이 장비의 잠재력에 대해 다음과 같이 말했고, 이런 평가는 널리 알려졌다.

> 이 장비는 공성전을 비롯한 유사 상황에서 매우 유용하다. 1마일이나 떨어진 물체를 마치 바로 가까이에 있는 것처럼 하나하나 구분할 수 있을 뿐 아니라, 평소 육안으로는 거의 보이지 않는 별마저도 이 장치를 이용하면 볼 수 있다.*

망원경의 발명 소식은 학계를 중심으로 전 유럽에 급속히 퍼져

* 출처: "샴 국왕의 명에 따라 모리스 왕자 각하를 알현하고자 파견된 대사, 1608년 9월 10일"(Ambasades du Roy de Siam envoyé à l'Excellence du Prince Maurice, arrive a la Haye, le 10. septembr 1608). 망원경 시연은 하필 샴 왕국의 대사가 방문하는 날짜와 겹치는 바람에 언급되지 않다가 나중에야 보고서의 가장 중요한 내용으로 되살아났다.

나갔고,** 천문학자와 자연 철학자들은 재빨리 자신만의 망원경을 만들기 시작했다(렌즈 제작에 필요한 기술과 소재의 한계 때문에 결과물의 수준은 천차만별이었다). 그들 중 한 명이었던 파도바대학교의 무명 수학 교수가 바로 갈릴레오 갈릴레이였다.

6장에서 살펴본 것처럼, 갈릴레오는 매우 신중하고 영리한 관측자였으며, 그가 자신의 성과를 홍보하는 능력은 실험을 고안하며 보여준 천재성보다 뛰어났다. 망원경의 원리를 익히고 자신이 직접 제작해보면서*** 이 기술의 발전 가능성을 확인한 그는 베네치아의 귀족들을 염두에 둔 시연회를 재빨리 마련하여 1609년 8월에 공식적으로 망원경을 선보였다. 그 덕분에 그는 그곳 대학에서 엄청난 급여를 받는 종신직을 보장받았다.

그러나 갈릴레오의 이름이 정말로 찬란하게 빛난 것은 망원경을 하늘로 향하게 해 천체 관측에 사용하고서부터였다. 비록 그가 이런 일을 한 최초의 인물은 아니었으나(최초라는 칭호는 1609년 7월에 망원경으로 달을 관측하여 그림으로 옮긴 영국의 토머스 해리엇Thomas Harriot에게 돌아가야 할 것이다), 갈릴레오는 이것이 자신의 신분 상승에 어떤 도움이 될지를 꿰뚫어보고 있었다. 1610년 1월에 망원경으로 목성을 관측한 그는 이 행성의 밝은 띠와 함께 빛나는 작은 빛을 몇 개 더 발

** 망원경을 발명한 사람이 누구인가에 대해서는 여러 설이 존재하는 것도 사실이다. 같은 시기에 다른 안경 제작자가 망원경을 발명했다는 이야기도 있으나, 리퍼쉐이가 헤이그에서 개최한 시연회가 망원경이 사용된 최초의 기록임은 분명한 사실이다.

*** 갈릴레오는 망원경을 발명하거나 심지어 구조를 개량하는 데 크게 공헌한 바는 없지만, 자신의 뛰어난 장비 제작 솜씨를 이용하여 유럽에서 가장 우수한 망원경을 만들었다.

견했다. 그날 이후로 작은 천체들의 위치는 바뀌었으나 여전히 목성 근처에서 발견되었고, 갈릴레오는 자신이 중요한 사실을 발견했음을 깨달았다. 목성이 스스로 위성을 거느리고 있다는 사실 말이다.

1610년에 목성의 위성을 관측한 사람은 갈릴레오 외에도 또 있었으나(오늘날 독일 바이에른 주의 도시 안스바흐의 천문학자 시몬 마리우스Simon Marius가 갈릴레오보다 하루 늦게 관측했다*), 오직 그만이 이 사실의 중대성을 즉각 알아차렸다. 그는 일상적인 당대의 방언으로 먼저 기록해둔 자신의 관측 일지를 학술 언어인 라틴어로 번역하여 신속히 책으로 출간할 준비를 마친 후, 피렌체 최고의 세도가인 메디치 가문을 찾아 새로운 위성을 명명할 권리를 제안했다. 1610년 3월에 그는 『별의 메신저Sidereus Nuncius』**라는 책을 서둘러 출간했다. 그는 이 책을 통해 자신이 망원경으로 관측한 내용을 상세히 설명하면서 오늘날 목성의 가장 큰 4개의 위성으로 알려진 "메디치의 별"을 세상에 알렸다. 갈릴레오는 메디치 가문의 공식 수학자 겸 철학자의 자리에 올라 하룻밤 사이 유럽에서 가장 유명한 천문학자가 되었다.

오늘날 갈릴레오가 발견한 4개의 위성에는 그리스 신화에서 가져온 이름을 붙였는데, 케플러가 제안하고 마리우스가 처음 발표한 4개 위성의 이름은 목성에서 가까운 순서대로 이오Io, 유로파Europa,

---

* 갈릴레오보다 더 신중한 성격에 큰 야망도 없었던 마리우스는 1614년이 되어서야 자신의 관측 결과를 발표했다. 그러자 갈릴레오는 그가 자신을 표절했다며 맹공격했다.

** 국내에는 『갈릴레오가 들려주는 별 이야기: 시데레우스 눈치우스』(승산, 2009)라는 제목으로 출간되었다. - 옮긴이

목성과 4개의 갈릴레이 위성을 촬영한 사진. 사진: Talha Zia

가니메데Ganymede, 칼리스토Callisto이다.*** 이 위성들은 천체가 지구 외에 다른 행성의 주위도 공전할 수 있다는 것을 보여줌으로써 태양계의 코페르니쿠스 모형과 튀코 모형이 정착하는 데 큰 공헌을 했다. 또한 이 위성들은 케플러의 궤도 운동 법칙을 검증하는 시험대가 되기도 했는데, 목성 위성 궤도의 크기와 주기를 자세히 측정한 결과 그들도 케플러의 제3 법칙을 따른다는 사실이 확인되었다.****

*** 이런 이름이 붙은 이유는 각각 다음과 같다. 이오는 제우스가 욕정을 느껴 헤라의 분노로부터 그녀의 존재를 숨기고자 암소로 바꿔버린 유한한 생명을 지닌 공주의 이름이다. 유로파는 제우스가 황소의 모습으로 납치한 페니키아의 공주로, 나중에는 크레타의 여왕이자 미노스 왕의 어머니가 된다. 가니메데는 뛰어난 외모를 자랑하는 트로이의 왕자로, 제우스는 그를 독수리의 모습으로 납치하여 올림포스로 데려와 술잔을 드는 시종으로 삼았다. 마지막 칼리스토는 원래 아르테미스를 섬기는 요정이었으나, 제우스가 그녀를 유혹하는 것을 본 헤라의 노여움을 사 곰으로 탈바꿈한 뒤 나중에는 하늘로 올라가 큰곰자리로 변했다. 그리스 신들의 러브스토리는 정말 대단하다고 하지 않을 수 없다[목성의 영어 이름 주피터(Jupiter)는 로마 신화의 신의 이름에서 왔다. 로마 신화의 주피터는 그리스 신화의 제우스이므로, 그리스 신화의 제우스의 여러 러브스토리의 등장 인물들의 이름을 목성의 네 위성에 붙인 것이다-옮긴이].

**** 궤도 주기를 측정하여 케플러의 제3 법칙과 비교하는 작업은 오늘날 천문학 개론 강좌에서 아주 일반적인 활동이 되었다.

지구에서 망원경으로 바라본 목성의 위성은 행성을 가로질러 이리저리 옮겨 다니는 밝은 점으로 보인다. 이들 4개 위성이 각자의 궤도 반지름에 따라 가장 멀리 떨어지는 거리는 모두 다르다. 이들의 궤도 주기는 비교적 짧아 이오는 1.8일, 칼리스토는 16.7일에 불과하므로 지구에서 보는 이들의 배열은 시시각각으로 변화한다. 모든 위성은 궤도 주기당 한 번씩 목성의 그림자에 가려 몇 시간 동안 사라질 때가 있다. 궤도를 아주 정확히 예측할 수만 있다면 그들의 위치와 식의 시기가 보여주는 패턴을 천문 시계로 활용할 수도 있다.

빛의 속도를 계산하다

갈릴레오는 목성의 위성을 시계로 사용할 수 있다는 것을 알았으나, 주기표를 작성하는 데 필요한 만큼 궤도를 자세히 파악한 적은 없었다. 결국 그 작업은 1668년에 장 도미니크 카시니Jean-Dominique Cassini가 실제로 완수했다.* 그가 작성한 식 주기표는 지상에서 경도를 측정하는 데 충분히 사용할 수 있을 정도로 정확했다(시간과 경도의 관계에 관해서는 다음 장에서 자세히 다룬다). 카시니는 1672년에 장 리처Jean Richer가 카옌으로 파견되었을 때 파리 천문대의

* 6장에 등장했던 그 카시니와 동일 인물이다. 당시는 그는 아직 고향인 이탈리아에 머물고 있었다. 1671년에 루이 14세가 그를 파리로 초빙하여 새로운 천문대 건설을 맡겼다. 그의 본명이 지오바니 도메니코 카시니(Giovanni Domenico Cassini)였던 점을 생각하면 철저한 프랑스인으로 거듭나고자 노력했던 것으로 보인다.

책임자를 맡고 있었다. 리처가 카옌에 도착하자 그는 목성의 위성에서 식 현상이 일어나는 것을 관측하여 자신의 시계를 맞췄다. 시계의 이런 규칙성은 유한한 빛의 속도를 확립하는 핵심 요소였다.

파리 천문대가 맡은 연구 프로젝트 중에는 지표면의 특정 지점의 위도와 경도를 측정하는 방법을 개선하는 일도 있었다. 그것은 천문 관측 결과를 천체 좌표로 환산하는 데 필요한 핵심 정보였다. 그들은 자신의 위치를 새로운 방법으로 더 정확하게 측정할 수 있게 되자, 비슷한 방식으로 튀코 브라헤의 천문대가 있던 곳의 위치도 더 정확하게 파악해서 그의 데이터를 자기들 데이터와 병합할 필요가 있었다. 그래서 카시니의 동료 연구자 장 피카르Jean Picard는 1671년에 탐험대를 이끌고 우라니보르크의 위치를 재조사하기 위해 벤으로 향했다. 그는 그곳에서 조수로 일하던 올레 크리스텐센 뢰머에 깊은 인상을 받아 파리에서 함께 일하자고 제안한다.

뢰머는 상선 선원의 아들이었다. 그는 어려서부터 여러 분야에 호기심이 많았고 기계 장치를 다루는 데 재능이 있었다. 그는 오르후스에서 공부했고, 코펜하겐대학교에 진학한 뒤에는 튀코의 관측 자료를 새롭게 해석하는 연구를 교수 한 명과 함께 수행했다. 그는 파리로 가서 피카르와 카시니를 만나 9년 동안 여러 항성의 시차를 측정하는 일에서부터 루이 14세의 궁전에 설치할 장대한 분수를 설계하고 제작하는 일까지 다양한 분야의 프로젝트를 함께 추진했다.

뢰머는 카시니가 작성한 목성 위성들의 궤도 주기표를 연구하면서 4개 중 가장 안쪽 궤도를 도는 이오의 식 시기에서 특이한 패턴을

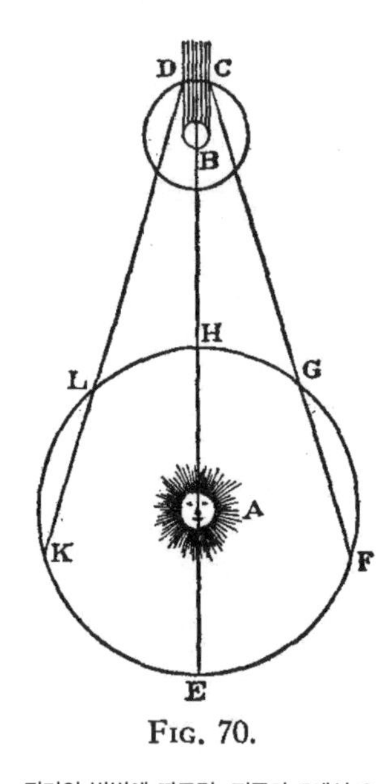

FIG. 70.

뢰머의 방법에 따르면, 지구가 F에서 G까지 가는 동안 발생하는 식 현상은 예상보다 조금 빠른 데 비해, 지구가 L에서 K까지 이동하는 동안 일어나는 식 현상은 조금 늦다.

하나 발견했다.* 1년 치 전체 데이터로부터 계산한 이오의 궤도 평균 주기는 매우 정확하고 믿을 만했으나, 1년 중에는 평균 주기로 예측한 것보다 다음 이오의 식eclipse 현상이 약간 더 일찍 일어나는 시기가 있는가 하면, 나머지 기간에는 새로운 식이 예측보다 조금 더 늦게 발생하는 것이었다. 큰 차이는 아니라고 해도 몇 달 축적되다 보면 몇 분은 될 정도였으므로, 당시 막 등장하던 양질의 기계식 시계로는 충분히 감지할 수 있을 정도였다.

뢰머는 너무 이른 식은 지구가 목성에 다가갈 때 일어나며, 너무 늦은 식은 지구가 목성에서 멀어질 때 발생하는 현상임을 알아차렸다. 이런 차이는 빛의 속도가 유한하다는 것을 시사하는 것이었다. 빛이 이오에서 지구까지의 거리를 가는 데는 약간의 시간이 필요하고, 그 거리가 달라지면 식 사이의 시간도 달라진다.

이오의 식 현상이 시작된 때부터 그다음 식이 시작될 때까지의

---

* 이런 현상이 이오에서 가장 현저하게 관찰된 이유는 그것이 가장 안쪽에서 돌고 있으므로 공전 궤도를 결정하는 요소는 목성이 전부이기 때문이다. 바깥 궤도의 위성들은 서로의 인력에 의해 방해를 받아 좀 더 복잡한 거동을 보인다.

시간은 이틀이 채 안 된다. 그동안 지구는 공전 궤도에서 약 450만 킬로미터를 이동한다. 만약 그 이동 방향이 지구와 목성을 잇는 선과 직각을 이룬다면 달라질 것은 전혀 없다. 그러나 그 방향이 목성을 향하고 있는데 다음 식이 임박한 상황이라면 빛이 이오에서 지구에 도착하는 거리가 조금 짧아져서 예상보다 15초 정도 일찍 도착한다. 반대로 지구가 목성에서 멀어질 때 이오에서 출발한 빛은 더 먼 거리를 달려 예상보다 15초 늦게 지구에 도착한다.

뢰머는 자신이 측정한 이 오차를 근거로 빛이 지구 궤도의 반지름 정도의 거리를 이동하는 데 10분에서 11분 사이의 시간이 걸린다고 추정했다. 오늘날 우리가 아는 시간은 8분 19초다. 당시에는 지구 궤도의 실제 크기를 잘 몰랐으므로 뢰머는 절대 단위의 속도를 추정할 수 없었다. 그 일을 한 사람은 (6장에서 최초의 진자시계를 발명한 사람으로 소개한) 크리스티안 하위헌스였다. 그는 뢰머가 이오를 관측한 데이터와 또 다른 관측 결과를 이용해 빛의 속도를 계산했다. 하위헌스가 추정한 빛의 속도는 초당 21만 2,000킬로미터로, 오늘날 알려진 초당 29만 9,792.458킬로미터에 훨씬 못 미치는 값이었으나 첫 측정치고는 꽤 훌륭한 편이라고 할 수 있다.

뢰머는 1681년에 덴마크로 돌아와 코펜하겐대학교 천문학 교수가 되었고, 그곳 천문대에서 지내면서 각종 천문기구를 새롭게 개량하는 작업을 이어갔다. 그는 또 온도 측정 분야를 연구하여 화씨온도의 중요한 전신이 되는 척도를 고안했다. 그는 대학과 코펜하겐시 양쪽에서 관리직을 맡아 수행했다. 한동안 경찰서장으로 공공 업무를 개혁했으며, 최초로 도시 가로등 체계를 정립하기도 했다. 그러나 그가 과학 분야에 남긴 가장 큰 업적은 역시 빛의 속도가 유한하다는 것을 밝힌 것이라고 할 수 있다. 아인슈타인이 빛의 속도를 보편상수로 확립한 것보다 무려 220년 앞서서 말이다.

올레 뢰머의 발견은 1500년대부터 1600년대 사이에 일어난 위대한 과학혁명 3가지를 한데 합치는 역할을 했다. 그중 2가지는 기술적인 것이었고 나머지 하나는 철학적인 성격의 혁명이었다. 그가 목성의 위성을 관측할 수 있었던 데는 망원경의 발명이 결정적인 역할을 했음이 틀림없다. 또 진자시계의 발달로 천체를 정확하게 관측하는 작업이 획기적으로 단순화되었다. 그러나 케플러가 튀코 브라헤의 데이터를 이용해 철학적인 혁명을 이룩하지 않았다면 그 둘만으로는 부족했을 것이다. 케플러가 원호에서 발생하는 단 8분의 오차를 근거로 확립한 규칙적이고 안정적인 타원형 궤도는 천문학의 정밀도를 한 차원 끌어올렸고, 이를 바탕으로 뢰머는 단 몇 분에 불과한 이오의 식 오차를* 실제로 존재하는 물리적 효과로 확신할 수 있었다. 그 덕분에 빛의 운동에 관한 우리의 인식은 중요한 도약을 이룩할 수 있었다.

* 빛의 유한한 속도라는 물리적 현상으로 인해 이오의 식이 일어나는 주기가 달라지는 효과가 만들어진다는 의미다. -옮긴이

A BRIEF HISTORY OF TIMEKEEPING

| CHAPTER 9 |

달을 이용한 시간 측정

루이 14세는 프랑스가 군사 정복으로 획득한 땅보다 장 도미니크 카시니의 파리 천문대에서 일하던 장 펠릭스 피카르를 비롯한 여러 천문학자가 국경을 다시 조사해서 줄어든 영토가 더 크다고 농담조로 말했다고 한다. 모든 농담이 그렇듯이 이 말에도 분명히 뼈가 있다. 시간 측정 기술이 개선되어 목성의 위성에서 빛이 도달하는 시간까지 밝혀낼 정도가 되자, 지표면의 특정 지점의 위치를 파악하는 기술이 급격히 발달했다. 1700년대 초에 이르러 시계, 망원경, 그리고 천체 주기표 등은 정치적인 경계선을 더 분명하게 하기 위한 목적으로 널리 사용되기 시작했다. 그러나 한 가지 주의할 점이 있었다. 이런 신기술도 바다를 항해하는 배 위에서는 잘 통하지 않았다. 6장에서 언급했듯이 파도의 요동이 진자시계의 운동을 워낙 크게 교란해서 제대로 작동할 수가 없었고, 마찬가지 이유로 바다에서 망원경으로 목성을 관찰해서 위성 이오의 식 현상을 확인하는 것은 어림도 없는 일이었다. 이 때문에 상선과 군함이 넓은 대양을 항해하는 능력에 커다란 격차가 발생했고, 이는 1600년대에 전 세계를 무대로 활동하는 열강이 등장하면서 막대한 비용이 드는 중요한 문제로 부상했다.

루이 14세의 72년 치세가 막바지에 접어든 1700년대 초반에 유럽의 열악한 항해술이 심각한 문제로 부각되면서 각국 정부는 이 분야에 자금을 쏟아붓기 시작했다. 정부의 그런 노력 중 가장 널리 알려진 것은 1714년에 영국 의회를 통과한 "경도법Longitude Act"이었다. 이 법은 바다를 항해하는 선박의 경도를 0.5도 이내의 오차로 파악하는 "실용적이고 효과적인" 기술을 개발하는 사람에게는 총 2만 파운드에 달하는 막대한 보상을 제공한다고 명시했다.* 이런 경제적 보상이 걸리자 끝을 알 수 없을 만큼 수많은 제안이 쇄도했다. 물론 현대인의 눈으로 보면 거의 모두가 전혀 쓸모없거나 말도 안 되는 내용이었지만,** 최종적으로 두 가지 제안이 보상을 받았다. 이 책에서 우리가 다루는 시간 측정법도 그 두 가지에 뿌리를 두고 있다.

둘 중에 더 잘 알려진 것은 영국의 시계 제작자 존 해리슨이 제안한 바다에서 시간을 측정할 수 있는 기계식 시계였다. 경도 위원회로부터 큰 금액을 보상받은 나머지 하나는 독일 수학자 토비아스

* 300년의 세월을 뛰어넘어 환율을 환산해봐야 도무지 믿을 수는 없지만, 그 당시 2만 파운드라면 오늘날 수백만 달러에 해당하는 금액이다.

** 사실 그것은 1700년대 영국인들의 눈에도 마찬가지였다. 당시 실제로 있었던 기이한 내용 중에는 항해 선박에 개를 태워 런던 시각으로 매일 정오마다 짖도록 마술을 걸자거나, 경도 제도를 괴짜와 사기꾼의 영역으로 활용하자는 풍자 섞인 제안도 있었다.

마이어Tobias Mayer가 제안한 것으로, 항해용으로 사용할 수 있을 정도로 정확하게 달의 위치를 예측하는 표였다. 위원회는 마이어에게 무려 3,000파운드의 상금을 그의 사후에 수여했다. 마이어의 명성은 해리슨에 훨씬 못 미치지만, 그의 방법은 여러 면에서 훨씬 더 성공적이었다. 그의 표는 영국 정부가 여러 선박에 보급한 항해력의 바탕을 형성하며 한 세기 반 동안 항해에 없어서는 안 될 자원이 되었다. 그러나 마이어가 이런 업적을 달성할 수 있었던 것은 그 전에 이미 물리학과 수학의 방향을 영원히 바꿔놓은 자연철학의 혁명이 있었기 때문이다.

뉴턴 세계관과 그 계승자들

젊은 아이작 뉴턴이 영국 이스트미들랜즈의 링컨셔에 있는 자기 가문 농장의 나무에서 사과가 떨어지는 것을 보고 영감을 얻어 중력 이론을 창안했다는 이야기는 유명하다. 이 일화의 배경이 되는 시기는 아마도 유행병이 창궐해서 대학이 봉쇄되면서 그가 시골에 내려가 있던 1666년경이었을 것이다. 그래서 코로나19 팬데믹으로 많은 학교와 회사가 문을 닫았던 2020년 초에 새로운 물리학이 등장할 시기가 되었다는 농담이 회자되기도 했다.***

*** 사실 이 장의 초고는 팬데믹 봉쇄가 이어지는 동안 집에서 쓴 것이다.

떨어지는 사과 이야기가 의심스러운 점은 한두 가지가 아니다. 우선 수십 년이 지나고 나이가 들어서야 뉴턴이 이 이야기를 친구와 가족에게 했다는 점만 봐도 그렇다.* 그러나 가장 근본적인 문제는 흔히 전해오는 이야기가 뉴턴이 간파한 진실을 제대로 담지 못하고 있다는 점에 있다. 뉴턴이 깨달았던 진리의 핵심은 만물을 지구로 끌어당기는 중력이 아니었다. 1666년 이전에는 사람들이 공중에 둥둥 떠다니기라도 했단 말인가. 중력의 존재는 그전부터 이미 잘 알려져 있었고, 갈릴레오, 리치올리, 플랑드르의 만물박사 시몬 스테빈Simon Stevin, 네덜란드 철학자 아이작 비크먼Isaac Beekman 등이 폭넓게 연구하던 주제였다. 뉴턴의 번뜩이는 통찰은 사과를 지구로 끌어당기는 중력이 달을 궤도에 머물러 있게 하는 **힘과 같다**는 사실을 간파한 것이었다.

뉴턴 이전까지 천체를 움직이는 힘이 무엇인가 하는 질문은 수많은 철학자들을 괴롭혀온 엄청난 난제였다. 우주를 설명하는 가장 오래된 모형은 항성과 행성을 광대한 "수정 구체"가 떠받치고 있다는 물리적 방식을 채택했으나, 브라헤를 비롯한 여러 학자들이 혜성이 행성의 궤도 사이를 통과한다는 것을 관찰한 후로 그런 설명은 설자리를 잃었다. 아리스토텔레스 이론을 계승한 일부 모형은 원형 운동을 아무런 방해를 받지 않고 영원히 계속되는 "자연적인" 상태의 하나로 보았지만, 이것 역시 케플러가 제창하여 널리 받아들여진 타

* 독일 수학자 고트프리트 라이프니츠(Gottfried Leibniz)를 비롯한 몇몇 사람은 미적분과 물리학의 핵심 요소를 최초로 발명한 사람이 누구인가를 놓고 오랫동안 격렬한 논쟁을 벌였다. 그 결과 1666년에 뉴턴이 통찰을 얻었다는 이야기에 자연스럽게 우선권이 주어졌다.

원형 궤도 모형에 맞설 수는 없었다. 케플러 자신도 행성의 궤도 운동이 태양에서 온 어떤 힘으로 지탱된다고 생각했지만, 그 힘이 무엇인지에 관해서는 아무런 설명도 할 수 없었다.

이것이 바로 뉴턴이 언제 어디서 처음으로 중력에 대한 통찰을 얻었는지와 상관없이 세 명의 초창기 물리학자들 사이의 내기 덕분에 그가 생각하는 물리학 개념을 출간한 계기가 된 바로 그 질문이었다. 1684년 초, 에드먼드 핼리Edmond Halley와 크리스토퍼 렌Christopher Wren, 로버트 훅은 행성을 궤도에 붙잡아두는 힘에 관해 허심탄회하게 의견을 주고받았다. 세 사람 모두 궤도를 도는 행성에 가해지는 힘의 크기는 거리의 제곱에 반비례할 수밖에 없다는 데 동의했다(즉, 태양으로부터 2배 멀리 떨어진 행성이 받는 힘은 4분의 1로 줄어든다).** 그러나 그 힘이 반드시 케플러가 말하는 타원형 궤도의 원인인지는 분명하지 않았다. 핼리가 이 질문을 제기하자, 훅은 자신이 그동안 알리지 않은 증거를 가지고 있다고 말했다고 한다. 사실 그것은 훅의 평소 성향에 비춰봐도 충분히 수긍이 가는 행동이었다. 렌은 두 사람 중 누구라도 몇 개월 안에 증거를 내놓는다면 40실링 상당의 책을 상품으로 내놓겠다고 제안했다.

그해 8월에 핼리는 뉴턴을 찾아갔다. 당시 케임브리지대학교 교수였던 뉴턴은 명석한 두뇌를 지녔으나 세상을 등진 채 살아가는 것으로 알려져 있었다. 핼리는 그에게 거리의 제곱에 반비례하는 힘으

** 그들이 이런 생각을 하게 된 것은 크리스티안 하위헌스가 원심력의 크기가 속도와 거리에 따라 달라지는 방식과, 케플러의 법칙에서 궤도의 속도와 거리 사이의 관계를 연구한 것이 계기가 되었다.

로 태양이 끌어당기고 있는 행성의 궤도는 어떤 모양이 될지를 질문했다. 뉴턴은 곧바로 그런 궤도는 타원형이라고 답하면서 자기가 이미 계산해놓았다고 말했다. 핼리는 깜짝 놀라면서 더 설명해달라고 청했지만, 뉴턴은 그 자리에서 증거를 제시하지는 못했다. 그리고 다시 계산해서 핼리에게 보내주겠다고 했다.

뉴턴의 완벽주의적인 성격 탓에 이 작업은 몇 달이나 소요되었다. 그리고 11월에 궤도 운동을 설명한 뉴턴의 서신을 받아본 핼리는 그 종합적인 내용에 경탄을 금치 못했다. 운동역학이라는 새로운 과학 분야가 탄생하는 순간을 미리 훔쳐본 느낌이었다. 핼리는 뉴턴에게 그의 연구를 책으로 출간하라고 재촉하면서 왕립학회 사무총장이라는 자신의 지위를 동원하여 지원을 아끼지 않겠다고 약속했다. 그렇게 해서 세상에 나온 책이 바로 오늘날 뉴턴의 『프린키피아Principia』로 알려진 『자연철학의 수학적 원리Philosophiæ Naturalis Principia Mathematica』이다.

『프린키피아』의 집필과 출간은 결코 순탄한 과정이 아니었으므로 핼리는 자신이 가진 자원을 총동원해야 했다. 무엇보다 뉴턴은 까다롭기 그지없는 사람이라 항상 정중하게 격려해주어야 했다. 한번은 로버트 훅이 중력의 역제곱 공식이 뉴턴 이전에 이미 발견된 것이라고 주장하여 뉴턴의 화를 돋우는 바람에 출간이 거의 좌초할 뻔한 위기도 있었다.* 그런 우여곡절을 겪으면서도 1687년에 『프린키

* 핼리는 뉴턴을 가까스로 달래서 집필을 완성하게 했지만, 인쇄 비용을 자기 주머니에서 충당할 수밖에 없었다. 왕립학회 예산은 그 전 해에 엄청난 양의 삽화가 들어간 『어류의 역사(A History of Fishes)』라는

피아』가 세상에 나온 것은 거의 핼리의 노력 덕분이었다. 총 3권으로 편집된 최종 출간본은 뉴턴의 운동 법칙과 만유인력의 원리를 소개하고 이를 다양한 물리계에 적용한 기념비적인 작품이었다.

뉴턴은 『프린키피아』의 제1권에서 다음과 같이 세 가지로 자신의 운동 법칙을 설명했다. 물체는 외부의 힘이 작용하지 않는 한 일정한 속도의 직선 운동을 한다. 물체의 가속도는 거기에 작용하는 힘을 질량으로 나눈 값이다. 한 물체가 다른 물체에 힘을 가할 때 힘을 가하는 물체에도 크기가 같고 방향은 반대인 힘이 작용한다. 그는 또 일정한 질량의 두 물체 사이에 작용하는 중력을 수학 공식으로 표현하기도 했다. 그것은 핼리가 짐작한 대로 두 질량을 곱한 값에 비례하고 거리에 반비례하는 관계였다. 뉴턴은 이 법칙이 어떻게 케플러의 행성 궤도 법칙으로 이어지는지를 증명했다.

2권에서는 주로 물체가 공기나 물 등의 유체에서 보이는 거동을 다루었다. 여기에는 공기 저항이 진자 운동에 미치는 영향도 포함되었고, 이것은 천체와도 상관이 있었다. 뉴턴이 유체의 운동을 연구한 것은 태양의 주위를 공전하는 행성의 힘이 우주 공간을 가득 채운 유체의 소용돌이에서 나온다는 르네 데카르트의 이론을 반박하려는 목적도 어느 정도 있었다. 소용돌이 이론은 매질도 없는 우주 공간에서 장대한 거리에 걸쳐 중력이 작용한다는 뉴턴 이론에 불만을 품은 사람들에 의해 한동안 위세를 떨친 적이 있었다. 그러나 결국 뉴턴의

책을 출판했다가 실패한 후로 사정이 좋지 않았다. 핼리는 뉴턴의 걸작에 댄 비용을 결국 보상받았지만, 그 보상은 바로 팔리지 않고 남은 『어류의 역사』 재고였다.

중력이론으로 정확한 정량적 예측이 가능해지고 소용돌이 이론이 실제 유체의 거동과 일치하지 않는다는 사실이 밝혀지면서 오늘에 이르게 되었다.

제3권 『세계의 체계에 관하여De mundi systemate』는 앞선 두 권에서 제시한 법칙을 구체적으로 적용하여 관측 데이터와 직접 비교한 내용을 다루고 있다. 이 책은 달의 궤도를 탐구하는 데 상당한 지면을 할애했다. 뉴턴은 태양과 지구, 달 사이의 삼체 작용에 관한 기본 개념을 소개한 다음, 달에 미치는 태양 중력의 크기와 방향이 달라짐에 따라 달 궤도에서 섭동이 관측될 수 있음을 설명했다. 그러나 정량적인 계산 결과는 그의 기대만큼 썩 만족스럽지 않았다. 뉴턴은 태양에서 온 힘이 달 궤도의 세차 운동의 원인이 된다는 기본 개념에서 출발했으나, 그가 계산한 세차 속도는 관측 결과의 절반에 불과했다.

이 문제가 얼마나 복잡한지를 생각하면 뉴턴 이론이 이 정도 수준에 이른 것만도 대단한 일이 아닐 수 없다. 그러나 오차가 2배나 되는 것은 너무나 분명한 문제였기 때문에 중력의 역제곱 공식이 만고불변의 법칙이 아닐 수도 있으며, 따라서 어떤 방식으로든 수정되어야 한다는 의견이 제기되었다. 특히 유럽 대륙에 있던 뉴턴의 경쟁자들은 이 대목을 뉴턴 물리학에 대해 총공세를 펼칠 잠재적인 약점으로 보고 있었다.

그러나 결국 이 문제는 당대 최고의 수학자도 계산할 엄두를 못 낼 만큼 어려운 것이었다. 수많은 초반의 시행착오 끝에 먼저 프랑스의 수학자이자 천문학자 알렉시 클로드 클레로Alexix Claude Clairaut가 해법을 찾았고, 얼마 후 스위스의 대 수학자 레온하르트 오일러Leonhard Euler가 뒤를 이었다. 비록 클레로와 오일러는 뉴턴의 역제곱 법칙을 수정해야 달 궤도를 설명할 수 있다는 생각으로 시작했지만, 1750년대 초에 이르자 두 사람 모두 달 궤도에서 관측되는 섭동을 뉴턴 이론으로 충분히 설명할 수 있음을 증명했다.

뉴턴의 새로운 물리학과 클레로와 오일러의 수학 이론이 나오기 전에도 최소한 이론적으로는 달 궤도를 예측하여 시계로 활용하는 것이 가능했다. 남은 문제는 궤도 공식을 달의 위치를 예측하는 표로 옮기는 데 필요한 계산이 너무 어렵고 방대하다는 것이었다.

달 주기표를 완성한 마이어스

요한 토비아스 마이어Johann Tobias Mayer는 1723년에 슈투트가르트 인근에서 출생했다. 그의 부친은 짐수레 제작 기술을 배우던 사람이었으나 여러 분야의 기계를 다루는 재능이 뛰어났다. 그는 이런 재능 덕분에 토비아스가 아직 아기였을 때 에슬링겐의 수도 시설을 건설, 관리하는 임무를 맡게 되었다. 마이어는 어려서부터 아버지가 기계 장치를 분해하거나 스케치하는 것을 흉내 냈는데, 이는 훗날 그가 기계와 미술 분야에서 발휘할 능력의 토대가 되었다.

1731년에 마이어의 부친이 세상을 뜨면서 토비아스와 그 형제들은 경제적으로 매우 궁핍한 처지에 놓였지만, 토비아스는 에슬링겐 시장과 수학에 관심이 많았던 그 지역의 한 구두 제작자의* 도움으로 학업을 계속할 수 있었다. 그는 포병장교가 되겠다는 꿈을 강하게 품기 시작하면서 많은 시간을 들여 요새를 배치하고 그리는 법이나 표적 설정과 타격에 필요한 기하학적 계산법 등을 배웠다. 그는 비록 장교가 되지는 못했으나 이런 학업 배경 덕분에 지도 제작자가 되어 1746년에 뉘른베르크에 정착했다. 그는 요한 프란츠Johann Franz가** 책임자로 있던 호만 지도제작국Homann Cartographic Bureau이라는 곳에서 새 지도를 작성하는 일을 시작했다. 그러나 그는 지도 제작의 현실이 얼마나 열악한지를 깨닫고 크게 실망했다. 독일에서 천문 측정을 통해 위도가 확실히 파악된 곳은 22개 지역뿐이었고, 호만 지도제작국이 구할 수 있는 자료에 믿을 만한 위도와 경도 자료가 기록된 곳은 지구상에서 139개뿐이었다. 이처럼 정보가 부족한 상황은 오히려 천문학에 대한 마이어의 관심을 촉발하여 그가 천체 관측을 통해 지상의 좌표를 정하는 방법을 개선해야겠다고 결심하는 계기가 되었다.

마이어는 많은 사람이 널리 사용할 수 있는 방법을 찾기 위해 달을 자세히 조사하여 그 전까지 누구도 달성하지 못했던 수준으로 달 표면의 지도를 정확하게 작성하기 시작했다. 그는 (달이 배경 항성 앞을 지나갈 때 시야가 왜곡되지 않는다는 사실로부터) 달에 공기가 없다는

* 그 구두 제작자가 마이어에게 수학 논문을 구입해주면 마이어는 낮에 그가 구두를 만드는 동안 옆에서 그 논문을 읽다가 저녁 식사를 마친 후에는 두 사람이 논문을 주제로 토론하곤 했다.

** 프란츠는 그의 상사였을 뿐 아니라 장차 인척 관계가 된다. 그는 마이어에게 처제 마리아 그누흐(Maria Gnug)를 소개했고 두 사람은 1751년에 결혼했다.

사실을 알아냈고, 달의 "칭동libration"을 관측할 정도로 가장 자세히 측정했다. 달의 자전 주기와 공전 주기가 같아서 지구에서 달을 보면 항상 같은 면만 보인다는 것은 잘 알려진 사실이지만 달의 궤도는 타원형이므로 이것이 꼭 완벽하게 들어맞지는 않는다. 우리 눈에 보이는 달 표면은 궤도를 한 바퀴 도는 동안 달의 경도나 위도 방향으로 몇 도 정도 앞뒤로 흔들린다. 그 결과 지구에서 항상 보이는 달 표면은 전체의 59퍼센트 정도가 된다. 마이어는 1748년부터 1749년까지 여러 차례에 걸쳐 눈에 보이는 달의 가장자리에서 가장 눈에 띄는 지점까지의 각거리를 자세히 관찰하여 이 흔들림의 정도를 알아냈다.

마이어가 지도 제작 분야에서 이루고자 하는 최종 목표는 달의 운동에 기초한 경도 예측 방법을 개발하는 것이었다. 그는 1751년에 교수직을 얻어 괴팅겐으로 옮긴 다음 그곳에서 레온하르트 오일러와 교류하기 시작했다. 당시 오일러는 자신의 달 궤도 모형을 마무리하는 단계였다. 마이어는 오일러의 공식에 자신의 관측 결과를 더하여 달의 미래 위치를 계산하는 지루한 작업을 시작했고, 1753년에는 1.5분 이내의 각도 정확도를 자랑하는 달 주기표를 완성했다. 그는 관측과 계산을 계속하여 2년 후에는 불확실성을 1분 이내로 줄였다.

1분 이내의 각도 오차로 달의 위치를 예측할 수 있다면 0.5도 이내의 경도로 시간을 측정할 수 있으므로 영국이 제공하는 2만 파운드 상금을 수여할 자격이 있었다. 마이어로서는 당연히 영국 경도 위원회가 외국인의 제안을 긍정적으로 검토해줄 것인지에 회의적일 수밖에 없었지만, 지인과 동료의 성화에 못 이겨 결국 1755년에 자신이 만든 달 주기표 한 부를 런던으로 보냈다. 마이어의 달을 이용한 경도 측정법을 검증한 사람은 네빌 매스켈라인Nevil Maskelyne이라는 천문학자로, 그는 1761년에 바베이도스를 향해 떠난 길에서 위치를 잘 아는 다른 천체와 달 사이의 각거리를 측정했다. 그런 다음 그 각거리를 마이어의 주기표로 예측한 위치와 비교하여 시간을 계산했다.

매스켈라인은 달을 이용한 경도 측정법이 매우 효과적이어서 경도 위원회가 정한 목표 범위 내에서 경도를 파악할 수 있다는 사실을 확인했다. 안타깝게도 그 과정에는 매우 복잡한 계산이 필요했다. 그러나 그는 그 복잡한 계산 중 많은 부분을 미리 해놓으면 충분한 능력과 시간이 있는 과학자들이나 사용할 수 있는 이 표를 선박용으로 간단하고 빠르게 사용할 수 있도록 만들 수 있다는 사실을 깨달았다. 그는 영국으로 돌아오면서 이 작업에 착수하기로 마음먹고 마이어의 표를 선박에 적합한 형태로 바꿀 계산팀을 꾸렸다.

매스켈라인의 보고를 듣고 이듬해에 마이어가 제출한 개선된 주기표를 받아본 경도 위원회는, 1765년에 마침내 그의 업적을 인정하여 3,000파운드의 상금을 지급했다. 그러나 정작 마이어는 1762년에 39세의 나이로 이미 세상을 뜬 후였으므로, 상금은 미망인과 자녀들에게 돌아갔다.* 마이어가 워낙 젊은 나이에 요절했으므로 그가 더 오래 살았더라면 얼마나 많은 일을 할 수 있었을까 궁금하게 여기는 사람도 많지만 그가 생애를 바쳐 이룩한 일도 충분히

---

* 그뿐만 아니라 마이어 주기표의 바탕이 된 수학 기법을 개발한 공로로 생각지도 않았던 300파운드의 상금이 오일러에게 돌아갔다. 일단 유명해져야 한다는 진리를 다시 한번 확인할 수 있다.

불멸의 업적이라고 할 수 있다. 마이어의 달 주기표는 매스켈라인의 편집으로 왕립 천문대가 발행한 『**항해력**Nautical Almanac』의 근간이 되었다. 이 표가 등장하자 처음으로 정확한 경도 측정법을 누구나 사용할 수 있게 되었으며, 전 세계의 항해사들은 당연히 큰 도움을 받았다. 『**항해력**』은 1767년부터 꾸준히 개정판이 나오면서 보급되었고(1800년대 중반부터 미국 해군 관측소도 이와 유사한 주기표를 자체 발행해왔다), 심지어 오늘날에도 미 해군과 각급 해양대학은 천문 관측으로 시간을 측정하는 방법을 가르치고 있다. 천체 위치를 계산하는 법은 더욱 정밀하게 개선되고 있으며, 20세기에도 한동안 초의 길이를 정의하는 방법으로 천체 위치의 계산법이 사용되기도 했다(13장 참조). 그러나 그 전에 경도 위원회의 지원으로 이루어진 또 하나의 기술 혁신을 살펴볼 필요가 있다. 이 혁신은 우리가 일상에서 경험하는 시간에 큰 변화를 가져왔다.

항해를 위한 시간 측정법

지표면 상에서 방향을 찾는 일은 하늘의 항성과 행성의 위치를 측정하는 것과 똑같은 문제를 안고 있다. 위도와 경도의 각거리를 파악해야 한다는 것이다. 천체 좌표와 마찬가지로 둘 중 하나는 쉽게 찾을 수 있지만, 나머지 하나는 찾기가 매우 어렵다.

쉽게 찾을 수 있는 것은 위도다. 1장에서 설명했듯이, 위도는 정오에 태양이 뜬 높이나 밤하늘에 보이는 북극성의 위치로 쉽게 측정할 수 있다. 하늘만 맑으면 약간의 계산만으로 천체의 적위를 쉽게 측정할 수 있듯이, 지표면의 위도를 찾는 일도 그리 어려운 일은 아니다.

그러나 경도를 찾는 일은 결코 쉬운 일이 아니다. 그것은 적경을 측정하기가 어려운 이유와 같다. 동서 방향으로 뚜렷한 기준점이 없기 때문이다. 지구가 일정한 속도로 자전한다는 말은 하늘에 보이는 모든 것은 동쪽에서 서쪽을 향해 일정한 속도로 움직이며 그 과정에 어떤 한계나 이정표도 만나지 않는다는 것을 의미한다. 따라서 적경을 측정할 때와 마찬가지로 지구의 자전으로 인해 경도를 측정하는 것은 바로 시간을 측정하는 일이 된다. 어떤 천체가 머리 바로 위에 있을 때의 시간을 측정한 후 그 지점으로부터 동쪽으로 일정 정도 떨어진 한 지점에서 그 천체가 다시 머리 위에 오는 시간을 알면 두 지점의 경도 차이를 구할 수 있다. 지구는 24시간 동안 360도 회전하므로 시간당 경도 차이는 15도가 된다.*

나는 약 10년 전에 처음 시간 측정의 역사에 대한 강의를 시작하면서 루이지애나에서 물리학 교수로 있던 친구 렛 얼레인Rhett Allain** 과 함께 해시계를 동시에 작동하는 실험을 고안한 적이 있었다. 우리는 각자 간단한 해시계를 설치해두고(렛의 해시계는 합판에 못을 박아둔 것이었고, 나는 4살짜리 아들의 레고 블록을 빌려 쌓아놓았다), 웹캠으로 그림자의 변화 과정을 녹화했다. 그런 다음 그림자의 길이가 가장 짧아지는 시간을 추적하여 각자가 있는 곳의 위도를 각각 43.4도와 31.3도로 계산했다. (구글 맵을 검색하여) 이미 알고 있던 위도인 42.8도 및 30.5도와 대략 일치하는 값이었다. 우리는 각자 태양이 정오에 오는 시간을 비교하여 경도 차이를 17.2도로 계산했다. 이것을 정확한 값인 16.6도와 비교하면 1700년대에 경도 위원회가 내걸었던 1만 5,000파운드를 받기에 충분한 근사치라고 볼 수 있다. 이 과정에서 가장 어려웠던 것은 1월에 두 지역 모두 그림자가 뚜렷이 보일 정도로 화창한 날을 찾는 것이었다.

---

* 이 방법을 사용하면 경도 차이를 꽤 정확하게 측정할 수 있지만, 이런 결과를 바탕으로 지도를 만들 때 무엇을 기준점으로 삼아야 하는가 하는 문제가 남는다. 이것은 결국 정치적인 문제가 될 수밖에 없다. (모든 해양 국가는 자국의 수도를 경도 기준으로 삼아 지도를 제작하는 경향이 있는데) 앞으로 살펴보겠지만, 이 문제는 정치적으로 해결된다. 현대의 규약은 영국 그리니치의 경도를 0도로 정하고 있다.

** 그는 활발하게 활동하는 물리학 블로거이자 『앵그리 버드의 강력한 힘(Angry Birds Furious Forces)』(2013)과 『괴짜 물리학(Sidereus Nuncius)』(2015)의 저자이기도 하다.

우리에게 이 실험이 쉬웠던 이유는 둘 다 그림자가 가장 짧아지는 시간을 정확하게 알았을 뿐만 아니라 서로 2,000킬로미터나 떨어져 있으면서도 첨단 통신 기술을 이용해 데이터를 실시간으로 주고받을 수 있었기 때문이다. 하지만 경도법이 통과되던 당시에는 당연히 두 가지 모두 만만치 않은 일이었고, 막대한 보상이 제공된 것도 바로 이런 이유 때문이었다.

1700년대에 지구상의 두 위치의 거리를 측정하는 방법은 기본적으로 두 가지였다. 하나는 양질의 시계를 사용하여 기준 지점의 시간을 정확히 잰 다음, 경도를 측정하고자 하는 지점까지 시계를 운반하는 것이었다. 이 방법은 먼 거리를 이동하는 가장 빠른 수단이라고 해야 동물이 끄는 수레밖에 없던 시절에는 기계식 시계를 사용하더라도 결코 쉬운 일이 아니었다.

다른 방법은 천문 현상을 이용하는 것으로, 미리 벌어질 시간을 잘 알고 있는 천체 현상을 관측하는 것이었다. 목성의 위성이 보여주는 식 현상이 가장 좋은 사례이다. 앞 장에서 살펴봤듯이, 식이 일어나는 시간은 단 몇 분의 오차로 예측할 수 있으며 발생 주기가 짧아 관측하기에도 편리하다(일식이나 달의 월식 등은 쉽게 관찰할 수 있지만, 매우 드물게 일어나는 현상이다). 이 방법은 육지에서 아주 효과적이었다. 루이 14세가 짜증을 냈던 관측 결과는 목성의 위성을 이용하여 측정한 시간을 바탕으로 한 것이었다.

그러나 목성은 관측하기에는 너무 작아서 위성의 식이 일어나는 시간을 파악할 정도로 자세히 관측하려면 육지에서조차 고도의 기술이 필요했다. 하물며 항해하는 선박의 갑판 위에서는 능숙한 천문학자도 사실 불가능했다. 갈릴레오를 비롯해 선박용 고정식 망원경을 만들어본 사람이 몇 명 있었지만, 제대로 작동한 것은 하나도 없었다.*

천문 현상을 이용한 시간 측정법을 바다에서도 적용하기 위해서는 쉽게 찾을 수 있고 측정하기도 간편한 표적이 필요했다. 이 조건에 가장 들어맞는 천체는 달인 것 같았다. 2장에서 설명한 것처럼, 달은 그 위상 주기 때문에 거의 매일 밤 일정 시간 동안 눈에 보일 뿐만 아니라 보름달의 폭은 약 0.5도에 달해 파도에 흔들리는 배 위에서도 쉽게 관측할 수 있을 만큼 크다. 더구나 달이 다른 별자리들을 배경으로 움직이는 속도는 충분히 빨라(시간당 약 0.5도) 하룻밤 사이에도 시간을 정확하게 잴 수 있다. 사실 달을 시계로 사용해 경도를 측정하자는 제안은 경도법보다 무려 2세기 전인 1514년에 요한 베르너가 먼저 제기했다.

그러나 시간 측정용으로 불리한 점도 있다. 달의 궤도는 매우 복잡하여 눈으로 볼 수 있는 그 어떤 천체보다 예측하기 어렵다. 따라서 항해 목적으로 쓸 만큼 정확하고도 종합적인 달 궤도 이론을 개발하는 것은 당대 최고의 과학자와 수학자들에게도 엄청난 과제가 될 수밖에 없었다.

* 그러나 공상과학적 감성을 자극하는 데는 분명히 효과가 있었다.

달의 편심 궤도

달은 최소한 그 궤도가 모호하지는 않으므로 다른 행성보다 파악하기 쉬운 것처럼 보일 수도 있다. 프톨레마이오스나 코페르니쿠스 및 튀코 체계에서도 달은 지구를 중심으로 공전을 한다고 보았기 때문이다. 무엇보다 다른 행성에서 종종 보이는 역행 운동을 하지 않는다는 면에서 달은 어떤 행성보다 궤도를 파악하기 쉬운 것이 사실이다. 달은 언제나 배경 항성을 기준으로 하루 평균 13도 각도 정도의 속도로* "전진할" 뿐, 제자리에 서거나 방향을 바꾸는 경우란 없다. 그러나 전체적인 운동 방향은 비교적 예측할 수 있지만, 움직이는 **속도**는 큰 폭으로 변하며 매우 복잡하다. 하루 평균 이동 폭은 13도지만, 특정 구간을 놓고 보면 궤도의 어느 지점에 있느냐에 따라 이동 폭이 좀 더 크거나 작을 때도 있다. 적위 또한 황도의 위아래 몇 도 사이에서 오르락내리락하며 단순한 월간 위상 주기보다는 훨씬 더 복잡하게 움직인다.

그러나 천문학자들은 수천 년 동안 달의 움직임을 추적해오면서 지속 기간이 서로 다른 여러 주기가 반복된다는 사실을 이미 기원전 500년에 알고 있었다. 그들은 29.530589일의 위상 주기로 움직이는 일반적인 삭망월 외에도 달이 가장 빠르게 움직이는 시기가 이어지는 근점월anomalistic month, 近點月(27.554551일)이나 황도의 남쪽에서 북쪽으로 달이 가로지르는 시기에 해당하는 교점월draconian month, 交點

* 시간 단위로 표현하면 적경 52분이 되지만, 달은 적위와 적경 방향으로 모두 움직이므로 양쪽 모두에 적용되는 각도 단위를 사용했다.

月(27.212221일)의 존재를 모두 알고 있었다. 달을 지칭하는 이런 다채로운 이름은 달의 궤도와 하늘에 태양이 보이는 영역이 교차하는 "마디"가 월식이 일어나는 유일한 지점이라는 사실과 고대 문화에서 월식을 태양과 달을 삼키는 용에 비유한 데서 유래한 것이다.** 이런 마디 교차 현상이 보름달이 뜨는 시기에 일어나면 달이 지구의 그림자를 통과하는 월식이 일어난다. 또 교차 현상이 그믐에 발생하면 달이 지구와 달 사이에 들어오면서 일식이 일어난다.***

이렇게 다양한 달의 주기는 단순히 서로 곱해서 구할 수 있는 배수가 아니라, 2장에서 히브리력의 바탕으로 소개했던 장장 19년에 이르는 메톤 주기처럼 오랜 기간에 걸쳐 반복된다. 달은 태양력으로 19년 주기가 끝나는 시점에 맞춰 235삭망월을 마친 후, 다시 처음의 주야평분점과 같은 위상으로 돌아간다. 비슷한 맥락에서 바빌로니아의 천문학자들은 223삭망월이 242교점월과 같으므로 월식이 일어나는 패턴은 불과 18태양년이 조금 넘는 시기로 구분할 수 있다고 말했다.**** 바빌로니아 사람들과 고대 그리스인들은 이런 "삭망 주기Saros cycle"를 이용해 월식이 일어나는 시기를 예측했다.

달의 주기가 이렇게 복잡한 근본적인 원인은 달의 궤도가 단지 지구 중력만으로 움직이는 케플러식 타원형이 아니라는 데 있다. 달

** 용에 관해 좀 더 이야기하자면, 예로부터 달이 황도를 남쪽에서 북쪽으로 가로지르는 상승 마디는 용의 머리(caput draconis)라고 했고, 하강 마디는 용의 꼬리(cauda draconis)라고 했다.

*** 지구와 달의 크기 차이 때문에 월식은 일식보다 훨씬 더 오래 지속되고 사람들의 눈에도 더 잘 띈다. 지구에 드리우는 달의 그림자는 비교적 작으므로 일식은 지속 기간도 짧고 지표면에서 볼 수 있는 위치도 제한적이다.

**** 정확히 말하면 18년 11일 8시간이다.

의 움직임은 지구가 끌어당기는 중력 외에도 태양의 중력에도 영향을 받으며, 이 힘은 지구를 중심으로 도는 달의 공전 궤도(달이 지구와 태양 사이에 들어오면 커지고 밖으로 나가면 작아진다)뿐만 아니라 태양의 주위를 공전하는 지구의 궤도(지구가 태양에 다가갈수록 커지고 멀어질수록 작아진다)에 따라서도 달라진다. 달은 이런 섭동perturbation 현상 때문에 지구를 한 번 돌 때마다 완벽히 같은 지점으로 돌아오는 것이 아니라 장미꽃 모양의 복잡한 패턴을 그리게 된다.

태양과 지구, 달 사이의 중력으로 인한 상호작용은 물리학에서 말하는 "삼체문제three-body-problem"의 한 예로, 그런 상황에서 세 물체의 움직임을 정확히 예측하는 수학적 해는 구할 수 없는 것으로 이미 밝혀졌다.* 그러나 천문학자에게 다행인 점은 태양이 달에 미치는 힘의 변화는 비교적 작기 때문에 간단하게 해결할 수 있는 섭동으로 취급할 수 있다는 것이다. 진자 운동을 단일 진동 주기에 진폭에 따라 달라지는 작은 주기 변화를 추가하여 조화 운동자의 근사치로 볼 수 있는 것처럼(6장에서 소개한 "원호 오차"에 해당한다), 달의 운동도 단순한 궤도에 일부 수정을 추가한 형태로 볼 수 있다. 달의 궤도는 순수 진자 운동에 비해 더 많은 교정이 필요하지만, 이런 요소를 종합하면 비교적 간단한 개념도를 그릴 수 있다. 이런 달 운동의 불규칙성 중 가장 규모가 큰 것은 1600년대에 원호 오차를 이용하여 확인된 것으로, "출차Evection" 또는 "월각차Parallactic Inequality" 등의

* 그뿐만 아니라 태양계의 다른 모든 행성의 중력도 영향을 미치므로 문제는 더욱 복잡해진다.

명칭이 붙어 있으며, 놀랍게도 "변동Variation"이라는 포괄적인 이름으로 불리기도 한다.

몇 달이나 몇 년 후에 일어날 천체 현상을 정확하게 예측하는 일은 이른바 "대항해의 시대"를 맞아 항해에 꼭 필요한 능력이었고, 그런 모형을 만들기 위해서는 케플러의 법칙이 제공하는 핵심 요소를 일목요연하게 기술하는 방법이 필요했다. 달의 궤도는 두 "초점" 중의 하나에 지구가 있는 케플러식 타원형으로 생각해도 큰 무리가 없고, 이렇게 생각하면 몇 가지 변수만으로 설명할 수 있다. 타원의 장축(달이 가장 가까이 다가온 거리인 근지점近地點과 가장 먼 거리인 원지점遠地點도 이 선상에 있다)이 가리키는 방향에 있는 우주 공간 상의 한 점

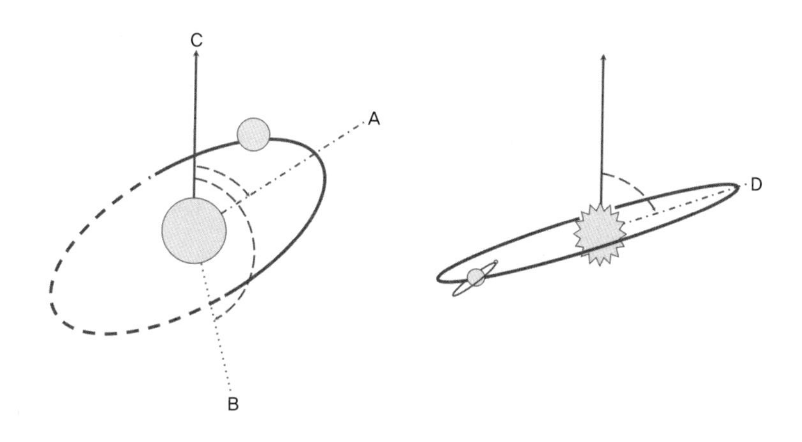

달 궤도의 매개변수

왼쪽: 지구와 달의 관계를 확대하여 나타낸 것으로, 달 궤도의 장축(A)과 함께, 달 궤도가 태양의 경로 아래(점선)에서 위(실선)로 이어지며 태양의 경로와 겹치는 마디(B)를 보여준다. 두 선 모두 적경과 적위에서 멀어진 각도로 표시할 수 있다(C). 오른쪽: 태양과 지구의 관계를 나타난 것으로, 지구 궤도의 장축(D)과 지구 궤도에 대한 달 궤도의 기울기를 알 수 있다(편심은 모두 과장되어 있으며, 양쪽 모두 정확한 비율이 아니다).

은 적경과 적위로 정의된다. 달의 궤도는 태양의 주위를 도는 지구 궤도와 약 5.1도 차이로 기울어진 평면 상에 있고, 달이 남쪽에서 북쪽으로 교차하는 마디가 특정 지점을 향하도록 정렬되어 있다. 지구 궤도에도 자체적인 타원의 장축이 있고, 두 타원 궤도 모두 편심이 있어서 궤도의 초점으로부터의 근지점과 원지점이 서로 다르다.

이 9개의 매개변수는 어떤 시점에서든 궤도를 정의하므로, 이들 변수의 시간에 따른 변화를 통해 달의 움직임을 포착할 수 있다. 달 궤도의 장축이 천천히 회전하는 "달의 원지점 세차apsidal precession" 현상은 8.85년을 한 주기로 한다. 그런데 궤도 평면 또한 궤도와 함께 회전하므로 마디의 위치는 18.61년을 한 주기로 하며, 이를 "결절 세차nodal precession"라고 한다. 달 궤도의 편심률은 지구가 궤도의 어디에 있는지에 따라 달라진다. 지구가 태양에 가까이 다가갈 때는 더 늘어나고 태양에서 멀어지면 원형에 가까워진다.

유용한 달 궤도 이론을 수립하기가 어려운 이유는 달의 궤도를 기술하는 매개변수가 매 순간 변화하기 때문이다. 이것은 얼마나 자세히 관측하느냐의 문제일 수도 있다. 초창기 달 궤도 이론을 유의미하게 수정했던 최초 사례가 수십 년에 걸친 튀코 브라헤의 관측 결과에서 나온 것만 봐도 알 수 있다. 그러나 이것을 미래로 확장하여 시간 측정과 항해에 사용할 수 있을 정도의 정밀성을 확보하기 위해서는 먼저 궤도의 섭동 원인을 깊이 이해해야 했는데, 이것을 가능하게 한 것이 바로 뉴턴의 혁명적인 중력 물리학이었다.

A BRIEF HISTORY OF TIMEKEEPING

| CHAPTER 10 |

항해력과 해상시계의 탄생

시간의 흐름이 보여주는 가장 보편적인 특징은 그것이 보편적이지 않다는 것이다. 사람마다 시간이 지나는 것을 조금씩 다르게 느낀다. 물론 그것이 지금부터 살펴볼 정량적 진실을 포함하는 물리적인 의미도 있겠지만, 우리가 경험하는 시간의 차이는 대부분 주관적인 것이다. 직장에서 일하는 하루는 그 일을 어떻게 느끼느냐에 따라 눈 깜짝할 새에 지나갈 수도, 마치 영원처럼 길어질 수도 있다. 놀이 기구를 타기 위해 기다리는 시간이 부모에게는 합리적으로 느껴지겠지만, 아이들은 도무지 못 견딜 것처럼 길게 느낄 수도 있다.

이런 주관적인 경험의 차이는 특히 어른들의 경우, 모든 사람의 일정이 각각 다르다는 사실 때문에 더욱 심각해진다. 슈퍼마켓 계산대에서 정확한 금액을 계산하느라 꾸물대는 사람은 그 순간 다른 급한 일이 없으므로 지금 해야 할 당연한 일에 시간을 쓰고 있다고 생각하겠지만, 바로 뒤에 서 있는 사람은 다른 약속 시간이 코앞에 닥친 터라 속으로 비명을 지르고 있다. 모든 사람이 각자 속도에 맞춰 자기 일을 하는데 일정이 서로 충돌하면 갈등을 빚게 된다.

이렇게 시간에 대한 주관적인 경험이 사람마다 다르므로 객관적인 시간이 필요하다. 다른 사람과 공유하고 동기화된 공식 시간을 표준으로 삼아야 한다. 우리는 이런 객관적인 표준시간 덕분에 계산대 앞에 줄 서 있는 시간이 생각만큼 그렇게 길지는 않으며, 아직 약속 시간에 늦을 정도는 아님을 알 수 있다. 요즘은 스마트폰이나 컴퓨터에 내장된 달력 앱이 표준시간을 알려주고 있고, 그 전에는 손목시계와 종이 달력이 그런 역할을 했다. 하루의 표준시가 존재했던 시기라면 아무리 먼 과거에도 그런 수요가 있었다. 고고학자들은 로마 시대에도 휴대용 해시계가 존재했다는 수많은 사례를 제시한다.

휴대용 시간 측정 기술에 대한 수요는 기계식 시계의 발명 이후 급격히 증가했다. 날씨와 상관없을 뿐 아니라 햇빛이 들지 않는 실내에서도 작동한다는 뚜렷한 장점 때문이었다(적어도 그렇게 작동할 가능성은 충분했다). 그 결과 소형 실내 시계와 회중시계에 대한 수요가 교회 종탑 시계를 비롯한 대형 시계를 거의 따라잡을 정도가 되었다.

그러나 1700년대까지 특히 손목시계는 성능이 그다지 훌륭하지 못했다. 정교한 휴대용 시계는 시간을 정확히 측정하는 도구라기보다는 부와 지위의 상징으로서의 가치가 더 컸다. 값비싼 손목시계를 차고 다니며 하루 일정을 관리할 정도의 여유를 보여주는 것이 중요했을 뿐, 그 시간이 정확한지는 크게 상관이 없었다.

경도 문제가 대두되자, 휴대용 시간 측정이 한층 더 중요해졌다. 바다를 항해하는 선박에서 경도를 재는 표준으로 사용하려면 시계의 정확성이 매우 중요했다. 바다의 경도를 정확하게 측정하려면 달의 거리를 이용하는 방법도 물론 유효했으나, 단순화된 **항해력** 주기표를 사용하더라도 다소 복잡한 계산을 해야 했다. 그런데 정확한 기계식 시계가 있으면 이 과정을 쉽게 단순화할 수 있다. 하지만 바다를 항해하는 선박이란 기계 장치를 작동하기에는 매우 혹독한 환경이었기 때문에 정확한 선박용 시계를 제작한다는 것은 대단히 어려운 일이었다. 경도 위원회가 내건 보상이 있었음에도 해상 여행이라는 가혹한 환경을 견디는 휴대용 시간 측정기를 제작하기까지는 수십 년의 세월이 필요했다.

정확한 항해용 시계를 제작하라

달을 이용한 거리 측정은 바다에서 정확한 경도를 추적하는 데 널리 사용된 최초의 방법이었으나 그것이 1700년대 중반에 개발된 유일한 해법은 아니었다. 현대적인 의미에서 더욱 중요한 또 다른 경도 측정법은 지금에 와서 보면 훨씬 더 분명하고 간단한 것이었다. 그것은 바로 시간을 정확하게 잴 수 있는 시계를 개발해서 가지고 다니는 것이었다. 시계를 보고 출발지의 시간을 알 수 있다면 현재 지점과 그곳의 경도 차이를 쉽게 알 수 있다.

경도 문제에 대한 이런 해결 방식은 1530년에 네덜란드의 수학자이자 지도 제작자였던 겜마 프리시우스Gemma Frisius가 달까지의 거리를 측정하는 법을 내놓은 지 불과 얼마 후에 제안된 것이었다. 개념상으로는 간단했으나 양질의 시계를 실제로 제작하는 것은 그 당시 기술을 훨씬 넘어서는 과제였다. 그로부터 100년 후의 인물인 프랑스 천문학자 장 바티스트 모랭Jean-Baptiste Morin조차 그런 방식의 시계는 엄두도 안 난다며 이렇게 말하기도 했다. "악마라면 경도 시계를 만들 수 있을지도 모르겠지만, 인간이 시도한다는 것은 말도 안 되는 일이다."*

물론 모랭이 단언했다고 해서 다른 사람들마저 포기한 것은 아니었다. 진자시계가 등장하자마자 과학자와 시계 제작자들이 경도 측정용 시계 제작에 나섰다. 1660년대에 하위헌스가 제작한 진자 기반의 해상용 시계는 초기 테스트에서 꽤 희망적인 결과를 내놓았다. 그러나 이 결과는 장기간의 항해를 통해 검증된 것이 아니었다. 1670년에 장 리처가 하위헌스의 진자시계를 항해용으로 테스트하는 임무를 맡았으나, 그 시계가 작동을 멈추면서 테스트도 중단되었다. 하위헌스는 처음에 이 일을 리처가 부주의한 탓으로 돌렸지만, 1686년부터 1687년, 1690년부터 1692년 사이에 다시 테스트해본

* 앤드류스(W.J.H. Andrews) 편저, 『경도 탐구(The Quest for Longitude)』(1996), 『경도 심포지움(Longitude Symposium)』(1993) 중 데릭 하우즈(Derek Howse)의 「달까지의 거리를 통한 경도 측정법(The Lunar-Distance Method of Measuring Longitude)」에서 인용.

결과도 큰 차이가 없자 결국 이 프로젝트를 포기하고 말았다.

결국 선상은 진자형 기계 시계가 작동하기에는 이상하리만치 혹독한 환경이라는 결론에 도달했다. 진자의 규칙적인 운동은 중력이 아래로 끌어당기는 힘에 의존하는데, 파도에 흔들리는 선박의 갑판에서는 시계의 정확한 방향이 끊임없이 변화하므로 진자시계의 주기에 오차가 발생할 수밖에 없다. 실제로 파도에 따른 요동으로 "원호 오차"가 발생하는데, 진자가 방향이 바뀌는 지점에 도달할 때마다 정확한 수직에 대해 각도가 조금씩 달라지기 때문이다. 이런 오차를 상쇄할 수 있다고 하더라도 항해용 진자시계에는 리처가 카옌에서 발견한 또 다른 문제가 있었다. 바로 중력의 세기가 위도에 따라 달라서 오차가 하루에 몇 분에 이를 정도로 진자의 주기가 바뀌는 현상이다. 1687년에 항해 중에 하위헌스의 해상시계를 작동하면서 측정한 경도가 뚜렷이 동쪽으로 치우쳐, 적도에 다가갈수록 시계가 느려졌던 것도 바로 이런 현상 때문이었다.

진자가 지닌 고유한 문제는 방정식에서 중력을 제외함으로써 해결할 수 있다. 진자 대신 나선형 스프링에 금속 고리를 부착한 "균형 스프링"을 사용하는 것이다. 이 금속 고리가 앞뒤로 비틀리면서 구동을 조절하는 역할을 한다. 이 개념을 창안했다고 주장한 사람 중에는 하위헌스를 비롯해 파리의 시계 제작자 이삭 튀레Isaac Thuret, 프랑스 물리학자 장 드 오트푀이Jean de Hautefeuille, 그리고 역시 로버트 훅도 포함되었다. 물론 그들 모두 어느 정도 역할을 했겠지만, 하위헌스가 최초로 균형 스프링 시계를 제작한 사람이라는 데는 논란의 여지가 거의 없다.*

언뜻 보면 균형 스프링은 폴리오의 여러 문제가 다시 발생하는 것처럼 보일 수도 있다. 금속 고리가 앞뒤로 비틀리는 속도는 구동력이 그것을 밀어내는 힘의 크기에 좌우되기 때문이다. 그러나 사실은 고리의 회전 운동을 멈추고 되돌리는 힘은 스프링이 전부 감당한다. 진자시계와 마찬가지로 주 스프링이 하는 일은 마찰로 손실되는 에너지를 보충하여 운동을 유지할 수 있도록 작은 힘을 보태는 것뿐이다. 균형 스프링의 조절 기능은 대단히 안정적이어서 지금도 기계식 손목시계에 사용되고 있다.

균형 스프링은 이론적으로는 괜찮은 개념이었으나 실제 적용 단계에서 몇 가지 문제가 있었고, 특히 바다를 항해하는 환경에서는 이런 문제들이 더욱 두드러졌다. 1700년대의 항해란 어떤 기계 장치도 제대로 작동하기 힘든 대단히 혹독한 환경이었다. 우선 온도와 습도의 변화 범위가 너무 컸다. 온도의 편차가 크면 균형 고리의 팽창과 수축에 따라 시계의 작동 속도가 달라진다. 그보다 심각한 문제는 공기 중에 포함된 염분이었는데, 염분 때문에 금속 부품이 부식되면 마찰이 증가하여 각종 기어가 잘 작동하지 않아 시계의 성능이 전반적으로 저하될 수밖에 없었다. 윤활유를 사용하면 다소 나아지기는 했지만, 1700년대의 윤활유란 사용 온도 범위를 조금만 벗

* 균형 스프링은 진자를 조절 장치로 쓸 수 없는 회중시계에도 매우 적합하다. 회중시계는 애초에 방향과 상관없이 자유자재로 쓰고자 만든 것이다. 초창기 손목시계는 항상 정확성 향상에 도움이 되지 않는 폴리오를 조절 장치로 썼다.

어나도 끈적하게 들러붙기 일쑤여서 여러모로 문제를 더 악화할 뿐이었다.

1700년대 초에 이르자 정확한 실내용 시계와 손목시계에 필요한 핵심 기술이 모두 개발되어 유럽 전역의 천문대에서 채택되었다. 이런 시계는 **육지에서는** 아무 문제가 없었으나 혹독한 해양 환경에만 가면 시계 제작자들을 번번이 좌절시키는 바람에 경도 시계를 일언지하에 거절한 모랭의 태도는 선견지명에 가까웠다.

바다 위에 설치된 시계

정확한 해상시계를 제작하는 문제를 마침내 해결한 사람은 영국 링컨셔의 시계 제작자 존 해리슨이었다. 해리슨은 원래 목수 교육을 받았으나 항상 시계와 그 작동법에 관심이 많았고,** 독학으로 시계 제작 분야에서 장인의 반열에 오른 인물이었다. (6장에서 살펴봤듯이) 해리슨이 처음으로 명성을 얻은 것은 목제 기어와 "자가 윤활" 기능을 갖춘 괘종시계,*** 온도가 상승하면 시계가 늦어지는 열팽창 문제를 해결한 신축보정형 진자 덕분이었다. 그는 1730년경에 해상시계를 제작해서 정확한 경도 측정법을 제시한 사

** 일설에 따르면 그는 어린 시절 천연두를 앓은 후 낫기를 기다리는 동안에 손목시계를 분해 조립하면서 작동 원리를 익혔다고 한다.

*** 해리슨이 사용한 유창목(lignum vitae)은 목질이 매우 치밀하며, 천연 기름을 다량 함유하여 표면이 부드럽고 마찰이 적다.

람에게 수여하는 상금을 타겠다고 마음먹은 후로 그 일에 여생을 모두 바쳤다.

오늘날 "H1" 시계라고 부르는 해리슨의 첫 해상시계에는 그가 고안한 퇴각식 탈진기(메뚜기 탈진기)와 스프링으로 연결된 바벨 모양의 균형추가 한 쌍 들어 있었다. 이 균형추가 반대 방향으로 움직이면서 파도로 인한 흔들림을 상쇄하는 원리였다. 지금 영국 그리니치 왕립박물관에 전시된 H1 시계의 복제품은 정교한 기계 장치가 다 그렇듯이 너무나 아름다운 자태를 뽐내고 있다.

해리슨은 리스본으로 가는 항해에 H1을 가져갔다가 1736년에 돌아왔다. 바깥쪽 다리가 약간 말을 듣지 않는 문제가 있었으나 돌아오는 길까지 매우 훌륭한 성능을 발휘했다.* 이런 성과에 고무된 경도 위원회는 그에게 500파운드의 보상금을 안겨주며 연구를 지속하게 했고, 몇 년 후에 한 번 더 500파운드를 지원했다. 그러나 해리슨이 구조를 전면 개편해 다시 한번 해상 테스트에 나서기까지는 무려 20년의 세월이 필요했다.

H1이 복잡하고 화려한 기계였던 데 비해, 그 후속 제품에 해당하는 H4**(드디어 경도법에 명시된 표준을 완전히 충족하는 제품이었다)는 일반적인 회중시계보다 크기만 조금 더 클 뿐 별다른 특징이 없었다. 그러나 그 속에는 대단한 혁신이 몇 가지 숨겨져 있었다.

---

* 해리슨은 이 항해를 통해 시계의 성능만 확인한 것이 아니라 자신이 뱃멀미에 매우 취약하다는 사실을 알게 되었고, 이후로 다시는 해외로 나가지 않았다.

** H2와 H3라는 시제품은 결국 해리슨의 까다로운 조건을 충족하지 못했으므로 항해 테스트도 할 수 없었다.

해리슨은 H4를 제작하면서 균형 스프링을 조절 장치로 채택했는데, 이 방식은 앞에서 설명한 대로 중력에 의존하지 않는다는 장점에도 불구하고 온도 변화에 대처하는 면에서 심각한 문제를 안고 있었다. 해리스는 여기서 기발한 해결책을 찾아냈다. 그는 황동 판을 철재 띠로 고정해서 만든 "바이메탈 띠"를 온도 보정용 제어장치compensation curb로 활용했다. 이것은 신축보정 진자의 원리와 비슷하게 열팽창률이 서로 다른 두 금속의 균형을 맞춰 진동 주기를 일정하게 유지하는 역할을 했다. 두 금속 모두 온도가 증가하면 부피가 팽창하나 황동 쪽의 팽창 속도가 더 빠르므로 금속 띠는 철 쪽으로 구부러진다. 바이메탈 띠가 휘면서 스프링을 눌러 유효 길이가 줄어드는 효과는 톱니바퀴가 팽창하면서 느려지는 진동을 상쇄하는 힘으로 작용한다.***

H4에는 바이메탈 제어장치 외에도 높은 수준의 설계공학이 반영되어 있다.**** H4의 탈진기는 버지의 일종이지만, 반동을 줄이는 미묘한 구조를 채택하고 있다. 이 탈진기의 받침대 접촉면에는 다이아몬드 칩이 박혀 있다. 다이아몬드는 그 당시 구할 수 있는 철재보다 더 매끄럽고 오래 가는 표면을 구현했으므로 마찰이 줄어들어 윤활유를 쓸 필요가 없었다.

1761년 11월에 해리슨의 아들 윌리엄은 바베이도스로 향하는 80

*** 이후 제작된 시계들은 해리슨의 바이메탈 기술을 균형 톱니바퀴 자체에 적용하여, 바퀴를 반원형 띠 모양으로 나누고 그 사이에 작은 틈새를 두었다. 온도가 상승하면 띠가 단단하게 구부러지면서 바퀴의 크기를 일정하게 유지하고, 따라서 진동 속도도 일정해진다.

**** 실용성만 살린 오늘날의 시제품과 달리, 그 시대에 어울리는 화려한 장식도 추가되었다.

일간의 여정에 H4를 들고 갔다. 마이어의 경도 측정을 위한 달 주기표를 테스트하던 바로 그 항로였다. 카리브해에 도착했을 때 H4가 가리키는 시간은 이미 알고 있던 경도 차이와 5초 이내의 오차를 보이고 있었다. 이를 거리로 환산하면 약 1.6킬로미터로, 경도법이 정한 표준보다 훨씬 더 정확한 기록이었다. 1765년에 수행한 재현성 실험에서도 16킬로미터 이내의 결과를 얻음으로써 공식 기준을 다시 한번 초과 달성했다.

그러나 해리슨 가문으로서는 이런 성과가 경도상 수상으로 이어지기는커녕 경도 위원회 및 왕립 천문학자 네빌 매스켈라인과 거의 10년이나 말다툼이 이어지는 출발점이 된 데 대해 속이 상할 수밖에 없었다. 해리슨 가문은 매스켈라인이 시계 전반에 대해 부당한 편견을 지니고 있다고 느꼈다. 특히 그가 마이어의 달 주기표를 바탕으로 『**항해력**』을 제작하여 배포하는 것을 보고 그런 감정이 더욱 고조되었다. 해리슨은 2만 파운드의 경도 상금을 공식적으로 받은 적은 없으나, H4 설계 비용으로 1만 파운드를 지출한 후 국왕 조지 3세에게 개인적으로 호소해서 의회에서 특별법이 통과되면서 8,750파운드를 따로 수령하기는 했다.*

이런 우여곡절을 연대순으로 잘 정리한 책 중에서도 가장 유명한 것은 데이바 소벨Dava Sobel의 『경도Longitude』다. 이 책은 노골적으로 해리슨의 편을 들면서 매스켈라인을 악당으로 묘사했지만, 자세히

* 오랜 세월에 걸쳐 해리슨이 개발 지원금 명목으로 받은 돈을 다 합치면 2만 파운드를 약간 웃도는 것이 사실이나, 끝내 경도상의 공식 수상자라는 인정을 받지는 못했다.

살펴보면** 이 사건을 그렇게 간단한 대립 구도로만 설명할 수 없음을 알 수 있다. 결국 논란의 핵심은 경도법이 제시한 요건이 과연 "실용적이고 유용한가" 하는 것이다. 해리슨의 시계는 해상에서 선박이 있는 위치의 경도를 추적한다는 기술적인 문제를 해결했지만, 그것을 사용하려면 대단한 노력과 엄청난 비용이 필요했다. 1700년대 말에 양질의 해상시계 하나의 가격은 약 40파운드였던 데 비해, 믿을 만한 사분의와 매스켈라인의 항해력 주기표는 시계의 10분의 1 가격으로 살 수 있었다. 게다가 시계를 사용하면 천문 관측과 수학 계산을 하지 않아도 경도를 **추적**할 수 있지만, 그러려면 시계를 끊임없이 가동하면서 경도를 **찾아야** 했다. 시계가 한 번이라도 작동을 멈추면 다시 정확한 시간에 맞추기 전까지는 항해 장비로 사용할 수 없었고, 바다에서 시간을 재설정하는 방법은 달을 이용한 마이어의 거리 측정표 같은 방식뿐이었다.

바로 그런 이유로 해리슨이 기계식 시계를 제작한 후 시계 가격이 내려가고 신뢰성이 향상되었지만, 여전히 천문 기법은 1세기 이상이나 항해에 필수적인 수단으로 남아 있었다. 그러나 일반적인 용도로는 양질의 기계식 시계가 점점 보편화되면서 "달을 이용해" 경도를 측정하는 수요는 점차 줄어들었고, 1800년대에 접어들어서는

** 소벨의 책은 원래 1995년 워커앤컴퍼니(Walker & Company)를 통해 출판되었다가 2005년에 블룸스버리 퍼블리싱(Bloomsbury Publishing)에서 개정판이 출간되었다. 이 주제를 좀 더 종합적으로 다룬 책으로는 하퍼디자인(Harper Design)에서 출간된 리처드 던(Richard Dunn)과 레베카 히깃(Rebekah Higgitt)의 『배와 시계와 별(Ships, Clocks, and Stars: The Quest for Longitude)』(2014)이 있다. 이것은 영국 그리니치 국립해양박물관에서 개최된 주요 전시회에 맞춰 출간된 책이다.

거의 사용되지 않았다. 20세기 초에 무선 전파가 등장하여 시간 신호가 엄청나게 먼 거리까지 전달되기 시작하면서 일상적인 해상 운행에서 천문 항해 기법을 사용하는 일은 완전히 사라졌고, 선상 시계의 중요성도 크게 줄어들었다.

시계의 대중화가 시작되다

해리슨과 경도 위원회 사이에 가장 큰 논란이 되었던 일은 위원회가 해리슨을 향해 다른 시계 제작자에게 H4 제작 방법을 알려주라고 요구한 것이었다. 해리슨은 이 요구를 발명가이자 시계 제작자로서 자신의 특권을 무시하는 처사라며 단호히 거절했으나 "예측 가능성과 실용성"이라는 요건에 비춰보면 충분히 타당한 요구라고 볼 수도 있었다. 해리슨은 적은 나이가 아니었고(H4가 바다로 나갈 때쯤에는 거의 70세에 가까웠다), 오직 그만이 만들 수 있는 시계로는 상선의 항해가 걸린 큰 문제를 해결할 수 없었다.

1765년에 이르러 해리슨은 결국 경도 위원회가 지명한 전문가팀 앞에서 H4를 분해 조립하는 데 동의했다. 팀의 일원이었던 시계 제작자 라쿰 켄달Larcum Kendall은 H4와 똑같은 제품을 한 대 제작할 임무를 받았다. 켄달이 만든 첫 작품인 "K1"은 나중에 제임스 쿡James Cook 선장이 제2차 남해South Sea 항해에 들고 가게 되는데, K1에 대해 쿡은 이렇게 말했다. "켄달의 시계는 그것을 가장 열렬하게 지지했던 사람의 기대를 훨씬 뛰어넘었다."* 그의 인정은 기계식 시계를 항해용으로 충분히 쓸 수 있다는 인식이 확고하게 자리잡는 계기가 되었다.

쿡 선장의 항해에서 K1이 훌륭하게 작동했다고는 해도, 그것은 너무나 비싼 기계였다. 제작비가 거의 배 한 척 가격과 맞먹는 450파운드에,** 제작 기간은 4년이나 되었다. 실용성 기준을 정말 충족하려면 설계를 단순화하여 제작 기간을 단축해야 했다. 켄달은 해리슨의 설계를 일부 수정한 제품을 두 종류 더 제작했으나(K2와 K3), 둘 다 정확도가 원래 제품에 훨씬 못 미쳤다.

항해용 시계 생산을 필요한 규모로 확장하는 일은 정작 다른 시계 제작자에게 돌아갔다. 그들은 대체로 해리슨의 원리를 따르면서도 새로운 방식의 탈진기를 도입했다. 이 변형 작업에 가장 크게 공헌한 사람은 존 아놀드John Arnold와 토머스 언쇼Thomas Earnshaw였다(그들이 특정 탈진기의 발명 주체를 놓고 몇 년간 특허 분쟁을 벌인 것은 어쩌면 당연한 일이었다). 역사학자 데이비드 랜즈David Landes는 1815년까지 아놀드와 언쇼, 그리고 그들의 동료 폴 필립 바로드Paul Philip Barraud가 이 기법을 사용하여 수천 개의 고품질 시계를 제작했을 것으로 추정한다.

최고급 해상용 시계가 고가를 유지하는 한편으로, 더 온건한 환경에서 사용하는 육상용 시계에도 같은 기술이 적용되어 훨씬 저렴

---

* 존 비글홀(John Beaglehole), 『제임스 쿡 선장의 생애(The Life of Captain James Cook)』, 스탠퍼드대학교 출판부(Stanford University Press), 1974년

** 켄달은 이 시계를 완성하고 50파운드의 상금을 받았다.

한 비용으로 제작되었다. 아놀드와 언쇼가 운영한 시계 제조업은 해상용 시계 제작자보다 훨씬 더 많은 민간용 시계를 생산했고, 실제로 그들의 제품은 튼튼하고 성능도 훌륭했다. 다음 장에서 살펴보겠지만, 아놀드가 1794년부터 생산한 시계 중에는 2차 세계대전 때까지 일상적으로 사용된 것도 있어, 왕립 천문대가 독점하던 시간 측정 기능이 런던 곳곳의 민간 기업으로 이전되는 데 큰 역할을 했다. 물론 아놀드와 언쇼의 기준에는 못 미치더라도 일상 목적에는 충분한 성능의 시계를 제작하는 업자들도 많았다. 1800년대 중반까지 믿을 수 있는 기계식 기계가 생산되면서 휴대용 시계에 대한 수요가 오늘날과 같은 대량 소비로 이어졌다.

천재와 장인

과학 발전의 역사를 이야기할 때는 주로 새로운 발견이나 이론으로 혁명적인 영향을 미친 아이작 뉴턴 같은 "천재"들만 이야기하는 경향이 있다. 그러나 데이바 소벨의 책에 달린 부제를 굳이 들먹이지 않더라도,* 시계 제작자 존 해리슨과 천문학자 토비아스 마이어야말로 장인이라는 칭호가 어울리는 존재들이다. 그들이 성공할 수 있었던 것은 누가 뭐라고 해도 묵묵히 고된 노

* 이 책의 부제는 "당대 최고의 과학 문제를 해결한 고독한 천재의 진솔한 이야기"이다.

력을 감내한 덕분이었다.

마이어의 경도 측정용 달 주기표는 뉴턴이나 오일러 같은 수학 천재들의 작업에 바탕을 둔 것이었다. 달의 복잡한 궤도를 예측하는 데 필요한 물리 및 수학 공식을 개발한 사람이 바로 그들이기 때문이다. 비록 뉴턴과 오일러가 그 방법의 바탕이 되는 원리를 확립한 것은 맞지만, 주기표를 현실화한 것은 마이어였다. 그는 다양한 섭동이 궤도에 미치는 영향을 수치화하고 평가하여 어느 것이 가장 중요한지 결정하고, 그 공식이 오랫동안 자세히 관측한 데이터와 맞는지 검토했다. 오일러와 클레로는 뉴턴의 물리학적 개념으로 궤도를 **예측할 수 있음을** 보여주었지만, 마이어는 그 개념을 현실에 구현했다.

한편 해리슨의 성공 요인은 주로 골치 아픈 재료과학에 있었다. 그의 시계가 이룩한 기술 혁신 중에 가장 눈에 띄는 것은 온도 변화를 보상하는 바이메탈 띠를 사용했다는 것인데, 앞서 언급한 바대로 그 핵심 요소인 균형 스프링이나 레몽투아, 활차 등은 해리슨 이전에도 이미 잘 알려져 있던 기술이었다. 그가 한 일은 기가 막히게 정확한 소재를 선택하여 최적의 기능을 발휘하도록 조합한 것이었다. 그는 황동과 철이라는 완벽한 조합을 찾아냈고 여기에 다이아몬드 받침대를 적용하여 마찰을 최소화했다. H1을 선보인 후 H4를 내놓기까지 20년 동안 한 일은 이 소재들을 결합하기 위한 시행착오의 연속이었다.

마이어와 해리슨의 이야기는 역사적으로 중요한 과학적 발전은 (다소 자의적이지만) 과학과 공학으로 나뉜 두 분야 모두에서 나온 성과라는 사실을 보여준다. 그들의 성과는 유명한 과학자들이 개발한 이론 없이는 불가능했겠지만, 이론을 현실로 바꾼 것은 그들이 지난한 노력을 기울인 덕분이었음을 그 누구도 부정할 수 없다. 마이어와 해리슨은 그나마 행운아들이다. 모래시계나 버지-폴리오 시계를 최초로 발명한 무명의 혁신가들과는 달리, 그들은 최소한 이름이 기록되어 오늘날에까지 기억되고 있으니 말이다.

항해력과 해상시계 덕분에 경도 문제가 성공적으로 해결되자 열강이 전 세계에 진출하는 데 큰 도움이 되었고, 유럽의 자본가들이 안정적인 원거리 수송망을 수립하고 유지함으로써 막대한 부와 정치 권력을 획득하는 계기가 되었다. 시간 측정 분야에서 일어난 다음 단계의 핵심적인 혁신도 원거리 수송과 밀접한 관련이 있다. 이 경우는 사람과 정보가 신속하게 이동하여 사람들이 경도가 바뀌는 데서 오는 시간 변화를 직접적이고 즉각적으로 경험하게 되는 혁신이었다. 그 문제가 해결되면서 전 세계적인 차원에서 우리가 시간을 인식하는 방법이 완전히 바뀌었다. 그런 변화는 주로 상대적으로 간과되어 온 두 집단, 즉 관료와 정치인 덕분이었다.

휴대용 시계의 등장

최초의 기계식 시계가 발명되어 유럽의 교회 종탑에 설치되던 시기에 맞춰 실내에 설치하여 작동할 수 있는 소형 시계의 수요가 형성되었다. 중세 프랑스의 『장미 이야기Le Roman de la Rose』라는 시집을 읽어보면 던스터블 수도원 칸막이에 (아마도 기계식의) 시계가 설치되던 시기인 서기 1275년부터 이미 실내용 괘종시계가 사용되었음을 알 수 있다. 1380년에 작성된 프랑스 국왕 샤를 5세의 사유지에 관한 기록에는 1314년에 세상을 떠난 선왕 필리프 4세를 위해 제작된 소형 은시계가 있었다는 내용이 있다.

당시 기술로 실내용 시계를 제작하는 데는 몇 가지 문제가 있었다. 우선 소재를 구하는 것부터 쉬운 일이 아니었다. 중세의 탑시계는 버지-폴리오 방식의 특성상 반복 충격을 견뎌야 했으므로 튼튼한 주철을 사용했으나, 그 당시 철공 기술로는 소형 제품을 제작할 정도로 정밀한 작업은 무리였다. 실내용 시계에 맞는 소형 기어류를 제작하려면 철보다 내구성이 떨어지는 황동과 같은 금속을 절삭 가공해야 했으므로, 일정한 수명을 보장하는 황동 시계를 제작하려면 기어

장치가 스트레스를 덜 받도록 구조를 재설계해야 했다. 기계 크기가 작아지면 기어가 조금만 불완전해도 오차가 늘어난다. 1밀리미터 정도의 오차는 크기가 50센티미터에 달하는 탑시계의 기어에는 큰 문제가 아니지만, 기어의 지름이 몇 센티미터에 불과한 실내용 시계의 정확도를 크게 떨어뜨린다.

실내용 시계는 구동 기술에도 문제가 있었다. 낙하 하중을 구동력으로 사용하는 시계는 탑 꼭대기에 설치하거나 벽에 높이 걸어두면 오래 가동할 수 있지만, 이런 구조는 손목시계는 고사하고 탁상용 장치에도 전혀 쓸모가 없다. 소형 시계 제작에는 전혀 다른 구동 기술이 필요했다. 좁은 공간에 들어가면서도 하루 이상 가동할 수 있는 에너지를 저장할 수 있어야 한다.

1400년대 초가 되자 새로운 구동 기술이 등장했다. 금속 스프링을 감아서 에너지를 저장한 뒤 구동장치를 통해 천천히 방출하는 원리였다. 그러나 이 기술에는 또 다른 문제가 있었다. 6장에서 훅의 법칙을 다루면서 살펴보았듯이, 스프링을 통해 전달되는 힘은 일정하지 않고 더 큰 변형력stress을 가할수록 증가한다. 주 스프링이 풀림에 따라 구동부에 전달되는 힘은 점점 약해지므로, 스프링 구동형 버지-폴리오 시계는 태엽이 풀릴수록 시간이 점점 느려진다. 이 문제를 해결한 방법은 구동축에 설치하는 원뿔 모양의 "활차fusee"였다. 이 방식은 주 스프링이 더 이상 구동축을 직접 미는 것이 아니라 활차에 감긴 얇은 체인에 연결되어 스프링이 풀림에 따라 감소하는 힘을 보상해주는 원리이다. 스프링이 완전히 감겨 가장 강력한 힘을 발휘할 때 체인은 활차의 가장 좁은 부분을 당기고 있으므로 비교적 작은 힘으로 구동축을 돌릴 수 있다. 시계가 작동해서 스프링과 체인이 연쇄적으로 풀리면서 나중에 활차의 넓은 부분에도 힘이 가해진다. 손잡이가 긴 렌치를 사용하면 더 큰 토크를 발휘하여 꽉 잠긴 볼트를 풀 수 있는 것처럼, 중심에서 더 먼 거리는 스프링의 약한 힘을 보완해준다. 활차의 반지름이 달라지면서 주 스프링의 힘이 줄어들어 구동축에 전달되는 토크는 일정하게 유지되고, 그에 따라 시계는 항상 같은 속도로 작동한다.

1400년대 초에 활차가 발명되면서 훨씬 더 작으면서도 정확한 시계를 제작할 수 있게 되었다(지금까지 남아 있는 최초의 사례는 1430년에 필리프 3세 드 부르고뉴 공작Philip the Good, the Duke of Burgundy을 위해 제작된 시계다). 숙련된 장인들의 솜씨로 꽤 놀라운 수준의 소형화가 달성될 수 있었다. 프랑스 국왕 프랑수아 1세는 1518년에 자루에 작은 시계가 달린 단검 두 개를 샀고, 영국 엘리자베스 1세가 손가락에 낀 반지에 부착된 시계는 작은 갈퀴로 여왕의 손가락을 살짝 긁어서 알람 장치로 사용할 수 있었다는 기록이 있다.

활차 방식의 스프링 구동 시계에 보조 동력 역할을 하는 작은 스프링, 즉 레몽투아remontoire를 결합하면 낙하 하중이나 더 큰 주 스프링의 힘을 이용하여 주기적으로 작은 스프링을 다시 감아줄 수도 있었다. 이런 혁신은 진자시계가 발명되기 전까지 고정밀 시계의 동력원이었다. 1600년대 초에 스위스 시계 제작자 요스트 뷔르기가 제작한 그 당시 가장 정확하다던 버지-폴리오 시계는 하루에 1분 이내의 오차를 보이는 정도였다.

활차와 레몽투아는 진자시계에도 곧바로 적용되었다. 필요한 구동력이 더 작았으므로 폴리오 방식보다 오히려 진자시계에 더 어울린다고 볼 수도 있었다. 따라서 크기가 작고 정밀도가 향상된 진자 방식의 실내용 시계를 제작하여 장소에 상관없이 옮기며 쓰다가 다시 제자리에 설치하여 정확한 시간 표준으로 쓸 수 있게 되었다. 그러나 이동 중에 사용하는 시계를 제작하는 일은 훨씬 더 어려웠다. 이것은 앞에서 언급했던 경도 문제와도 직접적인 관련이 있었다.

A BRIEF HISTORY OF TIMEKEEPING

| CHAPTER 11 |

시간을 정의하는 다양한 기준

인류 역사 중 대부분의 기간 동안 시간은 지역적인 현상이었다. 하루는 특정 지역에서 해가 떠서 질 때까지의 시간으로 정의되었고, 대중적인 시계로 공식화된 후에도 여전히 태양의 움직임과 결부되어 있었다. 각 도시는 그 도시에서 태양이 가장 높은 지점에 도달하는 시간이 정오가 되도록 그 지역의 시계를 자체적으로 설정했다. 워싱턴 DC가 정오일 때 뉴욕시의 시계는 오후 12시 12분을 가리키지만, 사우스캐롤라이나 주 찰스턴은 아직 오전 11시 48분이다.

다시 말해 어느 먼 지역의 시간을 알아내는 것은 두 지점 사이의 경도 차이를 자세히 파악해야 하는 대단히 어려운 문제라는 뜻이다. 그러나 현실적으로 이런 문제는 별로 고민할 필요가 없다. 현재의 위치와 비교하여 여행자가 최종 도착할 목적지에서는 해가 조금 늦게 뜨거나 질 수도 있겠지만, 이용 가능한 교통수단을 생각하면 그것은 실질적으로 큰 의미가 없었다. 말을 타고 달려서 하루에 갈 수 있는 거리를 50킬로미터라고 할 때, 이것을 태양시의 차이로 환산하면 북미 위도 지역에서는 대략 3분 정도에 해당한다. 하루 종일 말을 타고 달린 사람이라면 이 정도 시차를 전혀 실감할 수 없을 것이 분명하다.

그러나 1800년대 중반이 되자 상황이 완전히 바뀌었다. 열차 승객이 1**시간에** 이동하는 거리가 50킬로미터에 이른 것이다. 미국 남북전쟁 직전에 열차로 뉴욕시를 떠난 사람은 하루 만에 오하이오 중부에 도착할 수 있었다. 그 사람이 경험한 시차는 30분을 넘어서므로 해가 질 무렵에는 시간의 차이를 분명하게 느낄 수 있었을 것이다(특히 그 당시는 믿을 수 있는 시계가 널리 보급되던 시기였다). 따라서 이동이 잦은 사람들에게는 지역별 시차가 점점 중요하게 다가왔다.

1860년이 되면 사람들의 이동 속도보다 정보의 전달 속도가 훨씬 더 크게 바뀌었다. 철도의 확산과 함께 전신이 성장하면서 전 세계적인 정보통신망이 최초로 모습을 드러냈다. 북미 지역의 양쪽 해안을 연결하는 최초의 전신망은 1861년에 가설되었고, 1865년에는 대서양을 잇는 전신 서비스가 안정적으로 자리를 잡았다. 어느 날부터 갑자기 샌프란시스코에서 런던까지 하루 만에 연락을 주고받을 수 있게 된 것이다. 통신 기술의 도약으로 전 지구적 차원의 시간이 더 큰 중요성을 띠게 된 것이다.

통신과 교통의 급격한 발달은 결국 현대적인 표준 시간대 체계가 수립되는 요인이 되었다. 지구상의 어떤 지역이라도 경도만 같으면 같은 시간대에 놓이게 된 것이다. 이제 시간은 태양의 움직임과 상관이 없어졌지만(워싱턴에서 태양이 머리 바로 위에 온 시간이 하필 정각 12시라면, 뉴욕에서는 이미 12분 전에 그 지점을 지났고, 찰스턴에서는 아직 12분을 더 기다려야 천정에 도착한다), 사람과 정보가 먼 거리를 이동하는 과정은 훨씬 단순해졌다. 시계에 표시된 시간과 태양이 가리키는 시간이 분리된 것은 일상생활에서 시간이 보편적인 절대 기준이 아니라 사회적 약속의 산물이라는 사실을 다시 한번 일깨워준다. 시간은 미래를 향해 천천히 나아가며 아무도 시간의 흐름을 거역하지 못하지만, **지금 당장** 주어진 "시간의 정의"는 인간이 선택하기 나름이다. 그레고리우스력과 마야력의 차이에서도 알 수 있듯이, 단 하나의 절대적인 체계란 존재하지 않으며 우리가 선택한 특정 체계에는 우리의 가치관과 우선순위가 반영되어 있을 뿐이다.

시간의 이런 사회성을 염두에 둔다면 현대적인 시간 체계가 수립된 과정은 더 큰 차원의 합의를 형성하는 협상의 일부였다고 봐야 한다. 그 과정의 일부인 미국 상황도 철저하게 미국적인 방식으로 진행되었는데, 매우 적극적인 소수의 사람들로부터 시작되어 거대 기업들의 정치 로비를 통해 완성되었다.

철도를 위한 표준 시간

미국의 철도망은 이 나라의 역사에 있었던 다른 일들이 흔히 그렇듯이 지역 단위 민간 사업의 일환으로 성장했다. 전국 각지의 여러 도시에서 우후죽순처럼 성장한 민간 기업들이 해당 지역에서 철도를 부설하고 운영하다가 점차 인근 도시로 철도망을 넓혀나갔다. 철도망이 겹치면서 인근 회사들이 서로 합병하는 경우도 종종 있었으나, 승객들이 한 회사의 노선이 끝나는 곳에서 다른 노선으로 갈아타고 여정을 계속할 수 있도록 분기점을 설치하는 형태가 대부분이었다.

흔히 전해오는 이야기와는 달리, 시간의 표준화가 진행된 것이 이런 다수의 철도망이 서로 충돌하거나 문제를 일으킨 결과는 아니었다.* 철도회사들은 자체 철도망을 운영하면서 시간을 표준화하는 데 따르는 이점을 이미 훨씬 전부터 깨닫고 1830년대부터 단일 표준 시간을 도입하여 내부 일정 관리를 단순화하고 있었다. 개별 노선이 각자의 철도와 열차만 관리했으므로 철도망 전체를 아우르는 보편적인 표준화는 필요 없었다. 내부 일정 문제는 한 회사의 노선에 단일한 시간을 도입하는 것으로 쉽게 해결할 수 있었고, 그 시간이 반드시 어떤 특정한 시간일 필요는 없었다. 또한 어떤 회사든 환승 분기점의 수는 그리 많지 않아 회사들끼리 직접 협상하는 것만으로 충분히 해결할 수 있었다.

표준 시간에 대한 합의의 압력이 늘 존재했다고는 하지만 철도회사들은 각 철도 체계마다 복수의 "철도 시간"이 존재하는 짜깁기 체계에 큰 불만이 없었다. 1880년대 초에 미국 전역에서 운영되던 철

* 허술한 시간 관리로 인해 발생했다고 알려진 몇몇 19세기 열차 참사는 특정 노선의 문제, 즉 고장난 시계를 참조한 철도관리자가 마주보고 달리는 두 열차를 같은 선로에 배치해 발생한 문제였다.

도 노선은 모두 300개가 넘었지만, 그중 199개에 달하는 노선이 단 7개 도시(뉴욕, 시카고, 필라델피아, 보스턴, 워싱턴 DC, 오하이오 주 콜럼버스, 그리고 미주리 주 제퍼슨시티였다)의 시간을 채택하고 있었다. 나머지 노선은 다른 50개 도시의 표준 시간을 준용했다. 승객들로서는 이런 시스템이 불편할 수밖에 없었고, 어떤 도시에서는 노선별로 다른 시간을 확인하기 위해 시계가 여러 개 필요할 때도 있었다(피츠버그 같은 주요 허브 도시에서는 그 수가 6개에 이르기도 했다). 그러나 철도회사로서는 전혀 불편함이 없었다. 1869년에 뉴욕 주 새러토가 스프링스의 한 여학교 교장 찰스 다우드Charles Dowd가 나중에 도입되는 것과 유사한 표준 시간대 체계를 제안했으나 철도회사들은 거의 주목하지 않았다. 그들로서는 이런 문제에 큰 노력을 기울일 필요를 별로 느끼지 못했다.

마침내 시간 표준화가 실현되는 계기는 북극광이 극적으로 드러난 천문학적 자연 현상이었다. 오로라라는 현상이 별로 알려지지 않았던 당시(현재는 우주의 고에너지 입자가 성층권의 원자와 충돌하여 빚어지는 현상으로 알려져 있다) 천문학자 클리블랜드 애비Cleveland Abbe는 1874년 4월에 미국 북부 전역에서 펼치진 장엄한 불빛 쇼를 계기로 이 현상의 본질을 파고들어 보기로 했다. 당시 막 설립된 미국 신호청US Signal Service 내 기상국US Weather Bureau에서 최고 기상학자로 재직 중이던 애비는 전국의 숙련된 기상관측자들과 연락망을 구축하여 각 지역의 기상 조건을 추적한 데이터를 전보를 통해 워싱턴 DC 사무실에서 전달받았다. 그들 중 무려 80여 명의 관측자들이 같은 날 저녁에 오로라에 관한 데이터를 기록했지만, 그 데이터를 조합하고 다른 기상 현상과의 상관관계를 밝히려는 애비의 노력은 지역별로 제각각인 시간대 관리 체계로 인해 좌절되고 말았다.

애비가 이런 현실에 좌절하여 내린 조치는 두 가지였다. 우선 기상관측자에게 내리는 지침을 개혁하여, 모든 관측 결과를 워싱턴 DC의 시간으로만 기록하게 했다. 기준은 미국 해군 관측소가 전보로 통보하는 시각이었다. 이어서 그는 미국기상학회American Metrological Society에 서한을 보내 전국 표준시간 도입을 지지하도록 촉구했다. 컬럼비아대학교에 본부를 둔 과학자 그룹인 이 학회가 보여준 반응은 학자들의 전형적인 방식대로였다. 그들은 이 문제를 연구하기 위해 표준시간위원회라는 것을 창설하고 위원장으로 애비를 지명했다.

이미 공무원 조직에 몸담고 있던 애비로서는 그런 식으로 일을 진행하면 어떻게 되리라는 것을 잘 알고 있었기에 북미 지역에 표준화를 실제로 달성할 수 있는 두 명에게 도움을 요청했다. 미국에서는 철도 관리 기관인 제너럴타임컨벤션General Time Convention의 사무총장 윌리엄 앨런William Allen이었고, 북쪽으로 올라가 찾아낸 인물은 당시 캐나디안퍼시픽철도회사의 수석 엔지니어였던 스코틀랜드 출신 공학자 샌드퍼드 플레밍Sanford Fleming이었다. 앨런이 이끄는 제너럴타임컨벤션은 철도 노선 간 일정을 조율하는 철도 산업 기관이었고, 그는 〈미국 캐나다 철도 승객 가이드〉라는 간행물의 편집장을 겸하고 있었다. 그는 이 두 직책을 겸한 덕분에 각 철도 노선의 속내를 훤히 꿰뚫고 있을 뿐만 아니라 시간 제도의 변화를 적극적으로 알릴 공식 플랫폼도 확보한 셈이었다.

플레밍은 캐나다의 철도 체계를 거의 모두 설계한 사람이라고 해도 과언이 아닐 정도로 업계의 존경을 한 몸에 받는 인물이었다. 그는 이미 표준화된 시간 체계의 필요성을 절감하여 1870년대부터 관련 자료를 발간하면서 정부 및 과학계를 상대로 적극적인 로비를 펼치고 있었다. 위세가 정점에 이른 대영제국의 시민답게 전 지구적 사고방식을 품고 있던 그는 전 세계의 시계가 해당 순간 태양의 위치를 기준으로 똑같은 시간을 표시하는 체계를 제안했다. 플레밍이 서명한 서한대로라면 그리니치에서 출발하여 15도의 간격으로 경도선이 정해지고, 특정 자오선(예를 들어 C라고 하자)에서 태양이 최대 높이에 올 때 전 세계의 시계가 C를 가리키게 된다. 애비는 이 서한에 서명하지 않았으나 그와 플레밍은 1880년경부터 연락을 주고받으며 서로의 의사를 조율하기 시작했다.

앨런은 형식적으로는 1879년에 기상학회의 표준시간위원회에 합류한 것으로 되어 있으나, 그는 1881년에 가서야 그 사실을 알게 되었다. 그는 애비와 플레밍의 노력을 전해 듣고부터 시간 표준화의 이점을 인지했으나, 철도업계의 핵심 인물이었던 그는 철도회사의 이해에 부합하는 방식으로 체계를 바꿔야겠다고 마음먹었다. 그가 동종업계 관계자들을 겨냥한 사설에서 조심스럽게 언급했듯이, 이 문제는 "주 의회의 무한한 지혜"에 맡겨놓을 일도 아닐뿐더러, 연방 정부가 행동에 나선다고 해결될 리도 만무했다. "워싱턴이 무슨 법을 도입하더라도 철도 운영에 도움이 된다거나 철도회사들이 모두 받아들일 가능성은 전무하다."

앨런은 입법 가능성을 염두에 두면서 미국을 4개의 시간대로 나누고, 각 경계선이 철도 체계의 분기점과 맞물리도록 만든 지도를 선보였다. 그 지도는 다우드가 10년 전에 제안한 것과 거의 똑같았고, 몇 군데를 제외하면 오늘날 주 경계를 기반으로 운영되는 시간대와도 비슷하다. 앨런은 철도업계 내의 영향력을 이용해 각 회사를 향해 자신의 계획에 서명하도록 종용했다. 이 계획은 1883년 4월 11일에 제너럴타임컨벤션에 공식 제출되었고, 그해 10월 11일에 찬성으로

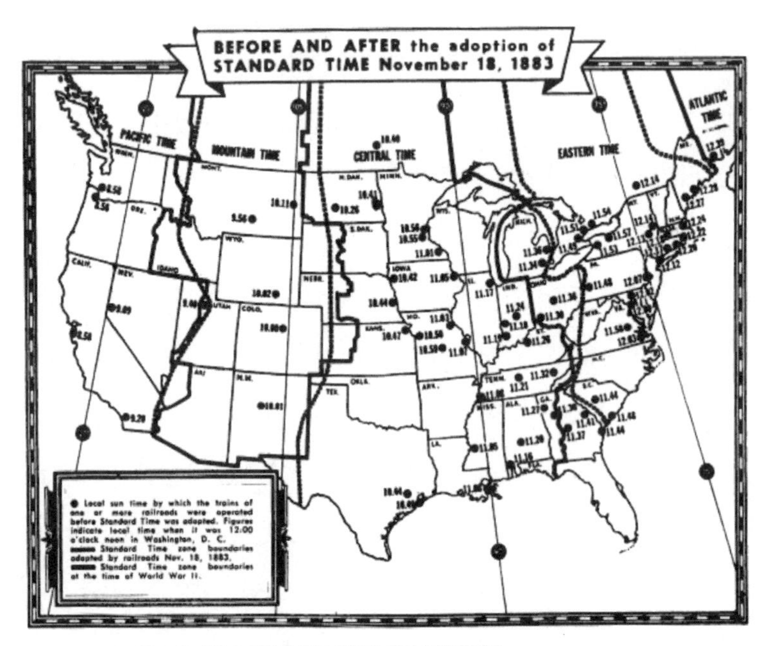

1883년 11월 18일 기준 표준시간 도입 전후의 철도 시간대 지도.
출처: 칼튼 콜리스(Carlton J. Corliss), 『정오가 두 번인 날(The Day of Two Noons)』, 미국철도협회(1952)

최종 결의되었다. 각 철도회사가 운영하는 노선의 거리에 비례해 투표권을 얻는 방식이었다. 찬성표를 던진 철도 노선은 총 2만 7,781마일, 반대표는 1,714마일이었다. 제너럴타임컨벤션에 회원사로 등록되지 않은 곳까지 포함하면 찬성표가 무려 7만 9,041마일이나 되었다. 전국의 철도회사가 일부 수정된 앨런의 4구간 제도를 1883년 11월 11일자로 도입하기로 했다. 이듬해 말까지 여전히 이 체계를 도입하지 않은 회사는 피츠버그의 소규모 철도 2개 노선뿐이었고 이마저도 1887년까지는 모두 합류했다.

애비와 플레밍은 이제 한편으로 끌어들인 철도회사를 등에 업고 주 정부를 상대로 로비를 계속했다. 많은 도시와 주 정부가 철도회사들의 시간대에 맞추는 방안에 동의한 이유는 주로 편의성 때문이었다. 지역별, 철도회사별로 서로 다른 시간대를 일일이 따져 계산하기보다는 해당 지역 시간을 몇 분씩 조정하는 편이 훨씬 쉬웠다. 앨런은 나중에 남긴 기록에서 뉴욕시의 시계가 정오를 두 번째로 알리는 종소리(첫 번째 종소리 후 4분 후에 들렸다)를 들으면서 이렇게 말했다. "지역별 시간은 영원히 사라질 것이다."*

* 그의 말이 전부 옳았다고 볼 수는 없다. 지역별 시간은 그 후로도 오랫동안 존재했고, 1883년 표준안에 서명한 일부 도시 중에는 나중에 다시 예전으로 돌아간 곳도 있었다. 앨런의 시간 표준을 거부하는 분위기는 동서쪽 끝으로 갈수록 더 심했다. 메인, 오하이오, 조지아 같은 주가 대표적이다. 그런 지역은 시계가 표시한 시각과 태양시의 차이가 극심했다. 그러나 전반적으로 표준시로의 전환은 매우 순조롭게 진행되었다.

본초 자오선을 둘러싼 경쟁

윌리엄 앨런이 입법을 서둘렀던 것은 북미 지역의 철도회사들이 합의점을 찾아내지 못할 것이라는 생각을 전제로 한 것이었지만, 애비와 플레밍을 비롯한 일부 인사는 이미 전 세계적 차원에서 정부를 움직이기 위해 행동에 나선 상태였다. 1800년대 말에 측지학과 측량 표준 문제를 다루는 국제 회의가 두 차례 개최되었다. 애비와 플레밍은 이 회의에 공식 대표단으로 참가했고, 앨런은 이 회의에서 철도 시간대 표준화에 관한 전문가 자격으로 증언에 나섰다.

1883년에 로마에서 열린 제7회 국제측지학회의는 처음으로 주요 강대국의 정식 대표단이 모두 참가한 대회였다. 이 회의의 가장 중요한 의제 중에는 경도의 원점이 되는 본초 자오선의 세계 표준을 정하는 문제도 있었다. 여러 차례 언급했듯이 이 문제는 시간 측정과 밀접한 관련이 있으면서도 과학적으로 뚜렷한 답이 존재하지 않는 분야이기도 했다. 지구의 자전은 시간을 기준으로 경도 **차이**를 측정하는 방법의 근거가 되지만, 절대 경도를 결정할 분명한 지리적 기준은 존재하지 않는다.

따라서 경도의 출발점은 합의에 따라 정할 수밖에 없는 문제였고, 이런 문제가 으레 그렇듯이 국가 간 자존심이라는 요소가 곧바로 개입했다. 물론 어느 천문대든 그 지역에서 관측한 시간을 기준으로 자체 경도 표준을 정할 수 있다. 따라서 이론적으로는 어디가 본초 자오선이 되든 상관없었겠지만, 실제로는 이미 존재하는 세계 수준의 천문대들 사이에서 운영권을 가져가기 위한 치열한 논쟁이 벌어졌다. 그 영예로운 자리를 차지할 세 후보는 영국 그리니치 왕립 천문대와 파리 천문대, 그리고 워싱턴의 미 해군 관측소였다.

세 곳 모두 과학적 전문성을 근거로 정당성을 확고하게 주장했다. 파리 천문대는 (6장에서 소개한) 장 도미니크 카시니 시대로부터 내려오는 빛나는 기록 덕분에 역사와 전통을 내세울 수 있었다. 그러나 모든 정치적 문제가 그렇듯이 결론은 실용성을 근거로 내려졌다. 1883년은 대영제국의 위세가 정점에 올라 국제 무역을 장악하던 시기였다. 당시 전 세계 상선의 약 4분의 3이 사용하던 지도와 항해표는 영국에서 만든 것이었고, 거기에는 당연히 본초 자오선이 그리니치로 표시되어 있었다. 몇몇 다른 안이 있었지만 그렇게 많은 선박이 이용하는 기준을 바꾸는 데 드는 비용과 불편함은 결국 그리니치 외의 대안을 선택할 수 없는 요인이었다.

경도의 출발선이 정해지면서, 지구를 대략 경도 15도의 시간대로 나누는(정치적 이유로 경계가 일부 수정되기도 했다) 전 세계적 시간 체계도 함께 수립되었다. 각 시간대에는 그리니치 시각을 기준으로 몇 시간씩 상쇄된 표준시가 부여되었다. 하루는 공식적으로 자정에 시작하는 것으로 합의되었고, 날짜 변경선은 그리니치 본초 자오선의 반대편(동쪽이나 서쪽으로 180도 떨어진 경도선)으로 정했는데, 마침 이곳은 편리하게도 태평양의 한가운데였다.

핵심 쟁점은 1883년 회의에서 원칙적으로 합의되었고, 이후 미국 대통령 체스터 아서의 초청으로(애비가 로비 활동을 펼친 결과 중 하나였다)* 1884년에 워싱턴 DC에서 개최된 국제자오선회의International Meridian Conference에서 일부 개정되었다. 애비와 앨런, 플레밍은 다시 한번 공식 대표 자격으로 참석했다. 한 달이나 이어진 회의에서 전년도에 제안된 내용이 거의 만장일치로(프랑스와 브라질은 최종 투표에서 기권했다) 채택됨으로써 그리니치는 전 세계가 공유하는 경도의 공식적인 0도로 지정되었다.

프랑스는 본초 자오선이 전통적인 경쟁국의 수도에 자리잡는 데 반대표를 던졌지만, 미국 대표단은 영국을 원점으로 삼는 데 기꺼이 동의했다. 다른 의견이 강하게 제기되지 않았던 데는 앨런이 정치적인 수완을 발휘한 것도 분명히 한몫했다. 1883년에 앨런의 주도로 결정된 철도 시간대는 **이미** 그리니치 시각과 긴밀하게 연결되어 있었다. 그의 계획을 채택하느냐를 두고 벌어진 논의에서 앨런은 이렇게 된 것이 우연의 결과일 뿐이라고 말했다. 그러나 그는 철도 노선의 분기점을 기준으로 시간대를 나눌 때 동쪽 시간대의 중심 자오선이 그리니치에서 서쪽으로 75도 떨어진 경도에서 불과 몇 초 차이밖에 나지 않는다는 것을 알고 있었다. 그래서 그는 그 구역의 시차를 그리니치 표준시보다 정확히 5시간 늦은 시각으로 정하고 다른 구역을 각각 1시간씩 옮겼다.

그가 이렇게 선택한 것은 물론 시간대의 경계선상에 있는 특정

* 여기서 아서 대통령이 내가 교수로 있는 유니온칼리지의 1848년 졸업생이라는 사실을 언급하지 않을 수 없다.

지점에 준한 것이었지만, 몇 가지 다른 이유로도 편리했기 때문이다. 우선 앞에서도 언급했듯이 세계적으로 거의 모든 선박이 이미 그리니치 자오선을 기준으로 운항하고 있었으므로 철도 시간과 해상 시간을 동기화한다는 의미가 있었다. 아울러 미국 내 특정 도시의 표준시간을 채택할 때 일어날지도 모르는 지역 간 자존심 문제를 피할 수도 있었다. 그리니치 시각을 기준으로 삼는 것은 곧 앨런의 체계에 서명한 모든 노선이 시계를 다시 맞춰야 한다는 뜻이었지만, 실제로 그렇게 큰 변화는 일어나지 않았다. 결국 그의 선택은 몇 년 후 그리니치 시각이 자연스럽게 세계 표준으로 자리잡는 기반이 되었다.

일광 시간 절약제

1883년 앨런과 그의 동료들의 주도로 도입된 철도 기반 시간대는 일부 수정을 거치면서도 미국에서 꾸준히 시행되었다. 그러다가 1918년에 의회에서 "일광 보존과 표준시 도입을 위한 법안"이 통과되면서 미국에 기존 경계를 준용하는 표준 시간대가 확립되었다. 법안의 이름에서도 알 수 있듯이, 이 과정에서 오늘날에는 일상적인 일로 여겨지는 일광 시간 절약제Day light Saving Time, DST라는 새로운 개념이 도입되었다.

"봄에는 앞으로, 가을에는 뒤로" 시계를 1시간씩 조정하는 것은 2차 세계대전 중에 유럽이 전시 에너지 절약 운동의 하나로 시작한 제도였다. 여름철에 공식 시간을 1시간 앞당기면 야간에 전력 생산에 필요한 연료 연소량이 줄어든다는 개념이었다. 전쟁이 끝난 후에도 이런 관행이 미국에서 몇 년간 잠정적으로 시행되었고, 이에 대한 참가 여부를 각 주나 지역이 독자적으로 결정하다 보니 계절이 바뀔 때마다 시간대가 제각각 다른 이상한 현상이 발생했다. 1966년에 통과된 동일시간제법Uniform Time Act은 미국의 모든 주에 걸쳐 DST를 시행하면서 이 제도의 시행 여부에 관한 각 주의 결정을 연방정부의 승인사항으로 규정했다. 2020년 현재 미국은 애리조나와 하와이를 제외한 모든 주에서 어떤 형태로든 DST를 운영하고 있다.*

만약 표준 시간대를 처음 도입한 것만으로는 시간이 사회적 계약의 산물임을 증명하기에 불충분하다면, DST 제도는 그 어떤 의심도 불식하는 증거임이 분명하다. 시간대는 최소한 경도에 따라 태양이 뜨고 지는 시간이 다르다는 점에서 어느 정도 천문 현상에 기반을 두는 데 비해, DST야말로 오로지 사회적 합의의 결과이기 때문이다.

DST가 등장하여 오늘날까지 계속되고 있는 것은 그것이 정치적, 사회적 목적에 부합하기 때문이다. 그것은 명목상 여름철 에너지 사용을 줄인다지만, 사실은 사람들이 여름에 해가 늦게 지는 것을 좋아하는 것뿐이다. 시계를 1시간 앞당긴 채로 그냥 놔두자는 말이 가

---

* 애리조나 주는 낮 시간이 길어지면 에어컨 사용 수요가 늘어나서 오히려 에너지 소비가 증가할 것이라는 이유로 DST를 반대한다. 하와이가 속한 적도 지역은 계절에 따라 낮의 길이가 크게 달라지지 않으므로 시간을 변경하면 지금까지 없었던 문제가 발생할 수 있다. 물론 미국에서는 어떤 이슈든 한번 합의했다고 해서 언제까지나 계속되는 법이 거의 없다. 그래서 2020년 현재 네바다, 플로리다, 캘리포니아, 워싱턴, 오리건, 테네시 같은 주에서는 DST 제도를 폐지하자는 입법 시도가 활발히 진행되고 있다.

끔 나오는데(2021년에도 그런 제안이 있었다), 이것은 겨울에 **일출이** 늦어지는 것을 싫어하는 사람들의 심리를 과소평가한 결과다. DST가 1년 내내 지속된다면 내가 사는 위도에서는 겨울에 오전 8시 30분이 되어도 해가 뜨지 않는다는 말인데, 그러면 아직 날이 밝지도 않았는데 아이들이 등교하고 근로자들도 출근해야 한다. 실제로 미국은 1974년에 연중 DST를 운영한 적이 있었는데 불과 6개월 만에 폐지했다. 진짜 날이 어두워지는 계절이 오기도 전에 포기한 것이다. 사람들은 시간이 바뀌는 것보다도 오히려 해가 뜨기 전에 일어나는 것을 더 싫어하는 것 같다.**

이제는 표준 시간대와 이따금 시간대가 1시간씩 바뀌는 제도를 당연히 받아들이는 시대가 되었다. 더구나 오늘날처럼 글로벌 이동성과 연결성이 증가한 사회에서는 그것이 더 편리한 것도 사실이다. 그러나 우리는 이런 제도가 철학적인 의미에서 얼마나 큰 변화를 초래했는지 잊지 말아야 한다. 통신의 범위가 전 세계로 확장되고 이동속도도 빨라지면서, 우리는 시간을 더 편리한 삶에 어울리는 가변적인 어떤 것으로 생각하게 되었다.

처음에는 이런 변화가 사람들에게 미치는 영향이 별로 크지는 않았다. 단지 시계를 몇 분 정도 앞뒤로 조정하거나, 철도 시간표와

** 내가 반농담조로 제안하는 내용은 시간을 비대칭적으로 옮겨보자는 것이다. 11월 초 어느 토요일 밤에 시계를 1시간 뒤로 늦췄다가 동지가 지나면 토요일마다 5분씩 앞으로 당기는 것이다. 그런 식으로 계속하면 3월 중순에 원래 표준 시간대로 돌아온다. 이 방법을 사용하면 여름에 해가 늦게 지고 겨울에는 해가 빨리 뜨며, 가을마다 한 주는 주말에 1시간 늦게 일어나면서도 봄에 갑자기 1시간 앞당겨지는 불편은 피할 수 있다. 이런 생각을 하고 있으니 내가 선출직 공무원이 될 가망은 평생 없을 것 같다.

공식 시간을 따로 확인하지 않아도 된다는 것 정도일 뿐이었다. 그러나 시간의 속도는 점차 보편상수가 되어갔다. 즉, 시계에 표시된 정확한 시간은 지역에 따라 다르지만, 한 곳에서 1시간 간격을 두고 일어난 두 사건은 **어디를 가나** 1시간 간격을 유지하게 된 것이다.

그러나 철학자와 과학자들에게 공식적인 시간대의 도입은 근본적인 관점의 변화를 예고하는 것으로 보였다. 시간이 보편적이고 절대적인 존재라는 개념 자체가 무너진 것이다. 20세기가 시작된 지 불과 몇 년 만에 과학자들은 서로 다른 관측자들이 시계를 몇 시에 맞출 것인지 뿐만 아니라 시간의 변화율rate에 대해서도 의견이 나뉠 수밖에 없다는 것을 깨달았다. 이것은 물리학과 철학의 새로운 발전과 직결되는 놀라운 결과였다.

시간을 동기화하는 방법

광활한 영토에 걸쳐 시간대를 구축하고 유지하기 위해서는 당연히 곳곳에 분산된 시계를 동기화하는 방법이 필요하다. 인간이 만든 시계는 완벽하지 않으므로 최고 성능을 자랑하는 기계식 시계도 시간을 똑같이 맞춰놓고 따로 작동시키면 서서히 오차가 날 수밖에 없다. 같은 시간대에 있는 모든 시계를 똑같이 맞추려면 표준 시계를 하나 정해놓고 나머지를 그것과 대조해서 확인하고 재설정해야 한다.

이것은 시계가 주변 어디에나 있고 자주 조정해야 하는 현대인의 일상에서 아주 흔하게 마주치는 문제다. 예를 들면 내 자동차 계기반에 포함된 시계는 조금씩 빠른 편이라 몇 달에 한 번씩 몇 분 정도 뒤로 돌려놓아야 한다. 그런가 하면 우리 집 거실의 진자시계는 조금 느린 편이어서 가끔 바늘을 앞으로 돌려 정확하게 맞춰준다. 어느 경우든 해결 방법은 똑같다. 정확하지 않은 시계를 더 정확한 시계에 맞추는 것이다.

지역 단위에서는 이런 동기화 방법이 오래전부터 존재해왔다. 교회 종소리나 시청 시계탑이야말로 옛날부터 있었던 가장 쉬운 방법이다. 주요 항구 도시들은 정확한 경도 측정에 사용할 정도로 시계를 정밀하게 맞추기 위해 시각적인 지표를 수립하기 시작했다. 예를 들면 왕립 그리니치 천문대는 1833년부터 "시보구time ball, 時報球"를 사용하기 시작했다. 천문대 주 건물 첨탑 꼭대기에 설치된 붉은색의 밝은 공을 매일 오후 12시 58분에 들어 올렸다가 오후 1시 정각이 되면 다시 내렸다. 런던 항구에 정박한 항해사는 공이 내려오는 시간에 시계를 맞춰 런던의 공식 시간을 기준으로 항해를 시작할 수 있었다. 다른 주요 항구 도시도 비슷한 방식을 도입하여 바다로 나가는 배들이 정확한 시간을 기준으로 삼을 수 있게 했다.

천문대가 분명하게 보이지 않는 사람이나 기업들이 시계를 동기화하기 위해서는 메시지를 보낼 방법이 필요했다. 별로 멀지 않은 거리라면 사람이 정확한 시계를 차고 직접 전달해주면 된다. 런던의 루스 벨빌Ruth Belville이라는 사람의 시간 서비스 사업은 20세기에 들어와서까지 운영되었다. 그녀는 일주일에 한 번 집안에서 가보로 내려오는 시계를 왕립 천문대 앞에 들고 가서 공식 시계*와 대조하여 시간을 맞췄다. 그런 다음 시내를 한 바퀴 돌며 고객으로 등록된 사람들에게 각자 시계를 맞추게 해주었다. 벨빌의 시간 서비스는 그녀의 부친이 1836년부터 시작한 것을 이어받아 1940년까지 이어가다가 2차 세계대전의 전황이 심각해지며 86세의 노구를 이끌고 하기에는 너

* 이것은 원래 1794년에 서섹스 공작을 위해 존 아놀드가 제작한 회중시계였다. 아마 그녀의 부친이 일하던 왕립 천문대를 거쳐 부친의 손에 들어왔을 것이다. 그는 원래 금으로 되어 있던 회중시계 케이스를 은으로 바꿔서 도둑들이 훔칠 마음이 안 들게 했다.

무 불안한 일이 되고서야 비로소 중단되었다.**

벨빌의 시간 서비스가 그토록 오래 지속될 수 있었던 것은 값이 싼 데다 인간적이었기 때문이다. 루스의 고객들은 일주일마다 한 번씩 그녀가 올 때마다 잡담을 주고받으며 개인적인 관심을 보여주는 것을 고마워했다. 그녀를 대신한 기술의 핵심 아이디어는 이미 그녀의 부친 시절에도 확립되어 있었다. 천문대에서 전기 신호를 내보내 정확한 시간을 알려주는 것이다. 루스가 은퇴하기 얼마 전부터 천문대는 전보 서비스를 시작했고, 그 덕분에 누구든지 전화기만 있으면 언제든 전화해서 정확한 시간을 녹음된 음성으로 들을 수 있었다. 그러나 그 전까지는 BBC 라디오의 시간 공지, 또 그 전에는 전보를 이용한 시간 서비스가 있었다.

비록 이 시스템에는 시계를 찬 친절한 여성이 직접 방문하는 인간미는 없으나, 현대적인 시간대에 시계를 맞출 수 있는 유일한 방법이다. 1850년대부터 시작된 시간 판매 서비스의 운영 주체로는 영국 그리니치의 왕립 천문대나 워싱턴 DC의 미 해군 관측소와 같은 국가기관뿐 아니라 하버드대학교 같은 유수 대학의 관측소도 포함된다. 천문학자들은 관측소를 통해 결정된 시간을 유료 고객들에게 전신으로 전달할 시간 신호로 바꾸었다.

시계 동기화는 수익성이 좋은 사업이자 과학적으로도 중요한 일이었다. 특히 측지학 분야에서 매우 큰 의미가 있었다. 정확한 시간

** 벨빌의 시계는 영국 시계 제조조합(Worshipful Company of Clockmaker)에 기증되어 조합이 운영하는 미술관에 전시되었다.

을 원거리에 전달할 수 있게 되자 경도를 측정하는 조사원들은 역사상 유례없는 정밀도를 획득했고, 이로써 고질적인 불일치 문제가 드디어 해결되었다. 1860년대 중반에 천문 방식으로 유럽과 북미 사이의 경도 차이를 가장 정확하게 결정한 값은 서로 맞지 않았고, 고성능 해양 시계를 들고 대서양을 횡단하며 측정한 값도 4초 정도의 오차를 보였다. 그 정도는 존 해리슨이 살던 시대에 항해사들이 직면한 문제에 비하면 아무것도 아닌 것 같지만, 육지에서 전신으로 시간 신호를 전달하면서 이룩한 정밀도에 비하면 당황스러울 정도로 큰 문제였다.

경도 불일치 문제는 1867년에 세계 최초로 뉴펀들랜드와 아일랜드 사이에 대서양 횡단 케이블을 가설하여 신호를 주고받음으로써 해결되었다. 전신망이 대륙을 가로지르다가 마침내 대륙 너머로까지 확장되면서 지도에 오랫동안 남아 있던 다른 거대한 불일치도 점차 해소되었다. 예컨대 1874년에 아조레스 해협에서 출발한 케이블이 완공되면서 그 전까지 무려 30초에 이르던(거리로 환산하면 12킬로미터 정도다) 브라질의 경도 오차가 완전히 해결되었다.

전신을 운영하는 데 따르는 머나먼 거리 규모와 그것이 요구하는 높은 정밀성을 달성하기 위해 발전한 동기화 체계는 이후 철학적으로도 엄청난 중요성을 띠게 되었다(이것은 다음 장의 주제이기도 하다). 이 체계는 무엇보다 두 시계의 위치를 오가는 신호의 속도를 보장해야 한다. 그렇지 않으면 처음에 발신된 시간 신호의 방향에 따라 경도 차이가 실제 값보다 크거나 작아지는 문제가 발생한다.

이해를 돕기 위해 예를 들어, 실제 시차가 1시간(경도로는 15도)인 두 지점 중 한 곳에서 다른 곳까지 신호를 전달하는 데 10분이 걸린다고 생각해보자. 이 경우 지도 제작자가 동쪽 끝에서 미리 정해둔 신호를 정확히 정오에(이때 서쪽 끝의 시각은 오전 11시다) 발신한다면, 그 신호는 오전 11시 10분에 서쪽 끝에 도착한다. 따라서 양쪽 끝에 있는 두 사람은 두 지점 사이의 시차를 실제보다 약간 짧은 50분(경도로 환산하면 12.5도)으로 결론 내리게 된다.

이번에는 신호의 방향을 바꿔 다시 한번 더 측정하는 경우를 생각해보자. 서쪽 끝의 지도 제작자가 정오에 보낸 신호가 동쪽에 도착하는 시간은 오후 1시 10분이 된다. 이것은 실제 차이보다 약간 **더**

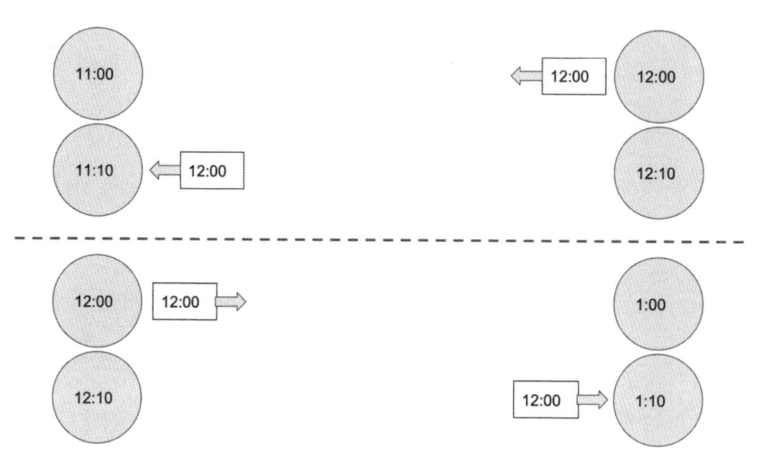

단방향 신호로 경도를 측정할 때는 이동 시간을 고려하지 않으면 오류가 발생한다.
위 그림: 동쪽(오른쪽)에서 서쪽(왼쪽)으로 보낸 신호로 측정하면 둘 사이의 시간차가 50분이어서 경도 차이가 실제인 15도보다 작게 측정된다.
아래 그림: 서쪽에서 동쪽으로 보낸 신호로 측정하면 둘 사이의 시간차가 70분이어서 경도 차이가 15도보다 크게 측정된다.

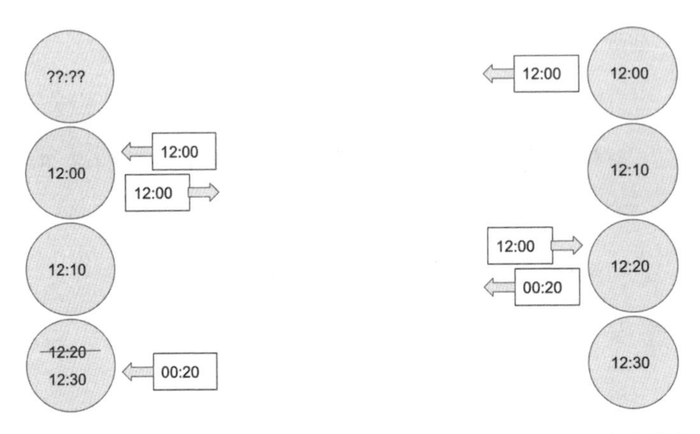

양방향 신호를 통한 시계 동기화 방법. 동쪽에서 서쪽으로 신호를 보낸 다음 확인 신호를 다시 서쪽에서 동쪽으로 보낸다. 이동 시간을 보정하기 위해 나중에 왕복 시간의 절반을 서쪽 시계에 더한다.

큰 70분의 시차에 해당한다. 그러므로 양쪽 지도 제작자가 생각하는 서로의 거리 차이는 신호를 보낸 방향에 따라 달라진다.

이 문제를 해결하는 방법은 신호를 양방향으로 모두 보내 먼저 양쪽 끝의 시계부터 동기화해두는 것이다. 먼저 정오에 동쪽 끝에 있는 사람이 신호를 보낸다. 그 신호는 동쪽 시계로 오후 12시 10분에 서쪽 끝에 도착한다. 서쪽 지도 제작자는 그 신호를 받자마자 답신하면서 자기 시계를 정오로 설정한다. 답신은 오후 12시 20분에 동쪽에 도착하므로, 동쪽 지도 제작자가 왕복 시간을 알 수 있다. 그 사람은 다시 서쪽에 신호를 보내 왕복 시간의 절반을 더하라고 알려준다. 그 신호는 서쪽 시계로 오후 12시 20분에 도착하므로 교정하면 오후 12시 30분이 된다. 그다음부터는 양쪽 시계가 정확히 똑같은 시간을 가리키게 된다. 이제 비로소 그들은 태양이 머리 바로 위에 오는 시간이나 다른 천체가 천정을 교차하는 시각을 두 지점에서 측정하여 경도 차이를 결정할 수 있게 된 것이다.

이런 동기화 과정은 전신으로 시간 신호를 주고받는 방법으로 경도 차이를 확인하는 데 결정적인 역할을 한다. 아울러 철도 시간대에 포함되는 넓은 지역에서 시계를 정확하게 동기화함으로써, 클리블랜드 애비가 시간 표준화를 추진한 후에 여러 지점에서 일관성 있고 정확한 시간을 수립하고자 했던 노력을 가능케 해준다.

| CHAPTER 12 |

시간과 공간의 패러다임이 바뀌다

1800년대 말의 물리학이 오만한 만족감에 빠져 있었다는 말이 있다. 뉴턴 법칙과 맥스웰 방정식,* 여기에 열역학과 에너지 과학이 급성장하는 분위기에서 물리학자들은 세상의 모든 진리를 다 파악했다고까지 생각했다. 여러 저자들은 당시의 이런 태도를 묘사하기 위해 1900년에 저명한 물리학자 켈빈 경Lord Kelvin이 했다는 다음과 같은 말을 인용하곤 한다.

> 물리학에서 새롭게 발견할 내용은 더 이상 없다. 남은 일은 모든 것을 더욱 정확하게 측정하는 것뿐이다.

---

* 물리학자이자 수학자였던 제임스 클러크 맥스웰의 중요한 연구에 관해서는 이 장의 후반부에서 살펴볼 것이다.

그러나 켈빈 경이 그런 말을 했다는 직접적인 증거는 없다. 이 말과 가장 가까운 인용문은 1903년에 출판된 책에 실린 그와 동시대의 물리학자 앨버트 에이브러햄 마이컬슨Albert Abraham Michelson이 했던 강연 내용으로, 그는 "물리학에서 매우 근본적인 법칙과 사실들은 모두 밝혀져서 확고하게 증명되었으므로, 이들이 새로운 발견의 결과로 대체될 가능성은 극히 희박하다"라고 말했다. 또 나중에 익명의 학자들이 기록한 바에 따르면 그는 이렇게 말했다고도 한다. "미래에 등장할 새로운 발견은 소수점 이하 여섯 자리에 있는 것이 틀림없다."*

그러나 강의 내용의 전체적인 맥락을 보면 이 말이 오만한 태도로 미래의 가능성을 무시하는 것이 아니라 정밀한 측정이 그만큼 중요하다고 강조하는 것임을 알 수 있다. 두 인용문 사이에는 "대체로 거의 모든 법칙에는 명백한 예외가 있음이 증명되었고, 특히 극한의 조건에서 관찰이 이루어진 경우는 더욱 그렇다. 즉, 그런 실험 상황에서는 극단적인 경우가 나올 수 있다"라는 언급이 포함되어 있고, 이어서 극도로 정밀한 상황에서 작은 이상 현상을 관찰하여 위대한 발견을 해낸 사례가 일부 제시되어 있다.**

마이컬슨이 "소수점 이하 여섯 자리"를 언급한 것도 사실은 측정 능력을 그 정도 수준으로 향상시켜야 한다는 주장의 일환이었다. 그가 획득한 과학적 명성의 원천도 바로 그런 측정이었다는 점을 생

---

* 이 내용의 출처는 여러 문헌이 될 수 있지만 그중에서도 1903년에 시카고대학교 출판부가 간행한 『빛의 파동과 그 응용(Light Waves and Their Uses)』이라는 마이컬슨의 연작 강연집이 대표적이다. 전문은 온라인에서 찾아볼 수 있다.

** 그중에는 올레 뢰머가 빛의 속도는 유한하다고 확인한 사례도 포함된다. 8장에서 다룬 바 있다.

각하면 이런 발언은 놀라운 것이 아니다. 그는 1879년에 빛의 속도를 그 시대에 도달할 수 있는 최고 수준으로 측정했을 만큼 고도로 섬세한 실험자로 명성을 얻은 인물이었다. 곧 살펴보겠지만, 측정의 정밀도를 극한으로 끌어올린 그의 또 다른 실험은 시공간의 본질에 대한 혁명적인 재검토가 시작되는 데 중추적인 역할을 하기도 했다.

다음으로 켈빈 경에 관해 말하자면, 비록 지금은 그가 물리학이 완성되었다고 생각한 인물로 자주 오해받지만, 1900년 당시의 물리학 상황을 한마디로 요약할 기회가 주어졌을 때 그가 내린 결론은 〈열과 빛의 역학 이론에 관한 19세기의 분위기〉라는 강연이었다. 그는 이 강연에서 "열과 빛을 운동의 여러 형태 중 일부로 보는 역학 이론의 아름다움과 명료함"을 모호하게 만드는 두 가지 주요 문제를 지적했다. 그중 하나는 열에너지와 원자에서 방출되는 빛의 관계였다. 이 문제는 나중에 양자역학이 발전하는 바탕이 되기도 한다(양자역학에 대해서는 다음 장에서 자세히 살펴볼 것이다). 다른 하나는 빛의 속성과 전달에 관한 문제로서, 이 장에서 곧 살펴보겠지만 이것은 결국 오늘날의 상대성 이론으로 이어졌다.

사실 켈빈 경을 비롯한 당대 최고의 과학자들은 물리학이 처한 문제를 잘 알고 있었고, 그들의 그런 문제 인식은 우주와 그 작동 원리에 관한 이해를 극적으로 바꾸어놓은 두 이론이 탄생하는 바탕이 되었다. 그리고 이런 물리학적 혁명의 뿌리에는 시간 측정이라는 매우 실질적인 질문이 자리하고 있었다. 그것은 바로 멀리 떨어진 시계들이 똑같은 시간을 표시하도록 할 수 있는 방법에 관한 질문이었다.

시간의 철학

1898년에 프랑스의 학자 쥘 앙리 푸앵카레Jules Henri Poincaré는 시간에 대한 인식과 정량화라는 민감한 주제를 다룬 「시간 측정La mesure du temps」이라는 철학 논문을 발표했다. 그의 논문은 우리가 앞에서 다루었던 통찰을 요약한 것으로, 시간이 사회적 합의의 문제라는 것이었다.

푸앵카레는 파리 공과대학교와 파리 국립고등광업학교에서 공학을 전공한 후 한동안 광산 감독관으로 일했다. 그러나 그가 가장 뛰어난 재능을 보인 분야는 수학이었고, 1879년에 파리대학교에서 수학 박사학위를 취득했다. 그의 연구 분야는 뉴턴 법칙에도 등장한 미분 방정식의 새로운 해법을 연구하여 태양계의 행성 운동에 적용하는 것이었다.

1887년에 스웨덴의 국왕 오스카 2세는 수학 경연대회를 개최하면서 뉴턴 중력을 통해 상호작용하는 복수의 물체와 관련된 이른바 "다체문제n-body problem"의 해법을 모집한다고 공고했다. 앞서 9장에서 살펴봤듯이 다체문제의 가장 간단한 형태라고 할 수 있는 지구와 달, 태양 사이의 삼체문제조차 어마어마하게 어려운 과제이고, 여기서 숫자가 더 커질수록 더 어려워지는 것은 말할 필요조차 없다. 푸앵카레는 과거에 그가 연구했던 모든 분석 수단을 총동원한 것은 물론, 새로운 기법도 창안하며 이 대회에 참가했다. 그러나 결론은 부정적이었다. 그는 복수의 물체가 미래에 어떻게 상호작용하는지 예측하는 것은 절대로 불가능하다는 것을 증명했다.* 그의 결론은 비록 태양계의 머나먼 미래에는 불길한 징조였지만 수학적으로는 그 상의 최종 수상작이 되기에 손색이 없는 걸작이었다. 푸앵카레의 수상 논문은 오늘날 카오스 수학 이론의 토대가 된 문헌으로 인정받고 있다.

학계에서 명성을 얻은 푸앵카레는 프랑스 경도 위원회의 위원으로 임명되었다. 이 기구는 프랑스 내의 시간 표준화를 총괄하고 최근 확립된 시간대와 관련된 사안을 국제 사회에서 협상하는 임무를 맡고 있었다. 그는 경도 위원으로서 시간 체계에 십진법 도입을 추진했고(그는 하루 12시간으로 이루어진 기존 제도를 10시간 체계로 바꾸려고 했다. 하지만 적용이 너무 어려워 결국 성사되지는 못했다) 지구상에서 멀리 떨어진 지역의 경도를 정확하게 측정하려는 노력을 계속 이어갔다. 이런 경험은 시간에 관한 푸앵카레의 사고나 그가 출간한 논문에도 분명히 영향을 미쳤을 것이다.**

「시간 측정」은 진지한 철학적 성과이기도 하지만, 학생들이 기숙

* 재미있는 것은, 그가 처음에 제출한 논문에서는 정반대의 결론을 내렸다는 점이다. 다체 시스템은 항상 안정적인 궤도를 포함한다는 것이 결론이었다. 이 논문도 수상작으로 선정되어 출판을 앞두고 있었다. 그런데 심사위원 중 한 명이었던 라스 에드바르 프라그멘(Lars Edvard Phragmén)은 푸앵카레가 한 가지 사소해 보이는 오류를 간과해서 증명에 허점을 초래했다고 지적했다. 그 문제를 해결하기 위해 다시 논리를 검토하던 푸앵카레는 사소해 보였던 허점이 사실은 심각한 문제였음을 알게 되었다. 결국 그는 결론을 뒤집을 수밖에 없었다. 원래 논문의 인쇄본은 서둘러 회수하여 폐기했지만, 결론이 바뀐 논문이 또 수상작에 선정된 것이었다.

** 과학사가 피터 갤리슨(Peter Galison)이 쓴 『아인슈타인의 시계, 푸앵카레의 지도(Einstein's Clocks, Poincare's Maps: Empires of Time)』(2004)라는 책에 이 논증의 내용이 상세히 설명되어 있다. 그의 결론은 아인슈타인과 푸앵카레 모두 상대성 물리학에 천착한 것이 시간 측정 과학에 실질적으로 관여하는 결과로 이어졌다는 것이다. 그의 책은 뛰어난 명저로서 내가 시간 측정 분야를 연구하는 데 큰 영향을 미쳤고 그 결과가 바로 이 책이다.

사에서 밤늦게까지 나누는 한담에도 큰 영향을 미쳤다. 너무나 당연하게 여겨졌던 문제를 깊이 파고들어 그동안 알려지지 않았던 복잡한 문제를 드러냈기 때문이다. 푸앵카레는 미래를 향해 나아가는 우리의 정성적인 인식에 해당하는 **심리적** 시간과 과학자들의 측정 대상인 **정량적**인 시간 사이의 관계를 유심히 관찰했다. 이것은 언뜻 잠을 잊은 학부생들이나 고민할 만한 너무나 기초적이고 근본적인 문제로 보이지만, 사실 푸앵카레의 논문이 역설하는 바는, 엄밀한 철학적 분석을 통해서도 이 둘 사이에 명백한 관계가 있음을 증명할 수는 없다는 것이었다. 사실 정량적인 시간을 측정하기 위해 고안된 어떤 시스템도 결국은 사회적 합의에 의존할 수밖에 없다.

푸앵카레는 두 가지 중요한 주제를 숙고했다. 기간의 균등성과 사건의 동시성이 그것이다. 우선 그가 던진 질문은 두 가지 균등한 시간 간격이 실제로 똑같다는 것을 어떻게 확신할 수 있는가였다. "내가 만약 정오에서 1시까지의 시간과 2시에서 3시까지의 시간이 같다고 말한다면, 이런 확언이 의미하는 바는 무엇인가?"* 여기까지 읽은 독자라면 이 질문의 해답이 이 책에서 사용한 정의에 비춰 자명하다는 것을 알 것이다. 즉, 우리가 시계로 사용하는 어떤 시스템의 똑딱이는 횟수를 세어 서로 비교하면 된다.

그러나 그는 이런 설명이 유효하기 위해서는 그 "똑딱임"이 언

---

* 이 책에 소개된 푸앵카레의 논문 일부는 조지 브루스 할스테드(George Bruce Halsted)의 영어 번역본에서 인용한 것이다. 온라인 사이트는 다음과 같다. https://en.wikisource.org/wiki/The_Measure_of_Time (2021년 6월 11일 접속 자료)

제 어디서나 똑같다는 가정이 필요한데, 사실은 그렇지 않다고 지적했다. 기계식 시계의 똑딱임은 진동과 마찰, 온도 변화 등에 따라 오차가 발생한다. 물시계의 유속은 저수 높이와 수온에 따라 달라진다. 천체의 움직임은 너무나 명백한 것 같지만 사실은 그것조차 복잡한 궤도나 지구 자전의 감속과 같은 요인에 좌우된다. 물론 이런 효과는 교정할 수 있고, 실제로 그렇게 하고 있지만, 그런 교정의 근거는 우리가 아는 물리학 지식이다. 우리는 행성의 운동을 예측할 때뿐만 아니라 기계식 시계에 작용하는 섭동 현상을 이해하는 데도 뉴턴 법칙을 사용한다. 그러나 그 물리 법칙이 객관적이고 절대적으로 옳다는 보장은 없다. 물리학적 방법으로 시간 간격을 교정하는 바탕에는 물리학 법칙이 특정한 방식으로 작동한다는 가정이 있을 수밖에 없다. 우리가 시계로 사용하는 시스템은 거기에 어떤 법칙을 적용하느냐에 따라 다른 결론이 나올 수 있다.

멀리 떨어진 사건들의 동시성이라는 두 번째 문제는 앞 장에서 우리가 다루었던 문제를 푸앵카레가 더 큰 범위에서 제기한 것이었다. 어떤 두 사건이 같은 시간에 발생했다는 말은 어떤 의미일까? 이 질문에 대해 푸앵카레는 다음과 같이 말했다.

> 1572년에 튀코 브라헤가 하늘에서 새로운 항성을 하나 발견했다. 멀리 떨어진 천체에 엄청나게 큰불이 난 것이다. 그러나 그 사건은 이미 오래전에 일어난 일이었다. 그 별빛이 지구에 도달하는 데는 최소한 200년이 걸렸다. 그러므로 그 불은 사실상 미 대륙이 발견되기도

전에 난 것이다. 그렇다면 나는 지금, 그 별의 위성에는 사람이 살지 않으므로 당연히 목격자도 없었을 그 거대한 자연 현상이 크리스토퍼 콜럼버스의 뇌리에 스페인 섬의 시각 이미지가 생기기도 전에 일어났던 일이라고 말하는 셈이다. 이것은 도대체 무슨 뜻인가?

해답은 역시 사회적 합의의 문제로 귀결된다. 1572년에 튀코가 관측했던 초신성이 사실은 그보다 훨씬 전에 발생한 일이었음을 우리가 아는 이유는, 지금은 폭발한 별까지의 거리를 측정할 수 있는 다른 방법이 있기 때문이다.* 그 거리와 빛의 속도를 알면 빛이 지구에 도착하는 데 걸린 시간과 폭발이 일어났던 시점을 계산할 수 있다.

그러나 양쪽 측정치는 모두 다시 특정 형태의 물리학 법칙을 가정하고 있다. 우리가 빛의 속도를 아는 것은 올레 뢰머 같은 사람들이 측정한 결과 덕분이며(8장 참조), 그 측정치는 다시 이오의 식을 관측한 시간과 케플러 및 뉴턴 물리학을 이용해 예측한 시간이 서로 다르다는 사실을 바탕으로 하여 나온 결과다. 지구 기반의 측정 결과도 물체의 행동을 기술하는 법칙을 어떤 수학 공식을 통해 표현하느냐에 따라 달라진다. 물론 빛의 속도가 시공간에서 일정하다는 개념은 그 속도의 측정이나 초신성의 폭발 시점 계산에 모두 중요하다. 푸앵카레는 이 모든 것이 편의상의 이유로 선택된 가정이라고 말했다. 뉴턴 법칙을 가장 간단한 수학 형식으로 표현하려다 보니 그런 일련의

* 1572년에 튀코가 관측했던 초신성의 잔해까지의 거리는 사실 푸앵카레가 언급한 최소치보다 훨씬 더 멀다. 오늘날의 계산에 따르면 지구에서 최소한 8,000광년 떨어져 있다.

가정을 선택할 수밖에 없었다는 것이다.

훌륭한 철학이 모두 그렇듯이, 이런 결론은 우리가 경험하는 시간과 그 본질을 깊이 재검토해야 하는 가슴 떨리는 일이다. 이것은 또 푸앵카레가 경도위원으로서 고민했던 시간과 경도 측정이라는 매우 현실적인 문제와도 직결되는 일이다(앞 장에서 다룬 바 있다).

빛의 속도가 일정하다는 개념이 푸앵카레가 동시성에 관한 논증을 통해 확인한 핵심 가정이라는 것도 우연한 일이 아니다. 빛의 속도가 시간과 장소에 따라 달라지느냐 하는 질문은 당시 물리학계에 대두되던 가장 큰 위기였고, 20세기 초에 일어날 혁명적인 변화의 전조였다.

빛의 속도와 속성

1670년대에 올레 뢰머가 목성의 위성을 관측한 것은 빛의 속도가 유한하다는 핵심 증거였으나, 빛의 정확한 속성, 즉 그렇게 이동하는 주체가 과연 무엇인가 하는 것은 1800년대 초까지도 여전히 논쟁의 주제였다. 1672년에 뉴턴은 빛과 색에 관한 그의 실험 내용을** 설명한 첫 번째 주요 과학 논문에서, 빛이 특정

** 1704년에 출간된 그의 책『광학(Opticks)』에 상세히 설명되어 있다. 30년이나 늦어진 이유는 로버트 훅에 일부 책임이 있다. 훅은 1672년에 발표된 뉴턴의 연구 논문을 혹평했고, 이후 두 사람은 몇 차례 더 끔찍한 논쟁을 벌였다. 뉴턴은 1703년에 훅이 사망할 때까지 광학 관련 연구를 발표하지 않았다.

광원의 색상이나 편광 등에 해당하는 성질을 띠는 "미립자"의 흐름이라는 이론을 제시했다.* 한편 1678년에 크리스티안 하위헌스는 빛이 우리가 보는 색상에 따라 파장과 진동수가 달라지는 파동이라는 이론을 제시했다.** 뉴턴의 막강한 명성은 미립자 이론을 강력하게 뒷받침했고, 그 결과 오랫동안 미립자 이론이 편광 현상을 가장 잘 설명하는 이론으로 인정되었다. 반면 레온하르트 오일러는 1700년대 중반까지도 파동 이론을 지지하는 유력 인사로 남아 있었다.

이 논쟁이 파동 이론 쪽으로 결론이 나는 분위기가 형성된 것은 1800년대 초반에 영국의 학자 토머스 영Thomas Young의 매우 간단한 실험 때문이었다. 영의 최초 실험은 얇은 카드를 빛줄기 사이에 끼워 넣고 살펴보는 것이었는데, 이 현상은 장벽 사이에 난 두 개의 좁은 슬릿 사이로 빛이 통과하여 멀리 떨어진 스크린에 투사되는 현상으로 설명될 수 있었다. 구멍의 폭이 아주 좁고 서로 가까이 붙어 있다면 스크린에 슬릿 두 개의 이미지가 나타나는 것이 아니라 밝고 어두운 점들이 늘어선 패턴이 보인다.

영이 발견한 이중 슬릿 패턴은 빛이 파동일 때 나타나는 "간섭" 현상으로 잘 설명할 수 있었다. 두 개의 광원에서 출발한 파동이 같은 매질을 통과할 때, 두 파동이 중첩하는 임의의 지점에서 보이는

---

* 빛의 입자 가설은 르네 데카르트와 피에르 가센디가 먼저 채택했지만, 뉴턴은 이 가설에 몇 가지 주요한 변화를 주었는데 색상 등의 특성을 매질에 부여하지 않고 움직이는 입자의 고유한 성질로 봤다는 것이다.

** 빛의 파동 이론의 일부 요소는 1665년에 훅이 발표한 『마이크로그래피아(Micrographia)』에도 이용되었다. 당대의 빛의 파동 이론도 훅을 피해갈 수는 없었다.

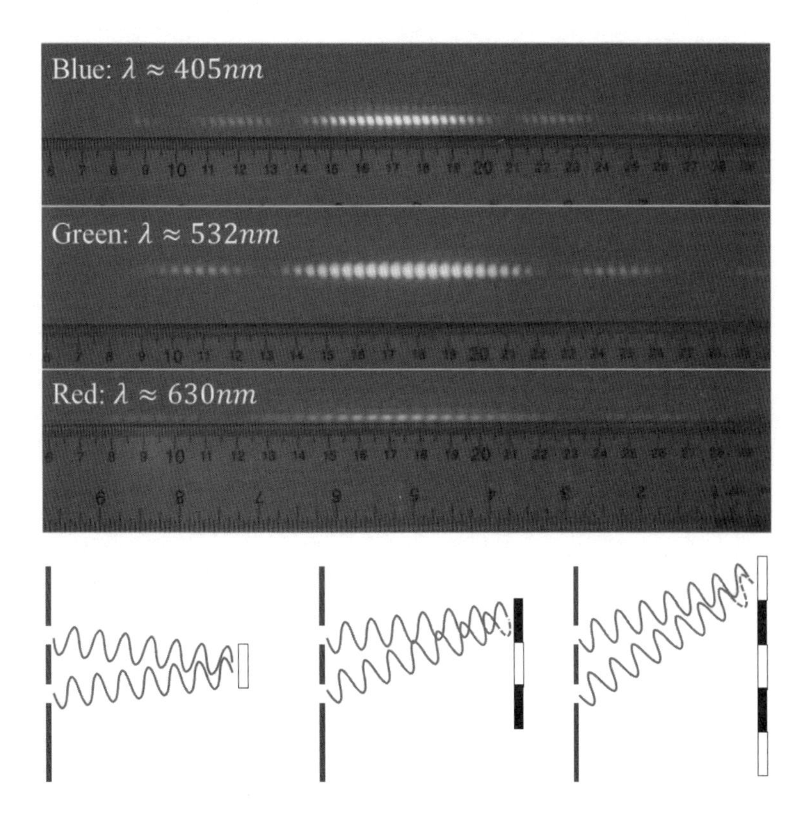

이중 슬릿 간섭 현상. 위의 그림은 3가지 서로 다른 파장의 빛이 보여주는 간섭 패턴이다. 아래는 두 개의 슬릿에서 나오는 빛의 상대적인 위상이 거리에 따라 달라지는 것을 보여준다.

패턴은 진동하며 진행하는 두 파동의 위상, 즉 파동이 진동하는 주기의 어느 단계에 있느냐에 따라 달라진다. 두 파동이 모두 꼭대기(혹은 골짜기)에 있을 때 중첩되면 꼭대기의 높이가 더욱 증가한다(혹은 골짜기가 더욱 깊어진다). 이를 "보강간섭"이라고 한다. 이와는 달리 한쪽 파동은 꼭대기에 있고 다른 하나는 골짜기에 있을 때 만나면 두 파동이 서로 상쇄된다("상쇄간섭").

이것은 수면에 이는 파도에서 흔히 나타나는 현상이다. 고요한 연못에 작은 돌을 두 개 떨어뜨린 후 두 지점 사이를 보면 쉽게 관찰할 수 있다. 원형의 두 파도가 퍼져나가면서 서로 겹치면, 평평해 보이는 줄 모양의 영역이 뚜렷하게 물결이 보이는 두 영역을 나누고 있는 것을 볼 수 있다. 빛에서 이런 현상을 관찰할 수 없는 이유는 가시광선의 파장이 약 400나노미터(0.0004밀리미터)인 보라색부터 약 700나노미터(0.0007밀리미터)인 짙은 붉은색까지 매우 짧기 때문이다. 하지만 영의 실험에서는 이런 현상을 관찰할 수 있었다.

영의 실험에서 분산된 점처럼 보이는 패턴이 나타난 것은 여러 파동의 상대적인 위상이 빛의 이동 거리에 따라 달라지기 때문이다. 앞쪽의 그림과 같이 위의 슬릿과 아래의 슬릿에서 나온 파동이 두 슬릿에서 같은 거리에 있는 중앙 지점에서 만나면 정확히 같은 거리를 이동했으므로 위상도 항상 일치해서 중앙 지점에 밝은 부분이 나타난다. 반면 중심 지점에서 조금 떨어진 지점에서는 한쪽 슬릿에서 나온 빛이 다른 슬릿에서 나온 빛보다 조금 더 먼 거리를 이동하게 된다. 더 먼 거리를 이동해온 빛은 그동안에도 계속 진동하기 때문에 위상이 달라진 상태에서 더 짧은 거리를 이동해온 다른 빛과 만나게 된다. 중앙 지점에서 멀어질수록 두 슬릿에서 나온 빛의 경로의 차이(경로차)는 점점 커지다가 경로 길이의 차이(경로차)가 파장의 절반에 해당하는 위치가 등장한다. 그렇게 되면 두 빛의 위상이 반대가 되어(하나는 꼭대기, 다른 하나는 골짜기가 된다) 서로 상쇄되므로 어두운 점으로 보인다.

중앙에서 계속 멀어질수록 이런 경로차가 계속 증가하고 두 파동의 위상차도 계속 벌어진다. 그러다 보면 거리 차이가 한 파장의 길이와 정확히 같아지는 지점이 나타난다. 먼 거리를 달려온 파동이 짧은 경로의 파동보다 한 번 더 진동하게 되는 것이다. 즉 위상이 다시 일치하여(꼭대기는 높아지고 골짜기는 깊어진다) 다시 밝은 점이 나타난다. 여기서 더 멀리 가면 또 검은 점이(긴 경로의 파동이 한 번 반 더 진동한다), 더 멀리 가면 또 밝은 점이 보이며(두 번 더 진동한다) 빛이 닿는 거리까지 이런 패턴이 반복된다.*

영의 실험 결과는 빛의 파동설에 힘을 실어주었고, 빛을 횡파(진동 방향이 운동 방향에 직각인 파동)로 보는 오귀스탱 장 프레넬Augustin-jean Fresnel의 수학 이론에 크게 공헌했다. 당시에 알려진 모든 광학 현상이 이 가설로 설명되었기 때문에 빛의 본질에 관한 의문이 드디어 해결된 것처럼 보였다. 1818년에 프레넬의 이론이 상금이 걸린 어느 경연대회에 제출되자, 처음에는 이 이론이 원형 물체의 그림자 한가운데에 밝은 점이 작게 나타난다고 예측한다는 점에 대해 반론이 제기되었다. 아마 말도 안 되는 이야기라고 생각했던 것 같다. 프랑스의 과학자이자 정치인인 프랑수아 아라고François Arago가 원형 그림자 안에 밝은 점의 존재를 극적으로 증명하면서 물리학계는 비로소 빛이 파동이라고 확신하게 되었다.

빛의 파동설이 사실이라고 해도 도대체 **무엇이** 진동하는가 하는

* 슬릿에서 수직 방향으로 빛이 확산하는 것도 물론 파동 현상이다. 이 경우 패턴의 범위는 슬릿의 폭에 좌우된다. 슬릿이 좁을수록 스크린에 나타나는 밝고 어두운 점의 패턴이 더 넓어진다.

의문이 남는다. 이 질문의 해답은 1865년에 스코틀랜드의 물리학자 제임스 클러크 맥스웰James Clerk Maxwell이 빛의 본질이 전자기파임을 밝혀낸 연구에서 나왔다. 맥스웰은 자기magnetism 현상을 마이클 패러데이Michael Faraday가 처음 제안한 두 물체 사이의 공간을 채우는 "힘의 작용선"(오늘날에는 이것을 장field이라고 부른다)의 관점에서 받아들였다. 패러데이는 물리적 직관력이 뛰어난 사람이었으나 자신의 통찰을 이론 형식으로 표현할 수학적 소양이 부족했다. 반면 맥스웰은 패러데이와 달리 그런 능력을 갖춘 덕분에 장의 개념을 이용해 전기와 자기와 관련된 모든 현상을 통합할 수 있었다.

현대적인 표기법에서 전자기 현상을 지배하는 법칙은 모두 "맥스웰 방정식"으로 기술한다. 이것은 전기장과 자기장의 특성을 설명하는 4개의 간단한 방정식이다. 어떤 의미에서 이것은 티셔츠 문구처럼 간단하게 표현할 수 있는 우아한 수학 이론을 추구하는 미래 이론 물리학의 본보기라고 할 수 있다. 아마도 "빛이 있으라!"는 창세기 구절과 함께 인쇄된 4개의 맥스웰 방정식을 어디선가 본 적이 있을 것이다.

빛을 이해하는 핵심 요소는 공간에 존재하는 어떤 장의 패턴을 시간에 존재하는 다른 장의 변화와 관련짓는 한 쌍의 방정식이다. **패러데이의 법칙**은 시간에 따라 변화하는 자기장이 자기장과 수직을 이루는 전기장을 형성하는 방식을 설명하는 것인데, 이 법칙을 이용하여 거대한 자기장에 설치된 철사 고리를 증기나 수력으로 회전시켜 전기를 만들어낼 수 있다. 거꾸로, 암페어-맥스웰 법칙Ampère-Maxwell law은 전류나 전기장의 변화가 전기장과 수직 방향으로 자기장을 만들어내는 과정을 설명한다. 이것이 바로 전자석의 작동 원리다. 이 두 법칙을 결합하면 빈 공간을 이동하는 전자기파의 존재를 설명할 수 있다. 자기장의 변화는 전기장을 창출하고, 그것은 다시 자기장을 유도하는 식으로 상호작용한다. 전기장과 자기장은 이렇게 서로 지탱하면서 이동하고, 그 속도는 우리가 아는 빛의 속도와 일치한다(일반적으로 빛의 속도는 c로 표시한다).

맥스웰의 전자기파 이론은 1880년대에 독일의 물리학자 하인리히 헤르츠Heinrich Hertz가 수행한 일련의 천재적인 실험 덕분에 사실로 확인되었다. 그는 교류 전류를 이용해 특정 진동수의 파동을 생성하여 그 성질이 맥스웰의 예측과 일치한다는 것을 증명했다. 헤르츠는 사업가로서의 통찰을 보여주며 자신의 실험이 단지 이론적인 호기심에서 비롯된 것이었다고 말했다. 또한 자신의 실험 결과에 대해 "실용적인 의미는 전혀 없다. 이 실험은 그저 맥스웰이라는 거장의 이론이 옳았음을 증명한 것뿐이다. 눈에 보이지 않는 신비로운 전자기파가 실제로 존재한다는 것을 확인한 정도다"라고 말했다.* 그러나 그의 실험 후 오래 지나지 않아 사람들은 헤르츠의 전자기파 펄스를 이용해 먼 거리에 메시지를 전달하는 "무선 전신"을 발명했다. 그리고 시간이 흘러 이것이 오늘날의 무선 통신으로 발전했다.

그러므로 푸앵카레가 논문을 쓰던 1800년대 말에는 빛이 전자기

* 이 내용은 여러 문헌에 등장하나, 원출처는 다음과 같다. 앤드류 노턴(Andrew Norton) 편저 『동적 장과 파동(Dynamic Fields and Waves)』(2000).

파라는 개념이 이미 확립된 상태였다. 이제 남은 문제는 빛이 이동하는 **매질**에 관한 것이었다. 우리가 일상생활에서 마주치는 파동들은 모두 어떤 매질에 교란이 일어나며 발생한다. 파도의 경우는 물이, 음파는 공기가 매질이다. 따라서 사람들은 처음부터 빛의 파동도 어떤 매질을 통해 이동하는 것이 틀림없다고 생각했다. 그리고 이것을 "발광 에테르luminiferous aether"라고 불렀다.* 우주 공간을 가득 채운 이 에테르가 매질 역할을 하여 전자기장을 유도하고 다시 이것이 빛의 파동을 형성한다고 생각한 것이다.

그러나 이 에테르가 갖추어야 할 특성에는 다소 문제가 있었다. 어떤 관측 결과에 따르면 에테르의 질량이 거의 없어야 할 것 같지만, 또 다른 관측 결과로는 무한대의 질량이 필요할 것처럼 보였기 때문이다. 이런 별난 특성은 켈빈 경을 비롯한 여러 학자들이 빛 파동의 물리학과 관련해 언급하는 여러 어려움 중의 하나였다. 이런 모순 때문에 에테르가 과연 실재하는가 하는 의문도 제기되었으나 매질 없이 존재하는 파동이란 철학적으로도 매우 곤란한 개념이었으므로 물리학자들로서는 이 개념을 고수할 수밖에 없었다. 사람들은 이 문제를 완전히 해결하기 위해 에테르가 존재한다는 직접적인 증거를 찾기 시작했다.

에테르를 검출하는 열쇠는 맥스웰 방정식이 전자기파의 속도라고 예측하는 절대상수 c에 있다. 이것은 에테르를 기준으로 빛이 이

* 역사적으로 이 단어의 철자는 저자에 따라 "eher"와 "aether"가 모두 사용되었다.

동하는 속도, 즉 관측자가 에테르 속의 어떤 고정된 위치에서 측정한 빛의 속도로 여겨졌다. 이 정의에 따르면 만약 관측자가 에테르 속에서 이동할 때는 빛의 속도가 조금이라도 달라져야 한다. 이는 자전거도로 옆에 서 있는 사람에게는 미풍처럼 느껴지는 바람이 자전거를 타는 사람에게는 강풍처럼 느껴지는 것과 같다. 자전거를 타는 사람이 느끼는 강풍을 측정하기 위해서는 자전거의 속도에 바람의 속도를 더해야 하는 것과 마찬가지로 에테르 속에서 이동하는 관측자의 속도를 빛의 속도에 더해야 한다.**

물론 빛의 속도는 엄청나게 빠르므로(대략 초속 30만 킬로미터다) 빛의 속도 변화를 측정하려면 측정 기준도 비슷한 정도로 빨리 움직여야 하지만 측정 방법도 대단히 민감해야 한다. 빠른 이동 속도를 만족하는 조건은 바로 지구다. 지구의 공전 속도인 초속 30킬로미터는 인간이 만든 그 어떤 물체보다 더 빠르다. 그리고 민감한 측정 방법은 정밀 측정에 열정을 품은 어느 폴란드계 미국인 물리학자의 아이디어에서 나왔다.

역사상 가장 실패한 실험

앨버트 에이브러햄 마이컬슨(이 장의 서두에서 정밀 측정을 열렬히 찬성했던 사람으로 소개했다)은 현재 폴란드에 해당하는 지역에서 출생했다. 그가 두 살이 되었을 때 부모는 미국으로 이주하여 캘리포

** 또는 광원에서 멀어진다면 빼야 한다.

니아와 네바다의 광산 도시에서 상인으로 일했다. 앨버트는 율리시스 그랜트Ulysses Grant 대통령의 특별 허가 제도에 따라 미 해군사관학교 입학 자격을 얻었다.* 그는 과학에 뛰어난 재능을 보여 해군 함정에서 잠시 복무한 후 교관으로 복귀했다. 특히 빛의 움직임에 관심이 많았던 그는 사관학교에 복무 중이던 1879년에 당대 최고 수준의 정확도로 빛의 속도를 측정했다. 오늘날의 기준으로는 0.1퍼센트 이내의 오차에 해당했다.

그는 1883년에 해군을 전역하고 클리블랜드 응용과학대학교에서 교수직을 얻었다. 그곳에서 그의 이름이 물리학계에 알려진 계기가 된 유명한 실험을 하게 된다. 좀처럼 찾기 힘든 에테르를 연구하는 실험이었다. 오늘날 "마이컬슨 간섭계"라는 이름으로 알려진 그의 실험 장치는 빛의 파동 간섭을 이용하여 매우 민감한 측정을 하는 것이었다.

마이컬슨 간섭계의 가운데에는 빔스플리터가 있어 그곳에 들어오는 빛의 절반은 반사하고 나머지 절반은 투과시킨다.** 반사된 빛과 투과한 빛을 서로 수직을 이루는 두 "팔"이라고 생각해볼 수 있다. 이들은 이동하다가 둘 다 거울에 반사되어 빔스플리터에 다시 모

* 마이컬슨은 지역 국회의원으로부터 입학 허가를 받아내지 못하자 직접 대통령을 만나 호소하기 위해 워싱턴으로 떠났다. 그러나 대통령이 이미 특별 허가 인원을 모두 배정한 뒤였다는 사실을 알고 낙담한 채 돌아오려고 했다. 그런데 대통령이 정치적 동맹의 자녀에게 입학 허가를 내주려고 자기를 이미 명단에 포함했다는 사실을 기차역에 와서야 알았다고 한다. 마이컬슨은 나중에 자신이 학자의 길을 걸을 수 있었던 것은 불법 행위 덕분이었다고 농담조로 말하곤 했다.

** 마이컬슨 시대에는 거울의 품질이 별로 좋지 않았다. 유리의 한쪽에 은을 코팅한 평범한 거울이었다. 오늘날에는 유리판에 매우 얇은 박막 코팅한 제품이 사용된다.

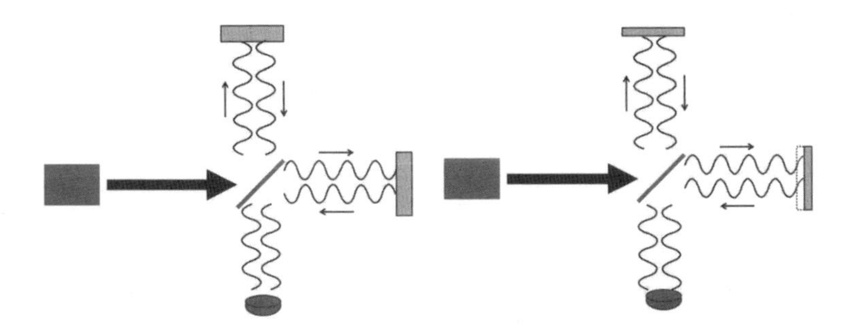

마이컬슨 간섭계. 왼쪽 광원에서 나온 빛이 빔스플리터에 부딪혀 절반은 위쪽으로 반사되고 나머지 절반은 투과한다. 양쪽 빛은 모두 거울에 반사되어 다시 빔스플리터에서 서로 만난다. 두 팔의 길이가 같다면(왼쪽 그림), 분광기에 다시 모인 빛은 위상이 서로 같아 보강간섭을 일으킨다. 두 거울 중 하나를 4분의 1파장만큼 뒤로 움직이면(오른쪽 그림), 재결합한 파동의 위상이 어긋나 상쇄간섭이 일어난다.

인다. 여기서 이번에는 처음에 투과했던 빛의 절반이 반사되고 처음에 반사되었던 빛의 절반은 투과한다. 이렇게 새로 형성된 두 빛은 서로 중첩하여 검출기에 부딪힌다.

검출기에는 수직을 이루는 두 팔의 위상차에 따라 발생하는 간섭 패턴이 나타난다. 두 팔의 이동 거리가 같고 간섭계가 움직이지 않는다면 이중 슬릿의 중앙에 도달하는 거리도 같으므로 보강 간섭이 일어나 밝은 점이 보이게 된다. 간섭계의 한쪽 팔과 다른 팔의 파장 차이가 4분의 1일 경우, 위쪽 팔을 따라 수직으로 내려온 빛은 2분의 1파장만큼 더 먼 거리를 이동하므로 위상이 어긋나서 상쇄간섭에 의한 어두운 점이 나타난다. 거리 차이가 2분의 1파장만큼 더 벌어지면 추가 이동 거리가 한 파장이 되어 다시 밝은 점이 나타나는 식이다. 거울을 천천히 뒤로 움직이면 밝은 점과 어두운 점이 반 파장마다 반복되는 패턴이 나타난다. 실제 간섭기는 입력 광선 자체에 일정한 폭이 있으므로 출력 패턴에는 약간 다른 각도로 통과한 광선이 포함되어 밝고 어두운 줄무늬가 나타난다. 이를 "주름fringe"이라고 부른다.

가시광선 파장의 4분의 1은 100나노미터보다 약간 더 길어 사람 머리카락의 1,000분의 1 정도이므로, 마이컬슨 간섭계는 위치에 대단히 민감하다. 오늘날에 이 장치는 나노미터 단위로 배치해야 하는 컴퓨터 칩 제조공정을 비롯해 정밀한 위치 측정이 필요한 다양한 분야에서 사용된다. 훨씬 더 큰 규모의 레이저 간섭계 중력파 관측소 Laser Interferometer Gravitational-Wave Observatory, LIGO는 두 팔의 길이가 수 킬로미터에 이르는 거대한 마이컬슨 간섭계다. 이것은 지구를 통과하는 중력파에 의해 공간이 미세하게 늘어나거나 줄어드는 현상을 관측하는 시설이다.*

그러나 마이컬슨이 이 장치를 개발한 원래 목적은 위치를 측정하는 것이 아니라 에테르를 검출하기 위해서였다. 그런 목적이라면 팔의 길이(빔스플리터와 두 거울 사이의 거리)는 고정하고 간섭계 자체를 두 팔 중 한 방향으로 이동시키며 관찰해야 한다. 간섭계의 속도가 증가할수록 빛은 사실상 반대 방향으로 이동한다. 즉, 빛의 속도

* LIGO는 워싱턴 주 핸포드와 루이지애나의 리빙스턴 두 곳에 설치되어 있지만, 통합된 단일 시설로 운영된다. 2015년에 처음 가동되자마자 거의 10억 광년 떨어진 두 블랙홀이 서로 충돌할 때 발생한 중력파를 검출해냄으로써 훌륭한 성능을 증명한 바 있다. 2017년 노벨 물리학상은 LIGO를 개발한 배리 배리시(Barry Barish), 킵 손(Kip Thorne), 라이너 바이스(Rainer Weiss)가 공동 수상했다. 최근 수상자 중 가장 자격 있는 그룹이라고 생각한다.

에 간섭계의 속도를 더해야 한다. 한편, 빛이 간섭계와 같은 방향으로 나아가면 조금 느려지는 것처럼 보인다. 이번에는 빛의 속도에서 간섭계의 속도를 빼준다. 그렇다고 서로 상쇄될 정도는 아니므로 빛이 한쪽 팔을 따라 왕복하는 거리는 간섭계가 정지한 경우보다 더 길어진다.

이동과 수직 방향의 유효 속도도 달라지지만 큰 차이는 아니므로 두 팔의 왕복 시간에는 약간 차이가 난다. 따라서 두 팔을 따라 이동하는 속도 차이는 거리의 차이와 같은 효과가 난다. 한쪽 팔에서 나온 광선이 도착하는 시간이 다른 쪽보다 약간 더 늦어져 밝은 점과 어두운 점의 패턴이 달라지는 것이다.

간섭계를 설치하는 동안 지구의 움직임을 잠깐 멈췄다가 다시 움직이는 것은 당연히 불가능하지만, 마이컬슨은 그 대신 간섭계를 돌리기만 하면 된다는 것을 알았다. 먼저 한쪽 팔을 지구가 에테르 속에서 이동하는 방향에 맞춰 정렬하고, 다음에 다른 팔을 같은 방향으로 정렬하면 그 둘은 교대로 "빠른" 빛과 "느린" 빛이 될 것이고, 그 사이 어딘가에 유효 속도가 같아지는 지점이 존재한다. 실험에서는 간섭계를 한 바퀴 돌리는 동안 밝고 어두운 주름이 앞뒤로 흔들리는 패턴으로 보일 것이다. 속도 차이가 클수록 흔들림은 더 커지므로, 이 차이의 크기는 지구 간섭계가 에테르에 대해 이동하는 속도를 나타내는 직접적인 척도가 된다.

1881년에 마이컬슨이 한 실험은 간섭계가 너무 작아 눈에 띌 정도의 측정치를 얻지 못했지만, 기본적인 개념이 옳다는 것을 보여주기에는 충분했다. 그는 클리블랜드로 간 후 동료 에드워드 몰리Edward Morley와 함께 빛이 여러 차례 왕복할 수 있도록 거울을 보강하여 유효 팔 길이가 11미터에 달하는 거대한 간섭계를 제작했다.* 그들은 진동 효과를 최소화하기 위해 간섭계를 거대한 석판 블록 위에 고정한 다음, 블록이 부드럽게 회전할 수 있도록 수은을 담은 통 위에 시스템 전체를 띄워놓았다.** 그들은 간섭계에서 발생하는 주름이 주름 폭의 0.4배만큼 이동해야 하며, 그들이 정확하게 검출할 수 있는 이동 거리는 주름 폭의 0.1배까지라고 계산했다. 지구가 에테르를 통과하는 움직임 때문에 빛의 속도가 달라지는 것이 사실이라면 마이컬슨과 몰리의 그 효과를 감지해낼 준비를 완벽하게 마친 셈이었다.

장비가 구축되자 두 과학자는 실험을 계속 반복했다. 그들은 하루에도 여러 차례 블록을 회전하여 지구의 자전으로 간섭계의 방향이 지구 공전 궤도와 일치할 수 있게 했다. 또 망원경 접안렌즈로 주름을 관찰하여 "에테르 바람"으로 인한 흔들림이 발생하는지 지켜보았다. 하지만 그들은 아무것도 보지 못했다. 두 사람은 정직하고 신중한 과학자로서 1887년에 발표한 논문에서 에테르에 대한 지구의 속도가 공전 속도의 6분의 1에 불과하다고 기록했다.

몰리는 1902년부터 1905년까지 데이턴 밀러Dayton Miller라는 다른 과학자와 함께 훨씬 더 큰 간섭계를 사용하여 실험을 이어갔지만, 결과는 똑같았다. 그 후에는 밀러가 오랫동안 그 실험을 계속했고, 더

* 몰리는 내 모교인 윌리엄스칼리지를 1860년에 졸업한 동문이다.

** 1880년대에 연구실 보건 안전 기준은 지금과 큰 차이가 있었다.

욱 정교한 기법을 동원하여 실험한 사람들도 있었지만, 주름의 변동이 발생한다는 결정적인 증거는 끝내 찾을 수 없었다. 우리가 측정할 수 있는 한, 지구의 운동으로 빛의 속도가 바뀌지는 않는다. 이런 결론은 발광 에테르 이론 전체에 커다란 의문을 제기했다.

아인슈타인 이전의 상대성 이론

마이컬슨과 몰리의 실험을 비롯한 여러 모호한 결과를 계기로 물리학자들은 빛의 속도가 일정한 이유를 설명하는 방법을 본격적으로 찾기 시작했다. 그들의 여러 추측은 푸앵카레가 시간의 속성에 관한 일반적인 상식을 깊이 숙고하는 밑바탕이 되었다.

마이컬슨과 몰리가 아무런 결과도 얻지 못한 이유에 관해 누구나 생각할 수 있는 한 가지 가능성은 "에테르의 끌림 현상"이다. 우주 공간을 이동하는 지구가 일정 공간에 머물러 있던 에테르의 일부를 끌어당긴다는 가설이다. 이렇게 되면 지표면 근처의 에테르에 비해 지구와 지표면에 있는 물체의 겉보기 속도가 감소한다. 이런 생각은 기본적으로 고위도 지역의 일기예보에서 주로 언급되는 "풍속냉각" 효과를 거꾸로 뒤집어놓은 것인데, 이는 체열로 이미 따뜻해진 얇은 공기층을 바람이 밀어내어 바람이 많이 부는 겨울철이 같은 기온의 다른 계절에 비해 더 춥게 느껴지는 현상을 뜻한다. 간섭계를 통과하는 빛의 매질, 즉 에테르는 대체로 간섭계와 같은 속도와 방향으로 움직이므로 두 팔을 따라 같은 속도로 빛을 전달한다는 것이다.

이 이론은 한동안 활발하게 연구되던 분야였고, 나중에 마이컬슨-몰리 실험을 일부 변형한 어떤 실험은 에테르의 움직임에 장비를 조금이라도 더 노출하고자 캘리포니아의 윌슨 산 정상에서 진행되기도 했다. 그러나 역시 결과는 마찬가지였다. 에테르 끌림 가설이 결국 기각된 이유는 실험 결과를 설명할 정도로 끌림 효과가 발생한다면 지구가 움직임에 따라 별의 위치가 바뀌는 현상도 관측되어야 하는데, 그런 증거는 전혀 찾을 수 없었기 때문이다.

에테르 끌림 현상을 대체할 만한 가설로 일부 물리학자들이 내놓은 것은 측정 장비의 변화가 "진짜" 빛의 속도를 숨기고 있을 가능성이었다. 1889년에 아일랜드의 물리학자 조지 피츠제럴드George Fitz-Gerald는 에테르를 통과하는 물체가 이동 방향을 따라 수축한다고 가정하면 실험 결과가 설명될 수 있다고 주장했다. 이렇게 가정하면 마이컬슨 간섭계의 두 팔 중 이동 방향과 같은 쪽의 수축 거리가 에테르를 통과하는 운동으로 인한 이동 시간 증가분의 보상에 필요한 거리와 정확히 같아진다. 그러나 이런 차이가 발생한다고 해도 그것을 감지할 수는 없다. 거리를 측정하는 장비를 포함해 **모든 것**이 그 방향으로 같이 수축할 것이기 때문이다. 측정하는 척도가 측정 대상과 똑같은 정도로 줄어든다면 측정 거리에는 전혀 변화가 없는 것과 같은 원리다.

피츠제럴드와 거의 같은 시기에 네덜란드 물리학자 헨드릭 로런츠Hendrik Antoon Lorentz도 독립적으로 전자 이론을 연구하던 중 비슷한 개념을 떠올렸다. 로런츠는 맥스웰 방정식의 수학 구조로부터, 에테르에 대해 움직이는 관측자가 빛의 일정한 속도를 측정하는 데 어떤 변화가 필요한지를 방정식으로 기술했다. 이 방정식에는 운동 방향으로 일어나는 수축뿐만 아니라 시간의 변화도 포함되었다. 로런츠에 따르면 움직이는 관측자가 측정할 수 있는 것은 "국소" 시간뿐이다. 이것은 에테르에 대해 정지 상태에 있는 제3자가 측정하는 시간(로런츠는 이것을 우주의 "진짜" 시간이라고 생각했다)보다 약간 느리게 흘러간다. 이 국소 시간은 운동 방향에 대한 관측자의 **위치**에 따라서도 달라진다. 움직이는 관측자를 기준점으로 삼을 때, 그가 측정하는 국소 시간은 그보다 앞에서 같은 속도로 이동하는 제3의 관측자보다는 늦고, 뒤에서 따라오는 관측자보다는 빠르다.

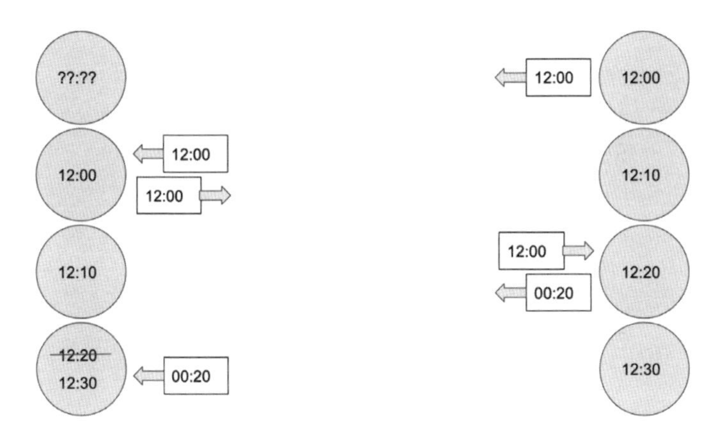

앞 장에서 설명한 양방향 신호를 이용해 시계를 동기화하는 방법

피츠제럴드와 로런츠가 처음에 생각한 물체의 수축이란 물체가 에테르를 통과하면서 그 물체를 붙잡고 있던 전자기력의 세기에 영향을 미쳐 발생하는 물리적 실체라는 개념이었다. 그러나 로런츠는 이 개념을 연구할수록 이 주장이 성립할 수 없다는 사실을 깨달았다. 1890년대에 이 문제를 연구하기 시작한 푸앵카레는 상대성에 관한 현대적인 이해의 중심에 있는 중요한 사실을 최초로 지적했다. 그것은 로런츠의 국소 시간이 움직이는 여러 개의 시계를 동기화하려고 할 때 자연스럽게 등장하는 개념이라는 사실이었다.

푸앵카레가 「시간 측정」에서 말했듯이, 두 사건이 동시에 일어났음을 확인하기 위해서는 두 지점 사이에 공통의 시간을 설정하는 방법이 필요하다. (11장에서 설명했듯이) 가장 효과적인 방법은 푸앵카레의 경도 위원회가 사용한 시계 동기화 계획이다. 다시 간략하게 설

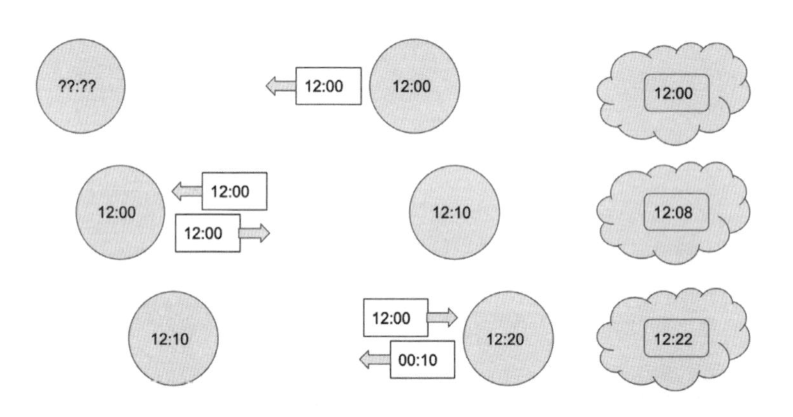

에테르를 기준으로 정지 상태의 관측자가 보기에, 양방향 신호를 이용해 시계를 동기화하는 방법을 움직이는 두 관측자가 사용하면 부정확한 결과를 낳는다.

명해보자. 먼저 시간을 측정하는 중앙 관리자가 멀리 떨어진 조사관에게 시간 신호를 보낸다. 신호가 도착하면 그들은 곧바로 자기들의 시계를 지정된 시간으로 설정하고 다시 답신을 보낸다. 답신을 받은 중앙 관리자는 왕복 시간을 확인하고 거기서 절반만큼 시계를 조정하라는 신호를 다시 보낸다. 이로써 중앙에서 조사관까지 신호가 이동하는 데 걸린 시간만큼의 오차가 교정되었으므로 양쪽 시계는 같은 시간을 표시하게 된다. 조사관은 시계가 정확히 동기화된 덕분에 고도의 정밀성이 필요한 경도를 측정할 수 있다.

이 방법은 분명히 효과가 있지만, 양방향으로 가는 신호의 속도가 서로 같다는 가정이 필요하다. 마이컬슨과 몰리의 실험 등을 보면 이 가정은 옳은 것처럼 보인다. 그러나 푸앵카레는 에테르를 기준으로 정지된 관측자의 관점에서는 이 과정이 전혀 다르게 보인다고 지적한다.

이런 효과를 더 분명히 이해하기 위해, 조사관을 태운 채 에테르를 통과하는 행성의 속도가 엄청나게 빨라서 시간 신호를 전달하는 속도의 10분의 3 정도라고 가정해보자. 조사관과 관리자가 측정하는 동안 우주 공간에서 에테르를 기준으로 완전히 정지해 있는 관측자가 그들을 지켜본다. 만약 우주 공간의 그 관측자가 신호를 주고받는 시간을 정확히 측정하기 위해 완벽히 동기화된 시계를 가지고 있다면 그 시계도 에테르에 대해 정지 상태이다. 이 경우, 관측자는 동기화 과정을 자세히 재구성할 수 있고, 그가 보는 상황은 움직이는 조사관들이 보는 것과 전혀 다르다.

중앙 시간 관리자와 에테르에 고정된 관측자가 모두 정오라고 생각하는 시간에 첫 메시지가 발신된다면, 앞에서 본 대로 중앙 관리자와 조사관의 눈에는 신호가 10분 만에 도달하는 것으로 보일 것이다. 그들은 에테르를 가로지르는 행성에 타고 함께 움직이고 있으므로 모든 상황이 정상으로 보일 것이다. 그러나 에테르에 고정된 관측자가 보기에는 조사관이 도착하는 메시지를 향해 움직이고 있으므로, 신호가 이동할 거리는 조금 짧아진다. 조사관이 메시지를 받는 지점이 중앙 관리자가 메시지를 보낸 지점과 조금 가까워졌으므로 에테르에 고정된 시계로 측정한 실제 도착 시간은 12시 10분이 아니라 12시 8분이 된다.

답신이 돌아올 때는 우주의 관측자가 보기에 중앙 관리자가 메시지에서 멀어지는 것처럼 보이며, 신호의 이동 거리가 멀어지고 이동 시간도 증가한다. 이 두 효과는 서로 상쇄되지 않는다. 사실 답신이 돌아올 때 증가한 시간은 처음 신호가 갈 때 줄어든 시간보다 훨씬 더 길다. 따라서 우주 시계로 답신이 돌아온 시간을 측정하면 12시 22분이 된다. 그러나 중앙 관리자가 보기에는 빛의 이동 거리가 전혀 달라지지 않았으므로 전체 과정에 걸린 시간은 22분이 아니라 20분이 된다. 그래서 중앙 관리자는 조사관에게 10분을 빼라는 교정 신호를 보내고, 결국 두 시계 모두 우주 관측자가 보기에는 2분 늦어진다.

시간의 차이는 당사자들 사이의 거리가 멀어질수록 점점 커진다. 중앙 관리자와 조사관의 거리가 2배로 증가해서 신호가 이동하는 시간이 2배가 되면 전체 과정이 끝났을 때 움직이는 두 시계는 12시 40

분, 우주 시계는 12시 44분을 가리킬 것이다. 여러 지점에 있는 시계가 이런 방법으로 동기화된 연결망은 우주 관측자의 눈에는 동기화가 전혀 안 된 것처럼 보일 것이다. 중앙 관리자의 시계로부터 멀리 떨어진 곳일수록 실제 시간과의 차이도 더욱 큰 것처럼 보인다. 모든 과정을 자세히 살펴보면 우주 관측자의 눈에 보이는 동기화 오류가 정확히 로런츠의 국소 시간과 같다는 것을 알 수 있다.

아인슈타인의 상대성 이론

상대성 이론의 핵심이 되는 수학 방정식을 처음 유도한 사람은 헨드릭 로런츠다. 그래서 1904년에 현대적 형식으로 확립된 방정식을 "로런츠 변환Lorentz transformation"*이라고 한다. 로런츠의 국소 시간과 시계 동기화가 서로 관련이 있다는 사실은 1900년에 푸앵카레가 처음 언급했고, 1905년 6월 초에는 이 사실을 현대적인 형태의 방정식으로 완벽하게 정리해냈다. 푸앵카레는 또 상대성 운동의 결정적인 역할을 언급했고, 이것이 오늘날의 상대성 이론이라는 이름으로 이어졌다.

1905년에 이미 수학적, 철학적 연구가 다 이루어졌는데 왜 우리

* 혹은 "로런츠-피츠제럴드"라고도 한다. 이런 명명법에는 꼭 누군가가 빠지기 마련이다. 조지프 라모어(Joseph Larmor)도 별도로 이와 비슷한 방정식을 찾아냈고, 이들은 모두 맥스웰 방정식을 재구성한 올리버 헤비사이드(Oliver Heaviside)의 업적에 빚을 지고 있는 셈이다.

는 상대성 이론을 주로 앨버트 아인슈타인의 공으로 돌리는 것일까? 그 당시 아인슈타인은 취리히의 연방공과대학교를 졸업한 뒤 학문적 직위를 얻지 못한 채 스위스 베른의 특허청에서 일하던 이름 없는 서기였을 뿐이다. 그는 이런 이론에 관한 논의에 큰 역할을 하지 못하다가 (푸앵카레의 논문보다 늦은) 1905년 6월 말에야 「이동하는 물체의 전기동역학에 관하여On the Electrodynamics of Moving Bodies」라는 중대한 논문을 발표했다.

우리가 아인슈타인을 상대성 이론의 주요 공로자로 여기는 이유는 그가 나중에 이룬 업적과 더 많은 관련이 있지만, 1905년에 발표한 그의 논문에는 현대인들이 아인슈타인을 푸앵카레와 로런츠보다 더 높게 평가할 수밖에 없는 결정적인 차이점이 포함되어 있다. 그것은 바로 에테르의 존재와 관련된 문제다.

로런츠와 푸앵카레는 1905년을 훨씬 지난 시점에도 에테르가 실재한다고 믿으며 여기에 보편적인 정지 좌표계라는 독특한 지위를 부여했고, 지구에 속박된 채 움직이는 관찰자가 측정한 길이와 시간을 그저 "국지적"인 "겉보기" 값이라고만 생각했다. 반면 아인슈타인은 에테르라는 개념을 아예 폐기한 덕분에 단 하나의 우아한 철학적 원리를 토대로 상대성 이론을 정립할 수 있었다.

비록 수학적으로는 겁에 질릴 정도로 복잡하지만, 아인슈타인이 처음 제시한 현대 상대성 이론의 핵심 개념은 자동차 범퍼 스티커에 담길 만큼 간단하다. "물리학 법칙은 관찰자의 움직임과는 무관하다."

위치가 달라지면 시간도 달라진다

"상대성 이론의 원리"는 갈릴레오가 『대화』에서 이 원리를 언급한 시절까지 거슬러 올라간다. 그는 이 책에서 만약 지구가 움직인다면 우리가 그것을 느끼지 못할 리가 없으므로 지구는 정지해 있다는 주장을 논박하는 핵심으로 이 이론을 제시했다. 갈릴레오가 예로 든 상황은 이렇다. 만약 고요한 항구에 정박한 선박의 밀폐된 선실 안에서 아무리 많은 실험을 한다고 해도, 그것으로는 배가 정지해 있는지 일정한 속도로 움직이고 있는지 알 수 없다는 것이다. 이 예에서 중요한 대목은 선실이 밀폐되어 있다는 점이다. 갑판에 서서 육지의 사물을 보는 상황이라면 내가 움직이고 있다는 사실을 금방 유추할 수 있다. 그러나 선실 내에서는 **국지적인** 측정만 할 수 있다. 내가 측정하는 것은 선실의 벽에 대한 물체의 움직임뿐이다. 그런 국지적인 측정 결과는 배가 움직인다고 해서 달라지지 않는다. 배가 나아가더라도 중력이 물체를 아래로 더 빨리 끌어당기지도 않고, 우리가 고물 쪽보다 뱃머리를 향해 더 멀리 뛸 수 있는 것도 아니다. 갈릴레오는 이런 사고실험을 이용해 코페르니쿠스 세계관이 설명하는 지구의 공전과 자전 역시 인간의 감각으로는 느낄 수 없다는 점을 비유적으로 논증했다.*

* 이런 가정이 완전히 옳은 것은 아니다. 지구의 자전을 뚜렷이 보여주는 동적 영향이 없는 것은 아니나, 이 효과는 매우 미묘하며 회전 운동은 항상 방향이 변하므로 반드시 가속도가 개입된다는 사실에 영향을 받는다. 이것을 가장 잘 보여주는 것은 과학 박물관에 빠지지 않고 등장하는 푸코의 진자다. 품질이 우수한 베어링에 매달린 진자는 24시간 내내 흔들림을 반복한다. 사실 진자의 흔들리는 궤적은 고정된

아인슈타인은 이 개념을 더욱 끌어올리고 확장하여 상대성 이론의 토대가 되는 공리로 삼았다. 이것을 학술적으로 건조하게 표현하면 다음과 같다. "물리계의 상태 변화를 기술하는 법칙은 균일하게 직선으로 움직이는 두 좌표계 중 어느 쪽에도 영향을 받지 않는다." 그런데 이 명제를 요약하면 앞서 언급한 자동차 범퍼 슬로건 같은 간단한 문장이 된다. 그는 이것과 별도로 제기한 두 번째 공리에서(8장에서 인용한 바 있다) 모든 관찰자가 보는 빛의 속도는 똑같다고 주장했지만, 이는 다소 불필요한 중복이라고 볼 수 있다. 맥스웰의 전자기학이 "물리계의 상태 변화를 기술하는 법칙"의 일부라면 빛의 속도가 일정하다는 사실이 자명하게 유도되기 때문이다. 맥스웰 방정식은 빛의 속도가 단 하나의 상수라고 예측하므로 모든 사람이 보는 빛의 속도는 똑같다.

그렇다면 똑같은 논리에 따라 "발광 에테르"라는 개념도 불필요하다. "진짜" 시간과 길이를 정의하는 보편적인 정지 좌표계가 존재할 필요는 없다. 우리가 측정할 수 있는 것은 상대적인 운동이므로 중요한 것은 그것뿐이다. 이런 관점에 따르면 시간은 개인적인 일이다. 관찰자 개인이 경험하는 시간은 오직 그 사람의 운동에 의해서만 결정된다. 아인슈타인에 대한 다소 신경질적인 오해와는 달리, 이것은 무질서 상황과는 전혀 다르다. 로런츠 변환 방정식은 이런 경험

평면 위에 있지만, 그 이면에는 회전하는 지구가 있다. 1632년에 갈릴레오가 설명하고 1905년에 아인슈타인의 확장한 상대성의 원리는 일정한 속도의 운동에만 적용된다. 속력과 방향이 일정한 운동 말이다. 이것을 가속하는 물체에 적용한 것이 일반 상대성 이론이다. 14장에서 설명한다.

의 차이를 두 관찰자의 상대 속도에 근거하여 엄밀한 규칙으로 기술한다. 따라서 우리는 언제나 서로 다른 위치에서 관찰된 여러 사건의 발생 시간을 일관성 있게 기술할 수 있다. 단 그 사건을 측정하는 사람들이 서로 어떻게 움직이는지만 알 수 있다면 말이다.

상대성 이론에서 아인슈타인이 푸앵카레보다 높은 위상을 차지하는 이유가 후자가 1898년부터 시작한 자신의 철학적 태도를 끝까지 고수하지 않았기 때문이라는 사실은 다소 역설적이다. 푸앵카레는 시간 측정이 사회적 합의일 수밖에 없는 이유를 유려하고 설득력 있는 문장으로 논증해놓고서도 물리학 분야에서만큼은 아인슈타인의 상대성 이론으로 에테르라는 개념이 불필요하다는 것이 입증된 후에도 오랫동안 로런츠와 함께 그 개념을 고집했다. 아인슈타인보다 나이가 많은 세대였던 그들은 절대 보편의 진짜 시간이라는 편안한 개념을 포기하고 싶지 않았던 것일지도 모른다.

비록 푸앵카레와 로런츠는 마지막 문턱을 넘어서지 못했지만, 물리학과 수학계의 다른 학자들은 너도나도 새로운 개념을 적극적으로 수용했다. 아인슈타인의 스승이었던 헤르만 민코프스키Hermann Miskowski도 그중 한 명이었다. 그는 이 새로운 이론에 따르면 움직이는 관찰자들이 서로 다른 위치에서 보면 시간이 달라진다는 점에서, 시간과 공간이 운동에 기반해 섞일 수 있음을 암시한다고 말했다. 한 관찰자가 보기에 동시에 발생한 두 사건은 공간만 나뉘어 있을 뿐이지만, 같은 사건들을 움직이는 관찰자가 볼 때는 각각 다른 시간에 조금 더 가까운 거리에서 발생한 사건으로 보인다.

민코프스키는 시간과 공간의 이런 속도 의존적인 혼합 현상을 4차원 기하학을 이용하여 훌륭하게 표현하는 방법을 찾아냈다. 그는 저 유명한 1908년 독일물리학회Assembly of German Natural Scientists and Physicians 발표에서 자신이 발견한 내용을 이렇게 소개했다.

> 오늘 여러분 앞에 소개할 공간과 시간을 바라보는 관점은 실험 물리학의 토양에서 싹튼 것이므로, 이 관점의 강점도 바로 그 안에 있습니다. 이것은 매우 급진적인 관점입니다. 지금부터 공간과 시간 그 자체는 단지 그림자 같은 역할만 할 뿐, 그 둘이 통합된 어떤 형태가 독립적인 실체로서 존재할 것입니다.*

아인슈타인은 민코프스키의 기하학적 세계상을 곧바로 수용하지는 않았으나 몇 년 후에는 생각을 바꿨다. 시공간의 4차원 기하학은 아인슈타인의 일반 상대성 이론의 중심이며, 그가 세계에서 가장 유명한 스타 과학자가 되기에 합당한 업적이었다. 이것은 오늘날에도 중력 물리학에 관한 최고의 이론이며, 14장에서 살펴보겠지만, 민코프스키가 상상한 것 이상으로 시간과 공간에 대한 우리의 이해해 큰 영향을 미쳤다. 그럼 이제 상대성 이론이 예측한 것을 확인하는 데 필요한 초정밀 시계를 가능하게 해준 1900년대 초 물리학의 또 다른 위대한 혁명으로 고개를 돌려보자.

---

* 민코프스키, 『공간과 시간(Space and Time)』. 원 출처는 다음과 같다. 『Raum und Zeit』, Jahresberichte der Deutschen Mathematiker-Vereinigung, 75-88 (1909).

열차 안의 시간, 열차 밖의 시간

동기화가 잘못된 시계가 시공간 측정에 극적인 변화를 낳는다는 것이 이해가 안 될 수도 있지만, 사실 상대성의 특이한 성격 중에는 이런 방식 외에는 설명할 수 없는 경우가 많다. 특히 제대로 동기화되지 않은 시계를 비교하면 움직이는 관측자들은 움직이는 시계는 느리게 가고, 움직이는 물체는 수축하며, 모든 물체의 최대 속도에는 한계가 있다는 결론에 도달한다. 로런츠와 피츠제럴드가 예측한 곤란한 결과가 바로 이런 것이었다.

시계의 동기화가 잘못되면 시공간이 어떻게 왜곡되는지 알아보기 위해, 데이비드 머민N. David Mermin이 『시간의 중요성It's About Time: Understanding Einstein's Relativity』*이라는 책에 소개한 기발한 사고실험을 살펴보자. 나란히 설치된 두 철로 위에서 반대 방향으로 달리는 두 열차가 있다고 생각해보자. 각 열차에는 시계를 든 관측자가 타고 있고, 열차에 적절한 간격으로 나 있는 작은 창으로 내다보면 옆 철로에 탄

* 현재 머민의 책은 6판까지 나와 있고, 초판은 2005년에 프린스턴대학교 출판부에서 출간되었다.

관측자와 시계를 볼 수 있다. 두 열차에 탄 관측자는 모두 대단히 과학적이고 따분한 사람들이라서 창밖으로 내다본 것을 기록하고, 그 측정 결과를 바탕으로 다른 열차의 특성을 추론해내려고 한다.

그러나 관측자들도 모르는 사이에 그들의 시계는 위에서 설명한 방식대로 동기화에 오차가 나 있었다. 기차가 지나갈 때 철로 옆에 서서 해당 객차의 모든 시계를 볼 수 있는 관찰자가 보기에는 그 객차에 있는 모든 시계가 앞 차량의 시계보다 2초 늦다. 따라서 두 열차의 선도 차량에 있는 시계가 열차가 지나치는 순간 0분에 정확히 동기화된다면, 두 열차의 2호차 시계는 0분 2초, 3호차 시계는 0분 4초가 될 것이다. 두 열차 모두 객차 한 량이 통과하는 데 6초가 걸린다면, 다음에 열차가 서로 정렬할 때 선도 차의 시간은 0분 6초, 2호차는 0분 8초가 될 것이다. 즉, 만약 시계를 동기화하는 데 사용된 "빛의 속도"가 1초당 객차 한 대 길이의 4분의 1이라고 가정하면, 동기화의 오류 정도는 객차 한 량 길이의 6분의 1이라고 할 수 있다.

물론 이런 설명은 이론물리학자들이나 주고받는 일종의 농담이라고 해도 할 말이 없지만, 그 차량에 탄 승객들이 관찰한 결과를 바탕으로 세상에 대해 내리는 결론에 중대한 영향을 미친다. 그들이 다른 열차(그 열차의 속도와 길이)와 그 안에 있는 시계에 관해 결론을 내리려고 하면 아주 이상한 답변에 도달하게 되는 것이다.

한쪽 열차의 관찰자는 다른 열차에 관해 어떤 결론을 내리게 될까? 우선 쉽게 측정하는 방법은 열차의 상대 속도를 구하는 것이다. 이것은 객차 한 량이 진행하는 장면을 보면 계산할 수 있다. 예를 들

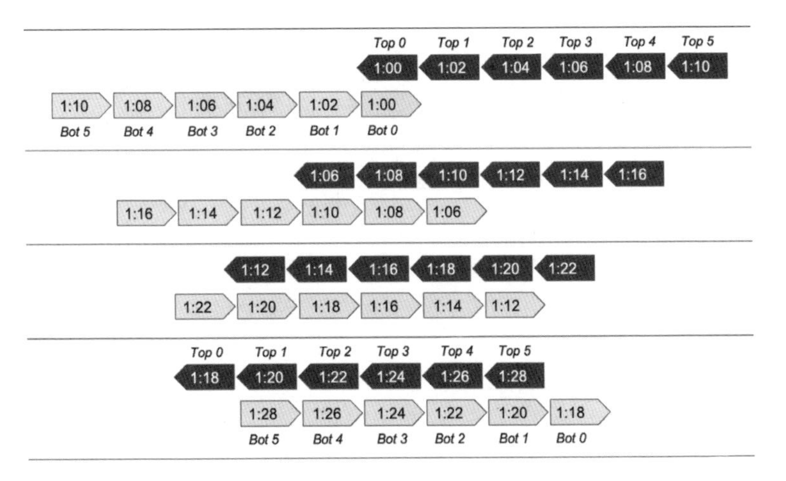

시계 열차 사고실험의 네 장면. 동기화가 어긋난 두 열차의 시계로 인해 관찰자들의 눈에는 맞은편 열차의 시계가 느려지고 열차의 길이가 줄어드는 것으로 보인다.

어 위의 그림에서 위쪽 열차의 선도 차(0호차)는 두 열차의 시계가 모두 1분 0초를 가리킬 때 아래쪽 열차의 선도 차(0호차) 바로 맞은 편에서 보이고, 아래쪽 열차의 2호차 시계로 1분 10초에, 그리고 아래쪽 열차의 4호차 시계로 1분 20초에도 바로 맞은 편에 위쪽 열차의 선도차(0호차)가 보인다.

이 경우, 아래쪽 열차의 관찰자는 맞은편 열차가 객차 두 량 길이를 이동하는 데 10초가 걸리므로 1초당 객차 한 량 길이의 5분의 1의 속도로 움직인다고 생각한다. 여기서 바로 뭔가 이상한 점이 눈에 띈다. 철로 옆에 서 있는 관측자가 보는 실제 상대 속도는 1초당 객차 길이의 3분의 1이다(맞은편 열차도 초당 객차 한 량 길이의 6분의 1의 속도로 달리므로 두 속도를 더해야 한다). 그런데 시계의 동기화가 어긋난 것만으로 아래쪽 열차의 관찰자는 위쪽 열차가 더 느리게 달린다는

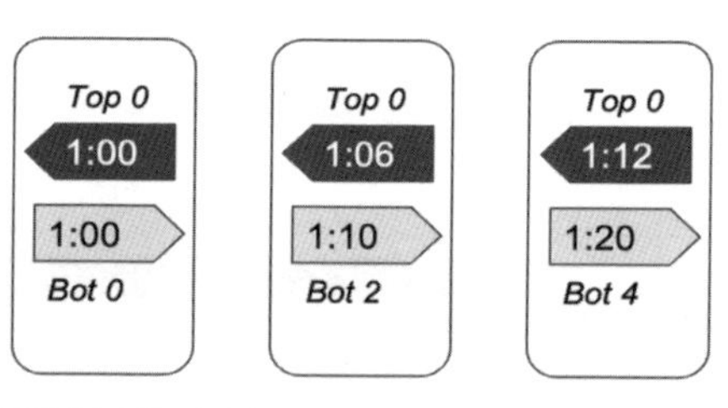

아래쪽 열차의 관찰자가 위쪽 열차의 0호차를 바라보는 세 장면. 위쪽 열차의 시계가 느리다는 결론을 내리게 된다.

결론을 내리게 되는 것이다.

앞 페이지의 그림에서 주목해야 할 문제는 또 있다. 시계의 속도가 서로 달라진다는 것이다. 두 열차의 0호차가 같은 위치에 올 때 두 시계는 모두 1분 0초를 가리킨다. 그러나 위쪽 열차의 선도 객차와 아래쪽 열차의 2호차가 마주볼 때는 아래쪽 열차의 시계는 1분 10초를 가리키는데 위쪽 열차의 시계는 아직 1분 6초에 불과하다. 아래쪽 열차 시간이 1분 20초가 되면 위쪽 0호차는 아래쪽 4호차와 마주 보지만 시계는 겨우 1분 12초를 가리킨다. 따라서 위쪽 열차의 시계가 약 5분의 3 정도 느린 것처럼 보인다. 아래쪽 열차의 시간이 1초 흐를 때 위쪽 열차는 0.6초만 흐르는 것이다. 위쪽 열차와 함께 움직이는 시계가 느려지는 것은 로런츠의 국소 시간이 설명하는 바로 그 현상이다.

아래쪽 열차에 탄 관찰자가 알 수 있는 마지막 한 가지는 맞은편 열차의 객차 길이다. 그러기 위해서는 위쪽 열차의 객차 두 량이 동시에 관찰된 지점을 찾아야 한다. 그런 순간은 아래쪽 열차 시계로 1분 20초에 위쪽 0호차와 아래쪽 4호차가 마주 보고, 위쪽 5호차와 아래쪽 1호차가 마주 보는 장면이다. 따라서 위쪽 열차의 객차 다섯 량이 아래쪽 열차로는 세 량에 불과하므로, 위쪽 객차 한 량은 아래쪽 객차의 5분의 3밖에 안 된다는 뜻이다. 피츠제럴드와 로런츠가 예측한 대로, 움직이는 물체인 객차의 길이가 수축한 것이다.*

이런 결과에서 볼 수 있는 정말 놀라운 점은 이 현상이 정확한 대칭을 이루고 있다는 사실이다. 위쪽 열차의 관찰자는 정확히 같은 패턴의 결과를 보게 된다. 아래쪽 0호차는 자기 시계로 1분 6초에 위쪽 2호차를 지나가는데, 이때가 위쪽 열차 시계로는 1분 10초다. 즉 아래쪽 열차의 상대 속도는 1초당 객차 길이의 5분의 1이고, 이 열차의 시계는 5분의 3만큼 느리다는 뜻이다. 그들은 또 1분 20초에 아래쪽 0호차가 위쪽 4호차를, 아래쪽 5호차가 위쪽 1호차를 지나가는 장면을 보므로, 아래쪽 열차 길이가 5분의 3만큼 줄어든 것으로 결론 내린다.

두 열차의 다소 작위적인 가상 시나리오에서 이런 이상한 결과가 나오는 이유는 두 열차의 시계가 특정한 패턴으로, 즉 양쪽 시계의 속도는 같지만 한쪽이 느리게 가는 것처럼 보이도록 잘못 동기화되었기 때문이다. 그러나 푸앵카레는 이것이 바로 현실에서 움직이는 시계를 동기화할 때 일어나는 현상이라고 말한다. A라는 관찰자가 보기에는 완벽하게 동기화된 시계의 집합도 그 사람에 대해 이동하는 B라는 관찰자의 눈에는 동기화가 안 된 것으로 보인다. 물론 B

* 예리한 관찰자라면 아래쪽 열차의 이 "순간"에 위쪽 열차의 시계가 두 가지 시간을 보여준다는 것을 눈치챘을 것이다. 결국 비밀은 여기에 있었다.

가 보기에 동기화된 시계들도 A의 눈에는 틀어져 보인다.

열차 시나리오는 동기화가 파괴되는 순간 상대성에 관련된 이상한 효과가 발생한다는 것을 뚜렷이 보여준다. 시계의 동기화가 불가능하다는 현실 때문에 시간과 공간이 뒤섞이면(움직이는 관찰자에게 시간이란 자신의 위치에 따라 달라진다), 나머지 현상들이 뒤따라 발생한다. 모든 관찰자는 상대방 시계가 자기 것보다 느리고, 움직이는 물체들의 길이와 거리는 줄어드는 것처럼 보인다. 이것은 착각이 아니다. 어떤 관찰자가 측정하더라도 움직이는 시계가 느려지고 움직이는 물체는 줄어드는 결과 외에는 얻을 수 없다.

이런 모순된 시나리오에 머리가 아플지도 모르지만, 이 모두를 이해할 수 있는 열쇠도 바로 동기화라는 개념에 있다. 측정값을 동기화한다는 말이 무슨 뜻인지, 또 그것을 어떻게 달성할 수 있는지를 깊이 생각해보면 측정값의 차이를 조정하는 방법을 이해할 수 있고, 모든 관찰자에게 벌어지는 현상을 일관되게 설명할 수 있다.

시간 측정의 모순을 해결하는 방법

움직이는 물체의 길이가 줄어드는 이유를 이해하려면 시계 열차 시나리오에 사용되었던, 물체의 길이를 측정하는 행위의 근본적인 의미를 생각해보면 된다. 길이를 측정한다는 것은 하나의 행동이 아니라 동시에 벌어지는 두 가지 행동이다. 물체의 앞쪽 끝과 뒤쪽 끝의 위치를 동시에 기록하는 것이다. 이 문제는 목공이나 조경 작업을 해본 사람이라면 잘 안다. 길이를 측정하려면 두 사람이 필요하다.

한 사람이 물체의 한쪽 끝에 줄자의 한쪽 끝을 대고 있으면 다른 사람이 반대편에서 눈금을 읽어야 한다.

여기서 측정하고자 하는 물체가 움직이면 상황은 더욱 복잡해진다. 특히 길이가 길고 높은 정밀도가 요구되는 측정일 경우 한쪽에서 다른 쪽 끝으로 신호를 보내는 데 상당한 시간이 걸리므로 더욱 그렇다. 이런 경우에는 측정의 동기화도 중요해지고, 전체 과정이 움직임 때문에 복잡해진다.

상황을 단순화하기 위해 빠르게 달리는 열차의 길이를 측정하고, 열차 안에서 측정한 결과와 철로 옆에 선 관찰자가 측정한 결과를 서로 비교해보는 상황을 상상해보자. 다소 작위적인 요소를 추가하자면 객차의 양 끝에 측정 장치를 하나씩 설치하여 신호를 받자마자 열차의 양쪽 끝부분을 열차 밖 바닥에 표시해둔다고 생각해보자. 여기서 열차에 타고 있는 앙리 푸앵카레는 신호를 동시에 출발시키기 위해 열차의 정중앙에 광원을 설치할 수 있다. 중앙에서 빛이 객차 앞쪽으로 이동하는 시간과 뒤쪽으로 이동하는 시간이 같다면 신호를 동시에 받을 수 있고, 그 순간 열차의 앞뒤 끝을 나타내는 작은 점이 열차 바깥 바닥에 표시된다.

그러나 철로 옆에 서서 열차가 통과하는 것을 지켜보는 헨드릭 로런츠의 눈에는 이 시나리오가 전혀 다르게 보인다. 광원에서 출발한 두 개의 광선은 같은 속도로 양쪽 끝까지 이동하지만, 그 둘이 목적지에 도달하는 시간은 서로 다르다. 객차의 뒤쪽으로 간 빛의 이동거리가 더 짧은 이유는 검출기가 앞쪽으로 다가오기 때문이다. 객차 앞쪽으로 간 빛은 더 먼 거리를 달려야 한다. 검출기가 자꾸 멀어지기 때문이다.

게다가 헨드릭은 객차의 길이를 측정하려는 푸앵카레의 행동이 부자연스러울 뿐만 아니라 잘못된 것으로 보인다. 객차 뒤에 먼저 표시하고 곧바로 앞쪽에 표시하더라도 그 사이에 객차의 이동 거리가 발생한다. 결국 바닥 표시들 사이의 길이는 측정의 동기화에 오차가 발생했기 때문에 진짜 객차의 길이가 아니다. 철로 옆에서 헨드릭이 객차의 양쪽 끝을 동시에 측정한 진짜 길이는 객차 안에서 앙리가 측정한 길이보다 짧다.

이런 설명이 보여주는 놀라운 점도 역시 대칭성이다. 푸앵카레가 처음으로 언급했듯이, 이 시나리오에서 가장 중요한 점은 이것이 상대적인 운동에만 의존하는가 혹은 그렇지 않은가 하는 것이다. 상대적으로 정지 상태에 있는 두 관찰자는 그들의 시계와 측정치가 정확하게 동기화되어 있다고 생각하지만, 그들에 대해 움직이는 다른 관찰자들의 시계와 측정치에 대해서는 그렇게 생각하지 않는다.

이런 상대성 개념을 알고 나면 이 시나리오가 다른 시각으로 보인다. 수학적으로 보면 열차에 탄 푸앵카레가 자신과 자기 장비를 정지한 상태라고 생각하는 것은 너무나 당연하다. 사실 물리학자도 이렇게 생각하는 것이 더 편리하므로 늘 이렇게 생각한다. 우리는 주변의 물체들의 운동을 볼 때 지구를 기준점으로 삼지만, 그러면서도 지구의 자전이나 공전, 나아가 은하계를 중심으로 하는 태양의 공전 등은 모두 무시한다.

만약 헨드릭이 객차의 양쪽 끝의 측정값을 동기화하기 위해 비슷한 방식의 광 펄스 체계를 설치했다면 푸앵카레도 마찬가지로 그 과정이 잘못되었다고 생각했을 것이다. 헨드릭의 뒤쪽으로 향하는 광선은 검출기가 앞쪽으로 달려오기 때문에 먼저 도착하고, 앞쪽으로 향하는 광선이 이동하는 시간은 조금 더 길어진다. 그러나 헨드릭은 열차와 반대 방향으로 움직이므로 객차의 앞쪽에서 일어나는 결과를 먼저 측정하고, 조금 후에 뒤쪽을 측정한다. 푸앵카레의 관점에서는 동기화가 잘못된 탓에 헨드릭의 측정치가 실제보다 짧게 보인다. 객차의 뒤쪽 끝이 측정되기도 전에 앞쪽 끝을 기록한 지점으로 가까이 다가오기 때문이다.

만약 헨드릭이 자신이 타고 있는 객차가 아니라 자기가 보기에 정지해 있는 물체(예컨대 기차역 플랫폼)를 측정하려고 준비했더라도 푸앵카레의 눈에는 객차를 측정하는 것과 마찬가지로 보였을 것이다. 열차에 탄 푸앵카레의 눈에 플랫폼은 움직이는 물체이므로 플랫폼의 "뒤쪽"(열차의 앞쪽 방향)이 먼저 측정되고 앞쪽은 조금 후에 측정된다. 푸앵카레가 보기에는 헨드릭의 측정이 잘못 동기화되었기 때문에 플랫폼의 실제 길이는 헨드릭의 측정치보다 짧다.

이런 측정치의 동기화 오차를 둘러싼 이야기는 사람들이 직관적으로 이해하기에 가장 어려운 대목 중에 하나다. 상식적으로는 측정이란 한 방향으로만 진행되는 행동으로 보이기 때문이다. 헨드릭의 눈에 앙리가 탄 열차의 길이가 짧게 보인다면 푸앵카레는 헨드릭이 서 있는 플랫폼이 길게 보여야 할 것 같다. 그러나 현실에서는 둘 다

상대방의 물체가 줄어드는 것처럼 보인다. 헨드릭의 눈에는 열차의 객차가, 푸앵카레의 눈에는 플랫폼이 짧아진 것처럼 보인다.

측정에서 발생하는 이런 모순은, 머민의 책 제목을 빌려 표현하자면 시간의 중요성을 깨달음으로써 해결할 수 있다. 상대성의 역설과 이에 따른 이상한 현상들은 중앙의 관찰자가 보기에 서로 움직이는 관찰자들이 사건이 일어나는 시간을 각각 다르게 인식하여 각자의 시계가 서로 어긋나게 된 데서 비롯된 것이다. 로런츠 변환 방정식은 각 관찰자가 보는 길이의 수축과 국소 시간 현상을 기술함으로써 이런 관찰 결과를 수학적으로 엄밀하게 공식화했다. 관찰자의 위치와 그가 측정한 시간만 알 수 있다면 로런츠 방정식을 이용하여 그에 대해 움직이는 관찰자가 측정할 위치와 시간을 전적으로 확실하게 알 수 있다.

A BRIEF HISTORY OF TIMEKEEPING

| CHAPTER 13 |

양자역학이 가져온 또 하나의 시간 혁명

2016년은 정치적 혼란과 당파적 원한으로 벌어진 결과에 많은 사람이 놀라고 실망한 한 해였다고도 볼 수 있을 것이다. 영국이 이른바 "브렉시트" 투표로 유럽연합을 탈퇴하겠다고 선언한 것이나 미국에서 도널드 트럼프Donald Trump가 대통령에 당선된 일 등이 대표적이다. 당시 사람들은 평생 이렇게 긴 한 해는 처음 겪어본다는 농담으로 절망감을 표현하곤 했다.*

사실 그것은 어떤 면에서 진실을 담고 있다고 볼 수 있다. 특히 만 44세가 안 된 사람에게는 말이다. 사실 2016년 한 해는 초로 환산했을 때 1972년 이래 가장 긴 해로 기록된다.** 여러분이 만약 2016년 12월 31일 자정이 다가오는 시간에 그리니치 세계 표준시각을 지

* 그들은 2020년에 무슨 일이 일어날지 꿈에도 몰랐으리라.

** 엄밀히 말하면 2012년, 2008년을 포함해 또 다른 22개년도가 현대에 들어와서 2번째로 긴 해였다.

켜보고 있었다면 시계가 2017년 1월 1일 0시 0분 0초를 표시하기 전에 2016년 23시 59분 59초에서 23시 59분 60초로 넘어가는 장면을 먼저 확인했을 것이다.

2016년도에 추가된 그 "윤초"는 공식 표준시간을 태양의 겉보기운동으로 정의한 천문학적 "하루"와 동기화하기 위한 것이었다. 1972년에 도입된 이 윤초는 몇 년에 한 번씩 6월이나 12월 마지막 날에 23시 59분 60초라는 형식으로 추가되었다. 1972년은 6월과 12월에 모두 윤초를 추가해 가장 긴 해로 기록되었다.*

윤초의 도입은 초의 공식적인 정의가 더 이상 지구의 자전과 관련이 없어졌다는 점에서 시간이 천문학과 완전히 결별했음을 보여준다는 의미도 있다. 1967년부터 1초는 "세슘-133 원자의 에너지 바닥 상태의 두 초미세 준위에서 방출되는 전지기파가 91억 9,263만 1,770번 진동하는 시간"으로 정의되었다. 윤초가 필요한 이유는 지구의 움직임이 달라지는 정도를 오늘날의 시계 기술로 쉽게 감지할 수 있기 때문이다. 1초의 정의를 보편적인 상수로 고정해놓았기 때문에 시계가 표시하는 시간을 하루라는 주관적인 시간과 동기화하기 위해 "하루"나 "1년"의 정의를 수시로 조금씩 바꿔야 했다.

시계의 정밀도가 오늘의 수준에 이르게 된 것은 20세기 전반기에 물리학에서 일어난 가장 급진적이고 혁명적인 변화인 양자역학의 발전에 그 뿌리를 두고 있다. 양자역학 이론은 의심할 바 없이 인

* 사실 1972년도 미국으로서는 정치적으로 끔찍한 한 해였다. 그해 가을 대선에서 발생한 워터게이트 도청 사건과 연이은 스캔들로 결국 닉슨 대통령이 하야했기 때문이다.

류 지성사의 가장 뛰어난 업적으로, 파동의 성질을 띠는 입자와 입자의 성격을 보여주는 파동, 그리고 성격을 근본적으로 규정할 수 없는 물체로 구성된 놀라운 세계를 기술한다. 양자역학의 그 악명 높은 기묘함을 생각하면, 이런 기괴한 우주관으로 인해 우리가 비할 데 없이 정밀한 시계를 구현하게 되었다는 사실이 더욱 놀랍기만 하다.

빛과 어두움의 선

양자역학의 세계로 들어가는 길에는 여러 입구가 있다. 이 이론의 최종 형태는 물리학의 다양한 분야에서 발견된 증거들이 서로 통합되는 과정에서 나왔기 때문이다. 그러나 원자시계로 이어지는 가장 직접적인 길은 어찌 보면 뮌헨의 한 주택이 붕괴된 사건에서 시작된다.

요제프 프라운호퍼Joseph Fraunhofer는 1787년에 바바리아 왕국의 스트라우빙에서 출생했으나, 어려서 부모를 여읜 후 뮌헨의 유리 제조업자 필립 안톤 바이첼스베르거Philipp Anton Weichelsberger의 견습생이 되었다. 1800년경 견습생의 삶이란 어느 곳에서든 쉽지 않았으나 바이첼스베르거의 견습생 생활은 당시의 기준으로도 가혹하기 그지없었다. 견습생에게 아주 사소한 일만 맡기고 여가 활동은 엄격하게 제한해서 어린 프라운호퍼가 쉬는 시간에 책을 읽을 등불도 금지할 정도였다. 여기까지만 보면 프라운호퍼의 앞날이 그리 밝을 것 같지 않지만, 곧 영화 같은 반전이 일어났다. 1801년에 바이첼스베르거의 집과 작업장이 이 어린 소년이 안에 있는 채로 무너져내린 것이다. 이 엄청난 사건이 사람들의 큰 관심을 끌었고 그중에는 장차 바바리아의 국왕이 될 막시밀리안 1세 요제프Maximilian I Joseph도 있었다. 프라운호퍼는 큰 부상 없이 잔해더미 속에서 구출되었다. 이 기적에 감동한 막시밀리안은 소년을 왕실 고문 요제프 폰 우츠슈나이더Joseph von Utzschneider에게 소개하고 급료까지 지불했다. 우츠슈나이더도 베네딕트보이에른 광학연구소라는 곳에서 유리 제작소를 운영하는 사람이었다.

우츠슈나이더는 프라운호퍼에게 교육 기회를 제공했고, 나중에는 조수로 채용하여 렌즈를 포함한 여러 광학소자를 함께 제작했다. 프라운호퍼는 유리 제작 분야에 뛰어난 재능을 보였고, 얼마 지나지 않아 그가 이끄는 광학연구소는 그 누구도 따라올 수 없는 품질의 유리를 제조하는 곳으로 탈바꿈했다. 과학자들이 오랫동안 렌즈와 프리즘을 사용해오면서 애를 먹었던 이유는 그 재료인 유리에 기포와 불순물이 함유되어 있었기 때문인데, 프라운호퍼는 깨끗하고 흠이 없는 유리를 대량으로 생산할 수 있는 새로운 유리 제조법을 개발했다. 그의 노력으로 바바리아는 전 유럽의 과학용 유리 수요에 대응하는 주요 공급국이 되었고, 그 덕분에 왕국의 경제도 크게 부흥했다. 그는 결국 이 공로로 기사 작위와 함께 "폰 프라운호퍼von Fraunhofer"*

* von은 "~로부터"를 뜻하는 독일어 단어다. 작위를 받은 사람의 출신지나 성 앞에 von을 붙여 새로운 성을 부여하곤 한다.–옮긴이

라는 칭호를 얻었다.

정밀 광학소자를 제작하는 핵심 단계의 하나는 분산 제어 공정이다. 분산이란 빛이 유리 조각에 진입할 때 색의 성분별로 휘어지는 정도가 다른 현상을 말한다. 빛이 프리즘을 통과한 후 무지개색을 띠면서 퍼지는 것도 이 분산 현상 때문이다. 그러나 렌즈의 상을 흐려 망원경의 품질을 제한하는 원인도 바로 분산이다. 이런 "색수차" 효과를 교정하기 위해서는 성분이 조금 다른 렌즈를 서로 결합하여 한쪽 렌즈의 청색광이 일으키는 과다 굴절량을 다른 렌즈의 적색광으로 보완해주면 된다.

고품질의 무색achromatic 렌즈를 제작하려면 여러 색상별로 빛의 굴절도를 정확하게 측정해야 하는데, 프라운호퍼는 이 정확도를 역대 최고 수준으로 끌어올리려고 했다. 그는 좁은 수직 슬릿이 있는 스크린 뒤에 광원을 설치하여 빛이 측정하려는 유리에 닿게 한 다음, 측량용 경위의經緯儀, theodolite를 이용해 해당 색광의 굴절각을 정밀하게 측정했다. 그러나 그는 이 부분에서 안정적인 표준을 찾을 수 없다는 문제에 봉착했다. 백색광이 렌즈를 통과하며 분산되어 나타나는 빛의 색상들이 서로 매끄럽게 연결되어 나타나는 까닭에 "황색광"의 굴절을 측정할 때 항상 스펙트럼의 같은 조각을 사용하고 있는지 확인할 수 없었다.

프라운호퍼는 다양한 광원을 이용해 실험한 끝에, 알코올과 황의 혼합물을 연소시키는 램프의 스펙트럼이 고품질 프리즘을 채용한 자신의 장비를 통과할 때 밝은 오렌지 선이 나타난다는 사실을 발견했다. 즉, 이 불꽃은 특정 좁은 영역의 파장에서 다른 영역보다 더 많은 빛을 분출하여 해당 색상으로 수직 슬릿의 밝은 이미지를 만들어냈다. 이것은 파장의 표준으로 삼기에 충분했지만, 그는 폭넓은 대역의 파장이 필요했는데 이것은 그중 한 가지 색상일 뿐이었다.

프라운호퍼는 이런 고민을 하던 차에 1815년이 되어 장비를 태양을 향하게 하면 자신이 사용할 수 있는 밝은 이미지가 비슷하게 나타나지 않을까 하고 생각했다. 그러나 결과는 오히려 정반대였다. "다양한 폭의 수직선이 무한히 나타났다. 이들은 다른 스펙트럼에 비해 더 어두웠고 그중에는 완전히 검은 것도 있었다."* 그는 가장 눈에 띄는 스펙트럼에 문자를 부여했는데, 그중에는 오늘날까지 사용되는 것도 있다. 물리학자들은 지금도 황색과 오렌지색 대역에서 보이는 특정 이미지를 "나트륨 D 선"이라고 한다.

프라운호퍼는 이런 조사 과정에서 빛의 스펙트럼을 연구하기 위해 이전에 없었던 회절격자라는 장치를 발명했다. 그는 (앞 장에서 소개한) 영의 이중 슬릿 실험을 살펴보다가 그 실험도 결국 백색광을 다양한 색상으로 분산하는 것임을 알았다. 그런데 진짜 이중 슬릿을 쓰면 그 사이를 통과하는 빛의 양이 너무 적기 때문에 프라운호퍼는

---

* 태양광 스펙트럼에 존재하는 어두운 선은 1802년에 윌리엄 울러스턴이 이미 관측한 적이 있다. 울러스턴의 장비는 프라운호퍼에 비해 성능이 훨씬 못 미쳤으므로 가장 뚜렷한 선 몇 개만 관찰할 수 있었다. 이 관측은 몇 가지 색상(우리가 학교 다닐 때 배운 "ROYGBIV" 등의 스펙트럼이었다)을 구분할 수 있었다는 점 외에는 큰 주목을 받지 못했으므로 10여년 후에 프라운호퍼가 570개 이상의 어두운 선을 관찰했을 때도 그 사실을 몰랐을 가능성이 크다. [ROYGBIV는 우리말로는 '빨주노초파남보'에 해당한다. 영어문화권에서는 이 일곱 색깔(red, orange, yellow, green, blue, indigo, violet)을 사람의 이름처럼 "Roy G. Biv" 혹은 "Richard of York Gave Battle in Vain"으로 외우도록 한다-옮긴이].

밝은 패턴을 얻기 위해 슬릿을 몇 개 더 추가했고, 그 결과 간섭 패턴이 더 선명하게 나타나는 것을 확인했다. 이것은 빛이 파동의 성격을 띠는 데서 오는 또 하나의 결과였다. 광원이 두 개 이상으로 확장되면 보강간섭이 일어나는 조건이 더 엄격해진다. 다시 말해 어떤 색상이든 밝은 점이 더 좁아지고 그들 사이에 나타나는 어두운 점은 더 뚜렷해진다. 이중 슬릿 패턴과 마찬가지로 보강간섭은 바로 옆 슬릿에서 온 파동의 이동 거리가 빛의 한 파장과 일치할 때 일어나는 현상이다. 다시 말해 빛의 파장이 길수록 점들 사이의 간격도 넓어지므로 회절격자도 빛의 색상을 분산하는 역할을 하게 된다.**

프라운호퍼가 처음에 만든 회절격자는 나사산이 촘촘한 나사를 가로지르도록 철사들을 나란히 배열해서 여러 개의 슬릿으로 만들어놓은 것이었다. 나중에는 이것이 유리 표면에 가는 선을 새기는 방식으로 바꾸었다. 이 격자들 사이를 빛이 지나가면 프리즘을 투과할 때와 비슷하게 여러 색 성분으로 분산된다. 이 방식은 제어하기가 더 편리했다. 분산은 미세하게 조정된 슬릿 간격에만 좌우될 뿐 측정하기 어려운 유리 자체의 특성과는 상관이 없기 때문이다. 프라운호퍼는 이제 빛의 색상별 파장의 절대값은 물론, 태양광 스펙트럼의 어두운 선과 관련된 빛도 측정할 수 있게 되었다. 그는 새로 발명한 이 격자 분광기를 이용해 시리우스를 비롯한 일부 항성의 스펙트럼을 측정하여 태양에서 보이는 것과는 다르지만 그것과 비슷한 어두운 선

** 요즘은 투명한 플라스틱 회절격자를 쉽게 살 수 있다. 마치 신형 "유리"처럼 생긴 이 광학 장비를 작은 광원에 겨냥하고 들여다보면 무지개 패턴이 보인다.

의 존재를 확인했다. 심지어 특정 원소를 함유한 불꽃의 빛에서 좀 더 밝은 선을 발견하기도 했다.

회절격자를 사용하여 어두운 선의 정확한 파장을 측정하면서 프라운호퍼는 자신의 관심사였던 "실용 광학"을 연구하는 데 필요한 정보, 즉 다양한 유형의 유리 분산을 더 잘 측정할 수 있는 일련의 참고 자료를 얻게 되었다. 하지만 그는 광학 물리학 분야는 전문가에게 맡기는 편이 낫다고 생각했다. 그는 자신의 실험이 "광학 물리학에 흥미로운 결과를 낳은 것은 분명하다. 그러므로 자연과학 분야에 재능있는 연구자들이 좀 더 많은 관심을 기울여주기를 간절히 희망한다"라고 말했다. 그는 1826년에 비교적 이른 나이로 세상을 뜰 때까지 당시 많은 유리 제조업자처럼 산업용 유리 생산 분야에만 몰두했다.*

프라운호퍼가 분광학에 관심을 기울인 동기는 산업적인 목적에 있었지만, 그가 발견한 분광선에 관심을 기울이는 과학자들이 실제로 나타나기 시작했다. 영국에서는 윌리엄 헨리 폭스 탈보트William Henry Fox Talbot와 존 허셜John Hershel이 여러 화학 성분을 불꽃에 가열할 때 방출되는 빛의 스펙트럼을 관찰했고, 그렇게 확인된 밝은 선들이 미소량의 특정 원소를 식별하는 수단이 될 수 있음을 보여주었다. 프랑스 물리학자 장 베르나르 레옹 푸코Jean Bernard Léon Foucault는 프라운호퍼가 발견한 어두운 선을 개념적으로 설명하면서 특정 원소의

* 공식 사인은 결핵이었다. 그것이 사실이라고 해도 유리 제조용 화학물질에 함유된 중금속 증기에 오랫동안 노출된 것이 최소한 결핵을 악화시켰을 것이다.

차가운 증기가 불꽃으로 가열해서 나온 파장과 같은 빛을 흡수한다는 사실을 증명했다. 그렇다면 프라운호퍼의 선은 뜨거운 태양이 방출한 빛이 상대적으로 차가운 태양 대기에 흡수된 결과물이라는 뜻이다.

화학 원소의 스펙트럼선은 1800년대 중반에 독일의 물리학자 구스타브 키르히호프Gustav Kirchhoff와 화학자 로버트 분젠Robert Bunsen을 시작으로 본격적으로 연구되기 시작했다. 그들은 기존에 알려진 화학 원소의 스펙트럼을 분류하여 각 원소를 충분히 높은 온도로 가열해서 나온 증기는 고유한 스펙트럼선의 패턴을 나타낸다는 것을 증명했다. 특히 1861년에 키르히호프와 분젠이 라듐과 세슘을 발견했다고 발표한 것을 계기로, 이 분류 방법은 곧 새로운 화학 원소를 찾는 유용한 수단으로 자리 잡았다. 1868년이 되면 이 방법이 완전히 정립되어 지구상의 다른 시료 없이 하나의 스펙트럼선만으로 지금까지 알려지지 않았던 원소가 새롭게 발견된 일이 있었을 정도였다. 이 발견은 프랑스 천문학자 피에르 쥘레 장센Pierre Jules Janssen이 태양광 스펙트럼에서 식별한 황녹색 선을 바탕으로 이루어졌고, 몇 달 뒤에는 영국 천문학자 노먼 로키어Norman Lockyer가 독자적으로 이 선을 다시 확인하기도 했다. 로키어는 이 원소를 그리스 신화의 태양의 신 헬리오스의 이름을 따 "헬륨"이라고 불렀다. 그러나 지구상에서 헬륨 기체가 분리 검출된 것은 1895년에 가서야 이루어진 일이었다.

그러나 스펙트럼선이 시간 측정에서 중요한 역할을 하는 이유는 프라운호퍼에게 그것이 중요했던 이유와 같다. 스펙트럼선은 파장이 고정되어 있으므로 진동수도 정해져 있다.* 특정 원소가 흡수 또는 방출하는 빛은 항상 일정한 진동수를 띤다. 따라서 광파의 진동수를 시계의 기초로 사용할 수 있다. 빛의 진동수를 시계의 "똑딱임"으로 사용하면 시간을 측정하는 데 더 이상 물질적인 실체를 사용할 필요가 없다는 큰 장점이 있다. 소진되거나 마모되는 작동부품이 필요 없게 되는 것이다.

스펙트럼선을 고정 진동수 광원으로 사용하여 시간을 측정하는 개념은(광파의 한 주기를 시간 측정 단위로 삼는 시계) 1870년에 켈빈 경이 처음 제안했으나 최초의 원자시계는 프라운호퍼 사후 120년이 지난 1949년에야 비로소 등장했다. 이렇게 늦어진 원인은 주로 기술적인 것이었다. 켈빈 경을 포함한 그 누구도 가시광선의 엄청나게 큰 진동수를 실제 시계 작동에 쓸 수 있을 정도로 줄이는 방법을 몰랐기 때문이다.** 스펙트럼선을 시간 표준으로 삼는 데는 철학적인 문제도 있었다. 스펙트럼선의 원리를 아무도 몰랐으므로 시계의 기준으로 삼기가 곤란했다. 스펙트럼선의 고유한 패턴은 실험을 통해 밝혀졌고, 산업용 유리 제조업자와 화학자들은 그 유용성을 당연히 알고 있었지만, 그 **기원**에 관해서는 여전히 알려진 바가 없었다. 특정 원자가 빛의 특정한 진동수를 흡수하고 방출하는 이유도 모르면서 그 진동수를 시계의 기초로 삼을 수는 없는 노릇이었다.

---

* 한 파동의 진동수에 그 파장을 곱한 값은 매질과 상관없이 항상 파장의 속도와 같다. 이미 살펴봤듯이 빛의 속도는 보편상수다.

** 실제로 실용성을 획득한 것은 21세기에 광학 진동수의 빛이 등장한 후부터다. 16장에서 자세히 다룬다.

근본적인 원리는 프라운호퍼가 태양광 스펙트럼에서 어두운 선을 처음 관찰한 지 거의 한 세기가 지난 1913년이 되어서야 밝혀지기 시작했다. 스펙트럼선을 원자의 구조로 설명하게 된 것은 양자 혁명에서 가장 중요한 첫 번째 단계였다.

다양한 원자 모형들

1911년에 맨체스터대학교의 어니스트 러더퍼드Ernest Rutherford는 동료 교수들이 깜짝 놀라고 즐거워할 만한 일을 했다. 이론가를 채용한 것이다. 1908년에 노벨화학상을 받은 러더퍼드는 실험가로 유명한 사람이었다. 그의 수상 업적은 무거운 원자가 방사성 붕괴를 거쳐 알파 입자를 방출한 후에는 새로운 원소로 변한다는 사실을 발견한 것이었다.*** 또한 그는 다른 과학("과학에는 오직 물리학만 존재하고 나머지는 모두 우표 수집에 불과하다"라고 말한 것으로 유명하다)이나 자기 분야보다 더 추상적인 영역(그가 "실험 결과를 해석하는 데 통계가 필요하다면 잘못 실험한 것이다"라고 말했다는 오해도 있다)을 경멸하는 태도로 잘 알려져 있었다.****

문제의 그 이론가는 닐스 보어Niels Bohr라는 덴마크 젊은이였다. 그와 러더퍼드는 더욱 의아한 조합이었다. 러더퍼드는 가끔 그의 연

*** 러더포드도 자신이 노벨화학상을 탄 것이 얄궂은 일이라는 점을 알고 있었다. 그는 수상 만찬에서 자신이 연구한 모든 변환 현상 중에 가장 놀라운 것은 자신이 물리학자에서 화학자로 바뀐 것이라고 농담했다.

**** 과학사에서 그가 실제로 이런 발언을 했다는 기록은 찾을 수 없고, 단지 그를 잘 아는 사람들로부터 전해 내려온 내용이다.

구실에 있는 섬세한 장비마저 고장 낼 정도로 목소리가 우렁찬 말 많은 뉴질랜드인이었는데, 보어는 조용한 목소리에 속마음을 드러내지 않는 성격이었다. 그러나 두 사람은 스포츠라는 공통 관심사 때문에 서로 죽이 맞았다. 보어는 덴마크의 수준 높은 리그에서 뛰던 축구선수였다(그의 동생은 1908년 올림픽에 덴마크 대표 선수로 출전했다).* 다른 교수들이 이론가를 데려온 일로 놀려대자 러더퍼드는 엉겁결에 이렇게 말했다고 한다. "보어는 좀 다르지. 그는 **축구선수**라네."

러더퍼드는 1909년에 그를 도와 함께 연구한 한스 가이거Hans Geiger와 학부생 어니스트 마스든Ernest Marsden이 수행한 실험 때문에 이론물리학자 한 명이 절실히 필요했다. 그들은 알파 입자를 얇은 금박에 투사하는 실험에서 상당량의 입자가 튕겨 나가는 것을 관찰하고 깜짝 놀랐다. 당시의 지배적인 원자 이론에 따르면 이런 일은 절대 불가능한 것이었다. 러더퍼드는 원자의 구조가 중심에 있는 작은 공 모양에 거의 모든 질량이 집중되어 마치 작은 태양계와 같은 모습을 보일 때만 이런 실험 결과가 설명될 수 있다는 사실을 깨달았다. 원자에서 음전하를 띤 전자는 양전하를 띤 핵으로부터 핵 반지름의 약 10만 배 떨어진 거리에서 궤도를 돌고 있다. 이런 척도로 보면 핵은 마치 "대성당 안에서 날고 있는 파리"와 같은 존재다.

러더퍼드의 모델은 마스덴과 가이거의 데이터와 일치했지만, 한

* 보어는 대표팀에 선발된 적이 없지만, 덴마크의 수준 높은 팀에서 선수 생활을 한 것은 사실이다. 단, 그는 과학에 더 관심이 많았기 때문에 딱 1년만 뛰었다. 그가 독일 팀을 상대로 펼친 어느 경기에 골키퍼로 출전했다가 쉽게 막을 수 있는 장거리 슛을 골로 허용한 적이 있었다. 나중에 그는 수학 문제를 골똘히 생각하느라 경기에 집중하지 못했다고 고백했다.

가지 작은 문제가 있었다. 바로 당시의 물리학 법칙으로 도저히 설명할 수 없다는 점이었다. 러더퍼드 모형에서 전자는 궤도를 돌면서 끊임없이 운동 방향을 바꾸는데, 그렇다면 끊임없이 전자기파를 방출해야 한다는 뜻이다. 그렇게 되면 전자기 파동이 에너지를 외부로 방출하므로 그만큼 전자의 속도가 느려지고 결국 전자는 원자핵을 향해 나선형을 그리며 추락할 수밖에 없다. 고전 물리학에 따르면, 궤도 운동을 하는 전자는 대량의 X선을 방출한 후 핵과 충돌하여 원자로 흡수되어야 하기 때문이다.

보어는 1900년에 막스 플랑크Max Planck가 처음 소개한 물리학의 다른 분야의 개념을 끌어와서 러더퍼드 원자 모형이 안고 있는 문제의 해법을 찾아냈다. 플랑크는 뜨거운 물체에서 방출된 빛의 스펙트럼을 설명하기 위해 고민하던 중, 그 물체에 주어진 진동수에서 띄엄띄엄한 에너지를 가진 빛을 방출하는 "진동자"가 존재한다고 가정해야 수식이 성립한다는 결론에 도달했다. 모든 진동자는 해당 진동수에 작은 수(이를 플랑크 상수라고 한다)를 곱한 것과 같은 값의 고유한 에너지를 가지며, 그 에너지의 정수배만큼만 빛을 방출할 수 있다. 즉, 1배, 2배, 3배 등은 가능하지만 1.5나 π배는 안 된다.

플랑크는 이 방법으로 열복사 스펙트럼을 정확하게 기술하는 공식을 찾아냈지만, 항상 그것이 수학적으로 아름답지 못하다고 생각해서 누군가 더 좋은 방법으로 같은 공식을 도출해주기를 바라고 있었다. 그러나 상황은 정반대로 흘러갔다. 1905년에 아인슈타인이 플랑크의 아이디어를 받아들여 사용하기 시작했다. 아인슈타인은 빛이 입자의 성격을 띤다는 "단순화 모델heuristic model"*을 제안했다. 그 내용은 한 줄기의 빛에는 "광양자light quanta"(오늘날에는 이것을 광자photon라고 한다)가 다수 포함되어 있으며 각각의 양자는 플랑크 공식이 제시하는 양, 즉 빛의 진동수에 플랑크 상수를 곱한 값만큼의 에너지를 운반한다는 것이다.

진동수가 빛 입자의 에너지와 관련이 있다는 개념은 아인슈타인의 모든 연구를 통틀어 가장 급진적인 시도였으나 광전 효과를 설명하는 데는 너무나 효과적이었다. 1921년에 아인슈타인이 노벨상을 받을 때도 가장 뛰어난 업적으로 꼽힌 것은 바로 그의 광전 효과 이론이었다.**

보어는 빛이 불연속적인 양으로 방출된다는 개념을 수용하여 원자를 태양계에 비유한 러더퍼드 모형을 개선했다. 보어는 전자가 빛을 방출하지 않는 특별한 궤도(전자의 반경과 속도의 특정 조합)가 존재한다고 제안했다. 이런 궤도들은 각각 고유한 에너지를 가지며, 원자는 이 궤도들 **사이**를 움직일 때만 빛을 방출하거나 흡수한다. 방출되거나 흡수될 때 빛의 진동수는 플랑크 법칙에 따라 결정되며, 진동수와 플랑크 상수를 곱한 값이 바로 두 궤도 사이의 에너지 차이라는 것이 그의 생각이었다.

플랑크와 아인슈타인의 빛에 관한 모형과 마찬가지로, 보어의 원

---

* 이론적으로 완벽한 설명은 포기하고 설명의 간략함과 실용성을 중시한다는 뜻이다.-옮긴이

** 아인슈타인의 노벨상 수상 업적에 상대성 이론이 빠져 있다는 사실에 놀라는 사람이 많다. 주된 원인은 수상자를 선정하는 스웨덴 왕립학회 내의 정치적 문제였다. 광전 효과는 그 타협의 산물이다.

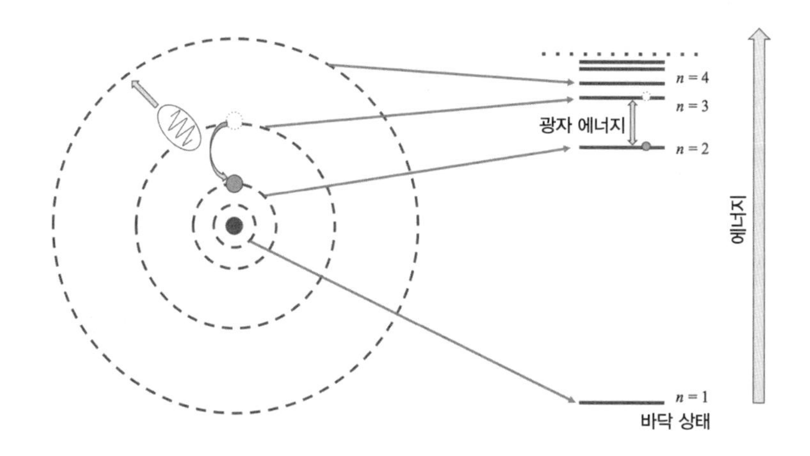

보어의 양자 원자 모델. n이 증가하면 에너지도 증가하는 불연속 전자 궤도가 존재한다. 전자가 이 궤도 준위 사이를 움직이면 원자가 광자를 방출하거나 흡수하며, 광자의 에너지는 이 궤도들 사이의 에너지 차이와 같다.

자 모델도 불연속성의 요소를 포함하고 있다. 원자 내에 있는 전자의 특별한 궤도는 플랑크 상수의 정수배인 각운동량으로 정의된다.*** 즉, 각각의 특별 궤도에 부여되는 양자 번호 n이 그 궤도의 에너지를 결정하며, n이 증가함에 따라 에너지도 증가한다.

보어의 양자 원자 모형은 스펙트럼선이 나타나는 이유를 개념적으로 설명해준다. 모든 원자에는 띄엄띄엄하게 궤도가 있고, 궤도마다 잘 정의된 에너지를 갖는다.**** 따라서 흡수되거나 방출될 수 있는 빛의 진동수도 띄엄띄엄하게 제한된다. 이 모형은 수소(전자가 하

*** 각운동량은 전자의 자전 및 공전과 관련된 양이다. 대략 전자의 운동량(질량과 속도의 곱)에 핵과의 거리를 곱한 값이라고 할 수 있다.

**** 이론적으로 모든 정수에 대응하는 특별 궤도의 수는 무한히 많이 존재하지만, n값이 증가할수록 에너지는 더욱더 집중되면서 점차 최대치에 가까워진다. 그래서 실제로는 낮은 에너지 상태 몇 개만 가시광선 진동수에 해당하는 에너지 차이로 구분된다.

나만 있는 원자, 수소 스펙트럼의 선은 정수배라는 사실이 잘 알려져 있다*)와 수소형 이온(전자를 하나만 남겨두고 나머지를 모두 제거한 원자)의 스펙트럼을 설명하는 데도 매우 효과적이다. 또한 다양한 원소에서 방출되는 고유한 X선의 모델을 수립하는 데도 유용하다. 이것은 러더퍼드의 또 다른 학생 헨리 모즐리가 연구한 내용이다.**

나이 든 세대들은 보어 모형을 별로 좋아하지 않았으나 곧 이 모형의 성공으로 젊은 물리학자들의 그룹이 형성되었고, 그들은 양자원자의 성질을 연구하는 데 전념하여 훌륭한 성과를 거두기 시작했다. 보어의 첫 논문이 나온 1913년경부터 현대 양자역학으로 발전한 1925년까지를 "초기 양자이론"이라고 하며, 물리학자들이 처음으로 스펙트럼선과 원자의 구조에 관해 구체적인 논의를 주고받을 수 있게 된 것도 바로 이 시기였다. 보어는 덴마크로 돌아가 코펜하겐대학교 이론물리학과의 초대 학과장 자격으로 학내에 이론물리학연구소***를 설립하는 데 힘썼다. 보어의 연구소는 빠르게 발전하는 양자이론 연구의 중심지 역할을 하게 되었다.

---

* 수소 스펙트럼의 선은 두 정수의 조합으로 주어진다. 구체적으로는 주양자수가 n과 m인 두 준위사이에서 방출되거나 흡수되는 빛의 진동수는 $|1/n^2 - 1/m^2|$에 비례한다.–옮긴이

** X선은 가장 안쪽 궤도의 전자를 방출할 정도의 고에너지 입자가 시료에 충돌할 때 발생한다. 이런 입자들은 고에너지 상태에서 전이해오는 전자로 대체되면서 X선 광자를 방출한다. 모즐리는 모든 원소는 각각 고유한 최대 에너지가 존재하며, 보어 모델의 낮은 에너지 궤도로 설명할 수 있는 간단한 패턴을 따른다는 사실을 발견했다.

*** 이 연구소는 맥주회사 칼스버그가 설립 기금에 참여했고, 보어가 노벨 물리학상을 받은 1922년보다 한 해 앞선 1921년에 공식 개원했다. 칼스버그와 맺은 인연은 보어에게 큰 특전으로 돌아갔다. 이 회사는 그가 노벨상을 수여하자 그에게 맥주공장 바로 옆에 있는 주택을 한 채 제공하고 공장에서 파이프를 연결해 평생 무료로 맥주를 마실 수 있도록 공급했다.

양자이론의 완성

보어 모델은 원자와 스펙트럼선의 물리학을 이해하는 개념적 돌파구를 제시했지만, "초기 양자이론"에는 몇 가지 문제가 있었다. 특히 보어가 지목한 특정 상태들이 왜 특별한지는 아직 뚜렷하지 않았다. 이를 설명하는 더 깊은 이론이 필요하던 차에 1920년대 중반에 발견된 이론은 오히려 그 어떤 사람이 예상했던 것보다 더 이상한 내용이었다.

현대 양자역학의 발전 과정을 이해하는 한 갈래 길은 프랑스에서 찾을 수 있다. 1924년에 귀족 가문 출신의 어느 젊은 박사 과정 학생이 흥미로운 제안을 내놓았다. 루이 빅토르 피에르 르몽 드브로이 Louis Victor Pierre Raymond de Broglie(보통은 루이 드브로이라고 한다)는 빛이 입자의 성질을 띤다는 아인슈타인의 개념에 매력을 느껴 파리대학교에 제출한 자신의 박사 과정 논문에서 일종의 대칭 가설을 제안했다. 만약 모두가 파동이라고 알고 있던 빛이 입자의 성격을 띤다면, 지금까지 누구나 입자라고 생각했던 전자도 파동의 성격을 띨 수밖에 없다는 가설이었다. 그의 제안은 전자에도 파동이 존재하며, 그 파장은 운동량에 반비례한다는 것이었다. 이것은 빛의 파장과 운동량 사이의 관계와 유사한 내용으로, 빛과 물질이 모두 유사한 법칙을 따른다고 주장한 셈이었다.

전자가 파동의 성질을 띤다는 개념은 매우 이상하게 들렸으므로 처음에는 그의 교수들도 그것을 어떻게 받아들여야 할지 모를 정도였다. 교수들이 드브로이에게 학위를 수여해야 할지 말지 주저하다가 그 논문을 아인슈타인에게 보여주었더니 훌륭하다는 칭찬이 돌아왔다는 유명한 이야기가 있다. 전자의 파동성은 1920년대에 전자들도 광파처럼 서로 간섭 작용을 일으킨다는 사실이 실험으로 확인되면서 입증되었다. 하지만 그 이전에 보어의 궤도 이론이 왜 특별한지 이해하는 방법을 제시한다는 점에서 강력한 개념적 매력을 지니고 있었다.

드브로이의 전자기파장과 보어의 각운동량 정수배 요건을 합하면 흥미로운 관계를 발견할 수 있다. 궤도의 원둘레는 그 궤도를 도는 전자기파장의 정수배라는 것이다. 이 말은 곧 전자가 시작 지점으로 돌아왔을 때 자신의 진동 주기와 같은 위상에 놓인다는 것을 의미한다. 즉 다음번 궤도의 꼭대기는 이전 궤도의 꼭대기와 같은 지점에 형성된다. 그렇다면 궤도에 있는 전자는 스스로 보강간섭을 일으키는 이른바 "정상파"를 형성한다는 뜻이 된다. 이것은 마치 악기에서 고유한 진동수를 찾아내는 물리학의 원리처럼, 무한한 수의 가능성을 몇 가지 가능성으로 간추리는 상황에 해당한다. 이렇게 일상의 익숙한 문제에 비유하는 것은 보어 원자의 특별한 궤도가 어디에서 비롯된 것인지를 생각하는 한 가지 흥미로운 방법이다. 그렇다면 보어의 양자수 n은 전자 정상파에 포함된 꼭대기의 수인 셈이다.

전자의 파동성에 대한 드브로이의 초기 접근 방식에는 상당한 문제가 있었지만, 그의 제안은 다른 물리학자들이 정확한 이론으로 나아가는 길을 열어주었다. 특히 그의 제안은 전자가 파동의 성격을 가진다면 그 행동을 기술하는 파동 방정식이 필요하다는 것을 의미했다. 그에 따라 오스트리아의 물리학자 에르빈 슈뢰딩거Erwin Schrödinger는 그런 방정식을 찾아야겠다고 생각했고, 1925년에 스키를 타며 휴가를 보내던 중에 마침내 그 방정식을 찾아냈다. 바로 그 시기에 보어의 제자 중 한 명인 독일 물리학자 베르너 하이젠베르크Werner Heisenberg는 원자 구조 문제를 좀 더 추상적으로 해결하는 방법을 연구하다가 같은 결론에 도달했다.* 슈뢰딩거의 파동 방정식과 하이젠베르크의 "행렬 역학"은 수학적으로 전혀 다른 방식이지만 서로 완벽하게 동등하다. 오늘날 물리학자들은 특정 문제에 어느 것이 더 편리한지에 따라 이 두 가지 방식을 쉽게 바꿔가며 적용한다.

양자역학이 예측하는 이상하고 환상적인 결과를 상세히 다루는 책은 너무나 많다.** 그러나 그 결과는 최초의 양자 모델이 등장한 지 100년이 넘은 지금도 여전히 활발하게 연구되고 있는 주제다. 그러나 이 책의 목적인 원자시계와 관련해서라면 가장 고차원적인 개념 몇 개만 알면 된다. 드브로이가 소개하고 슈뢰딩거가 공식화한 양자역학의 핵심은 결국 물체는 입자와 파동의 성질을 모두 가지고 있다는 개념이다.

양자역학의 요소에서 가장 중요한 것은 양자화된 모든 대상은 슈뢰딩거 방정식에 따라 변화하는 수학적 대상, 즉 파동함수로 표현

* 하이젠베르크도 슈뢰딩거처럼 집을 떠나서 위대한 영감을 떠올렸다. 그는 심각한 알레르기를 치료하기 위해 헬골란트라는 외딴섬으로 요양을 떠났다. 물리학자들은 슈뢰딩거와 하이젠베르크의 사례를 들어 휴가가 더 필요하다는 주장을 종종 펴곤 한다.

** 예를 들어, 『익숙한 일상의 낯선 양자 물리(Beakfast with Einstein: The Exotic Physics of Everyday Objects)』라는 책을 추천한다.

된다는 개념이다. 이름에서도 알 수 있듯이 이것은 파동과 유사한 성격(공간 안에서 퍼져나가며, 그 대상의 에너지에 의존하는 진동수에 맞춰 진동한다)을 띠지만, 그 자체를 직접 관찰할 수는 없다(우리는 전자 하나를 관찰해서 전자의 파동함수와 관련된 파동성을 직접 볼 수 없다).

파동함수를 통해 우리가 알 수 있는 것은 측정 대상에 따라 위치나 에너지 등이 정의되는 특정 상태에서 양자 입자를 발견할 수 있는 **확률**이다. 이 확률을 구하는 것은 파동함수의 제곱을 계산하는 것과 크게 다르지 않으며, 우리가 예측할 수 있는 것도 결국 이 확률분포 외에는 없다. 우리가 파동함수를 계산해서 단 하나의 측정 결과를 얻는 과정이 실제로 무엇을 의미하는가 하는 질문에 대해서는 아직 미해결 상태이며, 열띤 논쟁이 벌어지고 있다고 대답할 수밖에 없다. 양자역학에는 많은 해석이 존재하며, 각각의 해석을 열렬하게 지지하는 물리학자 그룹이 형성되어 있다. 지금까지 수많은 책이 다양한 해석을 선보였지만, 이 책은 그런 논쟁에 뛰어들기 위해 쓴 것이 아니다. 이 책의 범위 내에서 우리는 양자 세계에서 물체가 확률로 표현된다는 사실만 알면 된다.

이런 확률적 성격 때문에, 양자 물체는 측정되기 전까지는 같은 시간에도 여러 상태로 존재할 수 있다. 그런 "중첩 상태"는 다시 만물이 파동의 성격을 띤다는 사실을 바탕으로 하고 있다. 음악 연주회장에서 여러 악기가 서로 다른 음을 연주하다 보면 공기가 복수의 진동수로 진동하는 순간이 있는 것처럼, 양자 원자도 동시에 여러 에너지 상태에 존재할 수 있다. 총 파동함수는 전체 상태를 구성하는 수

많은 파동의 합이다. 공기 중의 파동과 마찬가지로 파동함수도 매우 복잡할 수 있으며, 다양한 구성요소들로 인해 간섭 효과를 나타낼 수 있다. 이러한 양자 간섭은 최첨단 원자시계가 작동하는 데 매우 중요한 역할을 한다.

그러나 양자역학이 확률적 특성을 띤다고 해서 양자역학이 모든 것을 예측할 수 있다는 말은 아니다. 양자물리학자들은 파동함수와 확률을 매우 정확하게 계산하고, 실제 물리량에 대한 초정밀 측정치와 비교해 계산을 검증한다. 전자의 자기적 거동과 관련된 "g인자g-factor"라는 양의 경우, 이론적인 예측과 실험적 측정치가 무려 소수점 아래 11자리까지 일치한다.* 이 놀라운 정확성 덕분에 물리학자들은 원자 내 양자 상태 안정성에 대해 높은 수준의 신뢰를 갖게 되었으며, 양자역학은 역사상 가장 정확한 시계의 기초가 될 수 있었다.

진자시계에서 원자시계까지

1600년대에서 20세기까지 인류가 사용할 수 있는 가장 정확한 시간 측정 장치는 진자시계였다. 시계 제작자들은

* 예측치는 2.002319304363286±0.000000000001528이고, 현재 가장 정확한 측정치는 2.00231930436146±0.00000000000056이다. 사실 측정치의 정밀도가 예측치보다 조금 더 높아서 엄청나게 복잡한 계산이 요구됨을 알 수 있다. 전자와 유사하나 훨씬 더 무겁고 특이한 입자인 "뮤온"을 대상으로 이런 양을 측정해본 결과 이론적 예측치와 조금 다른 것으로 밝혀졌고, 이것이 우리가 현재 파악하고 있는 입자와 상호작용을 넘어서는 "새로운 물리학"이 존재할 가능성을 시사한다고 보는 견해가 있다.

수 세대에 걸쳐 시계 속도에 영향을 미치는 작은 결함을 제거하기 위해 탈진기와 소재를 개선하고 여러 요소를 조정하는 등 기본 설계를 조금씩 바꿔왔다.

기계식 시계 제작 기술이 정점에 도달한 것은 양자물리학이 국제 무대에 모습을 드러낸 시기와 거의 일치한다. 1921년에 윌리엄 해밀턴 쇼트와 프랭크 호프 존스가 개발한 쇼트 싱크로놈 자유 진자 시계는 사실상 **2개**의 진자로 구성되어 있다. 열팽창 계수가 아주 낮은 합금으로 만든 "주 진자"는 모든 공기를 빼내고 밀폐된 온도 조절 상자 속에서 흔들린다. 이 진자는 어떤 시계 장치와도 연결되어 있지 않다. 그 대신, 작은 전기센서가 30초마다 진자의 위치를 확인하여 공기 중에 흔들리는 2차 진자와 비교한다. 시계와 연결된 것은 이 2차 진자다. 이 "두 개의 진자" 방식은 주 진자의 진동에 영향을 미치는 요소를 최소화하면서 2차 진자를 주 진자와 동기화한다. 즉, 시간을 명확하게 표시하는 데 필요한 기어 및 다른 부품과 2차 진자를 연결해놓은 것이다. 이 조합을 통해 시계의 성능이 1년에 1초 정도의 오차가 나는 수준으로 향상되었다. 오늘날에는 최신 센서를 적용하여 12년에 1초 정도의 오차를 보인다.

여러 국립 표준 연구소와 천문대에서 쇼트 진자가 널리 사용되면서 천문 관측으로 제기되었던 한 가지 문제가 분명하게 드러났다. 지구의 자전이 시간 측정의 기초가 될 만큼 안정적이지 않다는 것이다. 태양일의 길이가 1년 동안 조금씩 달라진다는 사실은 수천 년 전부터 알고 있던 문제로, 하루의 길이를 1년에 걸쳐 평균한 값인 "평균 태양일"을 사용하고, 특정 날짜의 변동을 설명하는 "시간 공식"을 이용해 명목 태양시와 이 평균 시간을 서로 변환하는 방식으로 해결되었다.

진자시계가 꾸준히 개선되는 것과 별도로 천문학자들은 태양계의 행성 위치에 대한 관측과 예측을 계속해서 개선하여 역사상 가장 정확한 천문 항법 주기표를 제작했다. 이 과정에서 가장 흥미로운 부분은 1895년에 미국의 천문학자 사이먼 뉴컴Simon Newcomb이 수십 년에 걸친 관측 결과를 모아 만든 「뉴컴의 태양 주기표Tables of the Motion of the Earth on Its Axis and Around the Sun」로 공전 궤도 상의 지구의 위치를 사상 유례없는 정확도로 예측해낸 일이었다.

뉴컴의 표는 평균 태양일에 관한 한 당대 최고의 측정치를 제공하며 태양과 행성의 위치를 예측하는 항법표navigation table 제작에 이용되었다. 하루의 길이가 완벽하게 일정하는 않다는 것, 즉 평균 태양일도 시간이 지나면서 늘 바뀐다는 사실을 이 표를 통해 짐작할 수 있다. 그리고 쇼트 시계가 개발되면서* 그 증거가 더욱 명확해진 것이다.

하루의 평균 길이가 달라지는 정도는 미미하지만(2019년의 하루는 1870년보다 2밀리초만큼 더 길다), 그것이 오래 축적되면 상당한 차이가 나타난다. 고대의 일식과 월식에 관한 기록 덕분에 현대 천문학자들은 관측치와 오늘날의 하루 길이를 통해 "시계를 역산"한 예측

* 같은 시기에 등장한 수정시계도 평균 태양일이 일정하지 않다는 것을 밝혔다. 이에 대해서는 15장에서 간략히 다루었다.

치를 비교하여 하루가 점점 길어진다는 사실을 확인할 수 있다. 예를 들어 기원전 720년에 바빌론에서 기록된 개기 일식은 당시 하루의 길이가 오늘날과 같았다면 대서양에서만 볼 수 있었을 것이다. 오늘날 이런 일식 현상이 이라크에서 관찰된다는 사실은 평균 태양일이 1세기당 2밀리초에 조금 못 미치게 길어지고 있음을 말해준다. 그런 몇 밀리초가 더 오랜 세월에 걸쳐 축적되면 지구 자전을 기준으로 해서 무려 수천 킬로미터 거리에 해당하는 오차를 만들어낸다.

이런 장기적인 지구 자전의 감속 현상은 주로 달에 그 원인이 있다. 달의 중력이 지구를 끌어당기면서 지구에 작은 뒤틀림이 발생하고 대양이 대규모로 이동하여 우리가 매일 보는 조수 작용을 일으킨다. 이런 조수 효과는 지구의 자전에 저항력으로 작용하여 서서히 그 속도를 늦추고, 그에 대한 반응으로 달은 조금씩 밀려난다. 아폴로 우주선이 달 표면에 남겨둔 반사경을 사용하여 레이저 거리 측정 실험을 해보면 달이 지구로부터 1년에 3.8센티미터씩 멀어지고 있음을 알 수 있다.

조수의 힘에 따른 점진적인 감속 외에도 지구의 자전 속도는 대륙판의 이동이나 지구 맨틀의 움직임 등으로 인해 갑자기 바뀌기도 한다. 이런 효과에 따라 커다란 사건이 발생할 수도 있다. 예컨대 2011년 동일본 대지진에 동반된 규모 9.0이라는 엄청난 파괴력으로 평균 태양일이 1.8밀리초 정도 줄어든 것으로 알려져 있다. 그러나 미묘하고 다소 불가사의한 변화는 변화 시점 이후의 초정밀 전문 측정으로 사후에 발견될 때가 더 많다.

1년에 1초 이내의 오차를 보이는 시계는 하루에 몇 밀리초의 차이를 감지해낼 수 있다. 따라서 쇼트 진자시계가 개발되면서 인간이 만든 시계는 시간 측정 수단으로서 지구의 자전을 능가하는 수준의 신뢰도를 획득하게 되었다. 1940년대에 들어와 과학자들은 1초를 평균 태양일의 8만 6,400분의 1이라고 정의하는 것보다 더 나은 방법을 찾아야 한다는 사실을 깨달았다.

뉴컴의 태양 주기표가 지구 자전 이외의 기준으로 하루를 측정하는 최초의 방식으로 등장한 것은 공전 운동이 자전보다 안정성과 신뢰도 면에서 더 나았기 때문이다. 따라서 1초의 정의는 1960년에 "1900년 1월 0일 역표시 12시를 기준으로 태양년의 3,155만 6,925.9747분의 1"로 공식적으로 변경되었다. 여기서 역표시ephemeris time, 曆表時의 바탕이 되는 것은 뉴컴의 표에서 계산된 항성에 대한 태양의 상대적 위치로, 시간의 정의가 불규칙하게 움직이는 실제 물체에서 뉴턴 물리학에 뿌리를 둔 더 이상적인 태양계로 바뀌었다는 것을 의미한다.

분모의 숫자가 이렇게 크다는 것은 수천 년에 걸친 관찰로 태양년에 관한 지식이 그만큼 정밀해졌다는 것을 보여준다. 그러나 역표시 초를 계산하는 데 사용된 값도 정확히 8만 6,400초의 하루에 대해 예상하는 초의 수나 뉴컴의 표에 나타난 태양년의 길이와는 미묘한 차이가 있다는 점에 유의할 필요가 있다. 그 차이는 (소수점 뒤의 숫자가 9754가 아니라 9747이라는 정도로) 매우 작지만, 그 당시까지 사용된 평균 태양일의 초와 일치해야 한다는 것을 보여준다.

그러나 역표시 시대는 잠깐 지속되었을 뿐이다. 에너지와 진동수의 양자적 관계를 통해 시간을 물리학의 기본 법칙과 연결시킬 수 있고, 그 시간을 작동부가 없는 시계로 측정할 수 있게 되었기 때문이다.

원자시계의 작동 원리

"원자시계"라는 이름은 어떤 면에서 오해의 소지가 있다. 오히려 "광 시계"라고 하는 편이 더 정확할지도 모른다. 시간 측정에 사용되는 진동 소자가 마이크로파 방사선이기 때문이다. 원자는 이제 마이크로파가 정확한 진동수로 진동하는지 확인하는 기준 역할을 한다. 원자시계가 작동하는 과정은 기본적으로 모든 시계의 작동을 확인하는 과정을 압축해서 보여준다. 먼저 마이크로파를 원자와 동조시킨다. 그리고 원자와 마이크로파를 자유롭게 움직이도록 놔두었다가 일정한 시간이 지난 다음 여전히 동기화되어 있는지 서로 비교 확인한다. 동기화가 어긋났으면 마이크로파의 진동수를 조정한 다음 앞의 과정을 반복한다.

마이크로파를 시간 측정에 사용한다는 개념은 1945년에 미국의 물리학자 이지도어 라비Isidor I. Rabi가 최초로 제안했다. 그는 한 해 전에 그에게 노벨상을 안겨준 분자빔 분광 기법을 바탕으로 이 개념을 창안했다. 사실 최초의 "원자" 시계는 분자에 기초한 것으로, 1949년 미국 국립표준기술연구소에 이 시스템이 설치되어 암모니아의 두 상태 사이의 전이를 통해 이 일반적인 원리의 타당성을 입증하는 데 사용되었다. 세슘 원자를 사용한 최초의 진정한 원자시계는 1955년에 영국 국립물리학연구소의 루이스 에센Louis Essen과 잭 패리Jack Parry가 만들었다. 그리고 불과 10년 후에 1초의 정의가 "세슘-133 원자의 바닥 상태의 두 초미세 준위 사이의 전이에 해당하는 방사선 주기가 91억 9,263만 1,770회 지속하는 시간"으로 정의되면서 세슘은 공식적인 원자 표준으로 명시되었다. 평균 태양시가 역표시로 전환될 때도 그랬듯이, 이 정의에 보이는 많은 숫자는 그 당시에 사용되던 역표시 초와 일치시키려다 보니 그렇게 정해진 것이다.

1초를 정의하는 세슘의 진동수는 엄청나게 큰 숫자지만, 정밀한 측정을 하는 데에는 매우 훌륭하다. 시간 측정 단위, 즉 "똑딱임"은 기본적으로 불연속적인 단계로 구성된다. 똑딱임을 하나씩 더하거나 빼는 것보다 더 쉬운 일은 없다. 그리고 그 숫자가 더 클수록 측정은 더 정밀해진다. 그레고리우스력을 만든 사람들이 지속 시간이 하루에 불과한 하·동지나 춘·추분점을 관측하여 1년의 길이를 몇 분의 오차로 결정하는 과정에도 이와 같은 원리가 작용했다. 그들이 달성한 정밀도는 수천 년 동안 축적된 데이터를 이용한 덕분이었다. 세슘 시계는 이 원리를 1초 단위까지 끌어내린 것으로, 만약 세슘에서 나오는 빛의 진동수를 정확히 셀 수만 있다면(2차 세계대전 당시 레이더 개발 계획의 일환으로 나온 마이크로파 기술 덕분이다) 1초의 길이를 고도로 정밀하게 측정할 수 있다. 세슘의 진동수를 ±1의 오차로 세서 1초를 측정하는 정밀도는 365일을 일일이 세서 1년의 길이를 정하기를 2,500만 년 동안 계속하는 것과 맞먹는다.*

원자시계는 지난 반세기 동안 기술적으로 많은 발전을 이룩했으나 세슘이 표준이라는 점에는 변함이 없다. 최근에 개발된 최신 원자시계는 "분수형fountain" 구성으로 작동한다. 먼저 수백만 개의 세슘 원자가 절대 0도에서 몇 백만분의 1의 오차 범위 안의 온도로 냉각된다.** 원자는 앞에서 언급한 국제표준단위계SI에서 명시된 세슘 원자의 두 초미세 상태 중 하나로 존재한 다음, 초당 몇 미터 속도로 위쪽으로 발사된다. 그다음에는 발사 지점에서 위로 약간 떨어진 곳에서 마이크로파 공동cavity으로 들어간다. 이것은 세슘 전이에 해당하는 마이크로파 진동수에서 정상파가 유지되도록 크기를 잘

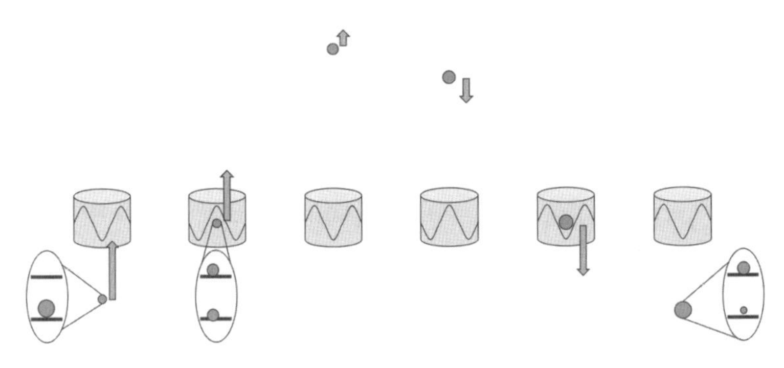

분수 시계의 작동과정. 차가운 원자 하나가 두 에너지 상태 중 낮은 곳에서 대기하다가 일정한 속도로 위쪽을 향해 발사된다. 이후 마이크로파를 통과하며 두 상태에 중첩으로 존재한 후 공동을 넘어 더 상승하다가 속도가 느려지고 멈춘 다음 다시 아래로 떨어진다. 마이크로파를 두 번째로 통과한 후 상태를 다시 측정하여 원자가 두 상태 사이에서 전이했을 확률을 결정한다.

* 물론 이것은 평균 태양일의 길이 자체에 변동이 있다는 사실을 이미 설명했으므로 큰 의미는 없지만, 전체적인 규모를 파악하는 데는 유용한 비교라고 할 수 있다.

** 절대 온도에 도달하는 과정에는 물리학적으로 너무나 매력적인 일이 많이 벌어지지만, 그것만으로도 책 한 권을 쓸 수 있을 정도이므로 여기서는 생략한다.

설계한 금속제 벽실이다. 원자들은 이곳에서 처음으로 마이크로파와 상호작용한다.

첫 상호작용에 필요한 매개변수, 즉 공동의 크기, 원자의 발사 속도, 마이크로파의 강도 등은 마이크로파가 원자를 한 상태에서 다른 상태로 절반만큼 옮겨놓을 수 있는 조건에 맞춰 설정된다. 이것은 두 상태에 원자를 각각 절반씩 배치한다는 것이 아니라, 각 원자가 동시에 두 상태의 양자 중첩으로 존재하게 만드는 것을 의미한다.

이것은 매우 이상한 일로 보이겠지만, 간섭 물리학 덕분에 미세한 진동수 차이를 감지하는 민감도를 극적으로 향상시킬 수 있다. 마이크로파 상호작용은 (12장에서 설명한) 마이컬슨 간섭계의 빔스플리터와 유사한 형태를 보인다. 원자와 관련된 하나의 파동함수를 받아들여 두 개로 나눈 다음 각각의 상태에 하나씩 배치한다는 점에서 말이다. 이들은 결국 다시 합쳐지며 그 지점에서 일어나는 일은 두 파동함수의 상대적 위상에 따라 달라진다.

그러나 두 팔의 파동이 같은 진동수로 진동하던 마이컬슨 간섭계와 달리 두 상태에 존재하는 두 개의 파동함수는 서로 다른 속도로 변화한다. 그 결과, 그들은 물리적으로 떨어져 있지 않음에도 두 상태의 위상차는 에너지 차이와 관련된 마이크로파 진동수와 정확히 일치하는 속도로 변화한다. 그렇다면 이 첫 번째 상호작용은 사실상 원자 내에 마이크로파 발생원과 동기화된 작은 시계를 창조해낸 셈이다.

원자가 공동을 통과한 후에 계속 상승하여 중력의 영향으로 늦어지다가 공동에서 약 1미터 떨어진 곳에서 정점에 도달한 후 다시 아래로 떨어진다. 이 과정을 거치며 중첩 상태에 있던 내부 "시계"의 위상이 바뀌면, 그에 따라 마이크로파 발생원의 "실험실 시계"도 위상이 변화한다. 공동을 지나 상승한 지 약 1초 후에 하락한 원자는 공동으로 다시 들어가 1초간 마이크로파와 상호작용한다.

공동을 두 번째로 지나는 과정에서는 마이컬슨 간섭계에서 빛이 두 번째로 빔스플리터를 통과할 때와 유사하게 두 개의 파동함수가 하나로 합쳐진다. 이렇게 재결합될 때 일어나는 일은 두 파동함수의 위상차와 마이크로파 발생원의 진동수에 따라 결정된다. 그러나 이 경우 결과물의 차이가 마이컬슨 간섭계처럼 물리적 방향의 차이가 아니라 원자가 존재할 수 있는 두 상태가 된다.

그러나 실험실 시계가 조금 틀어져서 원자와 마이크로파의 위상차가 증가하고 완전한 보강간섭이 나타나지 않을 때는 전이하는 원자 수도 감소한다. 이런 차이가 점점 증가하여 어느 순간 완전한 상쇄간섭에 도달하면 두 상태 사이를 전이하는 원자 수가 0이 된다. 여기서 진동수 차이가 계속 증가하여 위상차가 정확히 한 주기가 되면 다시 보강간섭이 일어난다. 그다음에는 또 상쇄간섭이 일어나는 식으로 계속 반복된다.

앞에서 언급했듯이 양자물리학은 확률만 예측할 수 있다. 그러나 분수 시계를 구성하는 수백만 개의 원자는 각각 독립적으로 같은 과정을 겪는다. 따라서 한 차례의 분수 주기가 끝난 후에 두 상태 중 하나에 얼마나 많은 원자가 존재하는지 한 번만 측정해봐도 그 확률

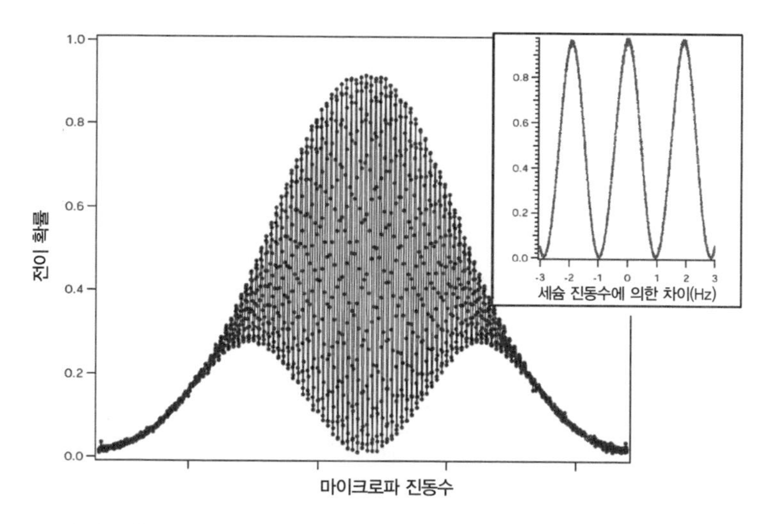

미 해군 관측소에 설치된 원자시계의 "램지 주름". 마이크로파 진동수의 변화에 따라 상태 간 전이 확률이 급격히 진동하는 것을 보여준다. 삽입 그래프에서 보듯이 진동수가 1Hz만큼 변화할 때 확률은 100퍼센트에서 0퍼센트 근처까지 변화한다.

을 매우 정확하게 알 수 있다. 그렇다면 상태가 전이된 원자의 비율을 진동수의 함수로 그려보면 간섭 상태가 보강에서 상쇄 사이를 반복함에 따라 진동이 0에서 100퍼센트 사이에 형성되는 것을 볼 수 있다. 이런 진동을 노먼 램지Norman Ramsey의 이름을 따서 "램지 주름Ramsey fringes"이라고 한다. 그는 1949년에 이와 같은 2단계 원자시계를 고안한 공로로 1989년 노벨 물리학상을 공동 수상했다.*

이 주름의 폭, 즉 100퍼센트 상태에서 0퍼센트까지 내려가는 데 필요한 진동수의 변화는 상호작용 사이의 시간이 증가함에 따라 줄어든다. 이것은 분수 기하학의 매력을 가장 잘 보여주는 특징이다.

---

* 램지는 상금의 절반을 받았고, 나머지 절반은 이온 포집법을 개발한 한스 데멜트(Hans Dehmelt)와 울프강 파울(Wolfgang Paul)이 또 나누어 받았다.

주름의 이런 특징 때문에 상호작용 사이의 시간 간격이 매우 길어지고 진동수의 작은 변화에도 민감도가 크게 향상될 수 있다.* 오늘날의 세슘 분수 시계의 경우, 정확도가 비교적 떨어지게 측정한다고 해도 오차는 세슘 진동수 91억 9,263만 1,770Hz에 대해 ±1Hz 미만에 불과하다. 이보다 더 정교한 기법을 적용하면 시계를 1주기만 가동해도 정밀도를 훨씬 더 개선할 수 있다. 그런 정확도를 유지하며 시계를 계속 작동한다면 1년에 0.003초 정도의 오차를 달성할 수 있다.

그러나 당연히 실제 원자시계를 한 번 측정하기 위해 사용하지는 않는다. 진짜 시계는 거의 끊임없이 측정을 반복하면서 진동수만 약간씩 조정한다. 이런 작은 조정들을 합하면 어떤 개별 측정보다 평균적으로 훨씬 우수한 실험실용 마이크로파 시계를 만들수 있다. 공식 원자 시간을 결정하는 데 사용되는 분수 시계는 대체로 10^{16}분의 1 정도의 정확도를 달성한다. 예를 들어 그런 시계로 측정한 1초는 1.0000000000000000 +/-0.0000000000000001초로 표시된다. 이 정도로 정확한 시계를 끊임없이 가동한다면 1초의 오차가 나기까지 걸리는 시간은 수억 년 단위가 된다!

시계와 GPS

시간의 정의가 이렇게 바뀌어온 역사와 복잡하기 그지없는 협정

---

* 중요성은 좀 덜하지만, 분수 방식의 부차적인 이점이 있다면 마이크로파 공동을 한 번 더 쓴다는 것이다. 똑같은 공동을 2개 준비할 필요가 없으므로, 빠르게 움직이는 원자 빔을 사용하는 데서 비롯되었던 구형 원자시계의 불확실 요소를 제거할 수 있다.

세계시Coordinated Universal Time, UTC(국제도량형협회에서 제공하는 시간 표준 중의 하나로, 이 장의 뒤에서 자세히 설명할 것이다) 성격을 마주하면서 혹자는 이 모든 것이 도대체 어떤 의미가 있느냐고 반문할 수도 있을 것이다. 어쨌든 일상생활을 살아가는 데는 "준비, 땅!"이라고 말하는 데 1초가 걸린다고만 알고 있으면 충분하지, 세슘 원자나 분수 방식 같은 것까지 다 알아야 하느냐고 생각할 수도 있다.

UTC의 거의 모든 내용이 난해하다는 점은 충분히 인정하지만, 원자 시간이 현대인의 생활에 없어서는 안 될 일부가 된 분야가 하나 있다. 그것은 지난 수 세기 동안 정밀한 시간 측정을 주도해온 바로 그 응용 분야인 항법이다. 스마트폰과 항법 체계에 채용되어 실시간 위치 추적 기능을 제공하는 위성위치확인시스템, 즉 GPS는 원자시계를 탑재하여 현재 시간을 전송하는 최소 24개의 위성 네트워크를 기반으로 한다. 이 시스템은 휴대용 수신기를 사용하여 사용자의 현재 지상 위치를 몇 미터 이내의 오차로 계산할 수 있게 해준다.

이 과정을 이해하려면 빛보다 훨씬 느린 아날로그식 비유가 도움이 된다. 예를 들면 뉴욕 주 스키넥터디(유니온칼리지가 그곳에 있다)의 위치를 이 지역에 익숙하지 않은 사람에게 알려주는 방법 같은 것이다. 우선 스키넥터디는 뉴욕시에서 차로 3시간 거리에 있다. 그러면 맨해튼을 중심으로 대략 반경 300킬로미터의 원을 그린 다음 그 원 위의 어딘가에서 찾아보면 된다.

물론 이 원에는 매사추세츠, 펜실베이니아, 로드아일랜드 주의 수많은 지점이 포함되므로 다시 범위를 좁혀서 스키넥터디는 보스

유명 대도시로부터의 이동 시간을 이용하여 뉴욕 주 스키넥터디의 위치를 찾는 과정. 각 원은 보스턴과 뉴욕에서 3시간, 몬트리올에서 4시간 소요되는 지점을 나타낸다. 세 원이 만나는 지점에서 스키넥터디를 찾을 수 있다.

턴에서도 차로 3시간 걸린다고 말할 수 있다. 이제 2가지의 이동 시간이 나왔으므로 맨해튼과 보스턴을 각각 중심으로 하는 원을 2개 그려서 그 교차점을 찾을 수 있다. 교차점은 두 곳이다. 하나는 스키넥터디고 다른 하나는 북대서양에 있다. 일반적으로는 이 둘을 쉽게 구분할 수 있겠지만, 필요하다면 몬트리올에서도 4시간 떨어져 있다는 정보를 추가로 알려줄 수 있다. 이 세 원이 교차하는 지점에 있는 도시는 지구상에 하나밖에 없다.*

GPS는 시간으로 거리를 특정하는 것과 유사하게 작동한다. GPS 위성의 궤도는 지상의 시간과 장소에 상관없이 최소한 서너 개의 위성이 동시에 보이도록 설정되어 있다. 각 위성이 전송하는 신호에는 자기 자신을 식별하는 기호와 함께 탑재한 원자시계로 측정한 시간 정보가 포함된다. 지상의 수신기는 신호의 시간 차이를 이용하여 그 위성에서 출발한 전파의 이동 시간을 파악한다. 빛의 속도는 상수이므로 거리도 알 수 있다. 이 과정을 통해 각 위성을 중심

* 이 과정은 7장에서 설명한 기준 항성과의 각도 차이를 이용해 행성의 위치를 찾는 절차와 기본적으로 똑같다는 것을 알 수 있다.

으로 하는 구球가 정의되고, 모든 구가 지상의 한 점에서 교차하는 지점을 찾을 수 있으며, 따라서 수신기의 위치를 특정할 수 있다.

빛의 속도가 대단히 빠르다는 점을 생각하면(측정 시스템이 세계에서 가장 우수하다는 미국에서 사용하는 길이의 단위인 피트로 재면, 빛은 1나노초에 1피트라는 아주 가까운 거리를 주파한다. 1피트는 약 30센티미터에 해당한다) 몇 미터의 정확도로 위치를 특정하기 위해서는 위성의 전송 시간이 수 나노초 이내가 되어야 하고, 그것이 바로 위성에 원자시계가 탑재되는 이유다. 위성 시계는 미 해군 관측소가 산출하는 UTC 현지값인 UTC(USNO)와 정기적으로 동기화된다. 따라서 위성은 그 자체로 UTC를 형성하는 유용한 일원인 셈이다. 지구상의 모든 연구소는 GPS 신호를 수신하여 UTC(USNO)를 특정할 수 있으므로 국제도량형국Bureau International des Poids et Mesures, BIPM에 보고되는 자체 시계와 매우 간편하게 비교할 수 있다.

GPS 체계는 상대성 이론을 현실에서 증명해주는 훌륭한 사례이기도 하다. 공전 궤도 상의 시계는 지상의 시계보다 대단히 빠른 속도로 이동하므로 하루에 약 7마이크로초 정도 늦다(12장에서 설명한 특수 상대성 효과 때문이다). 또 초고도 상에 머무르기 때문에 하루에 45마이크로초 정도 빠르다(이것은 일반 상대성 효과 때문이며, 14장에서 살펴볼 것이다). GPS 위성을 설계한 사람들은 이 두 효과를 고려하여 위성의 시계를 미리 교정하도록 했다. 그래서 위성 시계를 지상에서 작동하면 하루에 38마이크로초 느려진다. 이처럼 놀라운 정확도로 구성된 체계는 시간 자체에 미치는 운동과 중력의 효과마저 정확하게 예측하는 수단으로 활용된다.

그러나 세슘 시계가 아무리 우수하다고 해도 양자 시간 측정은 여기에서 끝나지 않는다. 전 세계의 연구소에서 일하는 물리학자들은 오늘날의 세슘 시계가 제공하는 시간보다 **더 정확한** 체계를 찾아내기 위해 다양한 원자에 다양한 기법을 적용해보고 있다. 그 이유와 방법은 16장에서 살펴볼 것이다. 그 전에 우리는 다시 앨버트 아인슈타인으로 돌아가서 그가 평생 가장 즐겁게 몰두했던 생각을 살펴보기로 하자.

공식적인 세계 시간의 측정

지금까지 설명한 내용은 단 하나의 최신 원자시계의 작동 원리에 관한 것으로, 사실상 인류에게 필요한 어떤 목적에도 충분할 정도로 정확한 시간 신호를 산출하는 장치다. 그러나 전 세계에 단 하나의 시계만 운영한다는 것은 어떤 면으로 봐도 비실용적이다. 시계가 하나만 있다면 고장이나 정전에 취약한 것은 물론이고 국가적인 자존심과 관련된 갈등이 불거질 수도 있다(단 하나의 시계를 도대체 어느 나라에 설치해야 한단 말인가?). 그러나 무엇보다 중요하게 고려해야 할 점은 여러 번 측정한 결과의 평균값이 각각의 측정값보다 항상 더 정확하다는 사실이다. 이런 여러 가지 이유로, 현재 공식적인 세계 시간은 80개국 이상의 연구소에 설치된 몇 백 개 이상의 원자시계가 측정한 결과를 국제적으로 종합하여 결정된다.

그렇게 많은 당사자가 운영에 참여하는 체계는 어느 정도 관료주의가 싹틀 수밖에 없고, 그에 따라 복잡한 전문용어와 이니셜 문자가 난무하게 마련이다. 현재 세계 시간의 결정 과정을 총괄 감독하는 국제도량형국BIPM은 여러 종류의 시간 표준을 제공하는데, 그중에서 우리가 관심을 가져야 할 것은 단 2가지, 국제 원자시Temps Atomique International, TAI와 협정 세계시Coordinated Universal Time, UTC*다. 이 과정은 회귀적인 성격을 띨 수밖에 없다. BIPM의 시간 부서가 한 달에 한 번 발송하는 시간 회람Circular T에는 한 달 앞선 시점까지의 시간 정보가 담겨 있다.

이 프로세스의 작동 방식은 시간 측정의 기초가 되는 동기화synchonization-방임free-가동run-확인check으로 이루어진 주기를 다시 한 번 축약해서 보여준다. 참여하는 모든 연구소는 각자의 시계 배열을 가동한다. 물론 위에서 설명한 분수형 원자시계도 있고, 원자 빔이 두 개의 공동을 통과하는 구형 원자시계도 포함된다. 그리고 지역별로 이 시간을 결합하여 UTC에 필요한 근사치를 산출한다. UTC 기호에는 어느 연구소에서 나온 값인지 괄호로 표시하게 되어 있다. 미국 해군관측소는 UTC(USNO)를, 독일 물리기술연구소Physikalisch-Technische Bundesanstalt는 UTC(PTB)를 산출하는 식이다. 이들은 시간 표준 신호를 실시간으로 받아보기를 원하는 클라이언트에게 직접 지속적으로 배포된다. 예를 들어 UTC(USNO)는 미군의 공식적인 목적으로 배포되고, 위성위치확인시스템GPS 위성망에 필요한 시간 신호를 제공하기도 한다. 한편 미국표준연구소가 민간 목적으로 제공하는 UTC(NIST)에는 상업용 컴퓨터의 시계를 공식 원자 시간과 동기화할

* UTC는 영국의 CUT와 프랑스의 TUC(Temps Universel Coordonné) 사이에서 일종의 외교적 타협의 역할을 하는 동시에, 지구 자전에 기초한 "만국 시간"의 지역별 변형을 지정했던 과거 관례와도 부합하는 측면이 있다. 예를 들면 경도 0도에서의 평균 태양시를 UT1이라고 한다.

때 편리하게 쓸 수 있는 인터넷 시간 서비스가 포함되어 있다.

UTC의 실시간 구현은 대부분의 일상적인 목적으로는 충분하나, 천문학이나 측지학 같은 고정밀 분야에는 개별적인 용도보다 좀 더 일관성 있는 시간 기준이 필요하다. 이런 목적에 적합한 것이 연구기관명이 기재된 괄호가 없는 UTC다.

모든 연구소는 자체 보유 시계와 현지 UTC의 차이, 그리고 현지 UTC 값과 다른 지역의 UTC 차이를 정기적으로 기록한다. 이때 다른 지역의 값은 편의상 GPS 네트워크를 활용한다. 이 모든 차이는 BIPM에 통보되고, BIPM는 이렇게 모아진 국제적인 앙상블 내의 어떤 두 시계의 차이도 기본적인 연산으로 계산할 수 있다.

BIPM이 이런 데이터를 통해 하는 일은 두 가지다. 모든 시계의 성능을 평가하고, 평균 시간을 계산한다. 이 두 과정은 서로 연결되어 있어서 더 정확한 시계에게 최종 평균값을 계산할 때 더 많은 가중치를 부여한다. 목표로 삼는 "정확한" 시간이란 존재하지 않으므로 시계를 평가할 때는 차이의 절대값보다 안정성이 더 중요하다. 5나노초 빠를 때도 있고 5나노초 느릴 때도 있는 시계보다는 늘 변함없이 100나노초 뒤처지는 시계에 더 큰 가중치를 부여한다. 평균치를 산출하는 과정이 끝나면 최종 UTC 시간 표준을 시간 회보에 공개한다. 여기에는 BIPM에 참여하는 80여 개의 연구소별로 최종 평균 UTC와 지역별 UTC의 차이가 등재된다. 전체 UTC 종합의 정밀도가 필요한 사용자는 현지값 중 하나를 근거로 자체 시계의 측정값을 기록한 후 공식 UTC 시간에 맞춰 다시 돌아가 처음의 데이터를 교정한다.

이 프로세스의 최종 요소는 앞에서 언급했던 "윤초"다. 이미 알고 있듯이 지구의 자전 속도는 일정하지 않으므로 원자시계로 측정한 시간과 천문학적 의미의 하루는 정확히 일치하지 않는다. SI에 명시된 1초의 원자적 정의는 1967년에 과거의 정의와 밀접하게 일치하도록 결정되었고, 그 바탕은 다시 1900년도의 역표시 예측으로 거슬러 올라간다. 그 결과 원자시계의 1초는 오늘날 일반적으로 말하는 태양일의 8만 6,400분의 1에 해당하는 "1초"와는 완벽하게 일치하지 않는다.

이 차이를 그대로 내버려두면 아주 천천히 축적되다가 태양년과 율리우스력의 차이처럼 원자시계에 기반한 시간은 우리가 경험하는 하루의 길이와 엄청난 차이를 보이게 된다. 먼 미래에는 태양이 자정 직후에 뜨고 정오가 지나자마자 지는 날이 올 것이다. 이런 문제를 피하고자 또 다른 기관인 국제지구자전및표준시스템서비스International Earth Rotation and Reference Systems Service, IERS는* 천체 운동을 관측하여 원자시계 시간과 지구 자전 시간의 차이를 결정한다. 그 차이가 0.9초가 되면 IERS는 BIPM에 이 사실을 통보하고 6월 30일이나 12월 31일 중 하루를 골라 UTC에 윤초를 추가한다.** 이런 조치는 불규칙한 간격으로 진행된다. 1972년에 현행 체계가 도입된 후 총 27번의 윤초

---

* 원래 이름은 국제지구자전서비스(International Earth Rotation Service)였다. 그런데 이 이름은 미치 누군가 나 대신 커다란 스프링으로 지구를 계속 돌리는 일을 해준다는 말로 들린다.

** 원칙적으로는 윤초를 3월이나 9월 말에 한 번 더 추가할 수도 있지만, 아직까지는 원자 시간과 지구 자전시간의 차이가 그리 크지 않아 그럴 필요는 없었다.

가 추가되었고, 가장 최근 사례는(이 글을 쓰고 있는 2020년 8월 기준) 2016년 12월이었다. 지구 자전축의 정확한 방향은 중요하지 않지만, 측정값 사이의 차이는 중요한 관측 목적에는 UTC에 윤초가 포함되지 않은 TAI를 표준으로 쓴다.***

이상의 설명이 매우 복잡하게 들릴 수도 있지만, 사실은 그나마 프로세스를 아주 간략하게 요약한 것이다. 이 프로세스는 그동안 "방향 조정"을 조금 거치기도 했다. 일부 연구소는 최종 평균치에 더 가깝게 맞추기 위해 해당 지역의 UTC 값을 조정하려고 했다. 윤초 개념 그 자체를 둘러싸고 컴퓨터 네트워크 등에 기술적 문제가 발생한다는 이유로 정치적 논쟁이 일어난 적도 있었다. 윤초 제도를 폐기하자는 제안이 떠돌기도 했고 아예 UTC를 지구 자전과 분리하거나 간격을 더 멀리해서 더 크게 조정하자는 말이 나오기도 했다. 심지어 천문학 분야에서는 BIPM과 상관없는 시간 표준도 등장했다. 지구 공전의 상대성 효과를 교정해야 한다는 명분이었는데,**** 한 마디로 복잡성의 차원이 다른 문제였다.

그러나 현시점에서 UTC는 지난 수천 년간 인류가 시간의 흐름을 추적하기 위해 개발해온 가장 정확하고 신뢰할 수 있는 시간 측정 체계다. 원자시계를 시간 측정에 사용할 수 있게 되면서 인류가 사용

*** UTC와 TAI의 실제 차이는 37초다. 여기에는 원자 시간이 시작된 후 윤초가 도입되기까지 축적된 10초가 포함된다.

**** 이것을 지구중심좌표시(Geocentric Coordinate Time, GCT)와 질량중심좌표시(Barycentric Coordinate Time, BCT)라고 한다. 가상의 관찰자가 자전하지 않는 지구의 중심에서 기록한 시간과 태양계의 중심에서 기록한 시간을 각각 나타낸다.

하는 모든 측정 표준이 시간 측정에 바탕을 두게 되었고, 기본 상수에 고정된 값을 부여하는 수준에 이르렀다. 예를 들어 빛의 속도는 정확히 초속 2억 9,929만 2,458미터로 정의되므로, 거꾸로 1미터는 빛이 2억 9,929만 2,458분의 1초 동안 달리는 거리가 된다. 마찬가지로 다른 양들도 물리학의 기본 상수에 고정값을 부여하고 이를 시간 측정과 관련지음으로써 정의할 수 있다. 예컨대 전하의 전하량에 고정된 값을 부여하면 전류는 전선을 1초에 통과하는 전하량으로 정의된다. 1889년부터 질량 1킬로그램의 정의가 되면서 물리적 인공물로는 마지막으로 표준으로 남아 있던 백금-이리듐 실린더는 2019년에 플랑크 상수를 에너지와 진동수를 연결하는 고정값으로 사용하는 것으로 대체되었다.* 이 정의에 따라 1초를 원자시계로 정할 수 있는 것처럼 1킬로그램은 플랑크 상수와 빛의 속도로부터 구할 수 있게 되었다.

* 에너지와 질량의 관계는 말할 필요도 없이 세상에서 가장 유명한 방정식 $E=mc^2$로 정의된다.

A BRIEF HISTORY OF TIMEKEEPING

| CHAPTER 14 |

시간과 중력의 상관관계

1919년 11월 10일, 「뉴욕타임스」는 그해 5월에 개기 일식을 관측하러 아프리카 연안의 프린시페 섬으로 향했던 영국 탐험대의 과학적 결과를 사상 최고의 제목과 함께 1면 기사로 보도했다.

하늘의 모든 빛이 뒤틀리다

과학계, 일식 관측 결과에 촉각 세워

다음과 같은 제목의 기사도 있었다.

아인슈타인 이론의 승리

별은 보이던 자리에도 계산된 곳에도 있지 않다

단, 걱정할 필요는 없어

이것은 아인슈타인이 전 세계적 유명 인사가 되어 그의 여생과 이후까지 명성이 이어지게 되는 역사적인 순간이었다. 그가 1905년에 발표하여 오늘날 "특수 상대성 이론"으로 알려진 이론은 다른 사람들의 연구와 매우 유사한 것이었다. 과학자들은 그 중요성을 알아보았고, 그가 학계에서 연달아 중요한 직책을 얻는 데도 큰 도움이 되었다. 그가 만약 그 정도에서 멈췄다면 로런츠나 어쩌면 푸앵카레와도 공을 나눠 갖게 되었을지도 모른다. 그러나 우리가 알다시피 그는 그러지 않았다.

1919년의 일식 관측은 아인슈타인만의 공로였던 확장된 이론을 극적으로 확인해준 사건이었다. 오늘날 우리는 그것을 일반 상대성 이론이라고 부른다. 1915년에 완성된 일반 상대성 이론은 그가 1905년에 연구한 이론의 핵심, 즉 물리학 법칙은 관찰자의 움직임에 의존하지 않는다는 개념 위에 정교한 수학적 장치를 구축한 결과였다. 특수 상대성 이론은 시간이 관찰자의 상대적인 속도에 따라 달라지는 개별적인 경험이라는 개념을 도입했다. 물리학 법칙은 모든 관찰자에 대해 변함이 없지만, 사건이 발생하는 시간과 물체의 크기는 관찰자가 얼마나 빨리 움직이느냐에 따라 달라진다는 것이다.

일반 상대성 이론에 따르면, 내가 경험하는 공간과 시간이 나의 위치에 따라 달라진다. 특히 질량을 가진 물체와 가까워질수록 그 효과는 커진다. 이것은 철학적으로 심오한 영향을 미치는 개념이지만, 현대적인 초정밀 시계를 제작하고 사용하는 사람에게도 현실적인 의미를 갖는다. 일반 상대성 이론은 단순히 운동을 기술하는 이론에 그치지 않고 시공간의 개념을 새롭게 정의하며 그 과정에서 중력의 작용을 이해하는 열쇠를 제공하기도 한다. 특히 그것은 중력이 시공간을 왜곡하여 빛의 경로를 구부러뜨린다고 예측한다. 「뉴욕타임스」가 숨 가쁘게 보도했던, 일식이 일어날 때 태양 주변에서 별들의 위치가 분명히 달라진 것처럼 보이던 현상도 바로 이런 효과 때문이었다.

아인슈타인의 행복한 공상

아인슈타인은 스위스연방공과대학교(취리히 ETH)에서 정규 교육을 마친 후 젊은 학자들이 으레 그렇듯이 교수직을 얻으려고 백방으로 노력했다. 이것만 해도 그리 쉬운 일이 아니었는데, 설상가상으로 그는 이전 교수들과 사이가 좋지 않았던 데다(아인슈타인은 자신이 그들보다 똑똑하다는 믿음을 감추지 않고 드러내곤 했다), 당시 유럽에 만연하던 극심한 반유대주의 정서 때문에 결국 학계에서 일자리를 구할 수 없었다. 그는 한 동기생의 도움으로 1902년부터 겨우 베른에서 특허심사관으로 일하기 시작했다.

특허청 직원이 하는 일이란 그리 특별한 것이 없었으므로 업무를 최대한 빨리 끝내면 물리학에 관해 생각할 시간을 충분히 가질 수 있었다. 그는 또 퇴근 후에는 학문적으로 말이 통하는 친구들과 어울리며(그들은 자신들의 모임을 농담조로 "올림피아 아카데미"라고 불렀다) 과학과 철학 분야의 최근 소식을 읽고 토론하면서 많은 시간을 보냈다. 아인슈타인은 늘 이런 환경 덕분에 1905년이라는 "기적의 해"를 맞이할 수 있었다고 말했다. 그는 그 해에 물리학 논문을 4편이나 발표했고, 그중에 어떤 주제를 선택했더라도 학자로서의 경력을 이어갈 수 있었을 것이다.*

이 4편의 논문은 나중에 그가 여러 교수직을 얻고 결국 유럽 최고의 명문대학 중 한 곳에서 교수가 되는 발판이 되었다. 그러나 당시에는 학계에서 아무런 반응이 없었으므로 그는 무려 7년이나 특허청에 그대로 남아 특허 출원서를 검토하며 공상에나 잠겨 있어야 했다. 1907년 무렵 그는 건물에서 사람이 떨어지는 상황을 상상하다가 어떤 생각을 뇌리에 떠올렸다. 그는 나중에 이것을 "평생을 통틀어 가장 행복한 생각"이라고 했다.

그는 지루한 업무에 질린 다른 공무원들처럼 구체적인 누군가가 추락하는(아니면 떠밀리는) 것을 상상한 것이 아니라 일반적인 상황에 대한 물리학적 사고실험을 하고 있었다. 특히 그는 추락하는 사람은 무중력을 경험한다는 것을 깨닫고 충격을 받았다. 그 깨달음은 그가 중력과 상대성 이론을 연결하게 된 결정적 계기였다.

아인슈타인이 1905년에 쓴 논문은 이전에 로런츠와 푸앵카레의 연구와 마찬가지로 상대 속도가 일정한 운동의 효과에 관한 것이었

* 첫 번째는 앞서 언급한 특수 상대성 이론에 관한 논문이고, 다른 하나는 그것을 확장하여 질량과 에너지의 등가 원리를 소개한 논문이나. 세 번째는 브라운 운동을 논한 것으로, 원자가 실재하는 물리적 단위인지 계산의 편의상 가정한 존재인지를 둘러싼 해묵은 논쟁을 완결하는 데 크게 기여했다. 마지막 네 번째는 광전 효과에 관한 "단순화 모델"을 제안하여 양자역학의 탄생에 공헌한 논문이다(13장에서 다룬 바 있다).

다. 이 이론을 "특수 상대성"이라고 부르는 이유도 운동의 속력과** 방향이 바뀌지 않는 특수한 상황을 다루고 있기 때문이다. 이 이론의 핵심은 등속 운동 상태는 서로 구분되지 않는다는 명제로 표현되기도 한다. 다시 말해, 어떤 물체가 정말 정지 상태에 있는지, 일정한 속력과 방향으로 움직이고 있는지를 구분할 수 있는 실험은 세상에 존재하지 않는다는 뜻이다.

물론 우리가 사는 우주에는 운동의 속력과 방향이 끊임없이 바뀌는 물체들로 가득하다. 그러나 상대성 이론을 확장하여 그런 가속 운동까지 포괄한다고 주장하는 것은 그리 간단한 일이 아니다.*** 우선 가속 운동은 등속 운동과 뚜렷이 구분할 수 있다. 자동차를 몰아본 사람이라면 누구나 알 수 있다. 눈을 감고 있으면 일정한 속도로 직선 도로를 달리는 것과 엔진만 가동한 채 제자리에 머물러 있는 상태를 구분할 수 없지만, 자동차가 가속을 시작하면 그 사실을 분명히 알 수 있다. 자동차가 움직이는 방향으로 속력을 올릴 때는 좌석에 몸이 파묻히는 것 같은 느낌을 받는다. 반대로 속력을 늦추면 몸이 앞으로 쏠리면서 자동차의 안전띠를 압박한다. 코너를 돌 때는 몸이 바깥으로 밀려나게 된다. 이런 "비 관성력"은 가속 상태를 기술하는 물리 법칙과 속력과 방향이 바뀌지 않을 때의 물리 법칙을 뚜렷이

** 물리학에서 속도(velocity)는 크기와 방향을 모두 가진 벡터량이다. 속도 벡터의 크기를 속력(speed)이라 한다. 속력처럼 방향은 없이 크기만을 가진 양이 스칼라다. 우리나라에서 일상용어로 속도와 속력을 명확히 구분하지 않고 혼용할 때가 많지만 물리학에서 둘은 명확히 구분된다. 속도는 벡터이고 속력은 스칼라다.-옮긴이

*** 일반적으로 "가속"은 "속도가 증가한다"라는 뜻이지만, 물리학에서는 속력의 증가와 감소, 그리고 방향의 변화까지 포함하는 폭넓은 의미를 지닌다.

구분해주는 요소다. 이렇게만 보면 상대성 원리를 가속 운동으로 확장하는 것은 불가능해 보인다.

아인슈타인이 특허청 사무실에서 떠올렸던 행복한 생각은 상대성 원리를 가속 운동에도 적용할 수 있다는 것이었다. 단, 그 물리 법칙을 중력의 작용까지 포함하도록 확장한다면 말이다. 이런 확장된 물리 법칙을 오늘날에는 "등가 원리"*라고 부르는데, 이는 앞에서 언급한 상대성 원리 공식과 유사하게 표현된다. 즉, 중력을 경험하는지 가속 운동을 경험하는지 구분할 수 있는 실험은 없다는 것이다.

아인슈타인의 공상에 등장하는 추락하는 사람은 등가 원리를 실제로 구현한 한 예다. 그 사람이 무게를 느끼지 못한 이유는, 우리가 "무게"라고 느끼는 감각이 중력이 우리 몸을 아래로 끌어당겨 땅이 우리 발을 위로 압박하는 데서 오는 것이기 때문이다. 우리가 아래 방향으로 $9.8m/s^2$의 크기로 가속 운동하는 자유 낙하 상태에서는 그런 감각이 없으므로 무게가 느껴지지 않는다. 마치 중력이 사라진 것처럼 느껴지는 것이다. 그런 효과는 반대 방향으로도 작용한다. 정지등 앞에서 브레이크를 밟을 때 느끼는 가속 감각(감속 감각)은 중력이 갑자기 더 세져서 자동차 뒤쪽이 들려 올라가는 느낌과 똑같다.

아인슈타인은 등가 원리에서 출발해서 그것이 미치는 효과를 엄

* 이런 명칭이 붙은 이유는 수학적 표현에서 물체에 가해지는 중력을 계산할 때 쓰는 "질량"과 가해진 힘에 의한 물체의 가속도를 계산할 때 쓰는 "질량"이 서로 똑같기 때문이나. 이것은 길릴레오 시대 이후 수학적 편의성의 목적으로 널리 인정되었고, 빛의 속도가 일정하다는 개념과 마찬가지로 한 세기에 걸친 고정밀 실험에 따라 입증된 사실로 여겨졌다. 아인슈타인은 등가 원리를 우연히 참이 된 실험적 관찰로부터 반드시 참일 수밖에 없는 근본적인 원리로 격상시켰다.

밀하게 논증함으로써 몇 가지 놀라운 결과를 증명했다. 그중에는 빛이 중력의 영향으로 휘어질 것이라는 예측도 포함되어 있었다. 이 예측은 「뉴욕타임스」를 그토록 흥분하게 만든 일식 탐험대의 실험으로 입증되었다. 똑같은 논리는 이 책의 주제에 더 적합한 예측으로도 이어진다. 서로 다른 고도에 설치한 시계는 속도도 다르다는 것이다.

엘리베이터 안의 마법

중력이 시간에 어떤 영향을 미치는지 이해하려면 등가 원리가 작용하는 간단한 사례를 살펴보면 된다. 특수 상대성 원리를 설명할 때마다 거의 예외 없이 열차가 등장하듯이, 일반 상대성 원리나 등가 원리를 설명할 때는 항상 엘리베이터를 예로 들면서 시작한다. 엘리베이터라는 익숙한 환경에는 일반 상대성을 이해하는 데 필요한 두 가지 중요한 특징이 함축되어 있다. 하나는 중력의 변화에 따라 발생하는 가속을 경험한다는 것이고, 다른 하나는 그것을 관찰하는 환경이 좁은 공간이라는 점이다.

두 번째 특징이 등가 원리를 현실에 적용하는 열쇠인 이유는 관찰자 주변 가까운 공간에서 일어나는 일과 전체적인 규모로 발생하는 현상을 구분하는 것이 매우 중요하기 때문이다. 12장에서 특수 상대성 원리를 설명할 때 살펴보았듯이, 서로 다른 장소에서 일어나는 사건의 측정은 그 측정을 동기화하는 방법을 빼놓고는 논할 수 없다.

일반 상대성 이론은 시간과 공간을 측정하는 일이 관찰자의 운동뿐만 아니라 질량이 있는 물체와의 상대적인 위치에 따라서도 좌우된다는 점에서 일을 더욱 복잡하게 만든다.

등가 원리를 쉽게 이해하기 위해 이를 아래와 같이 2개의 유사한 명제로 나누어보자. 특수 상대성 원리도 그랬듯이 이 명제는 대체로 특정한 종류의 운동을 서로 구분할 수 없다는 말로 표현된다.

1. 중력의 작용으로 자유 낙하하는 관찰자가 보는 물리 법칙과 중력이 없는 세상에서 정지 상태에 있는 관찰자가 보는 물리 법칙은 서로 구분할 수 없다.
2. 중력장 속에 정지 상태로 있는 관찰자가 보는 물리 법칙은 중력이 없는 세상에서 가속 상태에 있는 관찰자가 보는 물리 법칙과 구분할 수 없다.

이 두 경우에서 말하는 관찰 행위는 모두 **국지적인** 관찰이다. 즉, 중력과 가속을 구분하기 위해 **엘리베이터 안에서** 할 수 있는 실험이란 존재하지 않는다.

엘리베이터는 등가 원리를 살펴보기에도 아주 좋은 사고실험이다. 엘리베이터를 한 번이라도 타본 사람이라면 중력이 분명히 변화한다는 것을 생생하게 느꼈을 것이다. 엘리베이터가 움직이기 시작하면 무게가 변하는 것이 잠깐 느껴진다. 위로 올라가기 시작할 때는 몸무게가 무거워진 느낌이 들다가 정지해 있다가 아래로 내려가기

위의 그림: 자유낙하하는 엘리베이터 안에서 공을 가지고 노는 승객은 중력이 없는 세상을 경험한다. 공은 공중에 떠 있을 뿐이다.
아래 그림: 그러나 외부 관찰자는 이 상황을 중력에 의해 공과 승객, 그리고 엘리베이터가 함께 자유낙하하는 것으로 본다. (그림에 등장하는 사람들은 클레어 오젤(Claire Orzel)의 작품이다.)

시작할 때는 몸무게가 줄어드는 순간이 온다. 그러다가 한 층에 멈춰 설 때는 반대 현상이 일어난다. 위로 올라가다가 설 때는 몸무게가 가벼워지고, 내려오다 멈추는 순간 무거워진다. 만약 엘리베이터 안에 체중계가 있어서 그 위에 서 있다면(물리학 문제에 골똘히 빠진 사람이나 할 법한 행동이다) 이런 변화가 체중계 바늘에 그대로 나타날 것이다.*

등가 원리에서 알 수 있는 사실은, 이 원리를 중력이 전혀 존재하지 않는 극단적인 상황에 적용해볼 수 있다는 것이다. 아인슈타인의

* 정확한 변화량은 엘리베이터와 승객에 따라 다르나, 60에서 70킬로그램 정도의 성인을 기준으로 하면 가속하는 동안 체중계의 바늘은 3에서 4킬로그램 사이에서 변할 것이다.

위의 그림: 위로 가속하는 엘리베이터 안에 있는 승객은 정상적인 중력을 경험하고 떨어뜨린 공은 바닥을 향해 가속한다.
아래 그림: 그러나 지면에 가만히 서 있는 외부 관찰자는 이 상황을 엘리베이터가 가속을 일으킨 결과로 본다. 공은 그대로 있고 바닥이 위쪽으로 가속하며 올라간다.

공상으로 돌아가보면, 자유낙하하는 엘리베이터는 중력이 전혀 작용하지 않는 것과 구분할 수 없는 상황을 만들어낸다. 이때 엘리베이터 안에 있는 사람은 무게를 느끼지 않고, 엘리베이터가 낙하할 때 공 같은 물체를 던져보면 공기 중에 뜬 채로 벽을 상대로 같은 위치를 유지할 것이다. 엘리베이터 안에서 어떤 실험을 하더라도 세상 사람들이 보기에는 엘리베이터가 다른 어떤 물체와도 멀리 떨어진 우주 공간에 있는 것처럼 보일 것이다.

엘리베이터 밖에서 전체적인 상황을 보는 사람이라면 이런 현상이 중력이 멈춘 것이 아니라 만물에 똑같이 미치기 때문에 일어나는 일이라고 말할 것이다. 엘리베이터와 승객, 그리고 떨어뜨린 공은 어느 모로 봐도 일정한 위치를 유지하는 것이 아니다. 그들은 단지 서로 상대적인 위치를 유지할 뿐, 모두 정확히 같은 속도로 추락하고 있다. 이것은 국제우주정거장에 탑승한 우주인들이 중력을 거의 경험하지 않는 것과 정확히 같은 상황이다. 우주정거장을 끌어당기는 지구의 중력은 지상에 비해 10퍼센트 정도 약하지만, 그곳에 있는 모든 물체는 지구를 향해 똑같이 가속되고 있으므로 그들 사이의 상대적인 위치도 변하지 않는다.*

그 반대 상황도 마찬가지다. 다른 모든 물체와 멀리 떨어진 우주 공간에 나간 엘리베이터는 적당한 가속도로 가속하면 지표면 근처에서 멈춰 있는 엘리베이터와 구분할 수 없다. 양쪽 엘리베이터 안에 있는 승객은 평소 무게 감각을 그대로 느낀다. 공을 떨어뜨리면 역시 평소대로 $9.8m/s^2$의 가속도로 바닥에 떨어진다.

이런 상황은 어떻게 만들 수 있을까? 엘리베이터를 $9.8m/s^2$의 가속도로 던져 "올리면" 된다. 이 경우에 엘리베이터 밖에 있는 관찰자는 승객이 느끼는 무게 감각이 중력이 아래로 끌어당기는 힘 때문이 아니라 위로 올라가는 엘리베이터의 바닥이 승객의 발을 밀어 올려서 발생하는 것이라고 말할 것이다. 떨어뜨린 공도 실제로 추락한 것이 아니다. 외부 관찰자가 보기에 공은 원래 있던 위치에 그대로 있는데 엘리베이터 바닥이 올라가서 부딪힌 것뿐이다.**

---

* 그들이 지구와 충돌하지 않는 이유는 측면으로도 초속 7.5킬로미터의 속도로 움직이기 때문이다. 지구 중력에 의한 가속은 공전 궤도가 지구 주위를 도는 타원형 경로(거의 원형에 가깝다)로 휘어지도록 이동 방향을 바꾸는 데까지만 작용한다.

** 회전 운동도 비슷한 효과를 낸다. 엘리베이터 위쪽을 케이블로 연결해 큰 원을 그리며 돌린다고 생각

등가 원리의 핵심은 중력과 가속을 구분할 수 없다는 것이다. 승객이 엘리베이터 안에서 경험하는 (중력의 유무와 상관없이) 어떤 상황도 정반대 상황에 있는 관찰자가 적절한 가속을 선택하여 설명할 수 있다. 그리고 바탕이 되는 상대성 원리(물리학 법칙은 관찰자의 움직임에 의존하지 않는다)와 마찬가지로 이 이론은 빛의 거동으로 확장해도 그대로 적용된다.

중력에 의한 시간 지연

일반 상대성 이론은 물리학 역사상 위대한 지적 승리이지만 지금까지 다루어온 내용으로만 보면 시간 측정과는 큰 관련이 없어 보이기도 한다. 그러나 이 둘 사이에는 깊은 관련이 있고, 그것을 이해하려면 다시 한번 엘리베이터 실험을 생각해보아야 한다. 이번에는 승객이 레이저를 조작하는 상황에서 중력이 빛의 진동수에 어떤 영향을 미치는지를 생각해보자.

이번에는 엘리베이터 안에서 무중력 상태에 있는 승객이 바닥에 설치된 레이저 포인터로 천장을 향해 레이저를 발사한다고 생각해보자. 그들은 빛이 그리는 완벽한 수직선 경로뿐 아니라 천장에 닿을

해보자. 이 경우 엘리베이터 내부에서 느끼는 "중력"은 외부 관찰자가 보기에 객차 바닥이 회전 중심을 향해 원심 가속을 일으킨 결과라고 볼 것이다. 우주정거장을 빠르게 회전시켜 만드는 인공 중력은 공상과학 이야기는 물론, 인류의 장기 우주여행에서도 단골로 등장하는 주제다.

엘리베이터 안에서 무중력 상태에 있는 승객은 바닥에서 쏜 레이저가 천장에 도착할 때의 진동수가 출발할 때와 똑같다고 본다. 그러나 외부 관찰자는 그들이 엘리베이터의 속도 증가에 따른 빛의 도플러 편이 현상을 볼 것이라고 말한다. 따라서 빛은 도플러 편이를 보상하려는 중력에 의해 적색 편이 현상을 보인다.

때 발생하는 빛의 색상까지 측정한다. 중력이 없으면 이것을 바꿀 만한 요인이 아무것도 없으므로 천장에 닿는 빛의 진동수는 레이저 발사대를 떠날 때의 진동수와 같다.

그러나 외부 관찰자가 볼 때 이것은 약간 놀라운 결과다. 이번에도 엘리베이터는 약간 아래로 떨어지기 때문이다. 중력 가속도 덕분에 엘리베이터는 빛이 바닥을 출발할 때보다 천장에 닿을 때 약간 더 빨리 움직인다. 이 경우 도플러 효과로 인해 엘리베이터 상단부에서 보이는 빛의 진동수가 바닥을 출발할 때보다 조금 더 커진다.

도플러 효과란 진동수를 측정하는 관찰자와 파동을 방출하는 광원이 서로 움직일 때 진동수가 변화하는 현상을 말한다. 관찰자가 광원을 향해 움직일 때 관찰자의 눈에 보이는 진동수는 더 커진다. 관찰자가 빛의 파동 다음 정점까지 이동하는 시간은 정점이 관찰자를 향해 이동하는 시간과 같으므로 정점 사이의 시간은 줄어든다. 그들이 서로 멀어질 때는 파동의 다음 정점이 그들에게 도착하기까지 시간이 조금 더 걸리므로 진동수가 작아진다.* 우리 주변에서 경험하는 현상 중에 가장 익숙한 것은 음파와 관련된 것이다. 지나가는 자동차의 엔진 소리는 가까이 다가올 때 진동수가 커지고 멀어질 때는 작아진다. 그래서 지나가는 순간에는 진동수가 급격히 달라져서 어린아이들이 흉내 내는 경주용 자동차 소리를 낸다. 빠아아아아아아앙...

자유낙하하는 엘리베이터 안에 있는 레이저의 경우, 가속 운동이란 천장에 부착된 진동수 감지기의 하강 속도가 빛이 바닥에서 출발할 때보다 천장에 닿을 때 조금 더 빠르다는 것을 의미한다. 따라서 천장의 감지기가 아주 약간 더 큰 진동수를 기록하므로 도플러 편이가 일어난다. 내부 승객이 그런 변화를 보지 못한다는 사실은, 외부 관찰자가 보기에는 빛의 진동수가 아래로 이동하여 보상했다는 것을 뜻한다. 가시광선에서는 이 현상이 스펙트럼의 적색 말단으로 이동하는 것으로 나타나므로 일반적으로 "중력 적색편이"라고 부른다.

---

* 움직이는 관찰자도 그 속도만큼 파장이 짧아지는 것으로 볼 것이다. 관찰자가 빛 파동의 다음 정점을 따라잡는 방향으로 혹은 다음 정점에서 멀어지는 방향으로 운동하면 빛 파동이 공간 상에서 줄어들거나 늘어나는 것으로 보이기 때문이다.

빛의 방향이 반대로 아래를 향하는 경우에도 비슷한 논리가 성립한다. 바닥이 빛에서 멀어지는 움직임은 빛이 천장을 떠날 때보다 바닥에 닿을 때 조금 더 빠르다. 따라서 아래로 움직이는 빛은 진동수를 키워서 이것을 보상한다. 이를 "중력 청색편이"라고 한다.

이런 변화의 크기는 작지만, 실험적인 측정 결과로 충분히 확인되었다. 가장 유명한 실험은 1959년에 로버트 파운드Robert Pound와 글렌 레브카 주니어Glen A. Rebka Jr.가 하버드대학교 물리학 건물 "탑"에서 감마선을 위아래로 발사하며 진행한 것이었다.** 그들은 탑 꼭대기에 감마선 광원을 설치하고 바닥에 있는 감지기 앞에 해당 진동수의 감마선을 흡수하는 박막 재료를 놓았다. 그들은 광원을 확성기 안에 있는 종이로 된 원뿔 모양에 부착하여*** 속도를 달리하며 앞뒤로 움직일 수 있게 했다. 그런 다음 광원으로부터의 감마선이 도플러 편이를 통해 최대 흡수율에 도달하는 데 필요한 속도를 측정하여 진동수 변화를 측정했다. 그들은 탑을 향해 위로 쏜 감마선의 진동수가 정확히 예측한 양만큼 감소하는 것을 확인했다(광원과 감지기의 위치를 맞바꿔 탑 위에서 아래로 쏜 빛의 진동수가 증가하는 것도 확인했다).

파운드와 레브카의 실험에서 제기되는 한 가지 흥미로운 질문은 두 과학자가 엘리베이터 사고실험의 두 관찰자와 같은 상황이 아니라는 사실에서 비롯된다. 광원과 감지기는 각각 탑 위와 아래에

** 정확히 말하면 지하실에서 천장까지 연결된 계단실에서 했다.

*** 건물 꼭대기에 확성기를 아래를 향하도록 두고, 확성기의 종이 원뿔 부분이 입력신호에 따라 위아래로 진동하도록 하면, 이 원뿔 모양에 부착되어 있는 광원의 속도를 변화시킬 수 있다.-옮긴이

고정되어 있으므로(확성기의 미세한 떨림을 제외하면) 서로에 대해 움직이지 않는다. 만약 광원과 감지기를 꼭대기와 바닥 사이의 중간에 함께 모아둔다면 그 둘은 완전히 같은 것이므로, 두 실험자 모두 장비가 이동하는 동안 아무런 변화도 관찰하지 못할 것이다. 그렇다면 그들은 탑의 반대편에서 동료가 측정한 진동수 차이를 어떻게 설명했을까?

좀 더 구체적으로, 탑의 꼭대기 층에 있는 파운드가 초당 1,000조 번 진동하는 광원을 가지고 있다고 해보자. 그 빛이 바닥에 도착할 때 레브카는 진동수를 초당 1,000조+10회 진동이라고 기록할 것이다.* 그러나 파운드의 관점에서는 광원이나 발사한 빛에는 아무것도 달라진 것이 없다. 그렇다면 왜 레브카는 달라졌다고 보는 것일까?

이 딜레마에 대한 해답은 진동수의 측정이 암묵적으로 시계의 존재를 가정한다는 데 있다. 초당 진동 횟수를 측정하기 위해서는 우선 1초를 세는 방법이 필요하다. 게다가 시공간이 뒤섞여서 빛이 휘어지게 만드는 바로 그 힘 때문에 다른 고도에 있는 시계들이 서로 다른 속도로 시간을 측정하게 된다. 어떤 관찰자가 보기에 순전히 미래로 1초 나아가는 것처럼 보이는 것이(이 공간에서는 움직임이 없다), 다른 높이에 있는 또 다른 관찰자에게는 약간 다른 단계의 시간으로 보인다(이 공간에서는 움직임이 조금 추가된다).

이렇게 시공간의 혼합이 변화하기 때문에 각 관찰자에게는 다른

* 실제 측정치보다 진동수는 낮고 변화율은 더 크지만, 대략 양호한 근사치다.

사람의 시계가 시간 축을 조금 다른 속도로 진행하는 것으로 보인다. 마치 12장에서 열차에 탄 사람의 눈에 맞은편 열차의 시계가 느리게 움직이는 것처럼 보이는 것과 같다. 그러나 일반 상대성 이론에서는 이런 변화가 대칭적이지 않다. 중력은 상대의 움직임이 아니라 지구에 대한 그들의 위치에 따라 달라지기 때문이다. 전체적인 시각으로 본 최종 결과는 지상의 시계가 더 느리게 움직이는 것으로 나타난다.

탑 꼭대기에서 바라본 파운드의 관점에서 레브카의 시계는 느리다. 레브카의 시계로 측정한 1초는 파운드의 시계로는 1.00000000000001초에 해당하고, 바로 이것 때문에 지상의 1초에 10번의 진동이 더 추가된 것이다. 이 점을 이해하면 탑 위쪽으로 쏘아 올린 빛의 이동 속도가 느려지는 이유도 설명된다. 지상에서 느린 "1초" 동안의 진동 횟수가 파운드가 자기 광원에서 보는 1,000조 번과 같다면, 레브카의 광원은 초당 9조 9,999억 9,999만 9,990번의 진동수를 가진 빛을 발사한다는 뜻이다.

지상의 관점에도 같은 논리를 적용할 수 있다. 단, 거꾸로 적용해야 한다. 레브카의 관점에서 볼 때 자신의 시계는 정확하고 자신이 발사한 빛의 진동수도 정확한데 파운드의 시계가 너무 빠르다. 파운드가 레브카의 빛의 진동수를 적게 측정한 것은 높은 곳에서 측정한 "1초"가 너무 빠른 탓이다. 파운드가 아래로 발사한 빛의 진동수가 너무 큰 것도 그것 때문이다.

이런 "중력에 의한 시간 지연"은 등가 원리에서 도출할 수 있는 최종적인 예측이며, 시간 측정과 가장 직접적인 관련이 있다. 고도가 다른 시계들(중력의 끌어당기는 힘이 발생할 정도로 질량이 큰 물체와 떨어진 거리가 서로 다른 물체들)은 다른 속도로 작동할 수밖에 없다. 2014년에 개봉한 크리스토퍼 놀란 감독의 영화 〈인터스텔라〉는 이 개념을 통해 극적인 효과를 묘사한다. 주인공들이 초거대 질량을 가진 블랙홀에서 가까운 곳에 위치한 행성에 잠깐 다녀오는 동안 지구에서는 수십 년의 세월이 흐른다. 우리는 현실에서 이런 극적인 변화를 경험할 수 없지만 그것은 분명히 존재하고, 이는 과학자들이 초정밀 시계를 가동하는 데 문제를 가져오는 동시에 기회를 제공하기도 한다.

중력의 영향을 측정하기 위해

지구의 중력이 시계의 시간 측정에 미치는 효과는 해발 1킬로미터당 하루 10나노초에도 못 미칠 만큼 지극히 작은 양이다. 그러나 이 정도만으로도 세슘 원자시계의 민감도 범위에는 충분히 포함된다. 앞 장에서 언급했듯이 GPS를 구성하는 시계는 위성의 2만 킬로미터 고도에서 중력 시간 지연을 보정하기 위해 조정된다.

지상 연구소에서는 이 차이가 더 작다. 그러나 UTC를 산출하기 위해 시간을 취합하는 표준 연구소들은 이 정도 차이도 고려해야 한다. 거의 모든 연구소에서 이것은 작은 수정일 뿐이지만 콜로라도주

볼더에 있는 미국 국립표준기술연구소(해발 고도 1.62킬로미터)의 경우 이 차이는 상당히 크다. 2016년에 한 학부생 팀이 고도 1,300미터에서 1,400미터에 분포된 콜로라도 주의 여러 곳에서 GPS가 송출하는 해발 교정 시간과 상업용 원자시계를 비교한 결과 중력 변화를 뚜렷이 감지할 수 있었다.*

중력 시간 지연은 지구 시간 척도를 구축하는 계측학 분야에 다소 문제를 일으키지만, 다른 과학 분야에는 유용한 수단이 될 수 있다. 일찍이 1670년대에 장 리처의 초진자가 지구의 실제 모양을 밝히는 데 도움이 되었던 것처럼, 여러 고도의 시계를 비교하는 것은 측지학에서 중력의 차이를 훨씬 더 작은 규모로 규명하는 수단이 될 수 있다. 지상과 우주의 시계 네트워크는 일반 상대성 이론의 예측에서 일어날 수 있는 편차나 중력파의 전달에 따른 일시적 효과 등의 낯선 물리학을 연구하는 데 사용될 수 있다.

중력 시간 지연을 이렇게 적용하기 위해서는 최첨단 세슘 시계보다 더 정밀하게 시간을 측정할 필요가 있다. 가장 정확한 세슘 시계는 대략 10^{16}분의 몇 정도의 정밀도를 자랑하며, 이것을 고도 변화 효과로 환산하면 1미터 정도에 해당한다. 측지학과 기초 물리학에 적용하려면 최소한 100배 이상 더 정확한 시계가 필요한데, 이것은 현재의 세슘 기반 시계로는 달성하기 힘든 수준이다. 그러나 다른 화학 원소와 새로운 측정 기법을 이용하여 이런 정밀도에 도전하는 실

---

* 셰인 번스(M. Shane Burns) 외, "중력 시간 팽창 측정 : 학부 연구 프로젝트", 「American Journal of Physics」, 2017년 85호, 757페이지, http://doi.org/10.1119/1.5000802.

험용 시계가 현재 개발되고 있다. 16장에서는 이런 새로운 수단이 시간 측정의 밝은 미래를 보장하는지 살펴볼 것이다.

그러나 그 전에 먼저 양자역학이나 상대성 이론과 나란히 개발되어온 기술 분야를 살펴보자. 비록 물리학의 지평을 넓혀주지는 못했지만 기계식 시계의 산업적 생산과 수정시계의 등장은 그 자체로 혁신적인 일이었다. 그들은 정확한 시간 측정을 대중화하는 데 큰 역할을 했다.

빛의 굴절 현상

일반 상대성 이론이 예측하는 빛의 거동에서 가장 장관을 이루는 변화는 1919년에 「뉴욕타임스」 머리기사를 썼던 기자를 그토록 흥분하게 만들었던 바로 그 결과, 빛이 중력의 영향으로 휘는 현상이다. 이것을 직접 볼 수 있는 대상은 천문 현상밖에 없으므로 다시 엘리베이터 상황을 들어 설명해보자.

이 경우는 엘리베이터 안에서 무게를 느끼지 않는 승객이 객차를 가로질러 수평으로 발사된 레이저 빔을 보는 상황을 생각해볼 수 있다. 이때 승객은 빛이 완전한 직선 경로를 따라 객차를 가로지른 다음 반대편 벽에서 출발 지점과 같은 높이의 지점에 닿는 것을 보게 될 것이다. 어쨌든 빛은 두 점 사이의 최단 경로를 따라갈 수밖에 없고, 이 경우 그것은 정의 그대로 직선 경로가 된다.*

---

* 이 책의 주제를 잠깐 벗어나지만, 거울, 프리즘, 렌즈 등 고전 광학의 거의 모든 분야는 다음의 원리로부터 유도된다. 즉, 빛은 소요 시간을 최소화하는 경로를 따라 이동한다는 것이다. 이 원리는 1662년에 피에르 드 페르마(Pierre de Fermat)가 유리를 통과하는 빛이 굴절되는 현상을 매질에서의 광속의 변화로 설명하면서 처음 언급했다. 물체의 궤적이 운동과 관련된 어떤 양을 최소화하는 경로를 따른다는 개념은 물리학의 다른 분야에도 적용될 수 있다. 고전 물리학에서는 이것을 "라그랑주 방식(Lagrangian formulation)"이라고 하고, 양자물리학에서는 "파인만 경로적분법(Feynmann path integral

그러나 등가 원리는 엘리베이터 내부의 무중력 경험이 반드시 가속의 결과로 설명될 수 있어야 한다고 말한다. 특히 엘리베이터가 자유 낙하할 때 내부의 승객은 중력이 존재하지 않는다고 느끼게 된다. 이렇게 되면 빛의 거동에 한 가지 문제가 발생한다. 빛이 엘리베이터를 가로지르는 데 걸리는 시간은 매우 짧기는 하나 0은 아니므로 그 시간에도 엘리베이터가 아주 짧은 거리만큼 떨어지는데, 외부 관찰자의 눈에는 이것이 온전히 중력의 작용에 따른 결과로 보이기 때문이다.

엘리베이터 내의 승객은 빛이 반대편 벽에서 출발한 지점과 똑같은 높이에 닿는 것으로 본다. 하지만 외부 관찰자의 눈에는 그렇게 보이지 않는다. 외부 관찰자의 눈에는 벽에 빛이 닿는 지점은 엘리베이터 축을 기준으로 출발 지점보다 약간 낮은 위치에 있다. 그리고 떨어지는 거리는 엘리베이터 내에서 빛이 수평 방향으로 이동한 시간의 제곱에 비례한다.* 그러므로 빛의 궤적은 내부 관찰자가 보기에는 직선이지만, 외부 관찰자가 보기에는 포물선의 호를 그리는 곡선 경로를 따른다.

중력에 의해 빛이 휘는 효과는 지구처럼 질량이 크더라도 미미하지만, 질량이 지구보다 훨씬 더 큰 물체라면 분명히 감지될 것이

---

formulation)"에 해당한다. 이런 방식의 접근법은 추가로 힘든 계산이 필요한 것처럼 보이지만, 특정 유형의 여러 문제에서는 오히려 더 간단하게 원하는 방정식을 도출해 해를 구할 수 있어서 매우 유용한 방법이다.

* 즉, 빛이 엘리베이터 내부의 절반까지 왔을 때의 위치를 측정해보면 이동 거리의 4분의 1만큼 아래로 떨어져 있을 것이다.

엘리베이터 안에서 무중력을 경험하는 승객의 눈에는 레이저 빔이 객차를 가로질러 직진하는 것으로 보인다. 그러나 외부 관찰자의 눈에는 엘리베이터가 낙하하면서 빛이 곡선을 그리는 것으로 보인다.

고, 1919년에 에딩턴Eddington 탐험대가 한 일이 바로 이것이었다.** 그들은 개기 일식 도중에 태양의 가장자리 근처의 별을 촬영한 다음, 그 별에서 출발한 빛이 태양을 가까이 지날 때의 별의 위치와 태양이 그 자리에 없는 시간의 그 별의 위치를 서로 비교했다. 그 결과, 별이 태양 둘레 가까이 있을 때 아인슈타인의 이론이 예측한 대로 조금 바

** 에딩턴 팀이 처음으로 이런 시도를 한 것은 아니다. 아인슈타인이 1911년에 빛의 굴절을 예측한 후 1919년에 에딩턴 팀이 성공할 때까지도 이런 현상을 관찰하려는 시도가 여러 번 있었다. 그러나 모두 기상 악화와 장비 오작동, 심지어 1차 세계대전 발발과 같은 불운을 마주했다. 특히 마지막 경우는 독일 천문학자 팀이 한동안 러시아 포로수용소에 갇히기도 했다. 그러나 지나고 보니 이렇게 늦어진 것이 차라리 잘된 일이었다. 1911년 예측의 바탕이 된 이론이 불완전했던 탓에 빛이 휘는 정도를 실제값의 절반으로 예측했기 때문이다. 1919년의 관측 결과는 일반 상대성 이론이 완성됨에 따라 이를 근거로 교정한 예측과 맞아떨어진 덕분에 아인슈타인의 명예를 지킬 수 있었다.

같으로 밀려나 보인다는 것을 확인했다.

1919년의 에딩턴 관측 결과 이후로 다른 일식 때, 그리고 태양이 아닌 다른 거대 천체를 대상으로 한 관측 때 여러 번 중력에 의한 빛의 굴절 효과가 재확인되었다. 그중에서도 가장 장관이라고 할 만한 것은 2019년에 M87 은하의 중심부에서 질량이 무려 태양의 400만 배에 달하는 블랙홀의 이미지를 이벤트 호라이즌 망원경으로 확인한 사건이다. 이 이미지에서 블랙홀은 "그림자"의 모습으로 보인다. 이것은 그 영역으로부터 나와서 우리 눈까지 도달했어야 할 빛이 너무 강한 중력에 의해 내부에 갇히거나, 빠져나오지 못하거나, 중력 때문에 우리 시선에서 약간 벗어나기 때문에 발생하는 현상이다. 일반 상대성 이론으로 이 그림자의 크기와 형상을 이론적인 모델과 일치시키면 다시 천문학자들은 이것을 이용해 블랙홀의 여러 가지 특징을 확인할 수 있다.

빛의 굴절 현상은 일반 상대성 이론이 "시간과 공간의 왜곡"으로 불리는 이유를 설명해준다. 빛은 항상 두 점을 잇는 최단 경로를 따른다는 법칙에 비춰볼 때, 이 현상은 최소한 외부 관찰자가 보기에는 최단 경로가 직선이 아니라 곡선임을 말해준다. 다소 이상하게 들릴 수도 있는 일이지만, 사실 우리는 이것과 아주 비슷한 현상에 이미 익숙하다. 항공기의 대륙횡단 경로를 평평한 지도에서 확인하면 그것이 곡선을 그린다는 것을 알 수 있다. 샌프란시스코발 파리행 항공편은 캐나다와 그린란드로 우회해서 이동한다. 이것은 항공사가 바보라서가 아니라 지도가 둥근 지구를 평면에 투사해서 그린 것이기 때문에 발생하는 일이다. 지구의 실제 모양을 생각하면 "구부러진" 항로가 **진짜** 최단 경로임을 알 수 있다.*

빛이 굴절되는 이유는 거대한 물체가 존재할 때의 기하학이 우리가 종이 위에 조그마한 형상을 그리는 데 익숙한 평평한 기하학이 아니라 지구의 곡면을 지나가는 거대한 경로의 기하학과 더 유사하기 때문이다. 빛의 경로에 대해서는 공간만의 기하학이 아니라 시공간의 기하학이 더 중요하다. 빛의 경로는 한 지점에서 다른 지점 사이에 있는 공간만 통과하는 것이 아니라 과거에서 미래로 시간을 여행하는 요소도 포함한다. 1908년에 헤르만 민코프스키가 지적했듯이(12장 마지막 부분에서 인용), 공간과 시간이 서로 분리되지 않고 섞이는 방식은 관찰자에 따라 모두 다르다.

우리가 중력의 효과로 인식하는 현상에는 이미 시공간의 속성이 바뀌어 두 지점 사이의 "최단 경로"의 모양이 달라진다는 사실이 반영되어 있다. 멀리 떨어진 관찰자의 눈에는 이것이 공간에 해당하는 것과 시간에 해당하는 것 사이의 정확한 조합이 장소에 따라 달라지는 것처럼 보일 것이다. "미래를 향해 나아가는 이동"에는 "거대한 물체와 가까워지는 움직임"의 특징이 조금 포함되어 있다. 미국의 물리학자 존 아치볼드 휠러John Archibald Wheeler는 일반 상대성 이론을 다음과 같이 함축해서 말한 것으로 유명하다. "시공간은 물질에게 어떻게 움직일지를 알려주고, 물질은 시공간에게 어떻게 구부러질지를

* 구체의 곡면상의 두 점을 잇는 최단 경로는 "대원(great circle)", 즉 두 점을 모두 통과하며 그 구체의 전체 둘레를 한 바퀴 돌아 처음으로 돌아오는 경로에 포함된 한 부분이다.

말해준다."

기하학적 해석은 또 1905년의 특수 상대성 이론에 나타난 10년의 격차도 설명해준다. 아인슈타인은 비록 민코프스키가 자신의 이론을 기하학으로 설명한 것을 처음부터 좋아하지는 않았지만, 중력과 가속의 등가성에서 오는 결과를 이해할수록 기하학적 설명이 얼마나 중요한지를 깨닫게 되었다. 그의 개념을 제대로 표현하는 방법이 바로 휘어진 4차원 시공간이었으나, 아인슈타인 시대의 물리학자들이 배우는 수학에는 그런 분야가 없었다. 결국 그는 오랜 세월을 바쳐 휘어진 공간에 관한 4차원 기하학을 힘들게 학습하는 수밖에 없었다(오랜 친구였던 마르셀 그로스만Marcel Grosmann을 비롯해 여러 명의 도움을 받았다).* 이것은 결코 순탄한 과정이 아니었으며, 아인슈타인이 1915년 말에 마침내 이론을 완성하고 그것을 뒷받침하는 결정적인 증거가 될 결과물을 계산했을 때는** 너무나 흥분하고 가슴이 두근거려 며칠이나 몸져누웠던 적도 있었다.

---

* 그에게 필요했던 수학적 방법은 사실 수십 년 전에 이미 발명되어 있었다. 그래서 사실 아인슈타인은 자신의 이론을 다른 사람에게 뺏길 뻔한 적도 있었다. 괴팅겐대학교의 수학자 다비트 힐베르트는 아인슈타인에게 어떤 기법이 필요한지 잘 알고 자신의 이론을 재빨리 정리했다. 힐베르트가 한 유명한 말이 있다. "괴팅겐 거리의 모든 소년이 아인슈타인보다 4차원 기하학을 더 잘 안다." 그러나 그는 아인슈타인의 최초의 물리학적 통찰이 없었다면 이 이론이 존재하지 않았을 것이라는 사실도 잘 알고 있었다.

** 수성의 근일점(近日點, perihelion, 행성이 태양에 가장 가까워지는 위치-옮긴이) 이동은 달과 비슷하게 시간에 따라 방향이 변하는 타원형 궤도의 형태로 이루어진다. 이 궤도가 변하는 속도는 뉴턴 중력을 통해 설명할 수 있는 것보다 더 빠르다. 따라서 혹시 태양에 더 가까운 곳에 이런 변동을 설명해줄 행성이 더 있는지 찾아보는 사람이 많았다. 아인슈타인의 완성된 이론으로 수성의 근일점 이동을 거의 정확하게 예측할 수 있었고, 에딩턴의 일식 결과가 나오기 전까지 이 현상은 아인슈타인의 일반 상대성 이론을 뒷받침하는 최고의 증거가 되었다.

A BRIEF HISTORY OF TIMEKEEPING

| CHAPTER 15 |

시간 측정의 대중화

나는 2개의 손목시계를 가지고 상황마다 다르게 사용한다. 둘 다 아날로그 다이얼과 갈색 가죽끈이 있어 생김새는 서로 비슷하지만, 작동 방식은 전혀 다르다. 하나는 우리 가족과 가까운 지인으로부터 물려받은 1960년대 자동 태엽 방식의 고급 오메가 시계다. 다른 하나는 일상용으로 쓰는 배터리 방식의 현대식 세이코 시계다.* 아마 구입한 후 10년 동안 시계 줄과 배터리를 교체하는 데 들어간 돈이 원래 가격보다 더 많을 것이다.

이 책의 목적과 관련해서 생각해볼 때 흥미로운 점은 이 둘 중 더 저렴한 시계가 더 정확하다는 사실일 것이다. 그렇다고 기계식 시계에 무슨 결함이 있어서 그런 것은 아니다. 오히려 오메가 시계는

* 이 글을 쓰는 2020년 기준으로 코로나 팬데믹 때문에 집 밖에 나가지 못한 몇 달간은 거의 매일 착용했다.

최고급 정밀 공학이 녹아 있는 제품으로, 제작된 지 50년이 넘은 지금도 아무 탈 없이 작동되고 있다. 문제는 그 기술의 기원이다. 기계식 시계에 채택된 기본 요소는 1700년대의 존 해리슨이 익숙하게 봤을 것 같은 균형 스프링, 기계식 탈진기 등과 본질적으로 다르지 않다. 다만 그 이후 많이 개선되었을 뿐이다. 그러나 배터리 구동식 시계가 시간을 재는 원리는 수정으로 만든 소형 "튜닝 포크"의 미세 진동을 이용하는, 전혀 다른 운동 유형을 기반으로 한다.

수정을 시계 재료로 사용한다는 말을 들으면 해리슨이 마찰 감소용으로 다이아몬드 받침대를 썼다는 사실을 알았을 때처럼 낯선 느낌이 들 수도 있을 것이다. 그러나 그런 보석류와 달리 수정은 아주 흔한 광물로 시간 측정 기술에 널리 사용되는 소재다. 특별히 다른 작동 방식을 원하지 않는 한, 요즘은 어떤 전자시계를 사더라도 수정으로 만든 조절 장치가 들어 있다. 시간 측정 기술이 놀랍도록 대중화된 이유도 바로 여기에 있다. 과거에는 정밀 시계가 매우 비싸고 귀해서 가보로 여겨지는 물건이었으나 21세기에는 정밀도와 가격의 관계가 뒤바뀌었다. 이제는 초정밀 수정시계가 값싸고 흔해져서 거의 일회용이 된 데 비해, 원리상 정확도가 떨어지는 순수 기계식 시계가 오히려 사치품이 되었다.

달러를 유명하게 만든 시계

10장에서 살펴봤듯이 최초의 기계식 시계는 어마어마하게 비싼 물건이었고, 특히 해상용 시계는 더욱 그랬다. 시계 수요가 증가하면서 값이 싼 보급형 제품에 대한 수요도 덩달아 올라갔지만, 시계 제작은 19세기 내내 대단히 성가신 일이었다.

소재 및 제조 기술의 발전으로 시계 제작 분야에도 대량 생산이 천천히 자리잡았다. 무엇보다 야금 기술의 발전은 황동보다 내구성이 뛰어난 강철로 시계를 제작할 수 있게 하는 데 중요한 역할을 했다. 강철 부품은 황동 부품보다 더 값싸고 튼튼하게 만들 수 있었고, 더 거친 사용 환경도 견뎌낼 수 있었다. 그러나 높은 정밀도가 필요한 시계는 주요 부분에 마찰을 감소해주는 보석류를 채택한 해리슨식 기술을 계속 사용했다.

산업혁명이 본격적으로 시작된 시기에도 표준화된 대량 생산 개념이 빠르게 자리 잡지 못한 이유는 안정적인 시간 측정에 필요한 정밀도 수준이 너무 높기 때문이었다. 시간을 정확하게 재는 시계는 하루에 8만 6,400번을 매일 똑딱여야 하는데 그러다 보면 얼마 지나지 않아 제조 과정에서 발생한 조그마한 결함들이 드러나곤 했다. 균형 스프링을 사용하던 시대에 1만분의 1의 오차(0.01퍼센트)는 1주일에 1분 정도 틀리는 수준이었으므로 분명히 짜증이 날 만한 일이었다. 이 문제를 해결하는 전통적인 방법은 평형바퀴와 스프링을 한 쌍으로 제작해서 스프링의 강도를 바퀴의 질량과 크기에 맞추는 것이었다. 이것을 모두 일일이 조정해야 원하는 정확도를 달성할 수 있었으므로 과학이라기보다는 예술에 가까웠고 엄청나게 많은 시간이 필요한 작업이었다. 마찰 감소용으로 보석류를 사용하면서 일이 더욱 복잡해졌다. 해당 조각을 하나하나 잘라 적절한 위치에 딱 맞게 설치해야 했기 때문이다.

시계의 대량 소비에 대응하는 대량 생산이 시작된 것은 1700년대에 프랑스를 중심으로 현대적인 기법이 뚜렷이 사용되면서부터였고, 이후 스위스의 쥐라 지역으로 옮겨갔다.

시계 부품의 전체적인 형태와 배치가 표준화되었고, 고르지 않은 부품들은 공장형 대량 생산 체제로 바뀌었다. 또 이런 부품들을 제작하고, 조립하고, 테스트하고 조정하는 작업은 수많은 소규모 제조업체에 맡겨졌다. 이런 분산 생산 방식에는 모든 가족과 여러 업체가 관여했는데, 일부 추정에 의하면 시계 하나를 제작하는 데 들어가는 부품에 모두 150명이 참여했다고 한다.* 공작 기계가 도입되며 산업 표준화와 부품의 호환성을 추구하게 되었지만, 그 당시 기술로 달성할 수 있는 생산 허용 오차로는 진정한 호환성을 구현할 수 없었다.

시계 제작업이 본격적인 산업으로 성장하게 된 결정적인 혁신은 미국의 월섬시계회사Waltham Watch Company에서 시작되었다. 이 회사는 1850년대에 처음부터 스프링과 바퀴가 완벽하게 들어맞도록 부품을 하나하나 제작하는 대신 부품을 대량으로 제작하고 나중에 맞추

* 이 숫자를 비롯해 이 장에서 언급하는 대부분의 수치는 데이비드 랜즈의 『시간의 혁명(Revolution in Time)』(1983, 초판 출간)에서 인용한 것이다.

면 된다는 사실을 깨달았다. 그 당시의 생산 기법으로는 완벽한 표준화를 달성할 수 없었지만, 부품을 먼저 만들고 나면 고정밀도에 필요한 특성을 측정하고 여러 그룹으로 분류하는 것은 비교적 쉬운 일이었다. 이 분류 작업 덕분에 스프링과 바퀴를 맞추는 공정이 극적으로 단순화되었다. 조립 단계에서는 평균보다 약간 무거운 것으로 분류된 바퀴는 평균치보다 더 강하게 분류된 스프링과 맞추고, 가벼운 바퀴는 약한 스프링과 맞추기만 하면 되었다. 기계로 생산한 기초 부품은 공정에서 흘러나온 모든 바퀴와 스프링이 다 맞지는 않는다는 점에서 진정한 호환성을 실현한 것은 아니었지만, 같은 종류로 구분된 바퀴와 스프링이 정확한 시간을 유지하면서도 개별 조정해야 할 필요성은 전통적 시계보다 훨씬 덜한 정도의 품질관리 측정 수준을 달성할 수 있었다.**

이 시계의 품질은 스위스 사람을 깜짝 놀라게 했다. 역사학자 데이비드 랜즈는 1876년 필라델피아 100주년 박람회에 스위스 업계 대표로 참가한 에두아르 파브르 페레Edouard Favre-Perret가 미국제 시계의 품질에 깜짝 놀란 사건을 언급한다. 그들이 5등급으로 분류한 제품군 중에서 무작위로 선택한 월섬 시계는 개별 조정을 하지 않았는데도 6일 동안 30초 이내의 오차를 꾸준히 보여주었다. 파브르 페레는 스위스 시계 조정업체가 "5만 개에 이르는 우리 생산업체 중에는 저런

** 최종 조립과 테스트 공정은 여전히 숙련된 제조업체가 맡아서 했다는 점이 중요하다. 이런 업체에는 몇 명이 시간을 정확히 맞추는 일을 하고 있었다. 그러나 이 공정은 대단히 간소화되어 개별 조정을 거치지 않아도 거의 모든 사람에게 충분한 성능을 발휘하는 시계를 생산할 수 있었다.

시계를 만들 수 있는 곳이 하나도 없다"고 말했다고 전했다.

스위스는 신속한 개조와 대규모로 존재하는 숙련된 장인 덕분에 미국의 혁신을 도입하고 적응하여 세계적인 시계 제조국이라는 위상을 유지할 수 있었다. 그들은 가격 경쟁력을 유지하면서도 더 얇고 가볍고 정확한 시계를 생산해냈다. 19세기 말에 이르자 유럽과 미국 양쪽에서 고품질의 기계식 시계가 대량 생산되고 있었다. 1800년대 중반에 비교적 큰 규모의 시계 제조업체들은 1년에 수만 개의 시계를 생산했고, 1870년 한 해에 스위스의 쥐라 지역에서 생산된 시계만 약 100만 개에 이를 정도였다. 1896년에 잉거솔Ingersoll이라는 시계 브랜드는 워터배리 시계회사Waterbury Watch Company가 만든 양키 모델을 출시했는데, 이것이 바로 최초의 "1달러 시계"였다(당시 평범한 노동자의 일당이 1달러 정도였다). 1898년에 잉거솔 한 회사가 이 시계를 100만 대 정도 판매했고, 1차 세계대전이 끝날 때쯤에는 미국과 영국에서 판매한 시계가 수천만 대에 달했다.

"달러를 유명하게 만든 시계"(잉거솔이 1달러 시계를 홍보하기 위해 이런 슬로건을 사용했다)는 진짜 정밀 시계에 비하면 꼭 필요한 기능만 갖추면서도(간단한 탈진기를 사용했고 접촉면에 보석을 쓰지도 않았다) 일상용으로 쓰기에는 충분한 성능을 갖춘 제품이었다. 이런 시계의 정확도는 몇 주 동안 수십 초 정도의 오차로, 해상용으로는 재앙에 가까운 수준이었으나 제시간에 맞춰 출근해야 하는 근로자들이 쓰기에는 전혀 문제가 없었다. 이제 사람들은 언제든지 원하기만 하면 그럭저럭 정확한 시계를 구할 수 있게 되었다.

더 정밀한 시계를 위한 경쟁

기계식 시계의 산업 규모가 증가하는 가운데 정밀도와 신뢰성에 집중한 산업 부문도 발전하고 있었다. 이 분야는 더욱 독점적인 성격을 띠고 있었다. 앞에서 소개한 오메가 시계는 이런 전통에서 나온 시계다. 이 이야기는 아마도 정밀한 태엽형 시계인 크로노미터의 국제 경쟁 과정으로 더욱 잘 설명될 수 있을 것이다.

이 분야의 경쟁은 해상용에 걸맞은 정확도를 입증해야 할 필요성에서 비롯되었다. 크로노미터의 성능이 처음 평가될 때는 천문대에서 일하는 사람들이 일정 기간 관측용 시계를 들고 다니며 태양의 정오와 비교해서 확인하는 방식으로 이루어졌다. 항해용 성능 표준을 달성했다고 평가된 시계는 해군이나 상선에 높은 가격을 요구할 수 있었다. 이런 실험은 해를 거듭하면서 더욱 대중화되며 복잡해졌고, 1870년대에는 스위스의 제네바와 뇌샤텔, 그리고 영국의 큐에 있는 천문대들이 후원하는 국제 대회가 정기적으로 열리기도 했다.

대회에 출품된 시계들은 오랜 기간에 걸쳐 정확하게 정의된 조건에 따라 엄정한 평가를 거쳤다. 마지막 시기에 45일간 열린 뇌샤텔 대회에서는 시계들을 5개의 방향과 2종류의 온도 조건에 설치하여 평가했다. 참가 시계들은 각각 이 테스트의 성능에 따라 순위가 결정되었고, 그렇게 발표된 순위에서 우승한 회사는 이 사실을 광고에 적극 활용했다.

이런 대회를 통해 검증된 성능은 기업의 평판을 높이거나 깎는 역할을 했다. 나아가 국가 차원의 산업이 어떤 부침을 겪는지 살펴보는 유용한 방법이 되기도 했다. 시계 제조산업의 핵심적인 혁신 중 많은 부분은 영국의 해리슨, 아놀드, 언쇼 및 그 후손들의 작품이었으므로, 영국은 1800년대 내내 크로노미터 성능 대회를 주도하는 위치에 있었다. 그러나 20세기의 시작과 함께 스위스 시계 제조업이 눈에 띄게 부상하면서 1903년 큐 대회에서는 100점 만점에 94.9점을 획득하여 첫 수상의 영예를 안았다. 그로부터 수십 년이 지나서 열린 1967년 뇌샤텔 대회는 업계의 새로운 주자가 등장하는 데 큰 역할을 했는데, 상위 10위에 이름을 올린 시계 중 4개가 세이코 다이니 사의 제품이었다.

스위스 시계는 1907년 큐 대회부터 이 순위에 등장한 후로 20세기 내내 이 대회를 철저히 압도했다. 이 시계들은 보석 가공품과 정교한 탈진기를 갖추고 기계적 충격과 온도 변화에 견디기 위한 기발한 공학이 녹아 있는 놀라운 기계였다. 매년 개최된 연례 성능 대회는 시계 제조 기술을 극단적으로 발전시키기 위한 혁신에 박차를 가하는 계기가 되었다. 뇌샤텔 대회는 오차에 따라 순위를 발표했는데, 0점이 완벽한 상태를 의미했다. 1955년도 우승 시계가 받은 점수가 4.4점이었는데 1965년에는 이 수치가 거의 절반으로 내려와 2.33점이 되었으며, 1967년에는 무려 1.73점에 도달했다.*

---

* 인터넷은 생각할수록 신기하고 놀라운 것이다. 천문용 크로노미터 데이터베이스(http://www.observatory.watch)라는 사이트를 방문하면 1945년부터 1967년까지 뇌샤텔 대회에 참가한 기계식 시계의 점수를 모두 확인할 수 있다.

그러나 이런 사연이 있는 제도는 1967년 뇌샤텔 대회를 끝으로 막을 내리게 된다. 정밀 시간 측정의 세상이 새로운 기술 혁신으로 뒤엎어진 까닭이었다. 그해 기계식 시계의 최고 점수를 기록한 오메가 시계는 공학의 정수를 보여준 것이었지만, 무려 0.152라는 놀라운 점수를 얻은 또 다른 참가자에 밀리고 말았다. 수정시계의 등장은 시계 산업을 완전히 바꾼 사건이었다.

크리스탈 혁명

1927년에 벨연구소의 워런 매리슨Warren A. Marrison과 조지프 호튼Joseph W. Horton이 수정 진동을 기반으로 한 최초의 연구실용 시계를 제작한 후, 1930년대 말이 되면 수정시계는 전 세계 표준 연구소와 천문대에 없어서는 안 될 핵심 장비가 되었다. 1939년에 AT&T사가 맨해튼 본사에서 처음 선보인 수정 기반 디스플레이 시계는 "세계에서 가장 정확한 공중 시계"로 불렸다. 이 신기술은 빠르게 과학계의 주목을 받았지만, 소비자용으로 널리 사용되기까지는 오랜 시간이 걸렸다. 초창기 수정시계는 피드백을 제공해줄 진공관 증폭기가 필요했으므로 너무 덩치가 크고 불편했기 때문에 1960년대에 트랜지스터와 집적회로가 개발된 후에야 실용화되었다.**

** 1939년에 「뉴욕타임스」가 이 발표 행사를 보도한 기사에는 미국의 공식 시간은 미 해군 관측소에서 결정되며, 많은 공중 시계가 매일 이 시계와 동기화된다는 내용이 실려 있다. 그러나 AT&T 회장은 "확

휴대용 수정시계가 실용화되면서 스위스에서 열리는 공식 대회에 출품되었고, 기계식 시계에 비해 월등한 성능이 확인되었다. 1961년에 처음 선보인 해상용 크로노미터는 배터리를 매주 교체해줘야 할 정도였으므로 실용성이 크게 떨어졌다. 그러나 그중 한 제품은 뇌샤텔 대회에서 1.2점을 얻어 기계식 시계가 기록한 최고 점수인 2.8점을 가볍게 넘어섰다. 1967년이 되자 크로노미터 부문에 출품한 최고 성능의 수정시계는 크기가 훨씬 작아 전력 소모가 크지 않았고 정확도도 100배나 우수해 무려 0.0099점이라는 놀라운 점수를 획득했다. 방금 말했듯이 수정시계는 이제 손목시계 크기로 만들어지고 있다는 사실이 무엇보다 중요했다(아직 대량 생산에 적합하지는 않았다).

1969년 크리스마스에 세이코가 세계 최초로 소비자 시장을 겨냥한 수정 손목시계 아스트론을 선보였다. 이 시계는 매월 단 몇 초의 오차(최고의 기계식 시계와 비슷한 성능이었다)에 불과할 정도로 정확하다는 점에서 대단한 기술 혁신이었으나, 무려 45만 엔*이라는 높은 가격 때문에 아직 대량소비 제품이라고는 할 수 없었다. 그러나 이후 10여 년간 이어진 기술 혁신을 통해 시계 소비 시장이 완전히 바뀌는 촉매제 역할을 한 것은 분명하다. 수정시계의 순수한 전기적 특성은 디지털 디스플레이 기술이 발전하는 결과를 낳았다(최초의 디지털

인한 시간과 그들의 관측 결과를 비교해보면 우리 시계에 표시된 시간이 어떤 공중 시계보다도 편차가 적다."고 자랑했다. 「뉴욕타임스」는 또 행사가 정오에 시작할 예정이었지만, "발표 과정의 사소한 사고로" 17초가 지연되었다고 조심스럽게 지적했다.

* 50년의 시차에서 오는 불확실성은 어쩔 수 없겠지만, 대략 오늘날의 화폐 가치로 350만 엔에 해당하므로 원화로 환산하면 3,000만 원이 넘는다. 그때나 지금이나 이 돈이면 도요타 자동차를 한 대 살 수 있다.

기술은 1972년에 등장한 LED였다. 착용자가 버튼을 눌러 시간을 볼 수 있게 해주는 전등 역할이었다. 그러나 1970년대 말에 이 방식은 저전력 LCD 디스플레이로 모두 교체되었다). 한편 디지털 전자제품은 크기와 전력 소모가 급격히 줄어들면서 기능 면에서 놀라운 확장을 거듭했다. 복수 알람 기능, 스톱워치, 카운트다운 타이머, 계산기가 내장된 손목시계 등이 연이어 등장했다. 그리고 이런 변화는 수정 결정 발진자 덕분에 가능한 높은 성능 수준이 더욱 개선되는 결과로 이어졌다.

1977년 한 해에 세이코 사에서만 수천만 대의 수정 손목시계를 판매했고 세계 시장은 수억대 규모로 성장했다. 2015년 기준 일본시계협회가 추산한 세계 시장 규모는 14억 6,000만 대에 달하며 그중 97퍼센트가 수정 발진자를 기반으로 하고 있다.

수정시계의 폭발적인 성장은 정밀 기계 시계 산업을 와해했다. 특히 신기술 도입 속도가 느렸던 스위스 시계 산업은 완연한 퇴조 현상을 보였다. 살아남은 업체들은 거의 모두 고급 시장으로 옮겨가 이제 기계식 시계는 시간 측정이라는 본연의 기능보다는 지위를 상징하는 역할을 하게 되었다. 1970년대 말에 등장한 한 마케팅 슬로건이 이런 변화를 잘 보여준다.

> 파텍 필립이 말해주는 것은 시간이 아니라 여러분 자신입니다.**

** 출처: 랜즈, 광고 이미지는 온라인에서 찾아볼 수 있다.

시계의 대량 생산과 대량 소비

대량 생산 수정시계의 발달 과정은 시계 제조 스토리의 두 가닥을 하나로 묶어준다. 산업 역사의 거의 전 기간에 걸쳐 시계는 주로 가격과 정밀성을 두고 경쟁을 펼쳤지만, 고도의 정확성과 저렴한 가격을 모두 갖춘 시계는 그리 흔치 않았다. 저렴한 기계식 시계의 품질은 그저 "평범한" 수준이었다. 이런 시계는 비록 천문 관측에 요구되는 수준에는 미치지 못했지만, 공식 시계가 아주 흔해진 시대에 1, 2주마다 한 번씩 시계를 다시 맞추는 것은 그리 큰 노력이 필요한 일이 아니었다. 이 시계들이 팔릴 수 있었던 바탕에는 다른 덕목이 있었다. 예컨대 타이맥스 브랜드는 "얻어맞아도 계속 간다"는 슬로건을 내세웠다. 이 회사의 광고는 내구성에 초점을 맞춰 말발굽이나 선박 프로펠러, 또는 유명 야구선수의 배트에 매달아두어도 시계가 계속 작동하는 모습을 보여주었다.

수정시계는 시계 산업을 근본적으로 바꾸어서 놀랍도록 정밀한 시계를 한 번 쓰고 버릴 정도로 싼 제품으로 만들어놨다. 오늘날에는 최고급 기계식 시계보다 10배나 더 정확한 수정 손목시계를 누구나 마음만 먹으면 살 수 있게 되었다.

물론 수정시계가 가져온 변화가 스위스 시계 산업을 위기로 몰아넣은 가장 직접적인 원인이 된 것은 틀림없지만, 더 깊이 생각해보면 그것은 지금까지 이 책에서 살펴본 시간 측정의 오랜 역사의 한 부분에 지나지 않는다. 지난 5,000년간의 인류 문명에서 시간 측정과 관련된 과학기술은 끊임없이 그 바탕을 바꾸며 정확도를 개선해 왔다. 그리고 정확도가 한 단계 향상될 때마다 보통 사람들이 시계를 활용할 수 있는 여력도 증가했다.

영국의 신석기 시대와 같은 원시 사회에서 시간 측정은 오로지 엘리트 계층만 추구할 수 있는 대단한 일이었다. 뉴그레인지 석실분은 수천 명의 노동력이 동원되었을 것이 틀림없는 거대한 공학적 산물이지만, 이 거대한 시계의 독특한 측정 장면은 중앙 석실에 들어갈 수 있는 극소수의 초대된 사람들만 볼 수 있었다. 스톤헨지는 좀 더 개방적이고 극적인 방식을 채택했지만, 그것 역시 특정 장소에 고정되어 있어 그곳까지 찾아갈 능력과 의지가 있는 순례객들만 볼 수 있다.

이들보다 더욱 정교한 이집트와 마야 문명의 천문 역법 체계들은 광범위한 지역에서 계절을 추적할 수 있지만, 여기에도 엘리트 계층을 위한 예지적인 목적이 그대로 남아 있었다. 일식이나 금성의 신출 날짜 등을 예측하는 방법은 정치적, 종교적 권력을 강화하기 위해 사용되었다. 문명이 더 넓은 지역으로 확대되면서 히브리력, 율리우스력, 그리고 마침내 그레고리우스력 등의 태음태양력이 사용되었고, 이를 통해 누구나 날짜만 세면 계절과 중요한 기념일을 그런대로 정확하게 예측할 수 있게 되었다.*

그보다 짧은 시간 범위에서는 중국에서 소송이 만든 탑시계나

* 물론 부활절 날짜를 결정하는 권한은 그 후로도 오랫동안 종교적 권위에 맡겨졌다.

초창기 현대 유럽의 기계식 성당 시계가 시간을 도회지 주민들을 위한 대중적인 지식으로 만들었다. 종소리는 그 소리가 들리는 곳에 있는 누구에게나 시각을 알려주었으므로, 하루를 세분화하여 생활하는 사람이 늘어나는 결과를 가져왔다. 믿을 만한 기계식 시계와 손목시계들은 해상 항해의 안전성과 신뢰도를 높여주고 엄청난 수의 가정들이 매우 정확하게 시간을 측정할 수 있게 해주었다. 마지막으로, 글로벌 통신망의 성장으로 전 세계 인구가 전신과 무선 통신, 나중에는 인터넷과 GPS를 통해 각자의 시계를 주요 도시의 공식 시간과 맞출 수 있게 되었다.

그런 관점에서 보면 기계 방식에 이어 수정 기술이 등장하면서 시계가 대량 생산과 대량 소비의 길을 걷게 된 것은 수천 년 전부터 이어져 온 대중화 과정의 피할 수 없는 단계 중 하나임을 알 수 있다. 오늘날에는 문자 그대로 수억 명의 사람들이 불과 한 세기 전에는 도저히 불가능했던 수준의 정밀도로 시간을 잴 수 있다. 이런 환경은 좋은 의미든 그렇지 않든 우리의 삶의 방식에 깊은 영향을 미친다. 현대인은 훨씬 체계적인 삶을 살게 되었지만, 더 일정이 빡빡해지고 더 바빠졌다.

그리고 물론, 수정시계와 손목시계도 언제든지 더 뛰어난 무언가로 대체될 수 있다. 내가 어느 날 손목에 차려고 선택한 시계가 고풍스러운 기계식 시계든, 현대식 수정시계든, 정확한 시간이 알고 싶을 때는 무조건 휴대전화를 꺼내 든다. 세슘 분수 시계를 직접 확인할 수 있는 사람은 여전히 소수의 과학 연구자뿐이지만, 인터넷과 위성

GPS 체계 덕분에 나는 언제든지 UTC에 아주 근접한 시간을 어디서든 확인할 수 있다. 일상생활에서 그렇게 정확한 시간이 필요한 경우는 거의 없지만, 네트워크가 가동하는 한 정확한 세계 시간을 확인할 수 있다는 것을 아는 것만으로 기분이 좋아진다. 그러나 UTC조차 충분치 않은 응용 분야도 있다. 다음 장에서는 시간 측정의 역사를 관통해온 우리 여정의 마지막 단계로 시간의 미래에 관해 살펴보자.

수정시계의 원리

수정시계의 기본 원리는 제조된 물체의 규칙적인 진동을 시간 측정 단위로 삼는다는 점에서 진자나 균형 스프링 개념과 유사하다. 핵심 요소는 튜닝 포크 형태로 잘라낸 작은 수정 크리스탈이며, 이것은 그 모양과 소재 특성에 따라 결정되는 특정 진동수로 진동한다. 그러나 기계식 시계와 달리 이 진동은 전기 신호를 통해 기록되고 또 시작되기도 한다.

이 기술은 1860년대에 개발된 금속 튜닝 포크의 가청 진동수 진동을 기반으로 비교적 빠른 운동의 시간을 재는 기법에서 시작되었다. 이 기법은 새로운 전기 기술에 의존한다는 점에서 독특한 것이었다. 포크의 진동은 한쪽 가닥의 끝에 있는 전자석으로 전달되는 작은 "킥"으로 유지되었고, 진동수는 모터 구동에 필요한 전기 신호를 발신하는 다른 자석을 통해 결정되었다.

1900년대 초에 진공관 증폭기가 개발되면서 이런 구성 요소를 결합하여 매우 안정적인 진동을 생성할 수 있게 되었다. 진동 포크에서 오는 신호는 다시 진동을 유지하는 일련의 킥을 생성한다. 이 피드백 시스템은 특정 진동수의 진동을 검출하고 증폭한다. 확성 장치에서 마이크가 스피커에 가까이 다가갈 때 삑 하는 특유의 소음이 나는 현상이 바로 이런 원리 때문이다.

회로 설계를 잘하면 이 시스템은 포크의 특정 진동수에서 매우 안정적인 진동을 생성한다. 1920년대에서 30년대에 만들어진 진공관식 진동 포크는 쇼트 진자시계에 버금가는 성능을 가지고 있었지만, 진동수는 훨씬 더 컸고, 그 전기 신호는 매우 높은 정밀도가 필요한 천문 현상의 시간을 재는 데 사용되었다. 벨연구소에 설치된 초당 100회 진동수 포크는 1925년에 뉴욕 주의 여러 도시에서 일식 관찰 시간을 잰 후 전신망의 전기 신호를 통해 측정치를 조율하는 데 사용되었다. 1960년에는 부로바 사의 아큐트론이라는 최고급 시계에 초당 360번 진동하는* 작은 크기의 튜닝 포크로부터 시간 신호를 받는 시스템이 채택되기도 했다.

오늘날 아주 흔하게 볼 수 있는 이 수정 진동자는 피드백 회로로 물리적 진동을 유지한다는 점에서 금속 포크 방식과 기본 원리는 같지만, 그에 비해 몇 가지 중요한 장점이 있다. 그것은 실리콘과 산소 원자가 규칙적인 패턴으로 배열된 결정질 광물인 수정의 독특한 구조와 관련이 있다(화학적 명칭은 이산화규소 SiO_2라고 한다). 이런 결정 구조적 특징 덕분에 수정은 대단히 단단한 성질을 띤다. 따라서 수정으

---

* 이것은 가청 진동수 대역에 속하며, 이런 시계들의 독특한 특징을 만들어낸다. 이것 때문에 기계식 시계의 째깍거리는 소리가 아니라 부드러운 허밍에 가까운 소리가 난다. TV 드라마 〈매드 맨〉의 최종편 시작 광고의 아큐트론 시계에서 이 독특한 소리가 나왔다.

로 만든 튜닝 포크는 다른 물질에 비해 진동수가 매우 높고 외부 섭동에 대해서는 아주 둔감하다.* 수정 크리스탈을 적절한 방향으로 절단하여 만든 발진기는 온도 변화에 대한 민감도가 매우 낮아 시간 측정의 기초로 삼기에 이상적이다.

무엇보다 수정의 결정구조는 물리적 성질과 전기적 성질 사이에 흥미로운 관계를 보여준다. 이 효과는 1880년에 프랑스의 자크 퀴리와 피에르 퀴리 형제Jacques and Pierre Curie가 처음 발견했다.** 그들은 수정 결정에 물리적 압력을 가하자 표면에 전하가 형성되는 것을 발견했다. 수정 결정을 특정 방향으로 누르면 위쪽이 바닥에 비해 마이너스 전하가 형성되는 전압 차이가 발생하며, 그 방향으로 잡아당기면 전압이 반대로 형성된다. 이 효과는 거꾸로도 작용한다. 결정에 전압을 가하면 같은 양만큼 조금 부피가 늘어나거나 줄어든다.

퀴리 형제는 "압착하다"라는 뜻의 그리스어 piezein을 따서 이런 현상을 "압전piezoelectrity"이라고 불렀고, 이것이 (같은 계열의 다른 물질을 모두 포함해서) 수정의 결정구조와 관련이 있다고 판단했다. 이것은 수정 결정의 미세구조로 설명할 수 있다. 그림을 보면 음전하를

---

* 이것은 초창기 수정시계를 개발하던 사람들에게 곤란한 문제를 제기하기도 했다. 그들은 수정 진동자의 높은 진동수를 낮춰 시계바늘을 움직이는 모터를 구동하거나 디지털 디스플레이의 숫자를 바꾸는 데 적당한 크기로 맞추기 위해 전기 시스템을 별도로 개발해야 했다. 1920년대 공학자들은 교류 전압의 진동수를 절반으로 낮추는 간단한 진공관 회로를 고안했고, 오늘날의 시계는 그것과 비슷한 회로를 실리콘 칩에 내장했다.

** 피에르는 나중에 그가 하던 재료 연구를 포기하고 그의 아내 마리 스크워도브스카 퀴리(Marie Skłodowska Curie)가 진행하던 방사성 동위원소 연구에 동참했다. 피에르와 마리는 1903년에 이 연구로 노벨 물리학상을 공동 수상했고, 마리는 1911년에 그것과 관련된 또 다른 연구로 노벨 화학상을 받았다. 피에르도 다시 한번 그 상을 공동 수상할 수 있었으나 1906년에 불의의 자동차 사고로 이미 세상을 떠난 뒤였다. 노벨상은 사후에 소급 수여되지는 않는다.

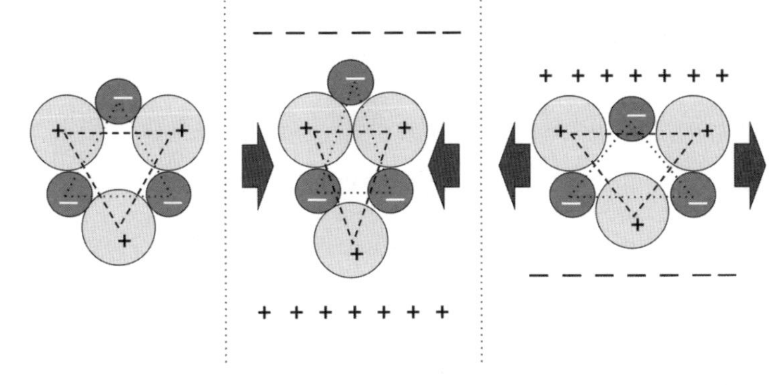

압전 효과의 미시적 원리. 일반적인 수정은 양전하를 띠는 실리콘 이온과 음전하의 산소 이온이 그림처럼 두 개의 삼각형이 함께 놓인 육각형 격자 구조를 형성하므로 전하가 균형을 이루어 물질은 중성의 성질을 띤다. 양옆에서 이 구조에 압력을 가하면 위쪽의 산소와 아래쪽의 실리콘이 밖으로 밀려나 결정의 위쪽은 음전하, 아래쪽에는 양전하가 형성된다. 결정구조를 좌우로 잡아당기면 전하가 역전된다.

띠는 산소 원자와 양전하를 띠는 실리콘 원자가 (특정 방향에서 볼 때) 육각형의 모서리를 형성하고 있다. 압력이 가해지지 않은 정상적인 상태에서 이 육각형 결정구조를 형성하는 요소들은 2개의 정삼각형으로 분해될 수 있다. 하나는 위쪽 두 모서리에 양전하를 띤 실리콘 원자 2개, 아래 모서리에 나머지 하나가 있고, 다른 정삼각형에는 음전하를 띤 산소 원자 2개가 아래쪽에, 나머지 하나는 위쪽에 있다. 이 배열은 훌륭한 대칭을 이루므로 두 삼각형 사이에서 전하의 효과는 균형을 이룬다. 결정구조를 위에서 내려다보면 2개의 양전하와 하나의 음전하가 보이지만, 양전하 사이의 거리가 약간 멀어 하나의 음전하가 가까운 거리에 있는 효과와 정확히 상쇄된다.

결정 전체가 좌우로부터 압력을 받으면 원자의 상대적인 위치가 달라진다. 상단의 두 실리콘 원자가 압력을 받아 서로 뭉치면서 그 사이에 있던 산소 원자를 약간 밖으로 밀어내고, 아래쪽에 있던 산소 원자 2개도 서로 가까워지면서 실리콘을 아래로 약간 누른다. 이런 변형으로 삼각형이 왜곡되어 양 끝에 있던 하나의 전하가 더 멀리 밀려나면서 균형이 무너진다. 결정의 상단은 음전하를 띤 것처럼 움직이고 반대로 아래쪽은 양전하의 거동을 보인다. 이것은 상단과 하단의 전압 차이를 재보면 알 수 있다. 좌우로 누르는 압력이 증가하면(결정구조가 왜곡되면) 전압의 크기도 커진다.

결정에 압력을 가하는 것이 아니라 거꾸로 위아래에 각각 양과 음의 전압을 가해도 결정구조에 물리적 변화를 일으킨다. 상단의 음전하를 띠는 산소 원자는 위로 당겨지고 양전하를 띠는 실리콘 원자는 아래로 밀려 내려간다. 아래쪽도 마찬가지다. 삼각형이 수직 방향으로 늘어나면 원자 간 결합력이 그것을 좌우로 끌어당겨 결정이 수축한다. 전압을 반대로 가하면(위쪽은 음, 아래쪽은 양) 반대 효과가 발생해서 결정이 팽창한다.

오늘날 압전 재료는 압력 센서(가해진 압력에 비례하여 발생하는 전압을 측정한다)나 물체를 미세한 거리만큼 움직이는 엑츄에이터 등 광범위한 기술 분야에 응용된다. 핸드폰이나 초소형 헤드폰에 들어가는 오디오 스피커는 소형 압전 크리스탈에 진동을 일으켜 발생한 음파로 소리를 낸다. 심지어 석쇠 라이터의 방아쇠에도 압전 소자가 들어간다. 압전 재료를 강하게 누르는 힘으로 유도된 고전압이 결정의 양쪽면에 연결된 두 개의 철사 사이의 공기층에 스파크를 일으키는 원리다.

시계에서 수정의 압전 특성은 진동을 구동하고 감지하는 데 모두 사용된다. 전기 충격을 사용해 수정 포크를 잡아당기거나 누르면 진동이 시작된다. 그 진동이 다시 압전 전압을 유도하면 이것을 포착하고 증폭하여 시간 측정에 사용한다. 위에서 설명한 튜닝 포크의 진동을 유지하는 피드백 장치는 수정 진동자의 운동을 일정하게 유지하여 대단히 안정적인 시간 신호를 제공한다. 시계에 사용되는 표준 수정 발진기는 초당 3만 2,768회 진동하도록 가공된 것이다. 하필 이런 숫자를 선택한 이유는 이것이 바로 2의 15승이므로 2로 나눠지는 전자 소자를 여러 개 연결하기만 하면(비교적 만들기 쉽다) 진동수를 시계의 디스플레이 구동에 필요한 초당 1회로 낮출 수 있기 때문이다.

| CHAPTER 16 |

시간의 미래

GPS 체계는 정기적으로 UTC(USNC)와 동기화되는 시간 신호를 전송하므로 지역별 시계를 원자 시간에 아주 근접하게 설정하는 훌륭한 수단이 된다. 이 서비스는 전 세계 표준 연구소들이 UTC 척도를 종합하기 위해 시계를 비교하는 데에도 계속해서 사용되고 있다. 두 연구소가 각자의 지역 시계를 동시에 GPS 위성 신호에 맞추면 두 시계의 차이를 몇 나노초 이내까지 판별할 수 있고, 여기에 복수의 위성과 신호 처리 기법을 이용하면 정밀도를 더 향상시킬 수도 있다.

GPS와 별도로 원자시계로 잰 시간 또한 인터넷을 통해 보급된다. 여기서는 네트워크 타임 프로토콜Network Time Protocol, NTP 체계를 통해 복수의 표준 소스를 결합한 정보를 활용한다. 이 네트워크에 접속된 컴퓨터는 해당 지역 시간을 UTC 실현 시간에 수 밀리초 이내로 동기화한다. 사실 가정용 컴퓨터는 약간 성능이 떨어지는 경우가 많지만, 미국 NIST가 웹사이트를 통해 여러분의 컴퓨터 시계와 UTC(NIST)의 차이를 1밀리초 이내로 알려준다. 내가 이 단락의 첫 문장을 쓰고 있는 비 내리는 날 아침에, 내 데스크톱 컴퓨터의 시계는 미국 공식 시간보다 0.589초 느리게 가고 있다.

정확한 시간을 측정하고 싶은 사람은 NTP와 GPS 사이에서 사실상 일상적인 어떤 목적에도 충분히 정확한 시계를 이용할 수 있다. 이런 서비스들은 전력망 전체에 대해 발전기를 동기화하고 유지하려는 전력 회사, 거래 빈도가 대단히 높은 금융 기관, 그리고 원거리 전파 망원경의 신호를 결합하여 고해상 이미지를 얻으려는 천문학자 등에게 UTC 시간 인증 정보를 함께 제공한다. M87 은하의 블랙홀 이미지를 이벤트 호라이즌 망원경으로 얻을 수 있었던 것은 연구자들이 GPS에서 얻은 시간 신호로 전 세계 다른 망원경에서 온 신호를 하나로 묶어 거대한 하나의 망원경으로 만들 수 있었기 때문이다. 이 시간 인증 정보의 기원은 다시 GPS 체계에 시간 정보를 제공하는 세슘 원자시계까지 거슬러 올라간다.

현존하는 원자 시간 서비스가 제공하는 광범위한 응용 분야를 생각하면 신석기 시대의 하·동지 표시 장치부터 시작된 시간 측정 기술의 유구한 발전 과정이 드디어 마지막에 도달했다고 생각할 수도 있을 것이다. 수백만 년이 지나도 오차 범위가 1초를 벗어나지 않는 세슘 원자시계는 가히 시간 측정 기술의 정점이라고 할 만하며, 지금부터 할 일이라고는 정기 점검밖에 남지 않았다고 느껴진다.

그러나 사실은 이런 세슘 시계조차 시간 측정 역사의 마지막이 되기에는 아직 멀었다. 현존하는 원자 시간 서비스가 현재 우리가 하는 거의 모든 일에 적합함에도 전 세계 표준 연구소의 물리학자들은 차세대 원자시계를 열심히 연구하고 있다. 이런 시계는 아직 개발 단계에 불과하지만, 그 성능은 최고의 세슘 시계보다 수백 배 더 뛰어날 수도 있다. 지금부터 수년 내에 세슘을 대체하는 새로운 원자가 나타나 1초의 정의를 바꿀 수도 있을 것이다. 그러나 지금도 이미 이 시험용 시계들은 몇 가지 놀라운 측정을 이루어냈다.

세슘시계를 뛰어넘는 원자시계

1955년에 최초의 세슘 원자시계가 모습을 드러내고 불과 10년이 지난 1967년에 이르러 세슘은 1초를 정하는 표준이 되었다. 그러나 이 두 사건의 사이에 해당하는 1960년에 발명된 새로운 기술은 장차 세슘을 훨씬 뛰어넘는 정확도의 원자시계의 문을 열 수도 있다. 그것은 레이저다.

최초의 실용적인 레이저는 1960년에 당시 휴스 연구소에서 일하던 시어도어 메이먼Theodore Maiman이라는 사람이 개발한 것으로, 찰스 타운스Charles Townes와 아서 숄로Arthur Schawlow, 그리고 고든 굴드Gordon Gould라는 젊은 엔지니어가 각각 독립적으로 발전시켜온 개념을 바탕으로 하고 있다. 실험실에서 레이저가 성공한 직후, 메이먼의 조수 중 한 명인 아이린 다넨스D'Haenens, Irnee는 농담 삼아 레이저를 "문제를 찾는 해결책"이라고 불렀다. 그 후 60년 동안 레이저를 사용하여 해결할 수 있는 수많은 문제가 밝혀졌다.

원자시계와 마찬가지로 레이저도 원자 속의 전자에 여러 상태가 있어서 전자가 이런 상태 사이를 오갈 때마다 빛이 흡수되거나 방출된다는 보어의 개념을 바탕으로 한다. 이런 개념 위에 또 하나 필요했던 통찰은 1917년에 아인슈타인이 이 흡수와 방출의 통계적 성질에 관해 획기적인 연구를 발표한 데서 비롯되었다. 아인슈타인은 이미 그 프로세스가 잘 알려져 있던 자발적 방출(높은 에너지 상태의 원자가 광자를 방출하고 낮은 에너지 상태로 떨어지는 것)과 흡수(저에너지 상태의 원자가 광자를 흡수하여 고에너지 상태로 이동하는 것) 외에도 "유도 방출"이라는 새로운 프로세스가 있다고 가정했다. 이 프로세스에서 고에너지 상태에 있는 원자가 정확한 진동수의 광자를 만나면 빛과의 상호작용으로 "유도"되어 처음의 진동수 및 방향과 일치하는 새로운 광자를 방출한다는 것이었다.

유도 방출을 이용하면 특정 진동수의 빛을 증폭할 수 있다. 이 현상은 1953년에 타운스가 "방사선 유도 방출에 의한 전자기파 증폭 Microwave Amplification by Stimulated Emission of Radiation"이라고 부른 프로세스를 통해 처음으로 증명되었다. 그는 암모니아 분자를 고에너지 상태에서 일정한 속도로 일렬로 보내면서, 이렇게 만들어진 암모니아 빔을 마이크로파 공동으로 통과시켰다. 분자가 공동 내에서 붕괴하면서 방출된 광자는 내부 벽 사이를 앞뒤로 충돌하며 갇힐 것이다. 이후 고에너지 분자는 이렇게 갇힌 광자와 만나 같은 진동수를 가진 새로운 광자를 유도 방출할 가능성이 크다. 시간이 흐를수록 내부의 광자 수가 기하급수적으로 증가하면서 진동수 대역폭이 극도로 좁은 마이크로파 발생원이 된다.

메이저MASER(타운스가 개발한 프로세스의 앞 글자를 딴 약어)는 마이크로파 분광학에 유용한 도구였으며, 암모니아의 두 상태의 전이에 기초한 분자시계의 기초가 되었다. 결국 세슘 시계가 그 성능으로 볼 때 1초를 정의하는 가장 좋은 척도이기는 하나, 최근에는 수소의 가장 낮은 두 에너지 상태를 오가는 마이크로파를 이용하는 수소 메이저도 UTC 조합에 사용되는 시간 표준 집합에 핵심적인 일부로 활약하고 있다(13장에서 다룬 바 있다).

메이저를 개발한 지 얼마 지나지 않아 타운스는 유도 방출에 의한 증폭 프로세스를 가시광선 대역으로 확장하여 "광학 메이저"를 만드는 방법을 연구하기 시작했다. 비슷한 시기에 같은 프로세스를 구상하고 있던 고든 굴드라는 대학원생이 타운스의 약어를 살짝 고쳐 "방사선 유도 방출에 의한 광 증폭Light Amplification by Stimulated Emission of Radiation, LASER"이라고 부른 이후 오늘날까지 레이저라고 알려지게 되었다.*

레이저의 구성 요소는 메이저의 성분과 유사하다. 고에너지 상태에서 준비된 원자나 분자를 포함하는 활성 매질과 그들이 방출하는

* 레이저에 대한 최초 특허 권리는 타운스에게 돌아갔지만, 굴드는 그 전에 자기 아이디어가 앞선다는 증거로 연구 노트를 이미 제출해놓은 상태였다. 이후 누가 진정한 발명자인지를 놓고 법정 분쟁이 길게 이어졌다. 완전한 정보 공개 차원에서 첨언하면, 굴드는 현재 내가 교수로 있는 유니온칼리지를 1941년에 졸업했다.

빛을 포집하여 증폭할 매질을 통과하도록 되돌려줄 공동으로 구성된다. 가장 간단한 레이저 구조는 두 개의 거울 사이에 활성 매질을 끼워 넣은 다음 두 거울 사이의 직선을 따라 광자를 앞뒤로 반사하는 것이다. 이렇게 되면 공동 안에서 광자의 수가 기하급수적으로 증가한다. 자발적으로 방출된 광자 하나가 두 번째 광자의 방출을 유도할 수 있다. 그다음에는 2개의 똑같은 광자가 4개가 되고, 다시 8개가 되는 식으로 증폭한다. 실제 거울은 빛을 완벽하게 반사하지 않으므로 내부에서 빛의 아주 일부분이 밖으로 새어 나올 것이다. 유도 방출로 생성된 모든 광자는 진동수와 운동 방향이 같으므로 빛은 좁고 치밀한 단색광의 모습을 띠는데, 이것이 우리가 레이저라고 인식하는 것이다.

이 빛의 정확한 진동수는 고에너지와 저에너지 상태의 에너지 차이에 따라 결정되므로, 기체 레이저의 경우 원소의 선택에 따라 고정된 값이다. 그러나 만약 이 원자들이 고체 매질에 포함되어 있다면 근처의 다른 원자들과의 상호작용으로 단일 원자의 좁은 방출선이 넓은 방출 띠가 되면서 물질의 구조에 의해 결정되는 진동수 대역이 넓어진다. 빛을 방출하도록 유도된 고체 물질 샘플은 넓은 진동수 대역에 걸친 폭넓은 스펙트럼을 생성한다.

선이 넓어져 띠가 된다는 것은 고체 활성 매질을 사용하여 광범위한 진동수 대역에서 조정 가능한 레이저를 만들 수 있다는 뜻이다. 유도 방출 프로세스는 똑같은 광자를 생성하지만, 그렇게 증폭된 진동수는 방출 띠 내에서 어디에나 존재할 수 있다. 물리학자들은 레이저 공동의 거울 사이에 다른 원소를 첨가하여 그 대역 내에서 특정 진동수를 선별하고 증폭할 수 있다. 이런 가변 레이저야말로 현대 고정밀 분광학의 핵심이다. 요제프 프라운호퍼 시대처럼 회절격자를 이용해 자연 광원에서 오는 빛을 수동적으로 넓은 진동수 영역의 스펙트럼으로 분할하는 대신 오늘날의 분광학자들은 원자에 가변 레이저를 조사해서 흡수 가능성이 가장 큰 진동수를 판별한다. 이 방법은 격자 분광기에서는 거의 찾아보기 힘들 정도로 드물게 빛을 방출하는 금지된 전이를 확인하는 데도 이용된다. 그런 전이는 빛을 흡수하는 빈도도 매우 낮지만, 레이저가 생성하는 빔에는 발생 빈도가 극히 드문 전이도 활성화할 수 있을 정도로 광자가 많다.* 그 결과, 지난 60년 동안 레이저 분광학은 원자와 분자를 연구하는 학문을 완전히 바꿔놓았다.

레이저, 빛, 시계

레이저를 이용해 금지된 전이를 찾고 활성화할 수 있게 된 것은 차세대 원자시계 제작의 핵심 요인 중 하나다. 세슘 시계의 핵심이 고도로 안정한 마이크로파 발생원인 것과 마찬가지로, 광학 진동수 원자시계의 핵심도 진동수를 1,000조분의 1Hz 범위에서 관리할 수 있는 레이저다. 그러나 여기에는 한 가지 문제가 있다. 현대 전자공학으로도 셀 수 없을 정도로 엄청나게 큰 가시광선 진동수를 어떻게

* 금지된 전이를 통해 고에너지 상태로 이동한 원자들은 중간 상태를 거치는 방식으로 유도되어 가장 낮은 상태로 돌아갈 수도 있다. 이 과정에서 레이저와 전혀 다른 색상의 광자가 방출된다. 분광학자들은 그것을 흡수가 일어난 징후라고 보고 있다.

유용한 시간 신호로 바꿀 수 있는가 하는 문제다. 이 문제 역시 레이저를 사용하여 해결할 수 있다. 단, 여기에는 전혀 다른 종류의 레이저가 필요하다.

지금까지 설명한 레이저의 작동 원리는 우리가 흔히 사용하는 레이저 포인터나 슈퍼마켓의 스캐너와 같은 연속파장 레이저를 암묵적으로 가정한 것이었다. 그런 레이저는 이름 그대로 (레이저가 아닌 모든 광원에 비해) 아주 좁은 진동수 대역의 연속적인 빔을 방출한다. 가변 연속 레이저를 생성하는 데 사용된 바로 그 고체 매질로 매우 넓은 진동수 대역의 아주 짧은 펄스광을 방출할 수도 있다. 정밀 시간 측정용으로는 도저히 쓸 수 없는 방법으로 들리지만, 사실 이 펄스 레이저는 가시광선 시계로부터 저주파 시간 신호를 수신하는 데

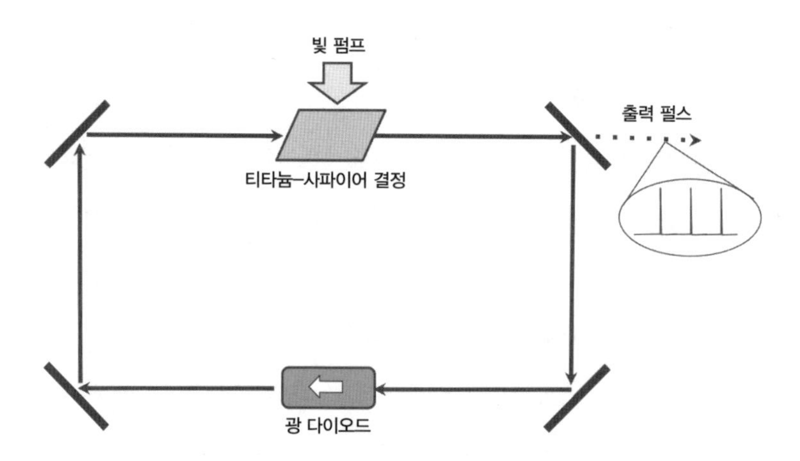

링-레이저 공동 모식도. 광대역 진동수의 빛이 방출되어 사파이어 결정에 포함된 티타늄 원자를 통해 증폭된다. 티타늄 원자는 펌프 레이저에서 온 빛에 의해 활성화된다. 광 다이오드로 인해 빛은 공동 내를 한 방향으로만 주행한다. 서로 다른 진동수에 의한 간섭이 매우 짧은 빛 펄스를 주기적으로 생성한다. 이 빛의 일부는 공동 거울을 통해 외부로 새어 나온다.

핵심적인 역할을 한다.

펄스 레이저의 작동 원리는 고리 모양을 그리며 진행하는 빛이 활성 매질에 들어올 때 항상 같은 방향을 유지하는 링 구조 내의 공동을 생각하면 가장 쉽게 이해할 수 있다. 상대성 이론에서 알 수 있듯이, 빛의 속도는 유한하고 일정하므로, 빛이 하나의 고리를 완성하여 활성 매질로 돌아오는 데 필요한 시간은 정해져 있다. 이 시간은 공동을 통과하며 지나가는 경로의 길이에 따라 결정되며, 이 시간은 다시 레이저의 반복 속도를 결정한다(공동의 주변을 이동하는 펄스는 고리를 1회 주파할 때마다 출력 거울에 한 번씩 충돌한다).

이 시간은 12장의 마이컬슨 간섭계에서 설명했던 파동 간섭 현상 때문에 출력되는 빛의 진동수를 결정하는 데 결정적인 역할을 한다. 활성 매질로 돌아오는 시간이 진동수의 정수배라면 빛이 돌아오는 파장의 정점은 새롭게 방출되는 파장의 정점 위에 중첩될 것이므로, 그 진동수에서 보강간섭을 일으켜 더 강한 빛을 생성한다. 그러나 진동수가 조금만 어긋나면 고리를 여러 차례 돌았던 파동들이 서로 다른 위상으로 도달하므로 상쇄간섭을 일으키며 사라지게 된다. 그러므로 레이저는 공동에 의해 결정되는 제한된 진동수에서만 효율적으로 작동한다. 이런 공동 모드는 각각 레이저의 반복 진동수의 정수배에 해당하는 진동수를 가지게 된다.

이런 물리 법칙은 연속파 레이저에도 똑같이 작용한다. 이때 사용된 진동수 대역은 어떤 식으로든 제한되어 공동의 특징적인 진동수에 맞는 단 하나의 진동수가 형성된다. 연속 레이저에서 방출되는

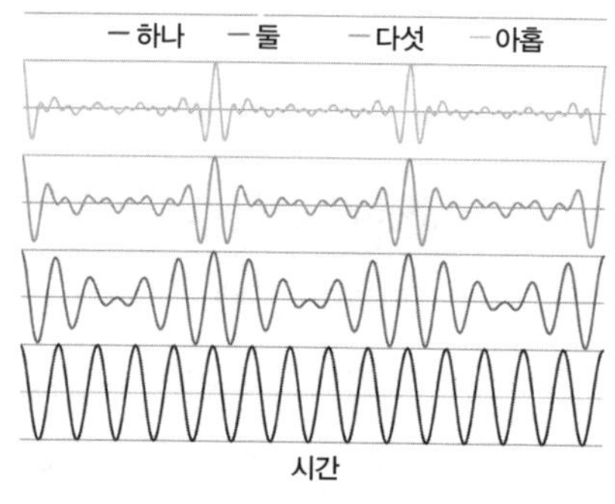

진동수가 미세하게 다른 파동들을 서로 더하면 진동수의 수가 하나에서 둘, 다섯, 아홉으로 증가하면서 짧은 펄스가 생성된다.

빛의 진동수 대역이 원자 기체 방출 레이저보다 오히려 더 좁은 이유가 바로 여기에 있다. 그러나 사용된 활성 매질이 매우 넓은 대역의 진동수를 증폭할 수 있는 고체 물질이고 그 대역을 제한한 요인이 없다면, 레이저는 그 **모든** 대역의 진동수에서 **동시에** 작동할 수 있다.

빛의 진동수가 다르므로 서로 간섭을 일으키기도 하지만, 그 효과는 레이저의 전체적인 강도에 영향을 미치는 것이 아니라 시간에 따라 달라지게 할 뿐이다. 진동수가 미세하게 다른 두 파동을 더한 결과는 두 진동수의 차이로 변조된, 두 진동수의 평균에 해당하는 파동으로 보일 것이다. 만약 그것이 음파라면 맥동적인 성격을 띤 조합 파동을 형성해 더 크고 부드러운 패턴이 규칙적으로 나타나게 된다. 음악가들은 이 맥놀이 현상을 이용하여 두 악기의 화음을 맞추려고 한다. 그들은 두 악기 사이에서 들리는 "박자음"에 귀를 기울이며 이 소리가 최대한 느려지다가 나중에는 사라지도록 한 악기의 진동수를 조절한다.

두 개 이상의 진동수를 더하더라도 같은 현상이 일어나지만, 파동이 상쇄되는 영역이 확대된다. 음파로 설명하면, 소리가 들리지 않는 시간이 길어지고 소리가 들릴 때는 더 커져서 불협화음이 더 뚜렷하게 들린다.* 빛의 경우 여러 진동수를 더한 결과 지속 시간이 매우 짧은 펄스가 생성된다. 이 시간은 펨토초나 심지어 최신 펄스 레이저로 사용되는 아토초**(10^{-18}초, 즉 0.000000000000000001초다) 단위가 된다.

원자와 분자의 성질을 연구하는 물리학자들은 펄스의 짧은 지속 시간을 이용하여 원자 단위의 전자 운동을 연구한다(아토초는 보어 원자에서 전자의 1회 공전 주기와 거의 같은 시간이다. 따라서 이 시간은 원자

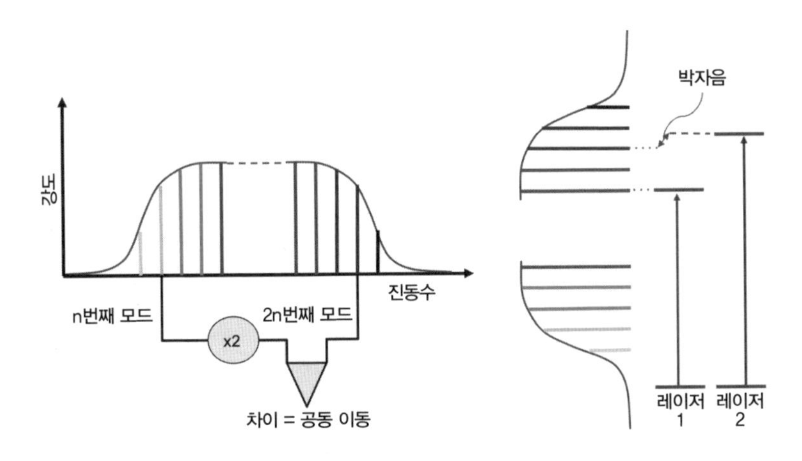

진동수 빗

왼쪽 : 한 옥타브 빗은 n번째 모드의 진동수를 2배로 늘린 다음 2n번째 모드의 진동수와 비교하여 공동 이동을 측정한다. 이로써 빗 안에 있는 어떤 모드의 진동수도 완전히 결정된다. 오른쪽 : 두 모드의 진동수 차이는 한 모드가 한 레이저의 진동수와 정확히 일치하도록 빗을 조정한 다음, 다른 레이저와 빗의 다른 모드 사이의 박자음을 측정함으로써 결정된다.

* 진동수가 미세하게 어긋난 두 악기의 소리가 음악가들의 귀에만 거슬리는 이유가 여기에 있다. 초등학교 오케스트라는 제각각의 화음으로 연주해도 아이의 연주를 자주 들은 아이의 부모가 아닌 한 눈치채는 사람이 거의 없다.

** 2023년 노벨 물리학상이 아토초 길이의 펄스를 이용해서 원자와 분자를 연구한 업적에 수여되었다.-옮긴이

와 분자 프로세스의 척도가 된다). 이것은 소재나 생물학 분야에 잠재적 유용성을 지닌 짧고 강한 엑스선 펄스를 생성하는 데도 사용된다. 따라서 최근에는 초고속 레이저 분야 연구에 몰두하는 연구자 그룹이 급성장하고 있다.

정확한 시간 측정에 관심이 있는 물리학자들이 이런 레이저에 매력을 느끼는 특징은 그것이 보여주는 진동수의 구성이다. 길이가 수 펨토초에 불과한 펄스를 만드는 레이저는 그 레이저의 반복 진동수만큼 간격이 떨어진 "빗" 모양의 한 옥타브 전체에 걸쳐 있다(방출된 최고 진동수의 크기는 최저 진동수보다 최소한 2배 더 크다). 이런 반복 진동수는 공동의 길이로 조정할 수 있어 안정성과 신뢰도가 매우 높으므로, 물리학자들은 이 빗처럼 생긴 파형을 구성하는 어떤 "톱니"의 진동수도 틀림없이 알 수 있다.*

펨토초 펄스 레이저의 진동수 빗은 시간과 진동수의 정밀 측정에 없어서는 안 될 도구다. 이들은 가시광선 대역 스펙트럼에서 작동하는 레이저 진동수(진동수가 너무 빨라 마이크로파 시계에 사용되는 전자 체계와는 직접 관련지을 수 없다)를 레이저 펄스의 반복 속도(진동수가 전자기파나 마이크로파 대역에 있어 전자 측정에 적합하다)와 쉽게 연결하는 방법을 제공한다. 진동수 빗은 서로 다른 가시광선 레이저의

* 이것은 실제 공동과 관련된 기술적 세부 사항 때문에 약간 복잡해진다. 실제 공동은 빗 전체를 어느 정도 움직이므로 각 "톱니"의 진동수는 반복 진동수의 정수배에 공동 이동을 더한 값이 된다. 그러나 빗의 폭이 충분히 넓다면 이 변동은 특수 물질을 이용하여 저주파 모드의 진동수의 2배로 빛을 생성한 다음 그것을 2배 모드의 진동수와 비교함으로써 직접 측정할 수 있다. 이 둘의 차이로부터 공동 이동을 계산할 수 있다.

진동수를 직접 비교하는 데도 사용된다. 하나의 톱니가 레이저 중 하나의 진동수와 정확히 맞도록 빗을 조정한 다음 다른 톱니의 진동수를 그것과 가장 가까운 톱니와 비교하면 된다. 이 방법은 진동수를 소수점 아래 17 또는 18자리까지 비교할 수 있을 정도로 세슘 시계를 훨씬 뛰어넘는 정밀도를 보여주므로 1초를 가시광선으로 재정의하는 일이 가능해졌다.

이온 시계와 상대성 이론

차세대 원자시계는 시계에 사용되는 빛의 진동수를 키우는 과제 외에, 세슘 시계에 영향을 미쳤던 여러 문제에도 똑같이 대처해야 한다. 특히 우수한 원자시계일수록 (상호작용 사이의 시간 간격이 길어질수록 램지 방법으로 달성할 수 있는 정확도가 증가하므로) 원자 내부의 시계와 실험실에 있는 발진기를 비교하는 데 오랜 검토 시간이 필요하며 원자의 무작위적인 운동(원자가 흡수하고 방출하는 진동수에 도플러 편이를 일으킨다)을 최소화할 수 있어야 한다. 이 두 요건은 진동수 표준으로 사용할 원자가 매우 좁은 공간에 국한되어야 한다는 뜻이다. 원자들이 제자리에 단단히 고정된다면 운동이 최소화되고 방사선과의 상호작용 시간도 오래 지속될 수 있을 것이다.

그러나 기존의 원자시계에 사용되는 세슘처럼 전기적으로 중성인 원자들은 외부 세계와 강하게 상호작용하지 않으므로 단단하게 가둬놓는 일이 그리 쉽지 않다. 바로 이런 이유로 세슘을 뛰어넘는 원자시계로는, 적어도 하나의 전자가 제거된 원자, 즉 이온을 기반으로 하는 형태를 가장 적합한 후보로 검토하게 된다. 이온은 원자 시계의 핵심 원리인 허용 에너지 준위 구조를 계속 유지하지만(물론 이온 내의 허용 전자 궤도의 에너지는 같은 원소의 중성 원자 에너지와는 다르다), 전하를 띠고 있어 다른 전하 물질과 강하게 상호작용한다. 다시 말해 그들을 고전압 전극으로 둘러싸서 항상 중앙을 향해 이온을 밀어 넣는 이온 덫을 만들 수 있다면 결국 좁은 공간에 가둘 수 있다는 말이 된다.* 일단 갇힌 다음에는 레이저 빛을 이용해 이온을 덫의 중심에서 거의 움직임이 없는 상태까지 온도를 낮출 수 있다. 이것은 원자시계를 만들기 위한 이상적인 출발점이다.**

세계 최고의 시험용 시계로는 데이비드 와인랜드David Wineland 연구팀이 NIST에 구축한 알루미늄-27 단일 포획 이온 시계를 들 수 있다.*** 알루미늄의 시계 전이는 세슘 시계보다 10만 배나 더 큰 1.2×10^{15}Hz의 진동수를 가지며 위쪽 상태의 수명은 약 2분이므로, 둘 다 광학 시계로 사용하기에 매우 적합한 조건에 해당한다. 그러나 중요한 기술적 문제가 하나 있다. 시계 전이를 구동하고 알루미늄 이온을 냉각하는 데 모두 필요한 레이저 진동수가 현대 레이저 기술에는 매우 불편한 스펙트럼 대역에 있어 이온 상태를 직접 냉각하고

* 사실 일정한 전압으로는 이런 환경을 구현하기가 불가능하다. 따라서 실제 이온 덫은 고주파 고전압 교류 전극을 사용한다. 이온을 밀고 당기는 속도가 엄청나서 이온이 반작용에 의해서도 멀리 못 달아나므로 그 평균 힘은 사실상 덫의 중앙에서 가까운 좁은 공간에 이온을 붙잡아두는 효과를 낸다.

** 이것은 세슘 시계에 사용되는 레이저 냉각 프로세스와 같다. 13장에서 언급했듯이 매우 멋진 방법이지만 그것만 설명하는 데 책 한 권이 필요하다.

*** 와인랜드는 이온 포획 관련 연구로 2012년 노벨 물리학상을 공동 수상했다[수상 제목은 "독립적 양자 시스템의 측정과 조작을 가능케 한 혁신적인 실험 방법"이었다. 공동 수상자는 단일 광자의 공동 포집에 관한 물리학을 연구한 세르주 아로슈(Serge Haroche)였다].

측정하기가 어렵다는 점이다. 연구자들은 시계 전이를 활성화할 수 있는 레이저 시스템을 만들기 위해 엄청나게 노력해야 했다. 알루미늄을 직접 냉각하는 두 번째 시스템을 만들기는 너무 어려운 일이기 때문이다.

NIST 팀의 기발한 해결책은 같은 이온 덫에 두 번째 이온(마그네슘-25)을 추가하는 것이었다. 두 이온은 그들의 상대 운동에 의존하는 방식으로 상호작용하므로, 연구자들은 훨씬 다루기 편한 레이저를 이용하여 마그네슘 이온을 냉각하고, 결국 마그네슘과 상호작용하는 알루미늄 이온은 간접 냉각된다. 차가워진 마그네슘은 이 과정에서 알루미늄 이온이 냉각되면서 나오는 흡수 에너지에 의해 다시 약간 온도가 오른다. 반복된 냉각 과정이 마그네슘 이온에서 이 에너지를 제거하면 알루미늄 이온에서 일부 에너지를 더 얻고, 두 이온이 똑같이 냉각될 때까지 이 사이클이 반복된다.

그들은 또 이온들의 상호작용을 이용하여 마그네슘 이온에 대한 알루미늄 이온의 상태를 상세하게 알아내서 원자시계 작동 단계의 최종 상태를 읽어낼 수 있었다. 2019년 현재, 이 "양자 논리 시계" 기법은 10^{18}분의 1보다 더 나은 정확도에 도달했다. 이 시계가 만약 끊임없이 작동할 수 있다면 현재 우주 나이의 240배의 시간이 흘러야 1초가 더해지거나 모자라는 수준이다!

이런 시계의 위력을 가장 생생하게 보여준 사건은 불과 10여 년 전인 2010년에 알루미늄 시계의 초기 버전을 사용한 실험이었다. NIST 팀은 거의 똑같은 시계 시스템을 두 개 제작한 다음, 각각 다른 조건에서 비교함으로써 상대성 원리가 예측한 결과에 대해 사상 유례 없는 정밀도의 검증을 시도했다.

첫 번째 실험에서는 두 시계 중 하나의 이온 덫에 추가 전압을 가하여 덫 중앙에 있던 이온을 약간 이동시켰다. 그러자 이온이 덫 안에서 앞뒤로 진동했고, 그 평균 속도는 인가전압의 변화에 따라 달라졌다(움직이는 이온은 움직이는 시계처럼 작동한다. 그리고 12장에서 살펴본 바와 같이, 움직이는 시계는 느리게 작동한다). 이제 그들은 정지한 시계에서 1초를 세는 데 필요한 똑딱임의 수와 움직이는 이온 시계의 똑딱이는 수를 비교하여 특수 상대성 이론의 예측을 직접 검증할

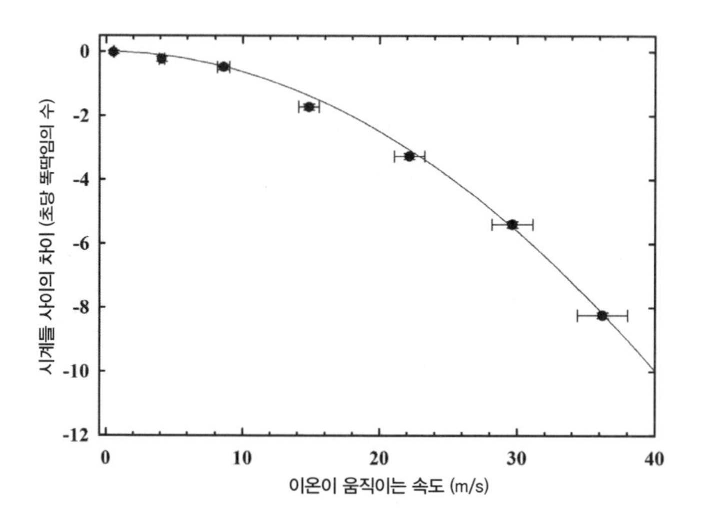

정지한 이온 시계와 움직이는 이온 시계의 작동 속도 차이를 이동 속도에 대해 나타내었다. 실선은 특수 상대성 이론이 예측한 시간 팽창을 나타낸다.*

* 다음 문헌으로부터 수정되었음. 초우(C. Chou), 흄(Hume, D), 로젠밴드(Rosenband, T), 와인랜드, "광학 시계와 상대성(Optical Clocks and Relativity)", 「사이언스」, 1630-1633, (2010년)

수 있게 되었다.

이 실험과 관련된 속도는 초속 수 미터 정도로 매우 느린 편이다. 그러나 이 시계들은 상대성 효과를 충분히 감지해낼 정도의 민감도를 지니고 있었다. 그들이 측정한 최고 속도는 초속 35미터를 약간 웃도는 정도였고, 이때 둘의 차이는 1,210조 번 중에서 8번의 똑딱임에 불과했다. 그러나 데이터상으로 뚜렷이 감지된 결과다. 움직이는 이온의 똑딱임은 특수 상대성 이론의 예측과 정확히 일치하여 아인슈타인 이론이 우리가 일상에서 경험하는 빛보다 아주 느린 속도에서 일어나는 움직임에도 유효하다는 것을 보여준다.

나아가 그들은 이런 초정밀 시계를 이용하여 시간과 중력에 관한 일반 상대성 이론의 예측을 검증하기도 했다. 이 두 번째 실험에

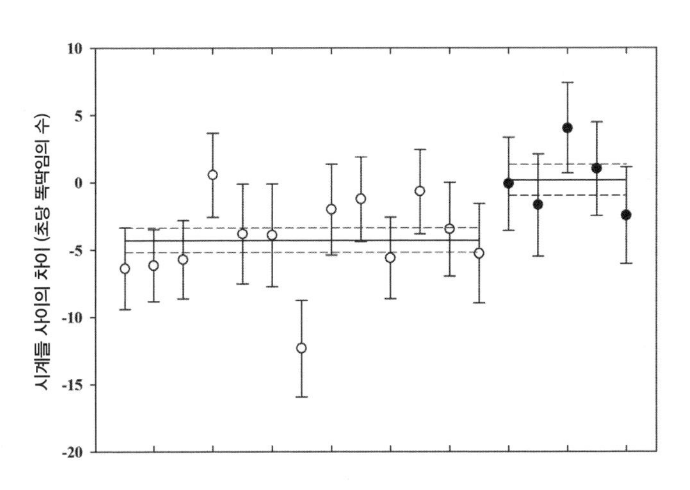

흰색 원은 고도가 같은 두 시계의 측정치다. 검은색 원은 한쪽 시계의 고도가 33센티미터 더 높을 때의 측정 결과다. 수평선은 다양한 데이터 집합의 평균을, 점선은 평균의 불확실성을 나타낸다.

서는 이웃한 실험실에 두 대의 시계를 설치하고 며칠 동안 이 둘의 진동수 차이를 반복 측정했다. 그런 다음 유압잭을 이용해 한쪽 시계를 받치고 있는 탁자를 약 33센티미터 들어 올려 두 시계의 고도를 달리 한 상태에서 진동수 차이를 몇 차례 더 측정했다.

이 경우에서 일반 상대성 이론은 고도가 높은 시계의 작동이 조금 더 빠르다고 예측하며 이번에도 그 결과가 데이터에 뚜렷이 나타난다. 이번에는 그 차이가 더 작지만, 그래도 분명히 감지된다. 그리고 역시, 측정된 변화는 아인슈타인 이론의 예측과 훌륭하게 일치한다.

2010년의 이 실험들은 알루미늄 이온 시계의 이전 모델을 사용한 것이었는데 그 후 모델이 상당히 개선되었으나 최신 모델을 사용해 중력 검증을 반복하지는 않았다. 그러나 현재 개발 중인 또 다른 시험용 시계 기술은 도쿄 스카이라인의 랜드마크를 이용하여 더욱 높은 정밀도로 중력 변화 측정에 사용되고 있다.

세계에서 가장 정확한 시계

앞서 언급했듯이 이온을 사용할 때의 뛰어난 장점은 전하 덕분에 이온을 고전압 전극으로 둘러싸 매우 단단하게 가둘 수 있다는 것이다. 중성 원자는 힘을 가하기 어려우나 그래도 포획할 수는 있다. 특히 원자는 강한 레이저 빔의 초점에 가둘 수 있다. 이때 레이저는 고에너지 상태로 여기하는 데 필요한 것보다 약간 낮은 진동수로 조정된다. 이 "광학 핀셋"은 단원자(그보다 큰 미립자도)를 빛에서 나온 힘으로 움직이게 할 수 있다. 아서 애슈킨Arthur Ashkin은 이 기법을 개발한 공로로 2018년에 노벨상을 받았다.

밝은 빛의 중심으로 원자를 끌어들이는 힘은 많은 수의 원자를 가두는 데에도 흥미로운 방식으로 사용될 수 있다. 만약 단일 집속 레이저 대신 진동수가 같고 운동 방향은 반대인 두 레이저를 이용한다면 두 파동은 서로 간섭하여 제자리에 고정된 정상파 패턴을 만들어낼 것이다. 두 파동이 상쇄 간섭을 일으키는 지점에서는 빛이 사라지므로 어두운 점으로 나타나고, 서로 보강간섭을 일으키는 곳에서는 밝은 빛으로 나타난다. 이런 밝은 빛은 모두 단원자를 포획하는 미세한 덫이 될 수 있고 그들 사이의 간격은 레이저 빛 파장의 절반이 될 것이다.

여기에 레이저를 더 조사하면 미세한 원자 덫으로 3차원 배열을 구성할 수 있다.* 그런 "광학 격자"상에 존재하는 포획 사이트는 마치 결정구조에 속한 원자와 같이 작용하고 그들 사이의 간격은 레이저 파장의 절반이 되며, 격자에 추가된 차가운 원자는 고체 내의 전자처럼 작용한다.**

이런 격자에 포획된 원자는 거동이 제한되고 레이저에 의해 매

---

* 이것을 실행하는 가장 확실한 방법은 공간의 세 방향(남북, 동서, 상하 방향)에 평행한 세 쌍의 빔을 사용하여 세 개의 간섭 패턴이 하나로 모이는 지점의 밝은 빛에 원자를 가두는 것이다. 혹은 4개의 레이저 빔을 사용해도 각도만 제대로 선택하면 할 수 있다.

** 사실 이 유추를 조사하는 데만 몰두하는 매우 활발한 연구 분야가 있다. 그들은 광학 격자에 존재하는 원자의 운동을 이용하여 고체 속의 전자에 관한 물리 법칙을 탐구한다. 이것은 초전도 등의 현상과 관련이 있다. 물론 매우 흥미로운 주제이나 이 책의 목적과 직접적인 관련은 없다.

우 낮은 온도로 냉각되는 등 마치 포획 이온처럼 보이므로, 원자시계의 훌륭한 후보가 될 수 있을 것 같다. 그러나, 조금 더 자세히 살펴보면 한 가지 문제가 있다. 원자를 붙잡은 그 힘은 바닥 상태의 에너지를 줄인 "빛의 이동"에서 온 것이다. 이 에너지 이동은 다른 모든 상태의 전이 진동수도 변화시키기 때문에, 원자가 격자에 고정되어있는 동안 시계 상태 사이를 이동하는 데 필요한 빛의 진동수는 "어둠 속에 있는" 원자들의 진동수와 다르다. 그렇다면 시계 진동수는 격자 빛의 정확한 진동수와 강도에 의존하므로, 격자의 세부사항에 따라 똑딱임의 진동수가 달라지는 시계는 세슘 분수 시계와 겨룰 만한 표준이 아니다.

그러나 원자와 빛이 상호작용하는 과정을 더 자세히 살펴보면 "처음 눈에 띈" 상황으로 돌아가는 경로를 찾을 수 있다. 특정 에너지 상태에서 빛의 이동은 그 상태에서 다른 어떤 상태로든 가능한 모든 전이에 의존하며, 다른 전이에서 오는 이동은 다른 방향으로 작용할 수 있다. 이런 이동은 서로 반대로 작용하므로 적절한 상태의 조합과 레이저 파장을 선택하면 상쇄될 수 있다. 격자 빛이 시계 전이의 위쪽 상태 에너지를, 애초에 격자를 만들었던 바닥 상태의 에너지 이동과 정확히 같은 양만큼 이동시키는 "마법의 파장"이 존재할 수 있다.

그러므로 마법 파장 격자에 갇힌 원자들은 원자시계의 이상적인 기초가 된다. 이들은 격자 레이저에 단단히 속박되어 상호작용에 필요한 시간을 충분히 허용하고 원자 운동에 의한 도플러 편이를 최소화한다. 그러나 시계 전이의 관점에서 보면 그들은 마치 어둠 속에 있는 것처럼 행동하고 시계 구동에 사용할 수 있는 신뢰할 만한 진동수의 기준을 제공한다. 마법 파장 개념이 최초로 개발된 것은 도쿄대학교의 카토리 히데토시가 광학 격자 속의 스트론튬 원자를 원자시계로 사용하자고 제안하는 과정에서였다. 스트론튬의 시계 전이에 해당하는 파장은 약 698나노미터이며, 광학 격자의 마법 파장은 813나노미터다. 카토리 그룹은 2005년부터 스트론튬 격자 시계를 가동해왔고, 세계 곳곳의 수많은 그룹이 그들의 연구에 합류했다.

광학 격자 속의 원자에 기반한 시계는 갇힌 이온 기반의 시계에 비해 중요한 이점이 하나 있다. 격자 시계가 수천 개의 원자 샘플에 관여한다는 것이다. 따라서 확률을 정하기 위해 시계 주기를 여러 번 반복해야 하는 단원자 시계보다 격자 시계의 전이 확률을 정하는 것이 더 빠르고 정확할 수 있다. 그 결과 격자 시계가 성능 면에서 약간 우위를 점하게 되면서 지난 몇 년 동안 "세계에서 가장 정확한 시계"라는 타이틀은 세계 곳곳의 표준 연구소에 설치된 여러 격자 시계가 주거니 받거니 했다.

2019년에 카토리 그룹이 실험실에 있던 광학 격자 시계 두 대를 도쿄 스카이트리 타워에 설치한 실험은 이런 종류의 시계의 위력을 극적으로 보여준 사건이었다. 그들은 지표면에 하나를 두고 다른 하나는 약 450미터 높이의 관측대에 놓았다. 그리고 1주일 동안 두 시계의 레이저 진동수를 총 11번 측정하여 레이저 하나의 진동수가 429,228,004,229,952Hz일 때 둘 사이의 차이가 21.177Hz라는 사실을 확인했다. 이것은 타워의 높이에 대해 일반 상대성 이론으로 예측한 시간 지연과 수 센티미터의 정밀도로 일치하는 것이다.*

볼더와 도쿄의 측정은 모두 (6장에서 살펴봤던) 과거 1670년대에 장 리처의 초진자 측정의 철학을 계승한 것이라고 할 수 있다. 리처의 측정은 지구의 적도 팽만 때문에 중력의 힘이 약간 약하며, 따라서 적도의 반지름이 리처의 파리 본거지에 비해 약 10킬로미터 크다는 것을 보여준 측지학 분야의 중요한 이정표였다. 그런데 지금 설명하는 광학 시계 측정은 그보다 훨씬 더 미묘한 중력 효과, 즉 시공간 구조 자체의 변화를 사용한다. 그런데도 원자시계의 경이적인 정밀도 덕분에 이들은 불과 10센티미터도 안 되는 고도 차이를 감지할 수 있다. 여기서 우리는 측정과 관련된 흥미로운 잠재력을 발견할 수 있다. 지구의 모양을 매우 세밀한 수준으로 측정하거나, 지진과 같은 재앙이나 그보다 더 느리게 진행되는 지하 마그마의 운동이 초래하는 변화를 실시간으로 감시할 수 있다는 것이다.

지금까지 설명한 시계 기반 측지측량은 물리학자들이 초정밀 시간측정기의 용도로 연구하는 여러 분야 중 하나일 뿐이며, 지금까지 설명한 시계 기반 측지측량은 물리학자들이 상대성 이론에 기반한 초정밀 시간 측정기의 용도로 연구하는 여러 분야 중 하나일 뿐이다. 그리고 서로 다른 원소에 기반한 원자시계들을 서로 비교하면 자연

* 그들은 레이저 거리 측정과 위성 측정을 모두 사용하여 시연 중에 타워의 높이를 추적 감시했다. 그 결과, 날씨 변화에 따른 타워의 팽창과 수축 정도를 고려하여 예측했던 대로 수 센티미터 이내에서 일정한 값을 보였다.

계의 기본 상수들이(전자의 전하량, 플랑크 상수, 빛의 속도 등) 정말 일정한지, 아니면 일부 낯선 물리학 이론이 예측하는 대로 시간이 지남에 따라 천천히 변하는지 확인하는 데 사용할 수 있다.** 이런 상수들이 표류할 가능성에 대해 현재 할 수 있는 가장 정확한 측정은 주로 과거를 돌아봄으로써 찾을 수 있다. 예를 들면 멀리 떨어진 은하계의 원자들에서 수십억 년 전에 방출된 빛을 연구하여 그 스펙트럼이 오늘날의 같은 원소의 원자와 일치하는지 살펴보는 것이다. 그러나 상수가 바뀌면 서로 다른 원자들을 각각 다른 양만큼 이동시키므로, 서로 다른 원자에 기초한 현대의 두 시계의 진동수를 비교해보면 그 상수가 **지금** 바뀌고 있는지를 알 수 있을 것이다. 10억 년에 걸쳐 1억분의 1의 차이가 난다며 이를 1년으로 환산하면 10^{17}분의 1만큼 달라진 것이다. 앞에서 설명한 알루미늄 이온 시계의 진동수를 2007년 단 한 해 동안 가동된 수은 이온 시계와 비교했더니 바로 이 정도 수준의 민감도에 도달했다. 현재 가장 우수한 측정은 이터븀 이온의 서로 다른 두 "시계" 전이를 비교하는 것으로, 약 10배 더 우수하다. 아직 이들에서 이렇다 할 차이는 발견되지 않지만, 시계 성능이 더 개선되고 실험이 더 오래 진행되면 민감도가 계속 증가할 것이므로 자연계의 상수가 **사실은** 상수가 아니었다면, 언젠가는 원자시계가 우리에

** 실제로 가장 중요한 것은 이들 상수 간의 비율이다. 예컨대 "미세구조 상수"는 전자기적 상호작용의 강도를 나타내므로 원자 내 전자 상태의 에너지를 결정하는 데 중요한 역할을 한다. 이것은 전기력의 강도에 대한 쿨롱 상수와 전자의 전하 제곱을 곱한 값을 플랑크 상수와 빛의 속도의 곱으로 나눈 값이다. 미세구조 상수의 변화를 연구한 여러 연구자마다 "정말로" 변화하는(전하의 감소라고 할 사람도 있고, 빛의 속도 증가라고 말하는 사람도 있을 것이다.) 기초 숫자가 무엇인지에 대해 다양한 설명을 내놓는데, 언젠가는 모종의 변화가 뚜렷이 보인다고 하더라도 물리학자들은 여전히 논쟁거리를 찾아낼 것이 틀림없다.

게 그렇다고 말해줄 것이다.

또 다른 가능성은 정밀 원자시계 네트워크를 총동원하여 중력파로 인해 발생하는 시계 상태의 더 짧은 변화를 감지하는 것이다. 통과하는 중력파는 공간을 늘리거나 찌그러뜨린다. 이 현상은 팔 길이가 수 킬로미터에 달하는 마이컬슨 간섭계를 사용하는 레이저 간섭계 중력파 관측소(LIGO)에서 감지되었다. 이런 파동은 또 시계가 똑딱이는 속도에 작은 변화를 일으켜 파동이 지나갈 때 약간 빨라졌다가 느려진다(순서는 바뀔 수 있다). 지상과 우주 공간의 위성을 비롯해 서로 다른 위치에 있는 수많은 초정밀 원자시계가 다른 시계와 비교한 각자의 진동수를 끊임없이 추적하면 통과 중력파가 전체 네트워크에 시간 변화의 잔물결이 퍼져가는 모습으로 나타나는 것을 관찰할 수 있다. LIGO 검출기는 블랙홀들끼리 충돌하는 장관을 찾아내는 데 탁월한 성능을 발휘한다. 시계 네트워크는 빅뱅 직후의 우주의 조건을 파악할 수 있는 미묘한 사건들에 더 민감하게 반응할 것이다.

이런 시계 비교 방식은 우주 질량의 거의 모두를 차지하는 것으로 여겨지는, 보이지 않는 "암흑 물질"을 찾아내는 방법으로 제안되기도 한다. 암흑 물질 입자의 후보 중 일부는 원자와 상호작용하여 원자 상태의 에너지에 천천히 진동하는 변화를 일으킨다. 이 과정은 관련된 특정 원자와 상태의 세부사항에 따라 달라지므로 원자 기반이 서로 다른 시계를 비교하여 찾아낼 수 있다. 어떤 알루미늄 이온 시계가 스트론튬 격자 시계보다 처음에는 늦게, 다음에는 빨리 작동한다면 그것은 암흑 물질이 작용한 결과일 수도 있다. 암흑 물질 덩

어리가 지구 근처를 지나갈 때 순간적인 변화를 더 많이 초래할 수 있는 또 다른 암흑 물질 모델도 있는데, 그런 경우는 중력파와 유사하게 시계 네트워크 전체에 퍼져나가는 변화를 보고 감지할 수 있다.

더 정밀한 시계를 향한 갈망

물론 여러분은 이런 낯선 물리 효과 중 그 어느 것 때문이라도 GPS 네비게이션을 사용하는 데 방해받을 일은 없다. 하물며 오후 회의나 친구와의 저녁 약속을 지키는 데는 전혀 문제가 없다. 이런 물리 현상이 초래할 변화는 아직도 세계 최고의 실험용 원자시계의 민감도를 아득히 뛰어넘은 문제다. 그러니 지금 이 순간에도 최첨단에서 활발히 진행되고 있는 새로운 세계 시간을 정의하는 표준의 변경도 우리 일상에 영향을 미칠 리는 없다.

그러나 이것은 시간 측정 기술의 발전과 관련된 오랜 전통이 달린 문제다. 과학자와 공학자들은 현재의 성과에 만족하는 법이 없다. 그들은 항상 더 높은 경지를 추구하며 시계가 조금만 더 성능이 좋았더라면 이런 성과를 올렸을 텐데, 저런 업적을 달성했을 텐데 하며 전전긍긍한다. 우리는 이 책에서 그런 장면을 많이 살펴봤다. 갈릴레이 갈릴레오가 목성의 위성을 시계로 사용하자고 말한 뒤 40년 후에 장 도미니크 카시니와 올레 뢰머가 그것을 현실로 만들었고, 겜마 프리시우스는 존 해리슨보다 딱 200년 전에 이미 경도를 측정하는 크로노미터를 제안했다. 그것은 심지어 기원전 1500년에 이집트 아멘호텝 왕을 기리는 묘실 비명에서도 확인된다. 그가 물시계를 발명하여 계절마다 달라지는 밤의 길이를 측정했다고 자랑삼아 새겨놓은 것 말이다.

더 정밀한 시계를 향한 멈추지 않는 갈망은 수천 년에 걸친 혁신에 박차를 가해왔다. 그 갈망은 크리스티안 하위헌스나 수송처럼 그 이름이 길이 전해오는 발명가들은 물론이고, 서기 1300년경에 최초의 모래시계, 즉 최초의 기계식 시계를 발명한 이름 모를 땜장이도 마찬가지였다. 그들의 이름은 역사 속에 묻혔지만, 그들의 작품은 과학과 기술을 앞으로 나아가게 하는 동시에 후대의 발견에 튼튼한 토대가 되게 했다.

더 정밀한 측정을 향한 이런 동기는 기초과학 분야에서도 드러났다. 그리고 그것은 자연계의 복잡한 패턴에 질서를 부여하여 미래를 예측하고자 하는 필요에서 비롯되었다. 사이몬 뉴컴이 「태양 주기표」를 집대성한 일이나 튀코 브라헤와 요하네스 케플러가 화성의 궤도를 그려낸 것, 마야의 천문 제사장이 금성의 신출을 추적한 노력, 또는 뉴그레인지의 건축가들이 몇 톤에 이르는 바위를 쌓아 올려 동지점을 표시한 일 등, 천문가들은 수천 년에 걸쳐 그들의 관측을 정교하게 다듬어왔다. 그들은 그저 "지금 몇 시인지"에 만족했던 것이 아니라, 천문 주기가 제자리로 돌아오는 미래의 시간을 알고자 했다.

그러므로, 현재의 시계가 일상의 모든 일의 시간을 재고 GPS를 사용하여 길을 찾는데 더없이 충분하다고 하더라도, 물리학자들이 시간 측정의 최전선을 끊임없이 개척하는 것은 전혀 놀랄 일이 아니다. 인류가 사상 최고의 시계를 고안하고 제작해온 수천 년의 전통은 그 과정이 끝날 시기가 전혀 오지 않을 것임을 알려주는 반증이기도 하다.

세슘시계가 사용되는 이유

원자시계의 기초인 세슘의 잠재적 대체재를 논하는 것과 함께, 왜 이 원소가 시간을 정의하는 기준으로 선택되었는지 고려해볼 필요가 있다. 우선 그것은 세슘이라는 재료가 가진 매력 때문은 아니었다. 물론 이 금속의 색상은 꽤 금에 가까운 편이지만, 녹는 점이 인간의 체온과 비슷하고(손에 올려두기만 해도 녹아버린다) 물과 만나면 격렬하게 폭발하는 성질이 있다. 습도가 높은 공기도 세슘 금속과 쉽게 반응하므로 보관과 취급에 매우 주의해야 한다. 시간을 정의하는 원소로 세슘이 선택된 이유는 다소 미묘하고 역사적인 사건과 관련이 있지만, 그것 역시 대안을 모색할 때 분명히 염두에 두어야 할 요소이기도 하다.

1940년에서 1960년에 이르는 시기에 세슘이 원자 시간 표준으로 매력적으로 보였던 특징은 크게 2가지가 있다. 첫째는 무엇보다 이 원소의 "시계 전이" 수명이 굉장히 길다는 특징이 있다. 둘째, 전이 진동수가 비교적 크다는 점이다. 두 가지 모두 다른 잠재적 대체재에 비해 바람직한 특성이다.

긴 수명은 원자를 두 상태에서 양자 중첩이 일어나도록 준비시킨 다음 일정 시간 동안 운동하도록 내버려두는 과정에 의존하는 시계 전이의 진동수 측정 과정에 필수적이다(13장에서 설명한 바 있다). 측정 과정이 적절하게 진행되려면 양자 중첩이 외부 영향에 간섭받지 않아야 한다. 이것이 바로 원자시계를 찍은 사진이 항상 빛나는 원통처럼 보이는 이유다. 원자시계는 외부 자기장이 원자에 도달하는 것을 막기 위해 여러 층의 금속 차폐막으로 둘러싸여 있다. 양자 중첩이 **내부** 영향으로 교란되지 않도록 하는 것도 중요하다. 특히 고에너지 상태의 원자는 자발적으로 붕괴하여 저에너지 상태로 이전하면서 광자를 방출하는 경향이 있으므로 그 영향을 특별히 조심해야 한다. 이상적인 조건이라면 이 자발적 방출 속도가 충분히 느려서 시계 전이에서 고에너지 상태의 수명이 램지 간섭계 측정에 관여하는 상호작용 사이의 시간보다 상당히 더 긴 정도가 되어야 한다.

특정 원자 전이의 자발적 방출 속도는 해당 원자의 여러 특성에 따라 다르지만, 가장 중요한 요소는 전이 메커니즘과 빛의 진동수다. 이 속도는 진동수의 세제곱에 비례해서 증가하므로 다른 조건이 모두 똑같을 때 진동수를 2배로 늘리면 방출 속도가 원래값의 8배로 증가한다(수명은 원래값의 8분의 1로 감소한다). 가시광선 대역의 진동수 전이의 수명이 수십 나노초에 불과한 데 비해, 세슘 시계에 사용되는 마이크로파 진동수(약 6만 배 더 낮다) 전이가 수 년에 이르는 수명을 보이는 이유가 바로 여기에 있다.

그러나 이런 진동수 의존성 외에 해당 원자 상태의 세부사항에 의존하는 요소도 있다. 원자와 빛의 상호작용 특성은 전자가 주어진 상태 사이를 얼마나 쉽게 전이하면서 빛을 방출하는지에 제약 요소로 작용한다. 어떤 "금지된" 전이에서는* 이 요소로 인해 고에너지 상태의 수명이 엄청난 비율로 증가한다. 가시광선 대역의 진동수로는 절대 금지된 일부 전이의 경우 이 수명이 수십 초 혹은 수백 초에 이를 수도 있으므로 시계로서 적합한 특성이라고 볼 수 있다.

장수명 요건만 따지자면 상대적으로 낮은 전이 진동수를 가진 두 상태를 시계의 기초로 삼는 것이 좋겠다는 주장도 가능하다. 그러나 수명이 수십 초 단위가 되면 이미 자발적 방출 문제는 크게 고려할 요소가 되지 않는다.** 이 시점에서 측정의 주요 관심사는 가능한 높은 진동수를 사용하여 측정해야 한다는 것이다. 이것은 똑딱임을 세는 것을 시간 측정이라고 보는 기본 모델의 관점에서 생각해보면 잘 이해할 수 있다. 예컨대 특정 수준까지 정확한 계수가 가능하다고 가정할 때(예를 들어 ±1번 똑딱임), 측정 사이에 똑딱임의 수를 늘리면 측정 정밀도를 향상시킬 수 있다. 만약 우리가 빛의 진동수를 ±1Hz 이내로 측정할 수 있다면, 진동수가 커질수록 측정의 상대적인 불확실성은 줄어들 것이다. 진동수가 10억 Hz인 전이에 기초한 시계는

---

* 이런 전이는 일반적으로 하나의 전자가 각운동량이 서로 다른 두 상태 사이를 이동하기 때문에, 이것을 방출되거나 흡수되는 광자(대개 한 단위의 운동량을 옮긴다)의 각운동량으로 설명할 수 없을 때를 말한다. 그래도 전이는 일어날 수 있지만, 훨씬 가능성이 떨어지는 복잡한 과정이 수반되므로 방출 속도가 큰 폭으로 감소한다.

** 세슘 분수 시계에서 램지 측정 주기에 해당하는 약 1초는 어떤 시계 시스템보다 긴 시간이다. 거의 모든 차세대 시계가 0.1초 이하의 주기를 이용한다. 수십 초의 수명은 여기에 비하면 영원에 가까운 시간이므로 자발적 붕괴로 시계가 꺼질 위험은 거의 없다고 보면 된다.

10억분의 1, 즉 1년에 0.03초에 해당하는 정확도를 보인다. 진동수를 100억 Hz로 키우면 모든 조건이 같을 때 정확도는 10억분의 0.1이 되어 연간 0.003초에 이른다.

세슘은 이 두 가지 기준을 모두 충족하는 훌륭한 원자다. 시계 전이의 위쪽 상태의 수명은 몇 년에 이르고, 전이 진동수는 자연에서 찾아볼 수 있는 원소에서 이런 종류의 전이가 일어나는 것 중에서는 가장 높다. 또 원자폭탄이 막 개발되던 당시의 기술 여건에 비춰봐도 훌륭한 선택이다. 2차 세계대전 당시 레이더 개발 계획으로 전자기파를 생성하고 다루는 기술이 급격히 발전하던 이점을 누릴 수 있었기 때문이다. 9,192GHz라는 세슘 시계 전이 진동수는 비교적 높은 값이나, 이처럼 높은 진동수를 정확하게 세고 시계 표시 장치를 구동하는 수준으로 진동수를 낮출 수 있는 전자공학 기술은 당시에 이미 존재했다.

감사의 글

본문에서 밝힌 바와 같이 이 책은 시간 측정의 역사에 관한 내 강좌를 일부 옮긴 것이다. 이런 기회를 마련해준 유니온칼리지의 동료 교수들께 감사드린다. 특히 물리천문학과 교수진과 매기 그레이엄 및 그 장학생 프로그램, 그리고 나에게 여러 과정에 대해 객원 강좌를 요청하고 모든 일에 통찰을 제공해준 아나스타샤 피스에게 감사드린다.

멀리 떨어져 있으면서도 이 주제의 다양한 측면을 알려주고, 최소한 너무 바보 같은 말을 하지 않도록 도와준 동료들에게도 감사를 돌린다. 특히 『르네상스의 수학자』를 쓴 토니 크리스티와 더없이 소중한 지원을 제공해준 미국 해군관측소의 톰 스완슨에게 감사한다. 그들의 최고의 노력에도 불구하고 갈릴레오나 원자시계에 관한 내용에 어떤 오류가 있다면 그것은 전적으로 내 책임이다.

최초의 아이디어를 얻는 순간부터 책이 마무리될 때까지 수많은 손길이 녹아 있고, 여러분이 읽는 많은 내용이 그들의 노력 덕분이다. 무엇보다, 이 책의 편집을 위해 수고해준 알렉사 스티븐슨과 로렐 리, 처음 떠올렸던 아이디어를 다듬는 데 도움을 준 나의 에이전트 에린 호이저에게 감사드린다. 멋진 표지와 내부 디자인을 완성해준 새라 에빈저와 제시카 뤽에게도 감사드린다. 스콧 칼라마르의 교열 덕분에 마치 내가 영어 문법을 잘 이해하고 철저히 적용하는 사람인 것처럼 보이게 되었다. 그리고 벤벨라북스의 모든 이들과 함께 일할 수 있어서 너무 기뻤다.

새 책의 감사의 글을 쓰려고 키보드에 손을 올리는 사람이라면 누구나 그 책을 쓰는 일이 얼마나 어려운지를 절감할 것이다. 이 책을 쓰는 과정은 그중에서도 가장 힘든 작업이었다. 첫 초고를 4장 정도 썼을 때였던 2020년 5월에 코로나 팬데믹이 시작되며 모든 것이 멈춰버렸다. 나는 교수로서의 내 직업과 이 책을 쓰는 일까지 원격으로 계속 진행할 수 있었다는 점에서 너무나 운이 좋은 사람이다. 그럼에도 이번만은 너무나 힘들고 스트레스가 쌓이는 시기였으므로, 앞으로는 이런 일을 다시 경험하고 싶지 않다. 내가 그나마 정신을 차리고 이 모든 과정을 헤쳐 나올 수 있었던 것은 많은 사람의 도움 덕분이다. 줌에서 만난 도망자 포프 일동, 유니온칼리지 교직원 여러

분, 스키넥터디의 헌터스앤제이 바를 지키던 분들, 니스카유나의 스타벅스 사람들, 모두 모두 감사드린다.

그러나 무엇보다 가족들의 사랑과 지지가 없었다면 이 책은 절대로 세상에 나올 수 없었을 것이다. 부모님인 론과 젠 오젤, 나의 아이들 클레어와 데이비드, 그리고 누구보다 더 소중한 아내 케이트 네프가 그들이다. 여러분 모두를 사랑합니다. 여러분이 아니었다면 해내지 못했을 겁니다.

| 찾아보기 |

ㅎ

기타

KI신서 11650
1초의탄생

1판 1쇄 발행 2024년 1월 2일
1판 3쇄 발행 2025년 2월 3일

지은이 채드 오젤
옮긴이 김동규
감수 김범준
펴낸이 김영곤
펴낸곳 (주)북이십일 21세기북스

정보개발팀장 이리현 **정보개발팀** 이수정 김민혜 강문형 박종수 김설아
디자인 표지 수란 **본문** 이슬기
출판마케팅팀 남정한 나은경 한경화 최명열 권채영
영업팀 변유경 한충희 장철용 강경남 김도연 황성진
제작팀 이영민 권경민
해외기획팀 최연순 소은선 홍희정

출판등록 2000년 5월 6일 제406-2003-061호
주소 (10881) 경기도 파주시 회동길 201(문발동)
대표전화 031-955-2100 **팩스** 031-955-2151 **이메일** book21@book21.co.kr

ISBN 979-11-7117-338-9 03400

(주)북이십일 경계를 허무는 콘텐츠 리더

21세기북스 채널에서 도서 정보와 다양한 영상자료, 이벤트를 만나세요!

페이스북 facebook.com/jiinpill21 **포스트** post.naver.com/21c_editors
인스타그램 instagram.com/jiinpill21 **홈페이지** www.book21.com
유튜브 youtube.com/book21pub

깊어지는 지식, 함께 읽으면 더 재미있는

21세기북스의 교양과학 도서

나는 매주 시체를 보러 간다

서울대학교 최고의 '죽음' 강의 유성호 지음

크로스 사이언스

프랑켄슈타인에서 AI까지, 과학과 대중문화의 매혹적 만남 홍성욱 지음

이토록 아름다운 수학이라면

내 인생의 X값을 찾아줄 감동의 수학 강의 최영기 지음

기억하는 뇌, 망각하는 뇌

뇌인지과학이 밝힌 인류 생존의 열쇠 이인아 지음

인간의 시대에 오신 것을 애도합니다

더 늦기 전에 시작하는 위기의 지구를 위한 인류세 수업 박정재 지음